HISTOIRE
L'épopée des parfums

Originally published in France as:
LES PARFUMS/Histoire: L'épopée des parfums by Elisabeth de Feydeau
© Editions Robert Laffont, S.A., Paris, 2011
Current Chinese translation rights arranged through Divas International, Paris
迪法国际版权代理

香水史诗

[法] 伊丽莎白·德·费多 著

彭禄娴 译

生活·讀書·新知 三联书店

Simplified Chinese Copyright © 2020 by SDX Joint Publishing Company.
All Rights Reserved.

本作品简体中文版权由生活·读书·新知三联书店所有。
未经许可，不得翻印。

图书在版编目（CIP）数据

香水史诗／（法）伊丽莎白·德·费多著；彭禄娴译．—北京：生活·读书·新知三联书店，2020.6　（2022.3 重印）
（新知文库）
ISBN 978-7-108-06800-2

Ⅰ.①香… Ⅱ.①伊…②彭… Ⅲ.①香水－基本知识 Ⅳ.① TQ658.1

中国版本图书馆 CIP 数据核字（2020）第 014105 号

特邀编辑	刘　莉
责任编辑	王　竞
装帧设计	陆智昌　薛　宇
责任印制	董　欢
出版发行	生活·讀書·新知 三联书店
	（北京市东城区美术馆东街 22 号 100010）
网　址	www.sdxjpc.com
图　字	01-2018-8069
经　销	新华书店
印　刷	河北松源印刷有限公司
版　次	2020 年 6 月北京第 1 版
	2022 年 3 月北京第 3 次印刷
开　本	635 毫米 × 965 毫米 1/16 印张 30.5
字　数	360 千字　图 25 幅
印　数	10,001－13,000 册
定　价	56.00 元

（印装查询：01064002715；邮购查询：01084010542）

新知文库

出版说明

在今天三联书店的前身——生活书店、读书出版社和新知书店的出版史上，介绍新知识和新观念的图书曾占有很大比重。熟悉三联的读者也都会记得，20世纪80年代后期，我们曾以"新知文库"的名义，出版过一批译介西方现代人文社会科学知识的图书。今年是生活·读书·新知三联书店恢复独立建制20周年，我们再次推出"新知文库"，正是为了接续这一传统。

近半个世纪以来，无论在自然科学方面，还是在人文社会科学方面，知识都在以前所未有的速度更新。涉及自然环境、社会文化等领域的新发现、新探索和新成果层出不穷，并以同样前所未有的深度和广度影响人类的社会和生活。了解这种知识成果的内容，思考其与我们生活的关系，固然是明了社会变迁趋势的必需，但更为重要的，乃是通过知识演进的背景和过程，领悟和体会隐藏其中的理性精神和科学规律。

"新知文库"拟选编一些介绍人文社会科学

和自然科学新知识及其如何被发现和传播的图书，陆续出版。希望读者能在愉悦的阅读中获取新知，开阔视野，启迪思维，激发好奇心和想象力。

生活·读书·新知 三联书店
2006 年 3 月

目 录

Contents

前 言   3
   1. 亘古通今的香水历史   4
   2. 香水历史导引   12

第一章   香水的起源   15
   1. 宗教仪式中的香   15
   2. 香水在西方世界的传播   34
   3. 东方国家的香   48
   4. 从禅宗到新时代   54

第二章   香水的医疗和保健功能   69
   1. 芳香疗法的诞生   69
   2. 消除罪孽和瘴气   78
   3. 含有酒精的香水   92
   4. 香氛美肤世家的重要产品及其特点   105
   5. 淡香水（日用香水）   113

第三章　嗅觉和调香大师　　135

1. 嗅觉地位的重建　　135
2. 气味学理论　　145
3. 调香师　　152
4. 超级鼻子　　160
5. 鲁德尼茨卡的传人　　167

第四章　女性魅惑：女性香水　　175

1. 在自然的真实和人为的假象之间　　177
2. 美好年代：新艺术运动的影响　　185
3. 花香型香水　　190
4. 神秘的女性魅惑　　201
5. 西普香型　　214
6. 女性解放　　222
7. 皮革香　　229
8. 醛　香　　234
9. 绿调（清香调）香水　　240
10. 香水产品的演变　　246

第五章　男性香水　　253

1. 破除神秘　　254
2. 洁净卫生的时代　　265
3. 现代香水　　270
4. 男性香水的爆发式增长　　275
5. 充满力量的男士香水　　280
6. 运动香水　　282
7. 以香传情　　286

8．21世纪的男士香水 289

　　9．暧昧的两性香水 292

第六章　香水的情与色 301

　　1．费洛蒙 302

　　2．香氛：情爱的介质 306

　　3．麝香 316

　　4．著名的情爱香水 324

　　5．"邪恶"的香水 330

第七章　奢华的香水 347

　　1．神明的特权和君王的奢侈品 347

　　2．调香师：19世纪的名流实业家 357

　　3．香水业的黄金时代（1904—1945年） 373

　　4．形式各异的品牌战略 394

　　5．承前启后（1945—1960年） 400

　　6．奢华和多样性（1970年至今） 409

第八章　香水的现代性 429

　　1．香水工艺的诞生 430

　　2．现代香水业的诞生 434

　　3．新世纪的现代性 447

　　4．介于艺术创作和工业生产之间 454

　　5．技术创新 464

结　论　471

气味,既属于自然世界,也属于社会世界。

——列维-斯特劳斯

前　言

Prélude

讲述香水的历史，就要展开整部人类史。这要从新石器时代盛放香物的陶器讲到当今旅行用的香水喷雾器，从记载在古埃及莎草纸上的香氛调制秘方讲到现在国际上通用的香水制造业的专利，同时还要讲到凯瑟琳娜·德·美第奇（Catherine de Médicis）、玛丽·安托万内特（Marie Antoinette）和拿破仑一世招徕的众多调香师。可以说，香水的历史就是一部人类文明的历史。

香[①]，诞生于远古时代的庙宇：它与礼拜仪式、神话传说、宗教信仰等如影随形。起初，香氛是神圣的，是众神的专属之物。在苏美尔人叙述的《吉尔伽美什史诗》[②]里，香是在对不朽的

[①] 在法语中，"parfum"一词有着多种含义。在本书的翻译中，译者根据语境将其相应地译作"香""香水""香氛""香料"等。——译注
[②] 世界上最古老的英雄史诗，最初流传于距今四千多年的苏美尔人当中，后来成文于古巴比伦王国时期。（转下页）

追求中，以某一要素的形式显现的。在《圣经》里，香证明了天堂的失落：亚当和夏娃身上所带有的香气，是为了怀念他们堕入人间之前水乳交融的爱。根据某些说法，香氛甚至可能是原罪的源头：公元5世纪，维也纳主教圣阿维图斯（Saint Avitus）在他的诗作《原罪》（De Originali peccato）中，描述了蛇和夏娃在善恶树前的画面。夏娃虽然手捧苹果，但她并没有吃。蛇便想到把苹果裹在甜美至极的香味之中。于是，夏娃闻到苹果散发出来的芳香，受到了蛇的引诱。被描绘成毒药的善恶树的果子，通过其香味，最终成功地诱惑了夏娃。

在构筑香水的史诗时，历史学家拥有的往往只是传说。然而，这未必是种羁绊。相反，我们可以通过传奇故事，接近某个民族在某一时期的创造力，在香水这一题材上就是如此。通常说来，调香师的话语能揭示出某一绚丽文明——历史的、文学的和科学的——某种丰富的想象力，以及某种非同寻常的感性。这也就是为什么在这本书中，我们并不力求破除或者解构各种神话故事，而是顺着它们延伸，并且通过香水制造者和爱好者的感性认识，阐述香水的应用史。如此一来，这部按照主题方式编写的香水历史，在成为一本工具书的同时，还力图成为一次向调香师的礼敬、一段富有诗意的叙述和一部奇妙的史诗。

1. 亘古通今的香水历史

嗅觉对于原始人的生命和生存的重要性，必然促使他们不断提高这方面的能力。我们可以设想，史前人类对自然界中弥漫的各种气味特别敏感。由于香气和味道有一定的联系，所以他们会把在嗅觉上的发现应用于食物的烹制和提味上。甚至在使用火之前，人类就已经知道自然界中的火种的高温能改变肉类或者蔬菜的味道。在发现了取火技术之后，人类对于火的最初应用大概也就在烹饪方面。然而，原始人或者原始部落的萨满教

（接上页）是一部关于苏美尔人的英雄和统治者吉尔伽美什的赞歌。——译注

巫师和祭司们也注意到，燃烧芳香的草本植物会形成腾空而起的烟霭。如此一来，香气——*per fumum*（拉丁语，意指烟气袅袅）———词，在远古时代就有了它的起源。

古埃及时代，香与生命及死亡息息相关，与世俗生活及宗教息息相关，也与疗养、身体崇拜及情趣息息相关。那时候，以酒精为底料的香水尚未存在，人们使用的是一些未经加工的原料：鲜花、芳香族的植物和松脂等。

古埃及人在日常生活中非常注重各种芳香的物质，尤其是乳香[①]。香与社会生活中的种种场合、节庆、丧葬，以及众多的仪式密切相关。然而，尽管香的使用在当时已成为日常，但是它首先停留在某种神圣的或宗教的特性之上。古埃及人每天不仅在寺宇内以香气四溢的祭品供神，还向祭司所代表的神明和君主焚香或者供奉鲜花。一天之中，他们至少要上三次香，以完成这些神圣的仪式。早上，他们使用松香；中午和晚上则使用没药[②]和西腓。有着浓烈香甜气味的西腓，又称为"复香"，除了用于祝圣之外还具有治疗的功效，其主要成分是没药、葡萄、蜂蜜、葡萄酒、金雀花、藏红花和松脂。对于古埃及人而言，供神所烧的香作为献给神明的祭品能产生一种实实在在的好处，尽管神明并不碰它们。事实是，从焚烧的香里散发出来的雾霭袅袅升空后，逐渐消散。于是，对于他们来说，神明食用了香霭。当时，调香的是神职人士，他们在庙宇内制香和调配其他礼拜仪式用的圣油。古埃及人用香和香膏熏蒸或涂抹圣像，赋予它们生命。法老的家人及祭司等也会敷粉上妆，喷洒香水。埃及的女人们则以涂抹净化灵魂的圣油的方式，让人给自己的身体抹上香膏。在葬礼上，古埃及的祭司也会使用他们自己合成的香

[①] 乳香：原产于印度西部、非洲东北部及阿拉伯南部，主要是索马里。一般用溶剂浸提法从树干中渗出的油树胶树脂制备香树脂，用水蒸气蒸馏法从油树胶树脂中提取精油。具备青甜的膏香，有淡弱的黄连木香树脂香气，稍似龙涎香，并隐约有柠檬果青气和十二醛的油脂气息，香气和善而留长。——编注

[②] 没药：原产于东非赤道北部及阿拉伯，一般用溶剂浸提法从植株分泌出的油树胶树脂提取香树脂。其香气焦甜，柔和的膏香兼辛香木香，香气颇强而较留长。——编注

料。对于古埃及人来说,在尘世走一遭,只是生命中的一段小插曲,必须为彼岸的漫长旅程做准备。于是,用防腐香料保存遗体的仪式出现了。他们先把尸身从头顶到脚底都裹上细细的绷带,然后涂上各种芬芳的圣油,赋予尸身某种恒久不变的香气,而这有利于亡灵前往彼岸。最后,仪式以烟熏遗体的方式告终,古埃及人认为通过这种方式可以获得安宁和祥和。

在日常生活中,古埃及人在梳妆打扮和疗伤养病时也使用香脂①和精油②。这些产品不仅能驱魔避邪、润肤、防晒及保护肌肤,还能净化躯体。此外,脂粉、香膏、精油和香脂在古埃及也常常用于取乐调情,不过它们是富有阶层的专享之物。

古希腊时代,调香工艺似乎可以追溯至公元前15世纪。古希腊人在宗教生活和世俗生活里都使用大量的芳香物质,以保持身体的卫生和容颜的美好。同样,他们赋予香氛强大的宗教力量,出生、结婚、死亡等重大生命时刻,他们都要用芳香之物加以强调。

在开发香氛制品系列上,古希腊人做出了贡献。他们发明了以鸢尾花③、玫瑰花、百合花和墨角兰④为主要成分的花香型精油和香脂。由乳香、安息香⑤、没药、藏红花和肉桂调制成的香精最为贵重。这些香精来自埃及、叙利亚和腓尼基。犹如整个西方世界一样,在亚历山大大帝远征亚洲和香料之路的发现下,古希腊也经历了一场"香味革命"。

---

① 香脂:用脂肪(或油脂)冷吸法将某些鲜花中的香成分吸收在纯净无臭的脂肪内,这种含有香成分的脂肪称为香脂。——编注

② 精油:从香料植物或泌香动物中加工提取所得到的挥发性含香物质制品的总称。但通常我们只是指用水蒸气蒸馏法,或压榨法,或冷磨法,或干馏法从香料植物中所提取到的含香物质制品。——编注

③ 鸢尾花:又名蓝蝴蝶、紫蝴蝶、扁竹花等,鸢尾属多年生草本植物,似紫罗兰花甜,而较之更厚甜,稍带果香底韵。——编注

④ 墨角兰:隶属于唇形科牛至属,是一种对寒冷有点敏感的多年生香草,带有甜松和柑橘的香味。——编注

⑤ 安息香:产于泰国、老挝、越南、苏门答腊。用不同溶剂如苯或乙醇以安息香树分泌出的树脂提取。具备甜的膏香,优级品有香荚兰豆香气和桂酸、苯甲酸气息,可说是有豆香的桂甜膏香,香气平和留长。——编注

当时，一些混合了来自动物的麝香①和龙涎香②的新型香调面世了。在古希腊社会，出席宴会时，宾客的头发和胸膛都会被抹上芳香的精油；而主人为了表示尊重和盛情，会为他们准备足浴，足浴用水往往芳香怡人。古希腊的女人会在闺房花上长长的时间细心涂脂抹粉、洒香搽油。沐浴之后，她们还会给身体抹油涂香。男人们也会使用香氛吸引异性。为此他们会用最好的产品。当时，浴池被认为是社会生活和娱乐的场所。如同女人一样，男人们在盥洗时也往身上喷洒香精油。此外，古希腊的战士也常常往身上涂抹香膏和精油，因为这些产品不仅能让他们抵御地中海灼热的阳光，还能掩盖他们的体味。战争结束后，香精油则用来治疗伤口。

在古希腊人看来，赋予众神永生的精美食物，正是奥林匹斯山上的甘露。因此，为了确保亡灵超生，当然也是出于卫生的考虑，他们不仅用大量的香料保存尸身，还把亡者和其个人物品包裹在一起，其中就有香水瓶。后来，香料在宗教上的用途逐渐过渡到医疗上，而这则多亏了医生的药方。古希腊医师希波克拉底（Hippocrate）③就主张用烟熏鼠尾草④的方法治疗某些疾病，或者用藏红花的香味增进甜美的睡梦。

古罗马帝国是最重视香氛和香料的国家。在它殖民和对外贸易的过程中，意大利半岛也有了使用香辛作料、乳香、香水浴和藏红花香水的习俗。当时，罗马人把持了埃及、希腊以及东方等国家从阿拉伯、非洲

---

① 麝香：雄麝鹿腹部香腺的分泌物。麝香囊呈棕黄色至深黑褐色，香料工业用是制成酊剂或净油。有清灵而温存的动物香气，甜而不浊，腥臭气少，仅次于龙涎香，带有麝香酮类香气，有些皮革香。有氰氙生动香气，扩散力最强，留香亦极持久。——编注
② 龙涎香：一种抹香鲸胃肠中的分泌物。获得后要先放置数月，使色泽变浅而香气成熟。然后以之制成酊剂，或用乙醇浸后再浓缩为净油。具清灵而温煦的动物香，既有麝香气息，又微带壤香和有些像海藻、木香、苔香、特殊甜气与极其持久的留香底韵，是香料业中最名贵的动物香料。——编注
③ 希波克拉底（公元前460—前370年），古希腊伯里克利时代的著名医生，西方医学的奠基人，有"医学之父"之称。——译注
④ 鼠尾草：属一年生草本植物，原产于欧洲南部与地中海沿岸地区，常栽培来作为厨房用调味品或医疗用的药草，也可用于萃取精油、制作香包等。——编注

和印度等进口天然芳香产品的贸易网络。

公元前5世纪，为了抵御瘴气，也为了强调从出生到死亡的各个重要生命时刻，古罗马人在家里食用肉桂、胡椒、没药、藏红花和海狸香[①]。对于他们而言，众多的芳香作物都具有治疗的功效。另外，在世俗生活中，他们也使用数量可观的香料，尤其是在大量的筵席上和浴场内。恺撒大帝统治时期，代表清洁身体的沐浴，成为与安逸享乐紧密联系在一起的基本习俗。古罗马人不仅头抹各种味道的香精油，使用以香膏为底料的面膜，还喷洒藏红花味的香水。

公元前1世纪以后，罗马人赋予他们的神明不同的香味：爱神丘比特是安息香，战神是芦荟香，太阳神是藏红花香，天后是麝香，众神使者墨丘利是肉桂香，维纳斯是龙涎香。

古代阿拉伯，芳香物质在社会生活和宗教生活中也是重要的组成部分。阿拉伯世界对各种香料满怀热情。东方世界的传统，特别是伴随着蒸馏器的发明和蒸馏技术的应用，极大地促进和推动了香水的使用。调香用的初级原料的贸易活动硕果累累，乳香、香辛作料和没药的商业交易也不断发展。古代阿拉伯人不仅喷香水、涂香膏，还烧乳香、苏合香和安息香。女人们为了吸引异性也会洒香水，而玫瑰水则主要用于美容护理。

同样，在阿拉伯人的节庆和典礼上，香氛也以基本要素的形式出现。在他们的宗教仪式中，香气常常用于除魔辟邪。新生儿一出世，就要在某一混合着各种精油香味的场合下受礼，因为这能保护他免于厄运。婚礼上，香气则起到了守护、净化和调情的作用。新娘的花篮子里往往装满花精油、檀香木屑以及玫瑰香和橘香的液体。空气里弥漫着香气，宾客们的身上也洒满鲜花味的香水。

[①] 海狸香：是从海狸亦称河狸的香囊中取出的分泌物。常将分泌物制成5%—6%的酊剂（置两个月后用），也有用溶剂浸提制成浸膏然后再制成净油的。有强烈腥臭的动物香气，但逊于灵猫，介于灵猫与麝香之间也有些俄国皮革样、格蓬样和成熟的无花果气息，稀释后有岩蔷薇样的龙涎香温暖香气，并带桦焦油样的焦熏气。——编注

中世纪，随着基督教势力的上升，出于宗教惯例，香氛在世俗生活中的使用逐步下降。对于宗教人士而言，香气是轻浮的同义词。然而，在远征近东①后回到西方的十字军战士的推动下，人们对于各种香氛产品和香味重新燃起了热情。他们开始重新使用芳香物质，特别是在洗浴时使用香精油。这一习惯后来逐渐与感官快乐、情趣以及欢享联系在一起。

12世纪以后，来自非洲、印度、埃及和东方国家的芳香作物或香氛制品在威尼斯、热那亚、马赛、蒙彼利埃中转。在这些城市进行简单的加工后，它们被投放到市面上。

中世纪的显著特征是人们对于瘟疫特别是黑死病的恐惧。芳香制品因而起到了某种预防疫病的作用。13世纪，泡澡成为疗养或愉悦身心的时刻。由于花草植物能防范疫疠，所以百里香、迷迭香、欧百里香和茴香等被用来祛除瘴气和恶臭。一种新型的器皿遂出现了：用来装麝香、龙涎香、乳香和香精油的镂空苹果球。香气就从这一金属球体的装饰洞眼散逸出来。1348年，在黑死病的肆虐下，欧洲人口大幅下降。当时，人们产生了恶臭会传染疾病的恐惧。气味于是变成一种威胁。

1370年，人们把匈牙利皇后水——一种以迷迭香、玫瑰水、橘子花水、柠檬和薄荷提取物构成的酏剂——用于治疗疾病。这是人们知道的最早以酒精为主要成分的香水。据说，这一香水让年逾古稀的匈牙利皇后重新焕发出她二十多岁时的青春活力和美貌，从而迷住了年轻的波兰国王。

这一时代的一些学者援用葡萄酒干馏原理，发明了酒精，即古龙水的前身。当时的人们就用酒精擦拭身体。瘟疫使人们对于水产生了根深蒂固的恐惧。到了15世纪，沐浴被认为是危险的，洗澡这一习惯也越来越罕见。芳香制剂于是成为备受推崇的洗护用品。

文艺复兴时代，人们广泛使用味道厚重的香氛产品掩盖肮脏的身体。对于疫病的不安使得他们倾向于使用名目繁多的香味来遮掩身体的

---

① 一般指包括非洲东北部和亚洲西南部在内的地中海东部沿岸地区。——译注

污秽浊臭。当时的贵夫人和淑女的衣服底下，往往藏有装着花瓣或者香木的香囊。各种花露水——譬如橘花和迷迭香的花露水以及紫罗兰和薰衣草味的香水，备受青睐。每个人都尽力呵护自己的外表，因为这在当时被认为是最重要的。一些动物香料，比如龙涎香、麝香、麝猫香[①]，由于它们在撩拨情欲和壮阳上的功效，也受到人们的觊觎。香水则一直以它们洁身净体的优点著称于世。香薰和烟熏也有助于抗病强身：人们认为香气渗入体内后，可以消除病痛。

这一时期，意大利是香水制造业的翘楚，威尼斯很快就成为香水之都，但没过多久就被法国取代了。16世纪左右，蒙彼利埃成为香水之都。此外，特别是在凯瑟琳娜·德·美第奇[②]的影响下，意大利风尚在法国传播开来，尤其是使用香味手套的习俗。

法国王室于1614年批准生产香味手套的经营者成立同业工会。这一行业在路易十四统治时期发展壮大。蒙彼利埃和格拉斯两座城市在香水制造领域飞速发展。时任财政审计长的科尔贝尔（Colbert）认为香氛产品制造业是实力雄厚的民族工业支柱。1673年，他鼓励发展香水工业。

17世纪，法国的大众卫生依然很糟糕。为了防范疾病并遮掩脏臭的身体，人们夸张地使用一些味道极其浓厚的香体制品。太阳王路易十四尤其钟爱香水。他滥用大量香水，最后甚至到了令自己觉得恶心的地步。于是，在凡尔赛宫里，不仅香水的味道变得越来越轻柔，而且香水的用量也变得适度。

18世纪早期以降，香水的地位又变得十分的重要，路易十五在位期间，馥郁的香味重新回归，他的王宫被称为"香宫"。当时的习俗是每天更换不同的香水，而且要全身都洒满香水。后来，味道清淡的香水也很

[①] 麝猫香：又名灵猫香，是由灵猫香囊内的分泌物加工而成，腥臭的动物香，稀释后有温暖的动物浊鲜和灵猫酮香气。——编注
[②] 出生于意大利佛罗伦萨的法国王后，1547年至1559年在位的亨利二世的妻子，她的三个儿子后来也相继成为法国国王。——译注

快面世了。大概在18世纪中叶,新型香味大规模出现:人们抛弃动物型香味,转向花草香型或者清新、柔和的橙花水。玛丽·安托万内特[①]酷爱玫瑰花和紫罗兰的香精油。那时候,往假发和头发上敷满香粉非常时兴。香粉的主要成分往往是鸢尾花、石竹和紫罗兰。市面上最常见的精油主要来自蒙彼利埃和格拉斯。玛丽·安托万内特的御用香水师让-路易·法尔荣(Jean-Louis Fargeon)是当时最受欢迎的调香师之一,他在巴黎的德·鲁尔街(Rue du Roule)上有一家香水铺。

此外,伴随着对于花草型香味的迷恋,人们对于身体卫生又燃起了兴趣。

法国大革命之后,在19世纪开展的卫生保健运动之下,平民阶层所用的味道清淡的香水受到推崇。保持身体洁净不再被认为是无关紧要的事情。昔日建议要适量的洗浴活动,也被认为有助于美化肌肤和保持身体健康。因此,调香师们向大众推荐了众多可选择的香水浴,比如以古龙水、柔和的杏仁油、玫瑰水或者蜜香等为基本成分的香水浴。乔万尼·保罗·费米尼(Giovanni Paolo Feminis)1695年调制出的以香柠、柠檬、橙花和迷迭香为主要成分的古龙水获得了前所未有的成功。19世纪,这一款用来擦拭身体的处方柠檬味酏剂备受欢迎。

在漫长的岁月里,香味发生了巨大的变化,这主要受到了社会环境、文化演变以及五花八门的进口产品的影响。20世纪初,随着香水工业的腾飞,一个崭新的世纪出现了。在法国,香水制造商接近三百家,而销售商则差不多两千家。人民的生活水平逐渐提高,身体卫生也不断进步。人们开始关注产品的包装、香水瓶的美感,香水广告繁盛起来。正如著名的香水制造商及调香大师弗朗索瓦·科蒂(François Coty)一样,美好年代的香水大师们开始与知名的水晶制品生产商拉里克(Lalique)和巴卡拉(Baccarat)联手合作。如此一来,独一无二、个

---

① 法国国王路易十六的妻子,热衷于梳妆打扮,挥霍无度,人称"赤字夫人",死于法国大革命。——译注

性化的珍稀香水瓶在短时间内成批出产：无论是香水瓶还是香水，都无法逃脱产业化。

2．香水历史导引

香水，从它的汁液到瓶体，再到搁放瓶体的柜身，从被它滋润的肌肤到与之相随的衣物，再到颂美它的诗歌与画面，都延伸出某种妖娆的魅力，而其中最为重要的便是美学上的回响。香水是肌肤的华丽服饰，同时又是社会进步的语言和体现。

调香师的艺术诉求各有不同：呵护、魅惑、美化、寻幽探微、引诱迷惑……为了自我愉悦，也为了提升我们的魅力和激发欲望而穷尽自然界中的千千万万种香味。"芳香的洗护用品"数不胜数。犹如文明史一般，香水的历史丰富多彩。

香水复杂精妙，所以本书依循重要的主题轴线展开，而这些主题轴线又以香水制造的基本理念为中心，同时也兼顾那些极端的理念。我们还将论及调香工艺史上固有的众多概念：引诱、迷惑、征服，以及堕落。从道德的角度而论，嗅觉是一种非常有失体面的感官，这也许是因为它和本能紧密联系。人们在很长的时间里都认为嗅觉既不可能产生任何认识，也不可能产生任何作品。然而，当女人以及后来的男人都迷恋上了香水，并视之为让他们得以自我突显、纳入某一社会阶层或者摆脱某一社会群体的因素时，现实就发生了变化。人们对于香气的诉求成为一种追索，一场实实在在的圣杯探寻之旅，而爱慕香水并追求这一神奇的护身符，则可以提升他们的个性和闪光点。

当文学作品探讨香味在心理方面的作用时，往往会引人深思。在德国作家帕特里克·聚斯金德（Patrick Süskind）的小说《香水》（Le Parfum）里，著名的主人公格雷诺耶（Grenouille）为了制作出独特的香水而谋杀少女。他一出世就被母亲遗弃，而受托收养他的乳母几个星期后也抛弃了他。婴儿时的他没有一丝气味，以至于乳母认为他魔鬼附体。

他的这一生理特征一直延续到青年时代:"他已经习惯了别人对他的视而不见,因为没有什么能让人感觉到他的存在。"然而,他对于气味却有着惊人的禀赋,因而着手调制迷人的香水。他发明出一种让他得以存在、得以融入人群的香水:"一种寻常的香水,一件灰色的、让人天天保持微笑的嗅觉外衣。"

同样,印度女作家拉迪卡·贾(Radhika Jha)的小说《味道》(*L'Odeur*)里的女主人公莉拉(Lila),也经历了一场由于嗅觉紊乱而引起的严重的身份危机。这皆因她意识到她的身体散发出"某种污浊的、粗野的味道,那么强烈以至无法减缓,那么刺鼻以至无法遮掩……某种混杂了油脂、酸臭的作料、蔬菜和尿便的味道"。生来就失去了父亲的她从小在肯尼亚长大,来到巴黎的郊区后,由于她的嗅觉,她惧怕这个崭新的世界。嗅觉方面的紊乱使她觉得一切挫败都和那股令人恶心的味道有关。无法感知到自身的存在之后,她陷入了妄想:某种与精神病学指出的身份认知错乱以及行为错乱相呼应的状态。

香水反映了我们的社会,它使我们能够以一种别样的、独特的方式理解社会的演变。让我们一起追随香水的印迹——这一无形的存在——并感受从裙子的褶边或肌肤的纹理处的一滴香水发出的这一"簌簌私语"吧……追述香水的历史,就是要画出一条入门的路径。这一路径虽起源于每个独立存在的个体,但又伸展得很远。香水不仅能把我们和世界联系在一起,还能让我们以感性的形式认识世界。

第一章

香水的起源

Chapitre 1. La question de l'origine

香水最初用于供奉神明,是一种宗教用品。在成为礼物和诱惑的媒介之前,它是信仰和心灵的符号。为了理解它是如何在漫长的文明中成为一种如此强大的情感载体,本书将努力追述香水这一部真正的史诗,它的叙述将从最隐秘的角落延展到最遥远的空间,从信众延展到诸神,从人类社会延展到宇宙空间。

1. 宗教仪式中的香

人类最初使用香氛的痕迹可以追溯至青铜器时代的美索不达米亚文明①和黎凡特文明②。然

---

① 人类最古老的文化摇篮之一,从广义上说包括底格里斯河和幼发拉底河两河流域的文明。——译注
② 中东托罗斯山脉以南、地中海东岸、阿拉伯沙漠以北以及上美索不达米亚以西的一大片地区的文明。包括如今的叙利亚、黎巴嫩、约旦、以色列和巴基斯坦。(转下页)

而，这些文明的印迹表明，香氛的使用在当时并非只是初步的尝试，而是一段已经成熟的历史，可以上溯至新石器社会[①]。香氛制品大概发明于东方，因为人们发现公元前 4000 年的伊朗就有了形状各异的香水容器，譬如陶罐和瓷罐。后来，香水传入美索不达米亚，然后又取道向北，或者沿着印度洋、波斯湾等海路，远播黎凡特。需要同时提到的还有东亚特殊的制香工艺。本书将在后文论及。

青铜器时代，地中海东部、黎凡特、埃及和美索不达米亚四大区域，都有香氛制品的身影。那时候，许多文明已经学会利用各种各样的芳香物质，尤其是树脂。公元前 4000 年，人们已经开始在仪式上烟熏树脂，或者在敬奉神明及帝王之家的香炉或吊炉里燃烧树脂。香气在当时的人类生活中，比如在宗教、医疗、美颜护肤和烹饪方面，都占据着特殊的地位。一直以来，人们都认为芳香物质是烙上了神迹的稀有之物，是众神的专享之物。香料，这备受人们觊觎的珍宝，便和权力联系在一起了。因此，它们不仅在这个时期发展起来的贸易中扮演重要角色，还催生了一批司掌祭礼的上层人物。从神圣的宗教到魅力的施展，香氛一方面尾随人类社会发展史，另一方面又伴随着神权向世俗权力的过渡。供奉给神明的香，帝王专享的香料，然后才是人人可以享用的芳香物质。自从人类历史发端以来，香氛就代表着使人类升华的力量，这股力量能让人类成为一个高高在上的、永恒世界中的一部分。和香气联系在一起的超验概念，就在于尘世的凡人和上天的神灵的气息交流，尽管这一交流无影无形。人类像感知到救世主或上帝的气息一样感知到香气，也像感知到死亡和冥界的气息一样感知到香气。正是基于这点，所有的宗教都把香视为一种必要的祭祀用物，烟熏尸体的仪式也因而出现在葬礼上。

（接上页）历史上，这一地区在东西方的贸易中扮演着重要角色。——译注

① 伊丽莎白·多迪内（Élisabeth Dodinet），《青铜器时代地中海和近东的香氛制品》（«Les parfums en Méditerranée et au Proche-Orient à l'âge de bronze»），见玛丽 - 克里斯汀·格拉斯（Marie-Christine Grasse）主编的《香水通史》(Une histoire mondiale du parfum des origines à nos jours)，巴黎，索默居艺术出版社（Somogy），格拉斯国际香水博物馆（musée international de la Parfumerie，Grasse），2007 年。

根据古代美索不达米亚的文字记载，香水早在公元前3500年就出现了。它一直都以香精油的形式出现。关于伊什塔尔[①]下到地狱的传说，提到冥界里没有香氛[②]。芳香的精油在当时是奢侈品，是王侯显贵日常的梳洗用品，但是它们也用于宗教祭礼。祭司们在祭祀活动中使用散发香气的木块和香精油，而这正如马里古城（la ville de Mari）[③]的文献提到的一般。这些文献记载了当时大量购买的芳香精油。这些精油里含有香桃木、柏木、安息香以及其他以冷浸法或热吸法[④]萃取的香精，譬如在庆祝沙玛什神（dieu du Shamash）[⑤]的节庆上祭司们所涂抹的圣油。为了表示对神明的敬重，君王在参加祭祀活动的时候也涂抹香膏，就像祭司们一样。人们在神像前焚烧各种用来愉悦神明和净化庙宇的芳香物质，正如在神殿废墟上挖掘出来的香炉和吊炉所证明的一般。从大洪水[⑥]中生还后，大英雄乌特纳比西丁（Utanapishtim）向吉尔伽美什讲述了他如何以祭品和芳香的供物感谢神明："我在每一边都摆上七个饮水瓶，我往其中插入香蒲[⑦]、雪松和香桃木；众神啜饮沁人心脾的香氛，像苍蝇一般围在祭司的身旁。"[⑧]

---

① 古巴比伦神话里司掌爱情、生育与战争的女神，与植物之神塔穆兹是恋人。邪恶的地狱之神心生嫉恨，设计让塔穆兹受伤而死。为了追寻并拯救爱人，伊什塔尔下到地狱。——译注
② 塞西尔·米歇尔（Cécile Michel），见《香水通史》中的《香氛制品在古代美索不达米亚的调制、加工和使用》（«La production, la transformation et l'usage des parfums en Mésopotamie ancienne»），第57页。[关于伊什塔尔下地狱的摘录，详见《大不列颠博物馆里的古巴比伦石碑楔形文》（Cuneiform Textes from Babylonian Tablets in the British Museum），伦敦，第四十五卷（V. XLV），第138条圖文。]
③ 古代苏美尔亚摩利人建立的城邦，位于幼发拉底河中游的西部。——译注
④ 原文为enfleurage* à chaud，星号着重指出这一术语在字典中有衍生释义。
⑤ 美索不达米亚文明中的神明，是阿卡德、亚述和巴比伦神殿中的太阳神。——译注
⑥ 《吉尔伽美什史诗》里有一段著名的关于大洪水的内容，讲的是水神要用大洪水毁灭人类。后来有观点认为，《圣经》中关于大洪水的部分就来自这部史诗的记载。——译注
⑦ 香蒲，名指菖蒲，牛长干亚、欧、北美温带地区的溪流附近或沼泽地带，常用水蒸气蒸馏法从根茎蒸馏提油。具药草香。国外的佳品，微带有温和木香、辛香、革香与牛奶气息，香气持久。——编注
⑧ 雷蒙·雅克·图尔内（R. J. Tournay），亚伦·谢弗（A. Shaffer），《吉尔伽美什史诗》（L'Épopée de Gilgamesh），巴黎，雄鹿出版社（Les Éditions du Cerf），1994年，第12块石碑文，第187节，第157—161页。摘自塞西尔·米歇尔，《香氛制品在古代美索不达米亚的调制、加工和使用》。

青铜器时代。青铜器时代以来，香成了人类和神明交流的特有方式。祭台上点燃的香挥散出芬芳的烟雾，不仅供奉了诸神，还把人类的祈祷带入神界。众所周知，清香的气味可以祛除疫气，也可以驱邪除祟，因此它既能净化空气，又让处所变得圣洁。尼安德特人（l'homme de Neandertal）[1]大概很注重花香。在一些墓穴中，人们发现一些远古的尸体就葬在鲜花铺就的床上。这样的床榻犹如各种香味和颜色组成的植被，有时候保存得出奇的完好[2]。所以，早在远古时代，当人类埋葬亡人的时候，他们就已经把死亡和花香联系在一起了。

还是在丧葬领域，公元前1800年的欧洲青铜器时代，火葬作为一种有象征意义的仪式非常流行。各种香味在葬礼上发挥着重要作用，燃烧散发出芳香气味的针叶木是这一仪式的重要组成部分。

由于任何容器都可以用来点香，因此青铜器时代末期以来，燃香变得很常见。同时，在祭祀活动中熏灼刺柏和松节油还保证了亚述[3]的小酒馆生意[4]繁荣[5]。在古代美索不达米亚和地中海地区，人们燃烧香木、水果、树根以及其他被视为"植物的血液"的树脂。柏树、雪松、香桃树等已经从西部的阿曼努尔山脉（Amanus）、托罗斯山脉（Taurus）、黎巴嫩山脉（Liban）和前黎巴嫩山脉（Anti-Liban）引入，并且和当地其他诸如刺柏和菖蒲等自然资源结合在一起。因此，当时最基本的香料是笃耨香[6]和某些松香。不过，历史文献和考古挖掘并没有确切得出乳香在这一时期的应用。至于同一地区的香精油的调制，考古发现表明始于

---

[1] 人类进化史上已经消失的古人类，曾经繁衍在欧亚大陆的大部分地区。——译注
[2] 菲利普·马林瓦尔（Philippe Marinval），见《香水通史》中的《高卢时代的史前香味》（«Senteurs de la préhistoire à l'époque gauloise»）。
[3] 古代西亚奴隶制国家，位于两河流域的底格里斯河中游，开始形成于公元前3000年代中叶。——译注
[4] 当时光顾小酒馆的是过路的客人及当地居民，尤其以男人为主，但酒馆往往都由女人经营，这就是为什么法语原文用了酒馆老板娘（cabaretière）一词。——译注
[5] 伊丽莎白·多迪内，《青铜器时代地中海和近东的香氛制品》，第75页。
[6] 笃耨：亦作笃傉。香木名。树如杉桧，羽状复叶，夏日开小花，圆锥花序，切破其茎，则树脂流出，香气浓郁，名笃耨香，可作香料及供药用。——编注

青铜器时代中叶①。精油最初只是仪式上的某一简单元素，用于涂抹和浇奠。在乌尔（Ur），公元前3000年代末期，人们往庙宇的大门、地板和地毯上涂抹雪松香精油。在古代叙利亚的乌加里特（Ugarit）——一个强大的王国——人们往祭品上浇洒没药精油。在克里特岛（Crète），古希腊人则往神明的衣饰上喷香。同样，香精油也应用于世俗王权。在王权之下，它既是拥君的载体，又是拥君的符号。在公元前2900年建于幼发拉底河西岸的美索不达米亚马里古城，精油就被称为"胜利之油"。此外，在整个青铜器时代，香精油的应用还延伸到了民间。当时，芬芳的精油用来欢迎尊贵的客人；在黎凡特，它成为加强联盟的符号。香精油也用在护理和梳妆打扮上，因而成为某种代表社会名声的标识。正如在墓地中发现的瓶子所说明的一样，精油是人们带进坟墓、象征社会地位的一种符号。

青铜器时代末期，在黎凡特，香氛制品的品种不断扩充，出现了接骨木、苏合香和没药的香精油。而最早从花卉中提取的香氛则来自迈锡尼文明中所使用的鼠尾草油、玫瑰油和油莎草油。保存在形状各异的瓶瓶罐罐中的香水、香精油、香脂将一直流传至整个古希腊、古罗马社会。人们在塞浦路斯和克里特岛上考证出了一些青铜器时代的香水作坊。调香师们所用的工具并不奇特，大多是厨房中使用的厨具：比如长柄大汤勺、漏勺、研钵、杵、瓦罐等。据推断，大多数的香水作坊也许是把家务活计和手工业整合在一起的家庭作坊、流动作坊，或者是结合了纺织、冶金、榨油等行业的多功能大型作坊，就像塞浦路斯的古遗址所展示的一样。几乎没有文献描绘当时的制香工艺，遗留下来的断章残篇也没有给出这方面的技术资料。调香的原材料似乎先在水中泡煮，然后再放在油里熬制。调制的过程长久，一般要十天到三个月的时间。提取物经过棉麻织物的拧搓过滤后，装入瓶罐中保存。古代迈锡尼人应该还借助了在葡萄酒和蜂蜜、水果中浸泡的酒精浸渍工艺。犹如红花油或

---

① 伊丽莎白·多迪内，《青铜器时代地中海和近东的香氛制品》，第75页。

者其他诸如杏仁油和罂粟油等未经正式确认的植物油一样，橄榄油是调制香料的特殊底料。与此同时，迈锡尼人已经使用动物油脂调香。青铜器时代晚期至公元前1200年左右，这一制香工艺部分失传了。不过，有着东方传统特色的制香技术还是在某些地区留存下来了，譬如在塞浦路斯、罗德岛（Rhodes）[①]、黎巴嫩沿岸和安纳托利亚（Anatolie）[②]的一部分地区。此外，这样的工艺还为公元1000年出现的香水新纪元打下了根基。

公元前5世纪，古希腊历史学家希罗多德描写了中亚大草原的游牧民族斯基泰人在宗教仪式上吸食大麻的场景。大麻的花球有麻醉的功效，但是大麻籽熏蒸后会发出芳香的雾气。这一文献证明了在东方的土著社会中，烟熏和焚香的习俗不仅很常见，并且还是一种历史悠久、根深蒂固的传统。

第一批真正意义上的香水瓶或者化妆品瓶子似乎可以追溯至公元前7000年左右的近东地区。当时，这些在地中海地区流转的瓶子可是名副其实的奢侈品。在欧洲文明最古老的土地巴尔干半岛上，人们发现了一些似人形的陶铸品，它们很可能是距今大约5550年的新石器时代的香炉。考古学家把这些当成香炉用的、千人一面的女性塑像称为"标准女神像"。在伊比利亚半岛和意大利半岛的北部，也出土了一些新石器时代的女神像，它们应该曾被安放在人们烧香供神的庙宇中。当地人烟熏香料的历史在文献里亦有记载；此外，考古资料也证实了这些习俗的存在。在阿尔泰山脉（les monts Altaï）一座冰冻的坟墓中，人们就发现了一些装满大麻籽的火盆，而这证明了西方社会的原住民有焚香的习俗[③]。

古埃及。古埃及社会使用大量的芳香制品和香料。埃及是一块富饶的土地，如果没有灌溉整片平原的尼罗河，这个地区只是一片干燥的沙漠。希罗多德认为，在神明崇拜上，埃及人领先于其他民族。法老的宫

---

① 现位于希腊境内。——译注
② 又称小亚细亚，位于黑海和地中海之间，现大部分属于土耳其领土。——译注
③ 菲利普·马林瓦尔，《高卢时代的史前香味》，第31—35页。

殿是他在人间的居所，然而他实实在在的统治是从他去世后才开始的。因此，他的陵寝就成为一座神殿。摆脱了凡人气息的人间神灵，在受到了欧西里斯（Osiris）①的审判之后，无论是否得到后者的奖赏，都将在这座神殿中开启他不朽的生命。自从古埃及的新王国时期（公元前1500年）以来，在埃及，表达神或神界的文字总是放在指代香（sonter）的字词之前。香氛也被解释成"神圣的气味"或者"神灵喜欢的气味"。保罗·福尔（Paul Faure）指出，这一点都不奇怪，因为任何一种香气都来自"神界"，它不仅把人类的愿望带到天国，还让裹挟在其烟雾中的一切变得圣洁②。

香气是把天国和尘世联系在一起的途径。为了供奉神灵，神庙里香雾缭绕。此外，人们用防腐香料保存亡人。古埃及人形成了保存法老灵魂的习俗：在制作木乃伊的过程中，他们不仅发展了高度的医疗水平，还加强了他们的制香工艺以及他们对于君王的虔诚。香氛是永恒不灭的符号：它不仅赋予灵魂生命，还让灵魂现身。埃及的香氛制造，诞生于庙宇之中，既是遥远的信仰传承，又和古埃及关于气味的传说联系在一起。祭司或术士，是最早的调香师，也是最早的医师，他们把一套用于祭祀活动的香料配方传承下来。譬如，用来焚烧的树胶和松香。与此同时，香料也出现在日常生活和节庆中。据保罗·福尔所述，香这个词最初指的是笃耨香的树脂，后来才表示没药③。古埃及人用它来供奉神明，常日里还用它来唤醒神像。祭司和信徒们也呼吸着这一股香气，这一股真实的"生命气息"。他们只觉得辛香的烟雾令他们昏昏欲睡的同时，裹挟着他们而去。笃耨香的香气就如麻醉剂一样，让人飘飘欲仙的同时，又让人呆滞迷离。

因此，在古埃及人的生活里，无论出于实用、祭祀的原因，还是

---

① 古埃及最重要的神祇之一，是掌管阴间的冥王。——译注
② 保罗·福尔，《古代的香水和香料》（*Parfums et aromates de l'Antiquité*），巴黎，法亚尔出版社（Fayard），1987年，第18页。
③ 同上书，见第一章。

出于丧葬的原因，香料或者香膏的使用很频繁。在每一种仪式活动上，都要焚香燃油。拜神用的香是祭司配制出来的，祭司们每天都必须奉三次香：早上是松香油，中午是没药香油，晚上则是著名的、被称为西腓（kyphi）的圣香。埃及法老也涂抹这些香精油，因为他们的权力和神权密不可分①。古埃及的制香工艺由某一特殊的技术构成。普林尼（Pline）②在其著作《自然史》第十二卷第七章（HN XII，7）里提到合成香水的两种成分：液体（sucus）和香精（corpus）。古埃及亚历山大③的调香师们在整合了东方和非洲形式各异的传统技术之后，掌握了调制香水和香精油的方法。尼罗河谷在古代世界是一块香精油的出产地，它不仅提供种类繁多的香精油，还供应辣木油（ben，从某种亚洲和北非的灌木——辣木——树籽中提取的精油）。在其著作《自然史》（见第十三卷第四章第五节下的第63条目）中，普林尼还提到了孟代斯（Mendès）香精油——源于尼罗河三角洲的下埃及的首府之名，这一精油又称为赫肯香精油（l'huile de Heken）或白松香（Métopion），古埃及也因这两个名字而声名远播。当时的香精油往往由可食用油调制而成，譬如油莎草油、亚麻籽油、莴苣籽油、芝麻油或者辣木油。古埃及人在这些价格昂贵的食用油中加入芳香的草本植物、香辛作料和诸如墨角兰、白罗兰、蓝荷花（人们视之为神圣的化身）、水仙花、鸢尾花、玫瑰花之类的鲜花。孟代斯香精油就是在辣木油的基础上加入没药、肉桂和松香调制出来的。白松香的提炼要复杂得多，因为它不仅要从埃及的一种苦杏仁油中萃取出来，而且还需加入橄榄油（omphacion，从未成熟的橄榄中提

---

① 希内·埃尔热·奥弗雷尔（Sydney H. Aufrère），《古埃及圣香和圣油的种类和使用》（«Nature et emploi des parfums et onguents liturgiques en Égypte ancienne»），见《古埃及的香氛制品》(L'Égypte, parfums d'histoire)，巴黎，索默居艺术出版社，格拉斯国际香水博物馆，2003年，第118页。
② 古罗马百科全书式的作家，以其《自然史》(Histoire naturelle)而闻名。世人称之为老普林尼，以区别于其养子小普林尼。——译注
③ 公元前332年，古希腊马其顿国王亚历山大一世征服埃及后，建起的一座以他的名字命名的都城。——译注

取)、小豆蔻、芬芳的灯芯草、香蒲、蜂蜜、葡萄酒、没药、没药树籽、波斯树脂（galbanum）和松脂。

神秘的蓬特古国[①]。古希腊、古罗马时代，尼罗河谷成为乳香属和没药属的芳香树脂的中转之地。这些树脂来自阿拉伯和红河沿岸。腓尼基人和塞浦路斯人不仅善于制作香氛制品，也精于在地中海周边地区扩展香料生意。他们在尼罗河三角洲、阿拉伯及红海沿岸等地购买原材料。由于古埃及不出产从植物中提取的胶脂，而只是原料进口地，所以它的香氛产品的制作使用的是来自国外的芳香树脂。当时，针叶树脂及松节油、笃耨香脂和乳香都来自近东和地中海东部地区[②]。埃及不仅早早就开通了和亚洲之间的东北沙漠商旅之路，还和比鲁斯（Bylos）[③]建立了往来关系，这可以从古埃及帝国时代所开辟的海上之路看出。于是，安息香、须芒香草、伞形科树脂、干松香、藏红花以及种类繁多的香精油从北方的通道抵达埃及。而某些松柏或刺柏的树脂和精油以及氨草胶、波斯树脂、格蓬[④]则通过利比亚沙漠的绿洲从西部大量涌入。然而，南方的干道才是最受欢迎的，并且是古埃及觊觎不已和建立霸权的目标。非洲的热带珍稀作物，尤其是苏丹北部的物产，从努比亚的尼罗河谷和邻近的干道——譬如从达尔富尔（Darfour）到卡尔加绿洲（l'oasis deKharga）干道——源源而来。在古埃及东部，阿拉伯大沙漠不仅富藏矿物质，而且通向红海。有一条路就直接通往南纬20度的港口中枢——阿拉伯和非洲的交通枢纽以及蓬特古国的出海口。备受古埃及人垂涎的珍稀物品没药树（ânti）便产于该地。第四王朝的早期（公元

[①] 蓬特古国（le pays de Pount），传说中的古王国，历史长达800多年，与古埃及有贸易往来。——译注
[②] 娜塔丽·伯恩（Nathalie Baum），《古埃及的香料》（«Les substances aromatiques en Égypte ancienne»），见《古埃及的香氛制品》，第37页。
[③] 即如今位于黎巴嫩境内的古城朱拜特，悠久的历史长达7000年，被视为"延续至今最古老的城市"。——译注
[④] 格蓬：伞形科草本植物，原产于伊朗及黎巴嫩，清香带木香底韵的膏香，有青椒和青苹果的清香及松柏木质香气，淡时有麝香格调。——编注

前2700—前2600年），古埃及人就已经开始寻找近东的这一特产了。沿着尼罗河向南推进，古埃及人很可能在某地逗留；而就在此地，他们和一些中间商交易，以获得来自蓬特的珍稀物品。此外，他们还多次从加瓦西斯港口（le port de Mersa Gawâsis）出海远征，前往蓬特找寻每年10月到次年4月新鲜采摘的没药。鉴于红海上的风势，每一次远征都在6到9月之间启航，以便借力于从荒蛮海岸吹来的北风和东北风。与此同时，古埃及人还能通过内陆的科尔玛王国（Kerma）获得蓬特的产品。然而，关于这一话题的资料模糊不清，就像神秘的蓬特古国的地理位置一样。关于蓬特，文献很多，可它们的记载却互为悖论。有关蓬特位于非洲境内的推测不具说服力，因为其他证据支持这一古国位于阿拉伯半岛，且它的中心就在也门的梯玛哈（Timaha）。以历史学家娜塔丽·伯恩（Nathalie Baume）的观点来看，蓬特古国呈三角形，最北延伸至如今苏丹境内的卡萨拉（Kassala）或者也门的阿基格（Aqiq），甚至是苏丹的萨瓦金（Souakin），南部的两端则包括今天东非国家厄立特里亚境内的马萨瓦地区（Massaoua）和阿杜里斯（Adoulis）。这一地理位置也与植物地理学相吻合。

由于古埃及人对没药的需求很大，而没药却是蓬特古国的特产，他们既不能控制没药的产出，又不能控制没药的交易，于是他们只能不断在这一市场上确立自己的地位。在新帝国时代，这一努力逐渐突显出来。当时，古埃及人在努比亚强势扩张，以便和蓬特保持直接的贸易往来。他们甚至还通过引进没药树的种植，使埃及成为没药的产地。这也正是公元前16世纪上半叶，哈特谢普苏特女王（la reine Hatshepsout）[①]派遣著名舰队出使的原因所在。这是一次历时长久、困难重重的远征，尽管它的政治、经济背景是为了促进埃及的发展，但事实是，古埃及这个时期已经通过武力打开了栋古拉（Dongola）地区和科尔玛王国的大

[①] 开创了一代盛世的古埃及第十八王朝的法老，亦是埃及历史上独一无二的女法老。——译注

门，成功地征服了下努比亚。他们不仅控制了香料原料的生产和交易活动，还不断靠近内陆的销售市场。蓬特古国的产品就由这些市场抵达尼罗河谷。不过，河路运输由于途经的地区并非那么友好而风险重重，所以古埃及人积极拓展不同的原料供给线路。此外，他们还特别注重直接的海上贸易，因为这可以让他们和蓬特人进行一手交易。因此，古埃及人出海远航，目标是"蓬特的没药梯林"（Urk. IV 319，17；320，14）。由五艘大船组成的埃及舰队，朝着"神的国度"出征，并顺利抵达蓬特。皇室派出的使节及其率领的队伍"在海岸两侧的蓬特没药林中安营扎寨"。这意味着他们抵达之地是一个大海湾或者海峡。使节在披甲持戟的将士的簇拥下，带着给"蓬特领主夫人"准备的厚礼，即来自埃及皇家工坊的礼物，会见蓬特古国的领主。埃及人也会收到作为回礼的"蓬特珍品"，比如黄金、乳香、象牙、兽皮等。这样的交换消除了产地和中转地之间的差别。与此同时，古埃及人还观看了"神的国度的工人剥除树皮"，并参加旱季时节没药的采收。为了获得他们想带回埃及的没药，他们在蓬特的逗留长达数周。他们一直等到没药树长出新的叶子，以便从中选取三十一株，并把这些连根拔起的树木移植到达尔巴赫里（Deir el-Bahari）的哈特谢普苏特女神庙前。"来自神的国度的珍品"运回埃及之后，先经过分类、称重和甄选，然后才在托特神和财政大臣塞内米亚（Senemioh，又写作 Senemiâh）的严密监视下，入库存放。托特是主管簿记的神明，塞内米亚则是监管商业买卖，并向香水作坊发放珍贵没药的大臣。

古埃及人确实把从蓬特带回来的没药树——属于乳香科或者没药科的某一品种——移植到了阿蒙神（Amon）[①]统辖的疆土上，以便收成后用于调制圣油。当时，神庙的香料产业在埃及的经济生活中扮演着重要角色；同时，香料由于自身的防腐性和除菌性，在医疗卫生上的重要性也非同寻常。在哈特谢普苏特女王统治时期，移植女王派遣的远征船队带回来的没

---

① 古埃及新王国时期的民族神。——译注

药树是一桩盛事，因为这标志着某种引人注目的成就：他们不仅引入了没药这一香料，还引入了产出这一香料的树木。不过，考古挖掘下重见天日的种植园里的壕沟证明：这些树木当时未能适应埃及的气候。因此，有观点认为直到法老时代末期，埃及人都不得不从蓬特古国进口珍贵的没药。新近的研究发现表明，这一神秘的国度位于阿拉伯半岛南部。

以挥发性的香供奉神灵，并焚烧木块和诸如笃耨香之类的树脂，在古代的祭祀和葬礼上很常见。当时的人们一般用混合在一起的香料供神。他们不仅用这样的混合物涂抹神像，还用在祭祀年份的多个场合上。此外，古希腊罗马社会晚期的作家也提到，在日间和夜间的不同时辰焚香有着特殊的重要性。熏香是为了供奉神明。法老神像的晨起包括启口仪式和上香。

主持仪式的祭司在向木乃伊尸身或者神像注入新的生命气息之前，首先要把五个香球插在尸身或者神像的嘴巴、双眼和双臂上，给它们净身。然后，他才口中念念有词：“向你行礼，香氛！向你行礼，香氛！你，荷鲁斯（Hurus）[①]孕育的产物……香氛之下，你纯洁高贵，你的名纯正馨香。”[②]

在上埃及晚期庙宇内的制香室的墙壁上，刻有西腓配方，这是我们仅有的古代香氛配方。

西腓。古埃及前王朝时代（公元前4000—前3000年）的国王或女王们在他们的墓葬中，很可能就使用西腓来保持他们灵魂的生命力。西腓的配方，即托勒密王朝[③]时代的合成系列香氛配方中最简单的一款，就保存在埃德夫（Edfou）[④]的荷鲁斯神殿（兴建于公元前2世纪）内。埃德夫现存两份形式迥异的配方，它们可以上溯至托勒密七世时代。冠

[①] 古埃及神话中法老的保护神，象征王权。——译注
[②] 保罗·巴尔盖（Paul Barguet），《古埃及人的死亡之书》(Le Livre des morts des anciens Égyptiens)，巴黎，雄鹿出版社，第十五章，第47页。
[③] 又称为托勒密埃及王国（公元前305—前30年），古代马其顿帝国的亚历山大大帝死后，其大将托勒密一世开创的统治埃及及其周边地区的王朝。——译注
[④] 位于埃及尼罗河西岸的一座城市。——译注

名为"赋予圣物双倍西腓香制法"[1]的西腓配方，总共分成五部分，每一部分都标出了许多操作步骤。在该配方里，近似的原料组合在一起。埃及人往往在开年的时候使用西腓，而调制西腓一般需要五天时间。西腓一词的复数形式不仅常常用来说明这一调制过程，还强调了一整套的熏制概念。

古埃及人亦把这一香水视为某种药物。根据迪奥科里斯（Dioscoride）[2]，"从宗教的角度而言，西腓是一款用来焚烧的香，它深受欢迎，因此成为古埃及祭司们最常使用的香。同时，人们还把它加入到解毒药中，作为药水给哮喘病人服用"。[3]不过，这只有贵族们才能享用。埃德夫的调香坊（见下文）给出了两份西腓的配方，这两份配方——里面的用料实际上画出了香料之路——既展示出了东方国度（埃及、亚洲和所有阿拉伯国家）的一个缩影，又见证了一场旷日经久的制香历程以及古人对于制香原料和原料优点的熟稔。在埃德夫的西腓制法中，要研磨七种香料，其中有冷杉、香芦和香茅。首先，必须把这些香料研成粉末并过筛。其次，在筛滤出的粉末中加入包括捣碎的刺柏浆果和油莎草在内的其他四种成分。接着，用酒淋湿这十一种混合在一起的香料，并放置过夜，让它们完全吸收酒汁。然后，用葡萄酒浸泡混合物多日。最后，把浸泡过的混合物加入到在火上浓缩过的乳香和蜂蜜中。熬煮能让合剂变得更浓稠，而捣碎的没药之后才能掺入其中。末了，古埃及人把全部的配制物都倒入陶罐中。

西腓的调配不仅形式各异，配方的成分根据市场供给情况也会出现替代品。正因为如此，埃及的配方和希腊的配方不可能完全一致。在

---

[1] 维克多·洛雷（Victor Loret）《西腓·古埃及人的圣香》（《Le kyphi, parfum sacré des anciens Égyptiens》），见《亚洲日报》（*Journal asiatique*），1887年7—8月份期刊。在这篇文章中，作者参照托勒密时代记录这一香水工艺的象形碑文，分析了古希腊的三种配方。

[2] 迪奥科里斯（公元前90—前40年），古罗马时期著名的希腊医师、药学家，其代表作《药物论》是现代植物术语的重要来源。——译注

[3] 迪奥科里斯，《药物论》，第87页。

古代作家迪奥科里斯、普鲁塔克（Plutarque）[①]和盖伦（Galien）[②]的作品中，西牌配方的版本不尽相同，不过它们之间还是有许多相似之处，而且我们注意到他们在细述西牌的调配时，不仅极大地扩充了配方里的成分，还增加了西牌使用层面的论述。他们的文本以埃及托勒密时代的配方——这一调配方法是以象形文字呈现出来的——为原始的版本。普鲁塔克（公元50—125年）在他的《伊西斯和欧西里斯》（*Isis et Osiris*）[③]中给出了西牌的配方："西牌是一种合成剂，由十六种成分混合组成，包含蜂蜜、葡萄酒、葡萄干、油莎草、松香、没药、金雀花、邪蒿，此外还有乳香黄连、柏油、灯芯草、巴天酸模以及（人称大刺柏和小刺柏的）两类柏木料、小豆蔻、肉桂（而非肉桂的萃取物）和菖蒲。当然，西牌不是由它们随机混合而成的，而是根据一些绝妙的配比调配而成。当调香师把这些（成分）混合在一起的时候，他们对这些制作配比了如指掌。"因此，尽管我们有多个版本的西牌配方（包括埃德夫调香坊里的两个文本），这些配方也不尽相同，但是其中都含有蜂蜜、安息香（松脂）和乳香（松胶）等。根据所有古籍的描述，西牌是一种用来燃烧的香氛制品，因为它的成分里含有四分之一以上的树脂（没药树脂、乳香黄连木树脂和松香树脂）以及差不多等量的香木根和碎料。同时，它还带有某种类似香脂的甜味。带有香草味道的苏合香赋予它东方的情调；它的尾调和后味则由没药呈现出来。

不能忽视的是祭祀活动上的香有名无实，因为它们并不是用来愉悦嗅觉的。它们包含的首先是宗教意义，即便普鲁塔克在提及西牌时也说道："它散发出的气味既讨人喜欢，又有益健康，（人的）神色在它的作用下起了变化，受到这样的气息轻轻触动的身体则变得慵懒松缓，且无

[①] 古罗马时代的希腊作家、哲学家、历史学家，代表作有《希腊罗马名人传》《道德论丛》。——译注
[②] 古罗马著名的医学家、哲学家。——译注
[③] 普鲁塔克，《伊西斯和欧西里斯》（*Isis et Osiris*），见《道德论丛》（*Œuvres morales*），第五卷，巴黎，文艺出版社（Les Belles Lettres），1988年，第八十章。

须陷入酒醉迷狂之中，日常的苦恼和重压也因之而消解了。"在西腓的调配中加入的每一种配料，无论是没药、乳香，还是安息香，都含有特定的宗教意义。因此，普鲁塔克版本的西腓配方，不仅包含"一切迥然不同的特质"，还重新构筑了一个既神圣又轻松自在的世界。古埃及的祭司用来自异域的香料祭神，与神灵交流。这样的香就在他们梦想的国度里，即被称为"神的国度"的蓬特古国。埃及的香料、珠宝和美容用品等就来自这个国家。古埃及人把互为补充的植被和矿物并入同一个符号中。必须加入到祭祀用香里的，正是一些由神界散发出来的气息。普鲁塔克曾以某一古埃及文本为依据，强调芳香树脂来源于太阳。

埃德夫的调香坊。西腓基本原料的名称和配方就刻在一些专门制香的房子的墙壁上。研究古埃及历史的考古学家把这些处所称为"调香坊"。此外，它们也是古埃及人为神庙内供奉的神灵调制祭品的祭祀场所。除了埃德夫建于托勒密时代的荷鲁斯神庙内的一间制香室以及乌昂尼娜神庙（temple de Ouennina）[①]内的制香室之外，这些宗教处所大都已土崩瓦解，埃德夫图书馆的附录提到，曾经有过关于制香的宗教典籍，其中囊括了所有制香秘方的清单。当时，祭祀用香也可以用于丧葬。用防腐香料处理尸体之后制成木乃伊，被认为是一个把亡灵变成类似神灵的过程。在古埃及的传统中，诸神的世界没有恶臭。

埃德夫的调香坊是一间典型的托勒密时代和古罗马时代的神殿大厅。在它的墙基腰线处，研究者能了解到他想要知道的基本内容。里面的配方正文具有学术价值——譬如我们可以看到合成西腓的原料的一览表，有用来愉悦神灵的嗅觉的熏香配方，也有经火浓缩过的涂抹用的香膏或香脂配方，最后还有用熬煮的方法调配出来的树脂软膏的秘方。树脂软膏是用来涂抹塑像的，这就和埃及人以神灵自称的观点相吻合。祭祀用香名目繁多。调香坊里的古埃及香料非常全面：芳香植物、动物性

[①] 希内·埃尔热·奥弗雷尔，《古埃及圣香和圣油的种类和使用》，见《古埃及的香氛制品》，第122页。

油脂——主要用于梅吉特香膏（l'onguent medjet）、柏油、染料、胶脂、果品、葡萄酒、盐。香膏的制作一般是把新鲜的原料放在炉灶上熬煮。当时制香人士是一些有着 noud 的个人头衔的调香师或香料经营者。此外，根据调香坊里的文字，我们不仅知道香膏是用加热法制成的，还知道香料里的汁液是通过研磨和稀释的方法提取的。古埃及人应用三种制香工艺：用油脂萃取花香的脂吸法、热油浸泡法、压榨法[①]。不过，古代埃及还没有蒸馏法[②]，因此当时大部分的芳香制品是通过在水溶剂，或是在含有少量酒精的液体特别是油脂中煎煮熬制出来的。也就是说，古埃及人只能以油脂为介质获得香氛制品。

昂媞乌（Ântyou）和梅吉特（medjet）。后人在埃德夫调香坊的墙壁上发现的配方中，固化的昂媞乌香精油，又称为赫克努（hekenou）香膏，是古埃及人最常用来供奉神灵的香油之一。这一款油膏的主要成分是产于蓬特的乳香。法老充当神灵的调香师，他的助手则熬制香膏。这一用来供奉给神庙里的神祇荷鲁斯和哈托尔（Hathor）[③]的油膏，调配过程长达九十二天。在调香坊的所有秘方中，它的配制是最为复杂的。它需要多重的操作步骤（熬制和浓缩）以及静放的时段。调配的时间取决于主神的资历。香膏的成分有乳香树和山扁豆树的果实、安息香、阿勒颇（Alep）的松脂、三香，还有来自绿洲的葡萄酒以及有助于稀释浓缩物质的水分。这些原料需要经过熬煮，而且每一道工序结束后，制作香膏的人要取出在锅底形成的油膏，装罐存放十一天。昂媞乌并非只被视为一块简单的油膏，它可是经过了十二道工序的熬制和稀释。在把油膏加入研磨好的没药之后，调香师便把全部的膏状物重新装罐存放二十天。最后，还需要配制三块安息香，要制成这三块香，则另需要一百八十天

---

① 压榨法：利用螺旋压榨机依靠旋转的螺旋体在榨笼中的推进作用，使果皮不断被压缩，果皮细胞中的精油被压榨出来，再经淋洗和油水分离，去除杂质。
② 蒸馏法：一种香料的制备方法，一般是指将香料植物与水共同蒸馏，使其有香成分随水蒸气一并馏出，再经冷凝分取有香成分，所得产物通常称为精油。
③ 埃及最古老的女神之一，在埃德夫被视为荷鲁斯的妻子。——译注

的时间。

在古埃及神话中,安息香精华液是由长着狮首的香料守护神调制出来的:"塞斯穆(Chesmou)[①],手艺精湛的芳香之神,特别为女神打造了这一精华液,女神身上散发出的香气平息了拉神(Rê)[②]眼里的怒火。"[③]这一款献给哈托尔女神的女性香精油需要三百零三天才能调制而成。哈托尔女神象征遥远的东方及其珍贵的珠宝和香料。组成安息香精华液的原料来自不同的国度,而只要一提起这些国度,就能让人神思远游。此外,这款芳香馥郁的精华液,功效显著,迷惑了在大旱的五天中向人类阴险地亮出她的刀戟的女神:当她重返人间时,已化为滋润大地的洪水。

梅吉特香乳不是一种以芳香树脂制成的乳剂,而是以热法取得的动物性油脂。它是通过提取用于祭祀的公牛的前掌油脂制作出来的。由于梅吉特是一种用于涂抹神灵的塑像的圣油,所以古埃及人认为它可以传递公牛的威力。它不仅用于安抚神灵,也用于调制神庙内照明用的灯油。尽管从嗅觉上而言,它的基调属于香脂醋,但由于它含有能净化空气、挥发性的刺柏精油和松脂精油,所以它又让人想起东方国度。在埃德夫调香坊的墙壁上,梅吉特香乳的整个配制时长并没有明确标示出来。不过,配方最后一道工序提到,为了把制品当成主神赛特(Seth)[④]之血,人们用紫朱草的根须把制品染成红色。

在浏览埃德夫调香坊墙壁上的众多配方时,我们可以看到,尽管古埃及人是从宗教或者符号的角度去认识芳香植物的,但是他们同时也具备博物学家的研究方法。尼罗河谷的祭司们对于某一树脂的研究,一般以它的颜色和形态为依据;而对于树脂的观测,则往往在其原产地进行。他们常常根据香味来区分两类树脂:一类是昂媞乌香精油里有点苦涩的、乳香味的树脂,它们主要是一些乳香科的树脂;另一类是带有香草味的

---

① 古埃及司掌美酒、香油、香脂和香料的神灵。——译注
② 古埃及的太阳神。——译注
③ 希内·埃尔热·奥弗雷尔,《古埃及圣香和圣油的种类和使用》。
④ 古埃及九柱主神之一。

树脂，苏合香树和安息香树的树干里流动的就是这一类树脂。此外，只有被祭司们视为神圣的原料才能用在调香坊的配方中。比方说，由于漫长的浸泡过程而需要六个月的时间才能调配而成的哈托尔香精油，主要成分有晒干的松香、安息香树的树皮、菖蒲、柏油、乳香黄连木、柚木籽、树木的果实以及来自绿洲的葡萄酒和水。

此外，埃德夫调香坊里的配方也证明了调配芳香制品需要丰富的经验。神庙里的摘要，即祭司们代代相传的记录，起到了非常重要的作用。古埃及人在这方面的知识后来传到了古希腊和古罗马世界。实际上，西腓在古希腊、古罗马世界变成了一种灵丹妙药。希伯来人则把这种香氛制品专门用在宗教仪式上，西腓是他们每天都要点的香[①]。即便在今天，我们不仅能看到这类宗教仪式的回归，也能看到某些用于香薰治疗的香料。

木乃伊的制作。 在古埃及的著名文献《气息之书》（又称为《死亡之书》）里，在冥神欧西里斯的指令下，亡灵要完成接受众神审判的神秘之旅[②]。为了消除粪便的恶臭，即死亡、坟墓和邪恶的气息的符号，亡灵求助于香料。防腐的芳香剂在消除恶臭的同时，能确保灵魂不死。在该

[①] 《出埃及记》，第三十章，第34节："取一些安息香、一些乳香、一些香玛瑙、一些你往其中加点盐的波斯树脂。"

[②] 保罗·巴尔盖，《古埃及人的死亡之书》，第47页。根据传说，欧西里斯和赛特是天神努特和地神盖布的两个儿子。盖布授予欧西里斯在人间的统治权，他成为埃及的第一任法老。他娶了他的妹妹伊西斯，并和她一起统治埃及。他在位的时候，以仁慈、公正和贤明而著称于世。他的弟弟赛特，在疯狂的嫉妒心驱使之下，密谋杀害他。赛特邀请他参加宴会，并在宴会上提议每一位宾客躺在一副华丽的棺材中："身材和棺材的尺寸相称的人将赢得这副棺材。"欧西里斯于是在以他的体型打造的棺材里躺了下来。在座的宾客扑向棺材，并把他盖在里面，然后又把密封的棺材扔到了尼罗河里。多亏了亡灵的守护神奈芙蒂斯（Nephthys），伊西斯（魔法的守护神）找到了她丈夫的尸体，并把它藏在一片沼泽地里。气急败坏的赛特找到了欧西里斯的尸体并把它撕成十四块。在奈芙蒂斯和她的儿子阿努比斯的帮助下，伊西斯找到了散落在埃及各地的尸块，除了被一条鱼吃掉的生殖器之外。他们三人于是在一次聚首的时候，复活了欧西里斯的尸身。埃及法老的守护神荷鲁斯就是在欧西里斯这次复活后诞生的。荷鲁斯在一次决斗中打败赛特，赢得了埃及的统治权。欧西里斯变成冥界的国王。人们便把他称为欧西里斯N，N代表欧西里斯"享有天福的灵魂"。

书讲述太阳船和欧西里斯的审判的第三部分里,亡灵哀求:"请赐给我陪葬品、乳香、香油和神灵食用的一切美好食物吧!"[1]

在埃德夫的调香坊里,有一个特殊的地方专门用来存放两种墓葬用的油膏:珍膏和"圣石膏"。第一种油膏用来涂抹一些盛放过欧西里斯圣骨的小塑像。(那些圣骨是由伊西斯收集起来的,并在开启新一轮植被周期的墓葬节上埋入土里。)第二种则是专门用敏(Min-Amon)[2]的塑像配制而成的。[敏这一神祇在科普特(Coptos)受到尊崇,它保护在埃及东部大沙漠的开采,该地区出产的宝石非常全面。]这种油膏是黑色的,原因在于里面含有一种意想不到的成分——柏油。事实是,埃及人把这种物质视为拉神的咯痰。拉神是众神里威力最大的神灵,他强大到可以自我创生。由于柏油象征拉神的衰老、死亡以及由死亡预示的蜕变,所以黑色代表重生。"圣石膏"需要历经二十一天和七次不间断的熬制才能配制出来。它是一种为重生轮回做准备的制品,里面含有香料、金粉、银粉、绿松石和青金石等宝石。

不过,这种还混有柏油、笃耨香和昂媞乌香膏的油膏散发出的味道应该并不讨人喜欢,并且也只能用在殡葬上。要进行防腐保存的法老尸体首先要去除内脏,然后再用棕榈酒清洗已经去掉了所有易于腐烂的器官的尸体,最后用泡碱[3]风干。

法老尸身的防腐保存交由两个特殊的祭司团体处理。第一个团体负责用特制的钩针取出脑髓;第二个团体则受托摘除内脏。根据古希腊史学家希罗多德的观点,尸体随后要浸泡在泡碱或小苏打的溶液里七十天。从这一化学液体中取出来之后,再用香木屑和在香精油里泡过的湿布填充尸身的内部。外面的皮肤则涂抹上松木、肉桂和没药制成的精油。最

---

[1] 《古埃及人的死亡之书》,第111页。
[2] 在古埃及神话中,敏有时被认为是阿蒙神的原始形象,所以它有时写成Min-Amon。——译注
[3] 泡碱是一种由水合碳酸钠组成的矿物。它是一种呈白色、易碎的岩石,在某些湖泊的边缘和撒哈拉沙漠的一些绿洲里可以看到它们的身影。我们可以从这种矿物里提取出碳酸盐和碳酸氢钠。

后，用一些在柏油里浸泡过的绷带把尸体裹起来，绷带上还要敷上刺槐树脂，这是为了让它们的色彩更加鲜艳。法老的尸体便是经过这般净化修饰，才被放入石棺中。石棺上盖着一个饰有法老本人图像的棺盖，而他则可以躺在象征他的权力的标符和法老的神符当中。人们往往还把一些香水器皿放在法老或者其他权贵的尸身的周围。后来，同样的仪式也流传到了希腊和罗马。实际上，后来的希腊、罗马人也认识到香氛的这一至关重要的含义：在香精油和香脂散发出来的香气里，蕴藏着永生不灭的概念。芬芳的气味既是不朽的证明，也是肉身免于消亡的证明。它保证了亡灵升入众神的世界，并受到他们的欢迎。正如布丽吉特·穆尼耶做出的精彩阐述一样，《死亡之书》揭示了"香氛确保尸体变得轻盈柔和，香氛和心灵的纯洁同源，反之腐臭则和邪恶同行"[1]。

2. 香水在西方世界的传播

从公元前 8 世纪到公元前 5 世纪早期的古风时代[2]，地中海地区成为一个重要的贸易之地。它把近东和中东的古老文明与正在形成的、相对年轻却又充满活力的地中海文明衔接了起来[3]。考古学家把对文化、技术和经济都产生了深远影响的这一现象称为"东方化的革命"，香水在其中起了非常重要的作用。对于古希腊罗马人而言，阿拉伯是一块"乐土"，因为它盛产各种各样的香料以及像乳香和没药之类的树脂或松香。他们在庙宇里烧的香和在火葬上用的香，都是由他们的调香师用来自阿拉伯的原料制作出来的。西方古代的调香师还以没药为基本成分调制出

---

[1] 布丽吉特·穆尼耶（Brigitte Munier），《穿越历史的香水：从奥林匹斯山上的诸神到网络香水》（*Le parfum à travers les siècles. Des dieux de l'Olympe au cyber-parfum*），巴黎，费林－基隆出版社（Félin-Kiron），2003 年 6 月。
[2] 古希腊政治、艺术发展史上的四个阶段之一。——译注
[3] 多米尼克·弗雷尔（Dominique Frère），见《香水通史》中的《古代地中海地区的香水和香精油》，第 38 页。

保存尸体的制品。此外，他们也调制用于治疗或者美妆的香精油、香膏、面霜和脂粉。当时的西方人认为生活在阿拉伯半岛的人富有、阔气，原因是后者使用的香料的价格非常昂贵。他们狂热地迷恋阿拉伯的香料，因为直到古罗马晚期，这类产品一直都由阿拉伯进口。来自东亚和中亚的香料后来才成为阿拉伯香料的竞争对手，并取而代之。

在当时刚刚成立的希腊城邦、罗马城邦、伊特鲁里亚城邦[①]以及西班牙，舶来的不仅有制成品和原材料，还有异国动物以及来自地中海东部、非洲和东方国家的奴隶。从青铜器时代起，源于美索不达米亚和埃及的香氛制品开始在地中海东部地区传播及生产。根据迈锡尼宫殿里的文字，我们可以了解香水作坊、使用的原材料以及调香师的技能等方面的信息。香氛制作兴旺发达的这一时代过后，代表着迈锡尼文明的迈锡尼宫殿倒塌了，随之而来的是香水了无踪影的时代，即史上所称的"黑暗时代"[②]。在科林斯（Corinthe）和东爱琴海诸岛，从公元前8世纪末期开始出产的彩陶香水瓶，表明了香水一直以来都是神灵和权贵的专属用品。而塞浦路斯这一座希腊小岛，一方面经济和文化欣欣向荣，促进了香水工艺的发展，另一方面它又是喜欢"偷香寻欢"的女神阿弗洛狄忒的诞生地。因此，在古希腊，香氛所蕴含的情欲含义很明显。

清朗俊逸。 象征着永恒的香氛对于人类而言，是众神的甘食的替补品。尽管它不能赋予人类永生，但是它能让人类进入到一个无形无质的领域，拉近他们与神明的距离。香水不仅释放出令人愉悦的味道，而且赋予人"某种可以和住在奥林匹斯山上清朗俊逸的神灵相媲美的靓丽"[③]。清朗俊逸这一概念很重要，原因是它象征着力量和旺盛的生命。参加比赛的竞技者，即"奥林匹斯山上的诸神"，在他们充满阳刚之气的运动中都顶着一个头盔形的香水瓶。正如在埃及一样，西方人在祭坛上燃香拜

[①] 古代意大利半岛的重要城邦国家。
[②] 迈锡尼文明消亡之后，古希腊世界衰落，持续时间大约从公元前12世纪至公元前9世纪。——译注
[③] 多米尼克·弗雷尔，《古代地中海地区的香水和香精油》，第40页。

神,在遗体(假体)展示时往死者身上喷撒香料,而且他们也用一种浓郁的、有助于保持生命外表的香精油涂抹神像和墓碑。同样,伴随死者一生的个人用品,比如装放香氛制品的小瓶、细长瓶和彩陶等都随着他下葬。

香辛料烤牛供品。 古希腊人认为,香料是大地和阳光的天作之合。它们是大自然天然的馈赠。马塞尔·德蒂安(Marcel Detienne)解释说:人类拥有香氛的方式是"把当下和过去衔接起来,以及把天国和凡尘联系起来"[①]。公元前7世纪末期,香料成为必需品,主要有三大功能:调味上、文化上以及情色上的功能。如果说许多香辛原料都用在烹饪上,那么诸如乳香和没药之类的香料不是专门用来调制油膏和香脂,就是专门用在敬神的祭祀活动上。

从古罗马作家奥维德(Ovide)讲述的关于乳香的传说中,我们可以获得香氛在文化上的原始含义。[②] 阿弗洛狄忒(Aphrodite)为了报复揭露了她私情的日神赫利俄斯(Hélios),让后者爱上了香料之国的统治者、波斯国王俄耳卡摩斯(Orchamos)的女儿琉柯托厄(Leucothoé)。然而,对于赫利俄斯竟敢和他的女儿偷情,俄耳卡摩斯勃然大怒,他决定消除这个情人对他女儿的诱惑:他令人用沙子把琉柯托厄活埋在一个深坑里。当赫利俄斯跑来解救琉柯托厄时,已经为时过晚,他的光芒也不能恢复被活埋的女孩的体温。赫利俄斯便把一款香气四溢的琼浆玉液洒在女孩的尸身上;与此同时,他向她许诺:"无论如何,你将升入天国。"于是,一眨眼间,仙露浸湿的尸体消融了,"它的香气铺满大地,根须在土块里滋生,一株乳香幼苗破土而出,苗尖冲破了坟冢"。在神明相助下,年轻女孩的尸身免除了恶臭,而这多亏了此前唯有众神才能享用的甘露。如

[①] 马塞尔·德蒂安,《阿多尼斯花园:希腊关于香料的神话故事》(*Les Jardins d'Adonis. La mythologie des aromates en Grèce*),巴黎,加利玛出版社(Gallimard),1972年,校正后加了后序的新版,1979年,"弗里奥历史丛书"版(«Folio Histoire»),2007年,第12页。

[②] 奥维德,《变形记》(*Métamorphoses*)第四卷,第252节,见乔治·拉法叶(G. Lafaye)译本,巴黎,文艺出版社,1962年,第104页。

此这般，包括乳香在内的各种香料，便有了把天国和凡尘联系在一起的力量。

　　这也正是乳香和没药祭品的含义，它们开启了古希腊血祭的习俗。人们把碎面包状或碎谷物状的祭物投入火中之后，乳香和没药便在大自然隔开的两个世界之间建立起某种连接——人类的世界和神祇的世界。如果说，经过烟熏的香料起到了遮盖肉类和油脂在烧烤时发出的刺鼻味道的作用，那么它们还明确了古希腊祭品的重要一面，而火在其中至关重要。实际上，由于普罗米修斯盗取天火后激怒宙斯，所以人类的自然属性便以死亡、苦役和情欲的形式确定了下来。根据神话传说，要保持火种不灭，就必须有献祭的牺牲。人类把涂满香料的牲畜供在祭坛上，然后用火熏烤，烤炙时冒出的烟雾便由神灵啜食。芳香的烟雾一方面把人类和诸神联系在一起，一方面又强调了他们之间的不同。祭祀用的肉畜——在被朵颐嚼食之前——提醒人类他们总有一死的境遇：不仅他们的躯体将腐烂秽臭，而且他们还会饱受饥饿之苦。相反，神明啜食香气扑鼻的烟雾，永生不灭。奥林匹斯山上的众神享用的食物和琼浆玉液是不朽之身的符号，原因是这些不可估量的珍馐美馔有别于任何一种有肠胃的生命[1]。在《奥德赛》里，荷马讲述了海之女神卡吕普索（Calypso）的故事，她从女仆手中接过来的是神灵啜食的食物，但她给奥德修斯（Ulysses）吃的却是"命中注定要死亡的人类食用的一切肴馔和饮品"[2]。此外，涂满香料的烤牛供品散发出的香味中，含有滋养神灵的气息。因此，人类食用的是牲畜的肉，而众神享用的则是香气中蕴含的精华。古希腊人认为，灵魂和血息息相关，比如血本身就包含"灵魂可见的一面和符号的一面"[3]。

---

[1] 保罗·福尔，《古代的香水和香料》，第 152 页。
[2] 荷马（Homère），《奥德赛》（*Odyssée*），第五卷，第 197 行，巴黎，加利玛出版社，"七星文库"版（«Bibliothèque de la Pléiade»），1955 年，第 625 页。
[3] 布丽吉特·穆尼耶认为，在把血视为生命的起源的观念下，某些宗教禁止食用血，例如犹太教的卡什鲁特饮食戒命（cascherout），见《穿越历史的香水：从奥林匹斯山上的诸神到网络香水》，第 18 页。

尽管"供香拜神这一行为本身追求的是人神统一"[①]，但缭绕的香气却把神灵和人类区分开来。犹如荷马在他的作品中歌颂的一样：一股沁人心脾的香氛预示着奥林匹斯山上的某位神灵的降临。相反，受制于辛苦、劳累和病痛的人类则流汗受苦。他们的身体发出的恶臭或者他们口中呼出的恶臭往往会暴露他们的身份。

阿多尼斯（Adonis）。历史学家马塞尔·德蒂安在他的著作《阿多尼斯花园》里指出，古希腊毕达哥拉斯学派的苦修以放弃食荤和闻香的方式，摒弃人类身上的兽性[②]。据说，毕达哥拉斯吃的是花草（譬如锦葵和阿福花），闻的是代表不朽的神灵的香气。在这种清苦素朴的生活里，唯有谷物才允许被用来充饥。

从象征意义上而言，香氛不仅能让古希腊人用来祭祀拜神，也能让他们通向永生。和其他民族一样，希腊人对于永生的向往也离不开香气，因为它是净化腐烂躯体的符号。马塞尔·德蒂安通过阿多尼斯的神话故事，不仅揭示了香料和香氛制品在古希腊的固有地位，而且还进一步肯定了它们在社交和宗教上的影响，包括滥用香粉脂膏会让人走向毁灭。阿多尼斯的故事简述如下：叙利亚王忒伊阿斯（Théias）有一个名唤士麦那（Smyrna）或者密拉（Myrra）的女儿。由于这个女孩崇拜的是希望她保持贞洁的女神阿尔忒弥斯（Arthémis），而不是风流多情的阿弗洛狄忒，所以她受到了后者的嫉恨。阿弗洛狄忒便挑动女孩，让她疯狂地恋上自己的父王。之后，年轻的公主便在她的乳母的帮助下蒙蔽父亲，和他欢度了十二个春宵。当忒伊阿斯知道他所做的事之后，便拔刀出鞘，向士麦那追过去。就在忒伊阿斯快要追上士麦那的时候，士麦那祈求众神让她隐形消失。众神可怜她，把她变成一棵没药树。九个月之后，树皮裂开，一个非常俊美的男孩从中孕育出来，人们喊他阿多尼斯。为了不让诸神发现他，阿弗洛狄忒把他藏在一个箱子里并交给冥后珀耳塞福

[①] 让-皮埃尔·韦尔南（Jean-Pierre Vernant），《古希腊神话和社会》（*Mythes et société en Grèce ancienne*），巴黎，马斯佩罗出版社（Maspero），1974年，第146页。

[②] 马塞尔·德蒂安，《阿多尼斯花园》，第62—90页。

涅（Perséphone）保管。可冥后一看到箱子里的男孩，便拒绝把男孩交还给阿弗洛狄忒。宙斯于是受托裁决争端。他把一年的时间分成三部分：阿多尼斯独自拥有三分之一的时间；珀耳塞福涅拥有和他相处的三分之一的时间；阿弗洛狄忒则拥有最后三分之一的时间。不过，大多数的时候，阿多尼斯把自己拥有的时间给予阿弗洛狄忒。后来，在一次打猎的过程中，阿多尼斯被伪装成野猪的战神阿瑞斯（Arès）咬死，原因是后者由于阿弗洛狄忒的移情别恋而怒火中烧[①]。阿多尼斯，自没药树中诞生的男孩，死去了。从他被撕碎的尸体上，长出了一些银莲花。当时，阿弗洛狄忒跑遍整个希腊南部寻找她心爱的男孩，她的脚踝在奔跑时受了伤，流出的鲜血染红了一些白玫瑰。这便是红玫瑰的由来。后来，阿弗洛狄忒得到宙斯的恩准，阿多尼斯每年在阴间冥后身边度过六个月之后，就回到大地与她共度余下的时间。除了和诱惑相关的含义之外，这则神话故事还阐明了必须保持距离的人和事物，譬如父亲与女儿、香料和易于腐烂的植物、孩童和性、天国和地狱、神灵和人类。

马塞尔·德蒂安因此强调指出，芳香物质在古希腊具有二重性。一方面，有别于人类和动物终将消亡的肉身或植物易于腐烂的本质，香对于古希腊人而言是一些能在火里燃尽、却经久不变的物质，它们在尘世和神界之间建立起某种连接。当时最珍贵的香料，譬如乳香和没药，实际上是在祭祀时供奉给奥林匹斯山上的诸神的，不朽的神灵啜食怡人的香气，一种近似于他们散发出的气息的清香……另一方面，古希腊人用香粉脂膏来挑逗调情，香氛于是又有了消极堕落的一面。

因此，香料和香氛制品在古希腊扮演着某种不容置疑的角色，关于它们的神话也流传于世。祭神用的点燃后烟雾缭绕的香、神像上涂抹的圣油、男欢女爱时使用的香粉脂膏，从本体论和社会学的角度而言，都具有某种作用，即解释了神灵与人类的属性和处境。古典时期的古希腊

---

① 尼阿西斯（Panyassis），公元前5世纪古希腊哈里卡尔纳苏斯（Halicarnasse）的诗人，详见马塞尔·德蒂安的作品《阿多尼斯花园》第12页引文。

伦理学家由于这类产品的价格过高而声讨它们的用途。譬如，在谴责世人为了获得永生而窃取让他们堕落的神灵的芬芳时，苏格拉底或者第欧根尼就说道："当心你头上的香味暴露了你生活的腐化。"①

后来的古罗马人也沿用相同的祭祀仪式，并继续以缭绕的香雾祭神。然而，香料或其制品在古罗马时代主要用于世俗生活。来自亚洲和希腊的香水时尚兴起于尤利乌斯·恺撒②统治罗马的时代，到了尼禄（Néron）③和埃拉伽巴路斯（Héliogabale）④统治的时代，这一时尚则达到空前的疯狂。

通天的阶梯。在地中海文明的心脏地带出现的一神论宗教里，人们把香视为连接天国和人间、上帝和人类的最佳媒介。古希伯来人把香称为"通天的阶梯"。当时，香的应用与无形的嗅觉桥梁把人类和上帝联系在一起的观念相吻合。在表示抬高一个人在他人眼里的权威时，古希腊罗马人一如既往地使用"给某人奉香"这一习语。同样，古希伯来人也是以香来表示尊崇一个人，或者把他提升到神圣的君主地位：他身上蔓延开来的芬芳净化他的生理机体，正如缭绕的香雾让空气变得干爽的同时能净化空气一般。

对于香，犹太教立即展现出来的是好感。历史上，巴勒斯坦在发挥它在"新月沃土"（Croissant fertile）⑤中的枢纽作用时，又让希伯来民族受到美索不达米亚和埃及的钳制。《旧约全书》⑥强调香霭易于流散的特

---

① 《七星百科》（*Encyclopédie de la Pléiade*），《风俗史》（*Histoire des mœurs*），第一卷，艺术，《人类和香水》（«L'homme et le parfum»），第 688 页，见有关第欧根尼·拉尔修（Diogène Laërce）的引文（第六章，第一节）。
② 尤利乌斯·恺撒（Jules César，公元前 102—前 44 年），罗马共和国后期杰出的军事统帅、政治家。——译注
③ 古罗马帝国朱里亚·克劳迪王朝的最后一位皇帝，公元 54 年至 68 年在位。——译注
④ 古罗马帝国塞维鲁王朝的皇帝，公元 218 年至 222 年在位。——译注
⑤ 历史上西亚、北非地区两河流域及附近的一大片肥沃的土地，包括古代的黎凡特、美索不达米亚和埃及，现今位于以色列、约旦河西岸、黎巴嫩、约旦的部分地区，叙利亚、伊拉克、土耳其的东南部以及埃及的东北部。——译注
⑥ 《旧约全书》，简称《旧约》，基督教《圣经》的上部分，但根据犹太教的说法，它本由犹太人所写，因为它的内容与希伯来圣经一致，是公元前 12 世纪至公元前 2 世纪，人们用希伯来文陆续写成的。——译注

点，即香气是无形无体的祭品朝神灵飞升而去的符号。给圣像敷圣油，以及每天早晚两次给祭台上香，古希伯来以这两种方式来缔结上帝和他的选民之间的盟约。在他们的祭祀仪式上，香氛扮演着重要的角色，因为香是无与伦比的祭品。《旧约》中，在关于大洪水①的描述之后，诺亚和代表着光的上帝重新对话。诺亚为上帝竖起一个祭台；他把所有洁净的飞禽走兽供奉在祭台上用于燔祭。上帝闻到怡人的香味后，衷恳地说道："从今以后，我再也不会由于人类而诅咒大地了。"②

圣油。《出埃及记》描述了犹太人一天两次的香祭。祭拜仪式上的植物祭品包括鲜花、面粉和香料。在赎罪日那天，大祭司则在至圣所里庄重地撒下两把香料。涂抹用的圣油——"上帝的气息"——在《圣经》讲述的时代，既用于国王的登基典礼，也用于大祭司的就职仪式，主要由一些散发香气的物质构成。

在《创世记》（第二十八章，第18节）中，醒来时看到天使们在天梯上上上下下的雅克布，把他所枕的石头立起来，并从上往下浇油。在《出埃及记》（第三十章，第7节）中，"亚伦（Aaron）③在祭坛上点香，每天早上准备灯烛时，他都要烧香"。

在《雅歌》④（第一章，第3节）里，我们可以读到："你的圣油芬芳馥郁，你的名⑤如同四溢的圣油。"对于《圣经》中的这一诗集，可以有不同的理解。从文字上理解，这是一首关于洞房花烛夜的情爱诗歌，赞美了一对新人彼此在情欲上的探索。对于一些人而言，它颂扬的是上帝和他的选民——以色列民族——之间的爱。但对于教会里的神父而言，它主

---

① 在这一传说中，可以看到苏美尔神话里关于人类被自然灾祸毁灭的主题。
② 《创世记》（Genèse），第八章，第21节。
③ 《圣经》中的人物，摩西的兄长，协助摩西率领以色列人出埃及，是以色列人的第一位祭司长，也是祭司职位的创始人。——译注
④ 《圣经·旧约》的一卷书。——译注
⑤ 即耶和华，见《出埃及记》的第三章第15节。在这一节里，神对摩西说："你要对以色列人这样说：'耶和华你们祖宗的神，就是亚伯拉罕的神，以撒的神，雅各的神，打发我到你们这里来。耶和华是我的名，直到永远，这也是我的纪念，直到万代。'"

要是一首圣歌，芳香、名（亦即圣父耶和华，原文用的是大写 Nom）、人子和灵魂在其中自成一体，因为在《圣经》的文化传统中，一个人的名会道出他自己的特性。如此一来，这首诗歌所传达的，也许是接受了来自主耶稣的圣油礼的信徒的神圣婚约，他对主的爱恭敬而虔诚①。在这首诗歌里，我们依然看到把香视为神灵显现的观点。

在《圣经》记录的某些时期，希伯来的祭司们在把持香脂油膏的制造的同时，严守它们的配方的秘密。当希伯来人在埃及沦为奴隶时，他们从埃及人的身上学到了香的用途。关于希伯来人制香工艺的传统，尽管相关资料至今寥寥无几，但是《尼希米记》②（第三章，第 8 节）提到了调香师的行会。《旧约》里一共提到了七种香；在其中的《出埃及记》里，创世主向摩西口述了一种芳香的油膏的成分："你要取上等的香料，即五百舍克勒③纯净的没药；一半没药数量的香樟木，即两百五十舍克勒；两百五十舍克勒的菖蒲，祭坛底座上的桂皮五百舍克勒；一欣④的橄榄油。你按照制香之法把它们调成祝圣用的油膏，这将是圣油。摩西你用这膏油涂抹会幕、法柜、桌子及桌子上的所有物品、灯台和灯台的器具、洗濯盆和它的底座。你为它们祝圣。它们将成为至圣物……这油膏是神圣的，你们要视之为圣洁之物。如果有人调制出同样的油膏，并把它施与外人，那么他将被逐出族类。"⑤这一在雅威⑥（Yahvé）的口述下调制出来的油膏被用作圣油，希伯来人的族长先后用它为神殿、亚伦和利未人（Lévites）⑦祝圣。

---

① 保罗·福尔，《古代的香水和香料》，第 8 页。
② 《圣经·旧约》中的一卷书，讲述了在波斯身居要职的尼希米请命返回家乡耶路撒冷修复城墙的经过。——译注
③ 古希伯来的度量单位，1 舍克勒大约相当于 11.25 克。——译注
④ 古希伯来的度量单位，1 欣等于 3.66 公升。——译注
⑤ 《出埃及记》（第三十章，第 22—33 节），见《穿越历史的香水：从奥林匹斯山上的诸神到网络香水》，第 57—58 页。
⑥ 在《圣经·旧约》中，以色列人对造物主耶和华的称呼。——译注
⑦ 以色列的族长雅各和他的第一位妻子利亚的第三个儿子的后人，他们这一支派被分出来专门管理会幕和后来的圣殿。《圣经》里的著名人物主要出自这一支派，譬如摩西和他的哥哥亚伦。——译注

同样，摩西得到的上帝亲手写下的十诫[1]，也具体规定了会幕、祭坛、祭品以及燔祭的牲畜的布置和陈设。香在其中是以媒介物的形象出现的："你建造一个用来燃香的祭坛／你用槐木来建造这个祭坛／你把祭坛设在帷幔的前面／帷幔则把约柜（l'Arche d'alliance）[2]挡住／我就和你在那相见／亚伦每天早上准备灯烛时，他都要烧香。"[3]在十诫的条文里，我们可以不断看到古希伯来人对于香料的热情。同样，所罗门王[4]也得到了上帝的馈赠，即智慧；示巴女王[5]受到他的声名的吸引，携带一百二十金塔兰[6]、宝石和大量的香料前来觐见，"自打那以后，人们再也没有见过如此多的香料"[7]。

上帝的气息。《圣经》多次提到香气。譬如，兄弟间的和睦好比"芬芳的圣油浇在亚伦的头上，流到他的胡须，流到他的衣襟"[8]。根据布丽吉特·穆尼耶的观点，即便所有配制圣油的香料——干松香、藏红花、菖蒲、野没药、芦荟、香樟木、山扁豆、安息香、缟玛瑙、格蓬、树胶和其他芳香物——并非只用于宗教，但圣油"喻指来自上帝的赐福，并且可以解释成物质与精神上的富足"[9]。芳香的圣油渗入肉身之中，犹如许愿石上神圣涂抹的油膏。相反，上帝的愤怒和谴责则以瘟疫和恶臭显现。"我降瘟疫在你们中间，我使你们营房中的恶臭扑鼻。"[10]受到上帝呼

---

[1] 《圣经》里记载的上帝借由以色列的先知和首领摩西向以色列人民立下的十条规定，既是以色列民族的生活准则，也是他们最初的法律条文。——译注
[2] 又称为"法柜"，是古希伯来人的圣物，"约"即上帝和以色列人所订立的契约，约柜指的便是放置上帝与以色列人所立契约的柜子。——译注
[3] 《出埃及记》，第三十章，第1—5节。
[4] 以色列民族历史上最伟大的君主，犹太人的智慧之王。根据《圣经》的记载，他登基后在梦中向上帝祈求智慧，上帝便赐给他无上的智慧。——译注
[5] 《圣经》记载的第一位女王，即示巴古国（今天的也门）的女王。——译注
[6] 古代货币，每塔兰重合六十磅黄金。——译注
[7] 《列王纪上》，第十章，第10节，见《穿越历史的香水：从奥林匹斯山上的诸神到网络香水》，第58页。
[8] 《旧约·诗篇》，第133篇。
[9] 布丽吉特·穆尼耶，《穿越历史的香水：从奥林匹斯山上的诸神到网络香水》，第58页。
[10] 《阿摩司书》（Amos），第四章，第10节，见《穿越历史的香水：从奥林匹斯山上的诸神到网络香水》，第58页。

召的阿摩司[①]说道。

古希伯来人也把香料用在亡人的身上。犹太教典籍《塔木德》(Talmud)和《圣经》中关于耶稣受难的叙述相吻合：尼哥底母（Nicodème）带来大约一百磅没药和芦荟的混合物，以便包裹（耶稣的）尸身，正如犹太人的习惯做法一样。犹太人并没有用防腐香料保存尸体的习俗，但是他们用芳香的清水清洗尸体后，用没药和芦荟的混合物涂抹尸身，最后再把已经用织物包裹起来的尸体放入棺材中。这一做法并不能防止尸体腐烂。

《圣经》用不同的语言来区别香的不同层面。在某一术语下，它指的是香料，在另一术语下，它指的是袅袅的香气。祭坛上升起的从芳香物质中散发出来的袅袅烟雾，是为了把它的精华、它的魂魄、它的气息献给上帝。贝尔纳尔·马吕阿尼[②]（Bernard Maruani）在《创世记》的圣经故事中指出，上帝向人吹气，人有了气息。人呼入了上帝的气息后，报之以他自身的气息。在《圣经》关于吻的形象中（把上帝和人联系在一起），能看到人和上帝气息的交流，而我们也可以把它理解成为香气的互换。

涌溢的圣油。对于身体的洁净，基督教并不热衷；而且，出于对淫欲的担忧，它排斥香脂膏粉在世俗生活中的使用。不过，依照来自希腊和东方的传统，它还是承继了香在宗教上的用途。在《福音书》里，向基督敬奉的圣品有几次就是以香料的形式出现的。因此，耶稣诞生时，前来朝拜的东方三王就带来了香料。嘉士伯（Gaspard）给圣子带来了黄金；梅尔基奥（Melchior）带来了罗马帝国时代最为人们赏识的没药树脂；伯沙撒（Balthazar）则带来了香（l'encens）[③]，或者确切地说是乳

[①] 以色列的先知，奉上帝之命，向深陷偶像崇拜和邪恶风气之中的以色列百姓宣告上帝的惩罚。——译注
[②] 贝尔纳尔·马吕阿尼和阿尔贝·哥昂（Albert Cohen）是《创世记注》(Genèse Rabba，犹太教对于《创世记》的注释）一书的译者。
[③] 《马太福音》，第二章，第11节。

香，即最好的香、乳白色的香（l'encens blanc），那是夏天形成于乳香木切口，到了秋天才采摘下来的香珠①。这三份赠礼是充满了象征意义的珍贵礼品。黄金，是因为圣子就是救世主；乳香则见证了他神圣的出身；而东方三王最后奉送的没药是因为他们知道上帝派来的救世主是凡人之身。没药在灵魂、信仰和死后必将朽烂的躯体间建立起一种连接。它是用于墓葬的香料之一。在上帝的指令下，耶稣和世人共享同一结局。没药不仅洁净肉身和灵魂，还能解放它们，让它们变得通灵，随时可以感知到上帝的启示。此外，预见了耶稣之死的伯大尼的玛丽亚（Marie de Béthanie），就用由没药、芦荟和干松香制成的昂贵油膏涂抹耶稣。当时，这一举动受到了耶稣使徒的抗议，但耶稣说："是的，为我，她做了一件美事……是的，她把这香膏倒在我身上，是为了安葬我而做的准备。"②耶稣基督的一生不仅和作为物质的没药紧密联系，也和作为象征符号的没药紧密联系。泰奥弗拉斯托斯（Théophraste）在他的《论气味》（Traité des odeurs）中把没药的气味描述成"灼热、辛辣，能起到收敛固涩之功效"。没药冲鼻、辛辣甚至是呛人的效果会拷问灵魂、摇撼灵感，从而促使人们自我超越。在对尸身的清洗和包裹上，耶稣也有所坚持，因为那是他后来复活和显圣的符号。基督教里为临死的病人进行的临终涂油礼，就脱胎于伯大尼的玛丽亚用香膏涂抹基督的举动，这一举动既是对上帝的感恩，又是祷告和忏悔。同样，《启示录》（L'Apocalypse）也提到"装满了乳香的金圣杯，那是圣徒的祈祷和随着圣徒的祈祷而袅袅升起的香气和烟雾"③。

圣油。燃烧香腾空而起的烟雾，形象化地喻指了信徒们的祷告，而填满信徒内心的祷告应该能净化他们的心灵。香氛代表着灵魂的洁净，

---

① 香（l'encens）在这里不仅特指那些用来焚烧的香，而且还意味着不同的香氛制品。而真正的乳香（l'encens vrai，法语里 encens 一词既有"香"的意思，也有"乳香"之义。——译注）则是一种野生树脂，产自索马里和阿拉伯的橄榄科植物乳香树。
② 《马太福音》，第二十六章，第 6—12 节；《马克福音》，第十四章，第 3—8 节；《约翰福音》，第十二章，第 1—7 节。
③ 《启示录》，第五章，第 8 节。

而恶臭令人想起的却是地狱和邪恶。弥赛亚这个指代基督的名字让人想起香精油。法语弥赛亚无论是拼写成 Messiah 还是 Messie，都像弥赛亚的希腊文 Christos 一样，表示"敷过圣油的人"；而圣油，即公元前 6 世纪在祭司阶层和王室的敷圣油圣事中就开始使用的香脂，则是对这一习俗的缅怀，因为它本身就指代"敷圣油圣事"①。公元 3 世纪，首部《圣经》注释的作者、罗马的依波利特（Hyppolyte de Rome）把"你的名如同四溢的圣油"这一神启解释成耶稣基督和教会的同一：各地都布满基督的芬芳。圣子的目标是降临人间，并赋予世人来自上帝的神性。圣子就存在于上帝的胸口处，他托生于上帝呼出的清香②。

在《福音书》中，发现耶稣墓穴中空无尸身的妇人们，是带着装有香料的瓶子前去朝拜的。在《以弗所书》中，圣保罗指出弥赛亚"为我们舍了自己，当作馨香的供品和祭物献给神"③。所以，三天后死里复生的基督，不仅身体没有腐臭，而且香气怡人地出现在他的门徒面前。他嘴里呼出清香，先知、门徒、殉道者和所有的圣徒便都朝他奔去。这一美妙的气味代表基督的神性，即战胜死亡。

在把世人和上帝联系在一起的圣事中，教会一如既往地使用加入了香脂的圣油膏。长期以来，天主教会在做弥撒时总要燃一些香。它们往往由各种成分调制而成，譬如乳香、没药、安息香、苏合香、黄连木树脂；此外，各种成分的比例会随着制法发生变化。我们知道的有教皇香、东方三王来朝香、耶路撒冷香、希腊香。自从第二次梵蒂冈大公会议④以来，天主教会这一焚香的习俗大大减少，一般只在盛大的弥撒、周日的晚祷和葬礼上才使用。尽管大公会议在焚香一事上并没有正式下达任

---

① 圣油在西方是以橄榄油和安息香为基础调制出来的，在东方则以橄榄油和犹地亚香脂为主要成分。
② 天主教大学，《雅歌在教父学上的解读》（«Lectures partrisques du Cantique des cantiques»），巴黎，2006 年。
③ 《以弗所书》，第五章，第 2 节。
④ 1962 年 10 月 11 日至 1965 年 12 月 8 日间召开，是罗马天主教在现代召开的第一次大公会议。——译注

何教谕，但是教会里的"现代派"还是力图减少那些被认为是"陈旧的"礼拜仪式。在他们看来，大量烧香会迷乱人们的思维，会令信徒们昏昏欲睡或恍惚迷离。同样，令人上头的香大概也会让教堂里那些跪祷的塑像变得无精打采。此外，蒙田在他的《随笔集》里提到了香氛使人迷醉这一主题："香味让我起了变化，它们以其自身的特征作用于我的精神；而这让我认同人们所说的，即远古时代在所有民族、所有宗教内诞生并广为远播的香及香料制品，和愉悦我们、启发我们以及净化感官而让我们能更好地沉思的一切都息息相关。"①如今，法国的社区教堂每年所用的香的重量几乎不超过 1.5 公斤，而巴黎圣母院每年烧的香，据后勤总管所说，也只有 7.5 公斤②。然而，在法国某些地区和西班牙、意大利的一些迎神或者朝圣的活动中，譬如在圣地亚哥-德孔波斯拉特（saint-Jacques-de-Compostelle）的朝圣节以及塞维利亚（Séville）的圣周节上，就会消耗大量的香。在这些活动期间，不仅街面上会有香和香炉出售，而且焚香的烟雾也会从一些巨大的香炉中涌出，而这些香炉就设在宗教团体组织的游行队伍通过的路线上。

至于东方的教会，无论它们是否依附于罗马教廷（拜占庭礼天主教、马龙教、亚美尼亚天主教），还是依附于东正教的某一牧首（俄罗斯、希腊、亚美尼亚的东正教），都依然维持着焚香的习俗。在这些教会的仪式活动中，祭台上都会焚香，正如在圣像屏、信徒画像和圣像前点香一样。对于它们而言，香一直都是祈祷的意象。"愿祈祷像焚香的烟雾一样朝你飞升而去。"神父们诵念的《圣经·诗篇》的第 140 篇这么写

---

① 蒙田（Michel de Montaigne），《随笔集》（Les Essais），加利玛出版社，"七星文库"版，第一卷，第 55 章，《气味》，第 302 页。见《穿越历史的香水：从奥林匹斯山上的诸神到网络香水》中第 64 页引文。
② 详见以斯贴·卡兹（Esther Katz），《安息香的踪迹：关于一种香料的谜团》（«Sur la piste du benjoin: les mystères d'une substance odoriférante»），见简·科比（Jane Cobbi）和罗伯特·丢罗（Robert Dulau）主编的《嗅闻：气味的人类学》（Sentir. Pour une anthropologie des odeurs），巴黎、布达佩斯、都灵，哈麦丹出版社（L'Harmattan），《欧亚：欧亚研究协会手册》（«Eurasie. Cahiers de la Société des études euro-asiatiques»），第 13 期，2004 年 2 月。

道^①。对于东正教而言，香是一种祭品，享有和面包、葡萄酒一样的地位。信徒们会择香捐给礼拜庆典。如今，在法国，一家东方性质的教堂，无论它是归属于罗马教廷，还是依附于某一东正教的牧首，一年平均耗费 3 公斤的香^②。

3. 东方国家的香

从古代社会以来，香在东方国家是用来拜神的，同时又是权力和财富的必然结果。我们应该从这一层意思去理解东方三王前来朝拜圣子时所携带的没药和乳香。伊斯兰教诞生于阿拉伯半岛，而这一地区正是大量出口自产香料的示巴古王国的摇篮。所以，这块阿拉伯福地又被认为是香料之地。而阿拉伯半岛也正是通过它的香料，从上古时代开始就对世界产生巨大的吸引力。与此同时，伊斯兰教既不限制香料生产，也不限制香料贸易。相反，根据穆斯林的传说，生活在公元 7 世纪的伊斯兰教先知穆罕默德很喜欢香脂油膏，他不仅经常抹脂涂膏，还劝告人们永远都不要排斥香气。

先知的训导。"用乳香和风轮菜使你们的居所芬芳怡人……每周五泡一次澡，喷洒香水并更换衣服。"^③穆罕默德每次出发去朝圣前和朝圣回来后，都使用麝香。许多诗句展现了祷告前的先知和他的胡须："我用我能找得到的最馨香的油膏涂抹真主的使者，直到我看见这些油膏在他的头发上和胡子上发出光泽。"^④那其实是一些泡有香木、鲜花和叶子的香精油，它们能使须髯和头发变得光泽透亮。穆罕默德的训导里含有一些严格地洁净身体的戒律，因为恶臭代表着凶险和邪恶的气息，然而外表的高贵、慷慨大方和美则散发出柔和的芳香。尘世据说是"恶臭的起

---

① 见《安息香的踪迹：关于一种香料的谜团》第 219 页的引文。
② 同上。
③ 《穿越历史的香水：从奥林匹斯山上的诸神到网络香水》，第 65 页。
④ 《布哈里圣训》（Boukhari），第三章，第 126-7 节。

源"，而天堂却香气四溢①。臭气意味着不自重，也不尊重他人和真主；而芬芳不仅让人想起愉悦的事物，还暗示修养。

此外，先知穆罕默德声称除了女人、祷告和香氛之外，别无他爱；与此同时，他明确地把香氛提升到神圣的地位，即香是天堂之物。他认为香能激起宗教上的迷狂。他本人就涂抹许多香膏脂粉。香料制品对于默祷是一种很好的准备。古时候的穆斯林将士在战斗前会涂抹芳香物质，因为他们处于神明的注视之下。香氛对于祈祷是必不可少的，根据安萨里②所述，先知穆罕默德教导道："《可兰经》经由你们之口，所以要保持口齿清香。"即便在今天，口臭仍被认为是由于呼出了体内的腐臭，据说在安拉的眼里，持斋的人的口气比麝香还要清新。因此，穆斯林小心提防易于引起口臭的食物，譬如大蒜。他们认为大蒜会产生一股亵渎神灵的气味，因而清真寺内不允许有大蒜的味道。如果有人食用了大蒜、韭葱或者洋葱，穆罕默德就会禁止他接近清真寺，因为"凡人觉得不舒服的，天使也会倍感不适"。于是，以前的伊斯兰信徒往往用一根香梗清洁牙齿。

除了口气之外，身体排泄的所有体液，比如汗水和性分泌物，在伊斯兰教里也被认为是恶臭和亵渎神灵的。穆斯林要进入清真寺最神圣的中心地带祷告和向真主忏悔，就必须整洁干净，而这表现为身体必须洁净清香。男信徒喷抹"男人的香膏油脂"，例如麝香和龙涎香、老沉香③和樟脑等，它们味道鲜明，色彩朴素。相反，女人们则使用像藏红花一

---

① 弗朗索瓦丝·奥巴耶-萨勒纳芙（Françoise Aubaile-Sallenave），《香气：浅析阿拉伯穆斯林世界的香味分类》（«Le soufflé des parfums: un essai de classification des odeurs chez les Arabo-Musulmans»），见丹妮艾尔·缪塞（Danièlle Musset）和克劳迪恩·法布尔-瓦萨（Claudine Fabre-Vassas）主编的《气味和香料》（Odeurs et parfums），巴黎，历史科学研究委员会出版社（Les éditions du CTHS），1999年，第93—115页。
② 详见弗朗索瓦丝·奥巴耶-萨勒纳芙在《嗅闻：气味的人类学》中的文章《阿拉伯穆斯林社会中的人体、气味和香料》（«Corps, odeurs, parfums dans la sociétés arabo-musulmanes»）。
③ 沉香：瑞香科、沉香属乔木。其老茎受伤后所积得的树脂称为沉香，自古以来就是名贵的香料和中药材。——编注

样颜色鲜艳、味道清淡的香料。伊斯兰教认为香精油、香以及类似散沫花和靛蓝植物等染料能起到净化的功能。因此，香料和香料制品不仅可以观赏，也能啜吸、触摸。一种实实在在的仪式美学便推广开来，比方说周五的祷告美学。"穆斯林如果在星期五这一天洗浴，穿上最华丽的衣服，喷抹一点香水（如果他有），然后上清真寺完成必须遵行的祷告，并自始至终听完布道，那么真主将会宽恕他一个礼拜的罪过。"[1]穆罕默德这么写道。

净体。在做每一个和宗教有关的动作之前，穆斯林必须洁身净体：日常的五次祷告之前的小净即冲洗部分肢体，比如脸、手和脚，但是在身体被弄脏了之后（性行为、例假、分娩、触摸了污秽的动物），就必须全身洗浴。另外，在"出于净礼而沐浴净身"的表述中，还意味着"涂抹香膏油脂"。多个世纪以来，每个阿拉伯城市兴起的众多沐浴场所——土耳其浴室——就见证了这一信仰准则，因为它们的建立往往出于宗教上的原因。

净体这一文化一直盛行于阿拉伯世界，阿拉伯人的嗅觉也一如既往地受到根植于传统中的香味或气味的逗引。香气是他们生活方式的一部分，而这种方式又是坚不可摧、始终如一的。他们不仅视霉臭味为邪祟的附属物，还认为它会触发霉运。恶臭要么招来鬼怪，要么表示鬼怪的存在。在这一点上，我们依然可以发现洁净和清香同一的特性。在通过仪式（les rituels de passage）[2]期间，也就是个人内在不稳定而易于受到不良影响——只要一接触到不良影响就会招致霉运——的过渡阶段，穆斯林往往寻求许多富于魔力的保护措施，譬如焚烧花草、树脂和老沉香。阿拉伯人从出生到死亡都有香氛陪伴。他们用鲜花煮水清洗新生婴儿，

---

[1] 见阿依达·卡纳法尼－扎哈尔（Aïda Kanafani-Zahar）在《香味：宗教社会学的审美要素在阿拉伯联合酋长国社会中的范例》（«Le parfum：éléments d'une esthétique socio-religieuse, l'exemple de la société des Émirates arabes unis»）中的引文，详见《香水通史》，第274页。

[2] 法国人类学家阿尔诺德·范·热内普（Arnold van Gennep）提出的一个概念。——译注

还用乳香的雾气给婴儿消毒。在婚礼期间，香气则用来帮助一对新人避邪，花露水、玫瑰水和香炉总会出现在婚礼上。此外，新娘还往往头戴由橙花和茉莉花编成的花冠。他们死后，尸体往往经过玫瑰水擦洗和乳香熏蒸。阿拉伯人这种保护或净化的信条在日常生活中也很常见：日用织物充满香味，女人们把头发放在香炉上方烘干，所有的新房子都要清洗消毒，食物和饮料里面加有香料，等等。

对于伊斯兰文化来说，美是可以呼吸的，而呼吸又带来生命。因此，香氛或者香料制品不仅在宗教仪式中扮演重要角色，在众多有防护作用的习俗中也至关重要。

印度和远东。自蒙昧时代[①]以来，在印度，香无论是在宗教领域还是在世俗领域都占据着重要地位。香和印度人的神明以及他们的信仰紧密联系，具体表现为敬神拜佛的鲜花、香烛或者香精油。香，既指怡人的气味，又指某种人造的有香味的物质，在印地语里有形式各异的名称，而这见证了它在印度文明里的演变和它在印度社会中的多重影响。从吠陀时代[②]的早期到现在，诸如树脂、叶片、根茎、花瓣和木片等植物原料一直用于印度的宗教仪式、药物和美容化妆品中。它们以软膏、咀嚼剂、精油和香薰的形式为人们所用。梵语 gandha（"气味"）一词不仅在公元前 2000 年代末期就已经被引证过，并且在后来吠陀时代的某些文献中就表示"香"或者"香气"[③]。那些文献罗列出了九种味道，其中有柔和、清淡的甜味，也有苦涩、辛辣而刺鼻的味道。印度人惯常使用的香膏主要具有净化和保护的功效。在《阿闼婆吠陀》（*Atharva veda*）中，有一首名为《香膏》的赞美诗，在这首诗里，香膏被誉为"生命的守护者"："你是神明的馈赠，是生命的防护堤……身上涂有香膏的人，厄运

---

① 人类学、宗教学上的一个概念，始于人类的幼稚时期，终结于陶器的使用阶段。——译注
② 雅利安人入侵印度后的一段历史时期，指《吠陀》和解释它的经典所记载和反映的印度历史时期，大约从公元前 16 世纪至公元前 7 世纪。——译注
③ 伊丽莎白·诺都（Élizabeth Naudou），《印度传统习俗中的鲜花、香和香膏》（«Fleurs, encens et onguents dans la tradition indienne»），见《香水通史》，第 280 页。

远离他，妖力和痛苦也远离他……"①

檀香。印度的宗教仪式上使用的传统香膏是由檀香木浆和动物麝香调和而成的。檀香木在印度是一种用来祝圣的木材，一种上等的、尊贵的香木。人们不仅在仪式上焚烧檀香木——在火葬的习俗下，檀香木的价格高昂——也用它来制作圣像和装饰物。在葬礼上使用的具有净化和救赎功效的香膏中，檀香是主要成分。葬礼结束时，人们涂抹这样的香膏。敷抹了檀香的身体不仅受到守护，也得到净化。身体散发出的香氛犹如宇宙间的一出舞蹈，也像一座把信徒和宇宙及浩瀚空间联系在一起的桥梁。

在印地语中，香的字面意思是"烟熏"。在吠陀时代的宗教仪式上，它是十六种敬神拜佛活动之一。香支是由不同的香料做成的，其中最名贵的属于用沉香木做成的香支。这种香具有刺激性欲的功效，在阿育吠陀②和西藏的传统医学中都有应用。它比等量的黄金还贵重。不过，最常用的还是由旃檀即檀香木做成的香。

印度的信众，无论他是佛教徒还是印度教教徒，在"芬芳怡人"的香味下，都可以达到某种纯粹的状态，而这种状态对于在寺庙或在家里举行的仪式而言，是必不可少的。宗教上的净身礼既可以在寺庙里进行，也可以在家里进行。净身时，印度人往往根据香精油、香膏、香料或者鲜花的调和性、治疗性和精神属性来使用。他们还把诸如晚香玉和玫瑰花等香味迷人的鲜花编成花环，祭拜神灵。女人们喜欢在头上插戴茉莉花和鸡蛋花，并用香精油涂抹身体和头发。印度人屋子的门槛也常常撒有玫瑰花和茉莉花的花瓣。此外，他们通过向仪式上点燃的火中倒入花草和根须，与神灵建立联系。芬芳的烟雾不仅能引导信徒祷告、净化他的身心，还能帮助他默思冥想。这些信仰上的习俗在整个亚洲都可以看得到，可以说在亚洲的宗教仪式上，祭拜神明的祭坛上没有燃香或者鲜

---

① 伊丽莎白·诺都，《印度传统习俗中的鲜花、香和香膏》，见《香水通史》，第280页。
② 印度教和佛教的传统医学。——译注

花供品的情形很少见。

拜佛的供品。对于专门用来供奉其他神灵的茉莉花和鸡蛋花的香味，佛陀无动于衷，因为他主张舍弃一切诱惑。因此，传统上祭拜佛祖和僧人的供品往往由香烛、香支和具有象征意义的荷花组成。祭品的香气不是为了迷醉，而是为了把它当成完美的形象来崇拜[①]。为了吸引众神的注意，也为了传递祈愿，佛庙祭台上烧的含有老沉香和檀香的香支常年不息。对于佛教徒而言，香既能净化身心，也能让他们达到某种理想的道德规范。至于供奉给佛祖和僧人的佛教的象征符号荷花，它代表着证悟。荷花从祭祀瓶中开出的花朵，就像从堕落的尘世中升起的佛教一般。荷花的五朵花瓣形似法轮，象征了生命轮回的学说。荷花自身就代表着尘世生活的繁荣、富裕、圆满、美好和进步。

"香"的汉语拼音为xiang。这个字在中文里不仅出现在烹饪上，也出现在地名中。中国人给小女孩起名时也会加入这个字。此外，他们还把这个字当作形容词，和"佛"字并用。"香"这一表示芬芳怡人的概念在汉语里已经有两千多年的历史，大约公元500年以后，其含义不断延展，涵盖了许多道德品质方面的含义。因此，xiang在儒家和佛教的观念里最终有了美德或者无上的智慧的意义。有些佛像用檀香木雕刻而成，充分体现了"香身佛"这一概念在形体和精神上的含义。

香随着佛教传入日本，具有文化上的使命，读作"KO"。如同在中国一样，日本人用它来祭祖和拜佛。尚美的日本贵族和文人精英把焚香之术作为一项消遣活动的传统由来已久。11世纪的时候，平安王朝宫内的贵族们沉湎于斗香，即一些名副其实的嗅觉竞赛。在这些被称为ko-awase的比赛期间，必须先备好一些由木片和香料混制而成的、气味精微复杂的香支，赢得比赛的参赛者必须辨别出香支的组成成分。香支的准备过程有时可长达几个星期，正如我们在《源氏物语》[②]中看到的一样。

---

① 克莉丝汀·埃梅（Christine Hemmet），《无香无味的拜佛花束》（«Des parfums sans odeurs, les offrandes de fleurs au Bouddha»），见《香水通史》，第277页。
② 日本平安王朝时代的一部古籍，由宫内的女官紫式部撰述。——译注

香道（Ko-do）。16世纪的日本，在佛教禅宗的影响下，香脱离世俗社会以及宫内的贵族阶层，成为静修冥想的辅助物。在香道的祭祀仪式上，主祭们专心"听香"（ko o kiku）。这是一项富有含义的艺术，犹如花道和茶道一般。即便在当今的日本，香在一切日常生活或宗教领域都有迹可循，譬如纯粹用来净化空气，或者在一些仪式上，尤其在葬礼上——人们烧香祭拜死者的亡灵——用于除秽去污。

一直以来，最为日本人赏识的香，也是最高级的香，是以沉香属树木的某种芳香物质制作出来的。这种物质从芳香的树脂中提取，而树脂的形成则有赖于寄生在沉香木上的某种蘑菇。这种异常珍稀的沉香木就如黄金一般珍贵，日本人不仅把它视为名贵的香木，也把它视为文化珍品。

4．从禅宗到新时代[①]

香水源于某一古老的生活艺术。如今，它的地位也许和禅宗哲学在西方的影响不无相关。禅是佛教术语，它的含义在西方逐渐演变成为空灵、简约，以及摒弃一切无用之点缀。在东方，它主要是一个哲学的、宗教的或者神学的概念，是一种日常的、凌驾于简约或极简主义之上的态度。这三个字母[②]精神性十足，让人联想起一个充满和谐与安宁的世界。

禅宗哲学或者"觉悟之道"是一种经过了提炼的佛教宗派。公元6世纪以后，它传入了日本。传入的方式确切说来并不是通过经文，而是通过人们口口相传，也就是从师父传到弟子。禅宗的修行方式强调解脱精神上的迷障和净化身体，从而获得认知。因此，首要的是在日常生活中打坐冥想，而这一练习又有赖于控制呼吸。当我们的注意力集中在气

---

① 新时代（New age），新时代运动的简称，又称为新纪元运动，兴起于20世纪六七十年代，是一场涉及多层面的社会和宗教运动，追求精神的回归。——译注
② 禅的法语写法zen。——译注

息上时，思绪就会放空，纯粹的快乐便油然而生。"任何事物都有禅意。竹林中微风的呢喃细语，纸屏后光线的浮动，石盆里流水的摇漾……一切都是禅。禅就在这些细枝末节之上。"①

禅宗孕育出了一种文化、一种生活的艺术及一种建立在极简和超脱的理念之上的美学。这一文化艺术和美学长期以来不仅铸造了日本人的精神、格局，还影响了他们生活里的一举一动。在日本，无论是寺庙的建筑、园林、枯山水②、短诗俳句、戏剧能乐、在白纸上用墨汁写出的复杂书法、花道③、以碧绿的抹茶粉为基本成分的抹茶道以及一笔挥就的铜版画，这一切都和禅宗的思想息息相关，即庄严素朴和对于空无的不断探究。禅的世界构筑于这空无之中，而西方社会在这空无之前虽迷失了方向，却又沉迷其中。

返回本初。即使在今天，香水依旧是超验性和神性的符号。暗香浮动，神明显现。香氛是超自然的，具有一种神奇的力量。早在20世纪上半叶，一些香水的名称就已经说明了香氛的宗教起源，比方说里高（Rigaud）1912年推出的**熏香**（*Un air embaumé*），这一款香水呈现了一个跪着的修女，她正在心醉神迷地畅吸从一个香水瓶中散逸出来的香氛。不然，还有卡隆（Caron）1922年发布的**圣诞之夜**（*Nuit de Noël*）以及勒·加利昂（Le Galion）1937年出品的**魔力**（*Sortilège*），后一款香水令人不经意间想起某种和香水的神秘起源息息相关的东西。"精油"（essence）意指经过蒸馏而得到的提取物，这一术语也逐渐常见于日常词汇中。

回归香水本初的这一趋势在西方社会主要见于20世纪八九十年代，和新时代运动的目标相吻合。这一时期的香水名称的宗教色彩一目了

---

① 米歇尔·包卫（Michel Bovay）、罗兰·卡尔唐巴克（Laurent Kaltenback）和艾芙琳·德·司迈特（Evelin de Smedt），《禅宗的礼仪与学说、历史与传统、文化与思维》（*Zen. Pratique et enseignement, histoire et tradition, civilisation et perspectives*），巴黎，阿尔班·米歇尔出版社（Albin Michel），1993年。
② 日本微缩式样的园林景观，多见于禅宗寺院。这一艺术用石块象征山峦，用白沙象征湖海，用线条表示水纹。——译注
③ 一种以花草、枝叶为基础的插花艺术，具有象征意义。

然：卡隆 1990 年发布的**圣熏**（*Parfum sacré*）令人想到神秘的祭品；娇兰 1989 年推出的**轮回**（*Samsara*），这一梵语表示生命的轮回和新生；资生堂分别于 1964 年、2000 年、2009 年投放市场的香水**禅**（*Zen*）；伊曼纽尔·温加罗（Emmanuel Ungaro）2004 年发布的**灵迹**（*Apparition*），一款被描述为显灵的香水；迪奥 2004 年大力推广的**真我**（*J'adore*）[①]，赞美女性身上的神秘感和神圣感；阿玛尼高定（Armani Privé）[②] 2004 年推出的**乳香木**（*Bois d'encens*），再现了意大利著名服装设计师童年时代在宗教祭礼上感受到的缭绕香气。

　　神秘体验。为什么香水成为一种神秘体验，而不再是严格意义上的神圣体验？20 世纪 70 年代，人们目睹了新问题的产生和新价值观的兴起：诞生于美国的嬉皮士运动、分配问题、种族效应、生态问题以及向各种假想天堂的逃避。一个一切皆有可能的世界开启了。对于法国哲学家莫里斯·克拉维尔（Maurice Clavel）而言，关键在于"回归禁欲，回归大写的精神"。正是在这一意识形态危机的背景下，出现了新时代运动，即西方世界中发端于美国的一场声势浩大的思潮。这场思潮希望让世界重新充满欢乐，宣扬信仰的个体化和兼容并蓄。新时代运动主张通过精神上的觉醒和人性的改变去改造精神幻灭的个人。这一崭新的"宗教"运动的源头，或者确切说来，这一思潮的源头，来自 20 世纪二三十年代的许多著作，其中有神智学[③]大师艾莉丝·贝利（Alice Bailey）[④]的作品，还有保罗·勒库尔（Paul Le Cour）1937 年发表的《宝瓶座时代》（*L'Ère du Verseau*）——人类社会的新纪元，标志是从人性准则向精神准则的转型。新时代运动一方面强调通过活跃记忆力、创造性和正向思考，

[①] 国内香水界的译法，但如果从字面上看，则表示"我崇拜"的意思，adore（崇拜）一词在法语里原本是宗教词汇。——译注
[②] 阿玛尼集团的高端品牌，创立于 2005 年，除高级定制时装之外，还有香水和箱包等产品。——译注
[③] 一门综合了宗教、科学和哲学的学说，主要解释自然界、宇宙和生命等问题。——译注
[④] 英国神智学作家，她撰写了二十余部关于神智学和神秘学的作品。由于在她的作品里经常出现"新时代"这一先驱概念，所以被称为"新时代运动"的鼻祖。——译注

强化自我；另一方面旨在确保我们心灵潜能的开发。伴随着迷狂的体验、意识上的改变、知觉的拓宽，人就能超越自我。

20 世纪 90 年代，这一思潮主要转向自我的实现、个人的觉醒以及关于提升的概念。当时，新时代思潮随着现代社会的发展而相应调整，加入了一些所谓的女性价值标准。广告行业把这些准则作为个人和谐与自主的诉求，广泛应用。新时代思潮于是成为一条通往幸福的道路。同时，西方民众对于某些脱胎于佛教、苏菲主义[①]和非二元论的精神准则，以及某些接近东方传统哲学的古老门派的能量疗法，都显示出日益高涨的热情。

如此一来，我们便能较好地理解为什么香水行业自 20 世纪 80 年代末期以来，可以从各种社会运动中汲取灵感，并预示了第三个千禧年。香水不仅让人变得平静、宁和，还能提升身心。人成为香水的殿堂。香水变成一种心灵体验，意味着日常生活的提升和自我的超越。它重新展现出神秘的一面，犹如波德莱尔在他的诗中赞美到的一样："读者，你是否畅吸过/心醉沉迷地、缓慢地、贪婪地/这一溢满教堂的香末/抑或某个年代久远的麝香囊？/深沉的、迷人的魅惑，我们陶醉其中/往日重现！"[②]

香水行业回归香水的起源受到了远东和佛教传统的影响。西方从这一传统引进了瑜伽、冥想以及对于禅与宁静的向往。1989 年，深入到印度传统精髓中的香水品牌娇兰，大力推出"轮回"。这一款名字取自于梵文的香水显然满足了人们在身心平衡和精神上的渴求。那是一条通往完美与和谐，直至涅槃（nirvana）的道路。出自雅克·塞盖拉（Jacques Séguéla）[③]之手的广告宣称："第三个千禧年的黎明时分，在娇兰的香氛

---

① 伊斯兰神秘主义派别的总称。——译注
② 夏尔·波德莱尔（Charles Baudelaire），《香》（«Le parfum»），详见《恶之花，忧郁与理想》[Les Fleurs du mal, Spleen et idéal (1861)]，巴黎，加利玛出版社，"诗歌"丛书（«Poésie»），2004 年，第 30 页。
③ 全球第五大广告公司灵智广告（Euro RSCG）的创始人，欧洲创意的先驱人物，从事广告业至今已有四十余年，多本畅销著作的作者。——译注

香水"轮回"。瓶身由佛教徒尊崇的红色和金色组成,圆润的形状象征典雅的高棉舞者。让-保罗·娇兰在调配这款香水时,保留了两种主要的香味:印度寺庙内的檀香和双瓣茉莉花香中女人转世再生。""轮回"香水的瓶身由佛教徒尊崇的红色和金色组成，圆润的形状象征典雅的高棉舞者。巴黎吉美博物馆（musée Guimet）[1]内的一尊小雕像，启发了雕塑家罗贝尔·格拉奈（Robert Granai）[2]对于瓶身的设计，而这大概也象征了第三只眼——觉悟之眼——的瓶盖的设计。让-保罗·娇兰（Jean-Paul Guerlain）在调配这款香水时，保留了两种主要的香味：印度寺庙内的檀香和双瓣茉莉花香。双瓣茉莉花是一种白色的小花，花瓣油润，花香浓郁。在印度，女人们在初升的太阳下，唱着情歌采摘茉莉花，然后拿到寺庙里祭供神佛。她们还把这种花编成花环献给神灵。香水**姬琪**（*Jicky*）[3]推出百年之后，娇兰世家把它的"轮回"香水视为"开启下一个香水时代的法宝"[4]。

几年之后的2006年，让·巴杜品牌（la maison de Jean Patou）的调香师让-米歇尔·杜里埃（Jean-Michel Duriez）走遍了整个印度，从一些宗教传统中汲取灵感，为他的下一款香水**印度西拉**（*Sira des Indes*）做准备。这就是为什么在迈索尔（Mysore）[5]的时候，他跑去寻找学名为黄桷兰（Michelia champaca）的兰花。那是一种开花的树木，花朵肥厚，呈杏色，花香浓郁迷人，几乎类似于蜂蜜、水果和鲜花制成的镇定剂的味道。印度的每户农家都种有几棵黄桷兰树，因为树上开的花是给寺庙的供品。隐藏在这一花卉之后的是一段来自史诗《罗摩衍那》[6]的历史传说：悉多（Sita），罗摩（Rama）的妻子，女性和优美的象征。一天，她

---

[1] 法国首屈一指的亚洲博物馆。——译注
[2] 法国雕塑家，娇兰香水的幕后英雄，1959年至今娇兰香水瓶的设计师。——译注
[3] 娇兰1889年推出的一款划时代的香水。在这之前的香水只有一个调，而"姬琪"是世界上第一款实现了香水调性分层的香水，它奠定了现代香水前、中、后三调的基本模式。——译注
[4] 迈克尔·埃德伍兹（Michael Edwards），《香水传奇：一个世纪的法国作品》（*Parfums de légende. Un siècle de creations françaises*），勒瓦卢瓦（Levallois），HM出版社，1998年。
[5] 印度著名的古城，曾是印度南部的文化之都，一座宫殿、花园、林荫大道和寺庙遍布的城市。——译注
[6] 和另一部史诗《摩诃婆罗多》构成了印度文化的基础，对印度文学和宗教影响深远，我国的《西游记》同样受到这部作品的影响。

被罗萨魔王罗波那（Ravana）掳走，禁闭在印度南部的楞伽岛（Lanka）[①]上。为了救她，罗摩求助于他忠诚的朋友猴王哈奴曼（Hanuman）。猴王为了救出悉多而调兵遣将。猴兵猴将们从迈索尔出征，它们先在此地砍伐檀香树和黄桷兰树，搭建了一座横跨印度洋的桥梁，再从这座桥攻入楞伽岛，救出悉多。[②]回到巴黎之后，让-米歇尔·杜里埃构想出来的"印度西拉"不仅融合了檀香木和黄桷兰的香气，还兼有牛奶、香辛料、香草和香蕉的味道，让人想起印度庙宇中祭拜神灵的点心。调香师调味板上的香辛料、藏红花和异域的鲜花就这般荣耀回归。

资生堂和宝格丽香水中的禅宗理念。秉承禅宗的精神，资生堂2000年推出香水"禅"的新版，力求呈现一种崭新的印象，成为一次畅吸某种平息一切情绪的香氛的邀约。这一香水脱胎于日本的历史和文化。它受到了某一哲学的生活艺术的启发，这一艺术尽管古老，却又属于一个新的时代：一个充满希望的时代、一个人与自然和谐共处的时代。香水"禅"是转瞬即逝的记忆：在微风拂过的竹林中的一次散步，赤脚踩在潮湿的青苔上的感觉；清晨草地上的露珠；晚间空气中柔和的袅袅香气。"禅"也是身心合一，是东方和西方的融合。泛着珠光的半透明瓶身，像一颗在永恒的海浪中滚动的小卵石；又像蒙昧时代滴落的一滴雨水，河水上绽破的小气泡或是宇宙的泪滴。椭圆瓶身光滑的手感，象征因为宇宙的美而双手合十。吸入"禅"的香气时，人们能感受到雨水、叶片、花瓣和树木之间的亲缘性。和鲜绿的竹子联系在一起的苔藓的味道，代表了一个纯粹的、宁静的世界。那是大自然和精神领域的统一。事实是，如同在中国一样，竹子在日本也是一种很圣洁的树木。它们既坚强有力，又极其轻巧，是生命永恒轮回的符号。它们四季常青，笔直地伸向天空，具有某种超越时空的、永恒的、浓浓的禅意。绿竹的身影在日本无处不见，是日本人日常生活中的一道景观。夏季，把鲜嫩的绿意倾洒在林间小路上的竹林，宛若一

[①] 锡兰岛的原名，即现在的斯里兰卡。
[②] 摘自关于"印度西拉"的媒体档案，让·巴杜，2006年。

座座巨大的植被教堂,光影在其中戏耍;竹梢在风中摇动,聚到一起变成许许多多移动的拱顶;竹林的空气在一场温热的雨后,变得格外清新。从香水"禅"衍生出来的产品还有香薰棒,它们能在片刻的时间内营造出香道上的灵修氛围。香道,沉思默想在沉香木的烟气中萌生。因此,"禅"这一产品在体现了日本人的感性和美学的同时,以它对禅的精神的诠释,开启了嗅觉世界的第三个千禧年:在某种香氛中,体验纯粹的愉悦。

自1984年起,资生堂公司以测量脑电波和心率为基础,对一些具有安神平气或者提振精神功效的香气展开研究。这些研究结束之后,资生堂开发出了**舒缓香水**(*Relaxing fragrance*)和**活力香水**(*Energizing fragrance*)。资生堂在芳香学上的研究方式具有整体的特点,利用香氛的功效改善身心平衡。实际上,包含在香氛中的信息先通过嗅觉传到大脑,然后才被传导到身体的各个部位。身体的不同系统随后通力合作,这不仅对诸如身体或精神上的紧张、疲劳等不适感产生作用,还能带来包括惬意在内的正面感觉。这一切又能帮助人们保持某种平衡,也就是所谓的生理内环境稳定,即愉悦感的秘密所在。"禅"这一款香水的研发,证明了沉香木在提高阿尔法脑波[①]频率上的功效,以及改性的缬草抗抑郁的效用。沉香木的香气以日本传统的形式出现,不仅令人想起精神的净化,还打上了它在灵修方面的印迹。在日本的传统中,缬草又被称为"幸运草"。不过,它的味道并不适于调制香水。这也就是为什么资生堂对缬草精油做了调整,改善它的气味;它在香水中的存在也因而有助于让身体处在愉快惬意的状态之中。"禅"这一款香水是日本文化的一部分,它调和了对于美和愉悦的追求。它的瓶身令人想起双手合掌——和灵修相关的一个手势,即冥想的动作。因此,这款香水也被定义成为一款"明丽的、散发木质香气的心灵香水"。

茶道,禅宗精神的一部分,为宝格丽的**绿茶香水**(*L'Eau parfumée*

[①] 阿尔法脑波是当一个人在闭上眼睛休息时,大脑的顶叶和枕叶部位产生的一种节律。这一脑波是表示焦虑和压力消退的指标。

au thé vert）提供了主题。茶道是为冥想和内省做准备的，这一远东的仪式成为让-克劳德·艾列纳（Jean-Claude Ellena）研制出来的"绿茶香水"的灵感来源。在巴黎茶叶专营店马利阿奇兄弟茶叶店（Mariage Frères）[①]里，他闻到了大吉岭红茶的香味，即卡斯尔顿红茶（le castleton）[②]的香味，一种他早就想研究的香味。这位"掠香者、偷香人、盗香贼"——让-克劳德·艾列纳是这么自称的——发现日本茶道让他创立了一种全新的喷香、闻香仪式，因为茶道给了他灵感。这款纯粹透明的香水能促进内心的宁静和愉悦。绿茶散发出的幽幽木质清香，是通过改变 β-紫罗兰酮特有的气味获得的。β-紫罗兰酮是一种令人想起紫罗兰香味的化合物，让-克劳德·艾列纳往其中加入另一种化合物——二氢茉莉酮酸甲酯，从而获取绿茶的香味。"香水的成分正如语言的字词一样，它们随着时间与所属的时代发展变化，内涵甚至也会改变。"[③] 艾列纳这位著名的调香大师这么说道。从那以后，"绿茶香水"流行开来，人们喷洒的时候也不再一滴一滴地数那些带来愉悦和平静的"茶香味香水"了。

风靡一时的乳香。 90年代末期，香水制造业重新流行起乳香和没药，见证了人们对于灵修辅助物的追求。乳香和没药都有催眠和改变人们的知觉和意识的功效。十来种"单一乳香"（soli-note ensens）[④]香水首先由一些小众品牌或所谓的沙龙品牌（la parfumerie alternative, dite de niche）[⑤]推出，譬如 Comme les garçons[⑥] 的熏香（Incense）系列，安霓可·古特尔

[①] 法国著名的高端茶叶店，由马利阿奇家族的两兄弟亨利（Henri）和爱德华（Édouard）1854年创立于巴黎。——译注

[②] 印度大吉岭地区著名的茶叶庄园卡斯尔顿庄园产制的红茶，是大吉岭红茶产制规格最高的茶叶，属于顶级红茶之一。——译注

[③] 让-克劳德·艾列纳，《香水》（*Le Parfum*），巴黎，法国大学出版社（PUF），"我知道什么？"丛书（«Que sais-je?»），2007年，第66页。

[④] 几乎只有乳香的味道。——译注

[⑤] 相对于主流香水或商业香水而言的香水，它们的用料一般比商业香水更精贵，所以价格也更高。这类香水的创作，风格强烈，寻求个性，不以市场的口味为制约。——译注

[⑥] 知名日裔"另类设计师"川久保玲1975年创立的品牌，设计融合东西方的概念，创意特立独行，中文意思是"像男孩一样"。——译注

(Annick Goutal)①东方系列中的**火焰乳香**(*Encens flambo*)或者阿蒂仙之香(L'Artisan parfumeur)②1999年大力推广的**冥府之路**(*Passage d'enfer*),这款香水的乳香味几乎是最严守古风的。对于塞尔日·芦丹氏(Serge Lutens)而言,乳香是他的吉祥物,因此在他研制的许多香水中都有乳香的踪影。比方说,他和另一位调香师克里斯托夫·谢爵克(Christopher Sheldrake)③一起创作出的**乳香和薰衣草**(*Encens et lavande*),这款香水是1996年推出的"古代香水系列"(Les Eaux anciennes)之一。在官方的表述中,主要有四种香氛:乳香、薰衣草、芳香树脂和快乐鼠尾草,透露出了这款香水的清冷。伴着乳香和薰衣草的香味,人们犹如迈入了一座古老的罗马教堂,教堂的石块散发出一股神秘的潮湿气息。人们凝神沉思,双膝跪在磨损的石板上,石板上还回荡着远去的脚步声,看不见的身影却依然驻足停留。然而,"乳香和薰衣草"并不只是追忆宗教的神秘感,它首先是一款与时俱进的香水,因为它高度提纯的现代配方以炙热的香气作为尾调,令人想起城市里的沥青人行道。

2000年,在伊夫·圣罗兰品牌推出的香水**赤裸**(*Nu*)中,乳香的用途有别于它在祈祷和冥想上的作用。当时,汤姆·福特(Tom Ford)④负责这一时装品牌的成衣系列,他对汪洋恣肆的性感表露出特殊的兴趣。由雅克·卡瓦利耶(Jacques Cavallier)⑤调制出的"赤裸",是对于乳香的神秘性的一种打造,因为这一努力不仅使人想起了女性的神秘感,也同时想起人们赤身裸体地来到这个世界。天泽香和纯天然的乳香净油(absolue)⑥

---

① 法国顶尖的沙龙香水之一,创建于20世纪70年代。——译注
② 创立于1976年,强调以传统的法式手法和天然的草本原料制造个人香水和家居香氛产品。——译注
③ 自2005年起,担任香奈儿香水部门的研发总监。——译注
④ 著名服装设计师、导演,曾先后担任古驰和圣罗兰的创意总监,2006年创立个人品牌"Tom Ford"。——译注
⑤ 路易·威登的首席调香师,被称为调香界的莫扎特。——译注
⑥ 天然香料中的高级品种,通过溶剂萃取法萃取的精油。换言之,用乙醇萃取浸膏、树脂、香脂或者含有蒸馏水的萃取液,之后经过冷却处理,滤去不溶于乙醇的全部物质,最后减压低温下蒸发掉乙醇,所得的制品统称为净油。——译注

给这款香水带来了神秘感和宗教的色调；但作为 21 世纪前十年一款超前的香水，也许由于投放市场的时间过早，因此难以征服大众。

"香"（encens）这个术语，在法语里可以指代不同的事物。它往往是天泽香这一原料的别名。它同样可以泛指古时候的两种香料：乳香和没药。此外，它还意指各种文化传统中许多用来制香的原料。因此，娇兰**亚美尼亚木**（*Bois d'Arménie*）香水以其特有的老挝安息香，令人想起东方传统佛寺里的香气。相反，2004 年由米歇尔·阿尔美拉克（Michel Almairac）研制出的阿玛尼高定下的"乳香木"香水，含有的则是鲜明的西方教堂里的乳香味，这一款香水营造出一个深远的、庄严的、肃穆的世界。尽管人们把它归为具有东方木质香气的香水，但它主要呈现出来的是欧洲基督教的教堂。根据阿玛尼高定的说法，"乳香木"香水对于乔治·阿玛尼而言，非常私密，因为他想把幼年的他和祖母上教堂时闻到的气息幽闭在玻璃瓶中，那是弥撒活动上的乳香味和意大利教堂里冷冷的湿气。来自官方的说法是，这一款香水只有五种成分：秘鲁乳香、雪松、香根草、乳香精油和乳香净油。

至于蒂埃里·穆勒（Thierry Mugler）[①]的**异型**（*Alien*）香水，则讲述了一个光彩照人、端庄大方、超越时空的女巫师的故事。所以，这是一款有寓意的香水，它不仅诉诸人们的想象力，也如同穆勒的其他香水一样，和曼妙的仙境联系在一起。这一有着神奇体态的新产品自称是一款"奇特而神秘的香水"，源自宇宙之初，也源自世界之末。紫水晶的瓶身，犹如贤者之石[②]（pierre philosophale），使人想起炼金术、光晕。广告中，香水由一名寓意着人类和平的萨满女巫捧出，旁边是用萨满字体题写的香水名称。瓶身的颜色并非随意择取：紫水晶是一种有磁力的、能够平和心绪的颜色，它能消除忧虑、苦楚和焦躁，振奋精神。色彩疗法就用紫色来平缓情绪。另外，瓶身上凸出边线的浅金色则象征太阳的威

[①] 法国著名时装设计师蒂埃里·穆勒 1974 年创立的同名品牌。——译注
[②] 一种传说或神话中的物质，据说能用来将一般的贱金属变为像黄金一样的贵重金属，或者用来制造长生不老药。——译注

力。"异型"这一表达让人想起的是另类和奇特。它成了刻在瓶身上的一道寓意,犹如一个谜,一道人类留下的痕迹,抑或普世语言的一个记号,即某一古老的或未来的神启标记。因此,"异型"香水散发出来的是一股神秘的气息。这一款由多米尼克·罗皮翁(Dominique Ropion)和罗兰·布吕耶尔(Roland Bruyère)共同研制的香水,除了含有大量的喀什米尔香氛(bois de cashmeran)[①]之外,还有双瓣茉莉花香和透明的液态白龙涎香。喀什米尔香氛是一种合成的木质香氛,浓郁迷人,令人想起异国烈日下的一棵树。这一香氛犹似某种极有可能失去了它的热烈、却依然保留其神秘而迷人的气息的香味。双瓣茉莉花带来的是神圣的、阳光一般的绚烂香气。最后,白龙涎香则唤起大海的神秘以及母亲般的抚慰。"异型"香水的理念是带来启示,宣称它的存在是有益的,是在不断变化的世界中的一个启蒙时刻。"异型"女士香水是和平和光明的使者,集合了世间一切女性的救赎神话。

第三个千禧年的前十年推出的这些香水,表现出进犯的姿态——窃取神明的香氛。"挑衅抑或嗅觉的护身符,配以乳香的香水,犹如围在脖子上的十字架。"[②]莉莉·巴贝里在对2009年秋季的香精油做了一番总结后,如此解析道。那么,对于当今的我们,香水是靠近诸神的琼浆玉液的途径,还是拥有圣香的方式?

圣香。圣洁的首要标记之一是圣徒散发出的迷人香氛。希腊文明、罗马文明、埃及文明、希伯来文明、基督文明以及伊斯兰文明,对于恶臭和香氛都表现出相同的感性,即分别赋予恶臭和香氛动物性和灵性(某些文明依然一如既往地如此划分)。阿拉伯谚语说到,唯有敌人才会发出臭味。本着同一观点,伊拉斯谟(Érasme)[③]写下了类似的格言(见

---

① 在香水行业中,这一术语表示一系列精油的集合体,通常是由雪松、龙涎香、麝香和香草的香精油混合而成。——译注
② 莉莉·巴贝里,《符咒》(«Incantation»),《时尚杂志》,巴黎,2009年11月。
③ 16世纪初欧洲最有影响力的人文主义神学家,以"纯正"的拉丁语写作的学者,主要作品有《愚人颂》,以及他把拉丁语和希腊语的格言汇编成册的《格言集》。——译注

《格言集》Ⅲ，Ⅳ，2），而蒙田则把他的拉丁语名言搬用过来并注解道：人人都觉得自己的粪便是香的！有些社会接受并赞许使用香氛；相反，另外一些文化则谴责喷香涂粉。然而，所有的社会和文化都把道德上的纯洁和用于祭祀的香氛联系在一起。正如布丽吉特·穆尼耶强调的一般，身体无论是被视为爱恋的对象，还是被视为遭唾弃之物，许多的规定和禁忌都和它的某种形象相关联[1]。往身上洒香抹膏相当于排斥肉体变质腐烂这一可能性，因此也相当于拒绝死亡。所以，拥有一副清香怡人的肉身的梦想，引领着人类对于永生的追求。基督教信仰里关于圣香的说法，阐明了人们对于肉体的这种含糊的看法。人们期待亡者圣洁或者得到上天的厚爱的首要标志，是尸身不会腐烂发臭。尸身甚至应该散发出香脂的气息，因为这表明纯洁美好的灵魂最终带着肉体一起升天[2]。开棺的时候，圣徒往往以他们多年后，甚至是多个世纪后，依然完好无损的尸身以及从中散发出的幽香而扬名。"发出圣香，摆脱了生物学上的局限性，圣徒的尸体仅仅以其存在这一简单的事实，就拥有了净化肮脏不堪之地和消除熏天恶臭的力量。"[3] 在宗教故事里，关于圣香奇观的描述总是强调某种令人愉悦的清香的涌动，它四处流溢，占满一切空间，并注入到圣徒曾经触摸过的物体之上。史上苦难的让娜·玛利亚（Jeanne Marie de la Croix）[4]、圣凯瑟琳娜·德·里驰（sainte Catherine de Ricci）[5] 或者亚维拉的圣女德兰（sainte Thérèse d'Avila）[6]，她们的情形便是如此。她们都以死后尸身散发出的清香闻名。新近的例子则有 1999 年被列入真福品的意大利毕奥神父（Padre Pio），他的尸首散发出一股甜美的、神秘的花

---

[1] 布丽吉特·穆尼耶，《穿越历史的香水：从奥林匹斯山上的诸神到网络香水》，第 67 页。
[2] 安妮可·勒·盖雷（Annick Le Guérer），《气味的影响》（Les Pouvoirs de l'odeur），巴黎，奥迪尔·雅各布出版社（Odile Jacob），2002 年，第 137 页。
[3] 扎维尔·伊万诺夫（Xavier Yvannoff），《天使之身：神秘的尸身奇观》（La Chair des anges. Les phénomènes corporels du mysticisme），巴黎，瑟伊出版社（Éditions du Seuil），2002 年，第 29 页。
[4] 法国 17 世纪方济各会的修女。——译注
[5] 意大利 16 世纪多明我会的修女。——译注
[6] 西班牙 16 世纪天主教会的修女。——译注

香。这一圣香不仅能激励信众进行祷告，还能促使他们皈依宗教。某些伊斯兰教的圣徒死后也散发出同样圣洁的香气。扎维尔·伊万诺夫就引述了易卜拉欣·埃德汗（Ibrahim Edhem）的例子。这位伊斯兰教的圣者在一个山洞里隐修多日。他一离开山洞前往卡巴天房[①]朝拜，附近村子里的人们就赶来山洞闻香。酋长本人也进入山洞中，里面的麝香味让他惊叹不已。他于是明白隐士真的是真主的使者[②]。

同样，关于圣徒的伟业、圣迹或奇迹的传说都会提到他们纯净、清香的肉身，犹如摘除了内脏并饰以鲜花一般。那是一种无瑕疵的洁净、一种完美的透净。圣徒的肉身纯洁干净，并享有天福，不同于沉浸在声色之中的躯体的丑陋和腐败，"一边是发出淫逸臭味的兽身，另一边则是像六翼天使一般纯净的天使之身"[③]。

[①] 位于伊斯兰教圣城麦加禁寺内的一座立方体建筑物。——译注
[②] 摘自阿里德·丁·阿塔尔（Farid-ud-Din'Attar）的《圣徒传》（Le Mémorial des saints），巴黎，瑟伊出版社，1976 年，第 115 页。
[③] 扎维尔·伊万诺夫，《天使之身：神秘的尸身奇观》，第 24 页。

第二章

香水的医疗和保健功能

Chapitre 2. La vocation thérapeutique et hygiénique du parfum

"生命始于惬意"①，加斯东·巴什拉尔（Gaston Bachelard）主要针对生活空间或居住空间的这句话，也许可以恰如其分地点明本章的主题。呵护身体，保持身体洁净清香，这实际上是体内的生活。与呵护身体密切相关的香氛，既是肢体快乐的一部分，也是社交愉悦的一部分，因为它使我们得以存在，或者说，使我们有了存在感。

1. 芳香疗法的诞生

在古代埃及、希腊、罗马和所有的东方国家，香料除了用于宗教信仰，也用于医疗卫生。众多保持身体洁净的习俗，筑就了一部庞大的芳

---

① 加斯东·巴什拉尔，《诗意的空间》（*La Poésie de l'espace*），1957 年第一版，巴黎，法国大学出版社（PUF），2001 年第四版。

香学药典。香氛无论是用于个人护理,还是专门用来和神明交流,核心总在于去除肉体这一形象引起的恐惧。香气和香料都是纯洁的标志。在消除肉体的动物本能的强烈愿望下,人们趋于让身体变得圣洁。

芳香疗法是一种医疗手段,它主要通过焚烧芳香物质来抵御传染性疾病。诚如保罗·福尔指出的一样,芳香植物用于护理和康复在古埃及就已经享有巨大的声誉。"荷马史诗"里的英雄都知道,"人人都是医生"[1]的埃及盛产提振精神或者催眠的植物。此外,荷马指出,美丽的海伦就像一个埃及出身的女子一样迷恋她的芳香药品。古埃及人认为病因是超自然的,由某位神明、仙女或者亡灵传播。当时,和造成疾病的邪恶力量打交道的是祭司,因为他们同时也是医生。他们的治疗方法是给病人服用他们认为可以安抚神灵的东西,而香料就是以这种方式成为药物的,譬如可以平缓焦虑、促进睡眠的西腓。对于身体的各种紊乱,公元前1555年的医学专著《埃伯斯纸莎草书》列出了含有药物的方子,有的方子附有咒语,有的则没有。巫医们受到神灵的保护,因此他们的学问和药物是神圣的。医学上的知识由托特神传授,他赋予他喜爱的人医治病痛的能力。《埃伯斯纸莎草书》也明确给出了服药的不同方法:饮服、吞服、吸服。关于口服,人们服用加有诸如蜂蜜、蜂蜡或者无花果之类的芳香粉末。关于吸服,书里给出的方法则十分详细:"找七块石头,放在火上烤。取下一块石头,把一些药放在上面,然后用一个底部打了孔的容器盖上。在孔口插一根空心的芦苇秆,然后把嘴放在芦苇秆上吸里面的雾气。用其余的六块石头重复操作。最后,吃一些油腻的东西,譬如肥肉或者植物油。"[2]医学在古埃及不仅子承父业,也通过教学的方式传承。我们只要了解一下保存在古埃及药房中的众多物品:香精、松脂、没药、香精油和各种分类的精油,就能明白为什么荷马把埃及称为"盛产药材的沃土"。人们把乳香当作焚烧的香,但是人们也把它用在

---

[1] 保罗·福尔,《古代的香水和香料》,第48页。
[2] 详见让·普拉多(Jean Prado)的《香水的阿里阿德涅之线》(*Le Fil d'Ariane des parfums*)中的引文,巴黎,八卦图出版社(Éditions du Trigramme),1988年,第32页。

烹饪和医疗上，因为它对骨疡和气管炎有疗效。至于没药，它除了因为强大的防腐功效而用于木乃伊的制作之外，也用来抵抗衰弱和减缓胃痛。古埃及的女人还以八角、松木、蒜、孜然、香菜、槲梓、茴香、百里香、刺柏等为原料，制成药剂。而干乳香、笃耨香脂、食用油莎草、甜瓜、腓尼基芦苇等香料，研磨成细粉后，用于烟熏疗法。同时，卫生干净少不了柔和的清香，富贵人家往往有一间净身的浴室。此外，古埃及人还用香脂膏粉涂抹身体。香膏的使用非常普遍。譬如，女主人招待宾客时，会给每人一块用来涂在头顶上的香膏。古埃及的贵夫人洗浴之后，喜欢涂抹没药香、桂皮香、玫瑰香或者茉莉香。她们还会在头上顶一块小圆锥的香膏，因为香膏融化之后，会让她们脸盘生香。而普通人家的女人，能用上加了薄荷香或牛至香的蓖麻油就已经很满足了。香精油、含有香脂的精油以及香膏对于日晒引起的灼伤能起到极好的疗效，还能防止皮肤干燥。同样受到古埃及的女人们迷恋的还有芭卡丽（bakkaris），一种有玫瑰花香和鸢尾花香的精油。上述所有的精油和香膏都有净化的功效，古埃及人认为它们能驱邪除秽。所以，它们最终用于制造肥皂。肥皂里还加入了泡碱。泡碱是一种含有碳酸盐、碳酸氢盐、硫酸盐和氯化钠的混合物，主要被当成灵魂清洁剂。古埃及人祭神之前用它来清洁口腔。

　　后来，古罗马人把一种昂贵的混合物称为"埃及香"。它以香樟、没药为主要原料，并以其黏性而著名。古罗马人常常扮成法老时代的埃及人，坐在一张摆满东西的桌边，把一朵美丽的睡莲或者"蓝莲"[1]举到鼻孔前——他们力求得到的也许主要是睡莲安抚神经的功效和它的香气。这一动作的象征意义非常重要，把莲花举到鼻孔前相当于加入到太阳的周期活动和四季的更替之中。总而言之，这是一个具有宗教含义的举动。

　　古代美索不达米亚、印度、希腊。在公元前2000年的美索不达米亚地区，苏美尔人和巴比伦人的香料药典以植物构成，其中有没药、阿

---

[1] 珍妮维芙·皮埃拉-伯恩弗瓦（Geneviève Pierrat-Bonnefois），《古埃及的香氛》（«Le parfum en Égypte ancienne»），见《香水通史》，第68页。

魏（l'ase fétide）①、百里香、无花果木、小白菊、藏红花和欧洲夹竹桃。此外，记录在泥板上的考古文献，向我们展示了当时通常使用的树脂：安息香、波斯树脂、松脂、没药树脂和愈伤草树脂（opoponax）。油膏或者软膏在古代的美索不达米亚，也用于医疗和美颜，就像在古埃及一样。沙漠商路把这一地区与印度河流域、中亚、中国联系起来，从商路传进的珍稀树种就有肉桂、生姜和檀香木。对于巴比伦人而言，疾病同样是由超自然因素引起的，神灵让恶魔对付道德败坏的人。为了赶走恶魔，他们把一些令人恶心的、苦涩的药品给病人服用，而留给神灵的则是香氛。在人们害怕阴间的鬼神和担心激怒保护神的心理下，巫术和法事产生了，把小木像或者动物油脂制成的小雕像投入到有救赎和净化作用的大火中焚烧。一共有250种药用植物和120种动物制品用于这类巫医的法事中②。

在印度，传统的吠陀医学从一开始就以风为主导。印度人认为风这一宇宙的力量是世界的灵魂。另外，我们也可以通过瑜伽的呼吸感受到风。呼吸的练习离不开香氛，香氛在其中是作为某种神奇的要素存在的。古代印度的医疗建立在咒语和巫术之上。法事上往往有花草植物和花香，对它们的选取一般是根据颜色、形状和香味来进行的。如此一来，花草植物和香氛的医疗功效在印度渐渐被挖掘出来，并归入到一个结构严密的体系中，这一体系又通过阿育吠陀——如今仍被称为"阿育吠陀医学"——流传下来。

古希腊是数千年文明的汇聚之地，其中有来自古埃及南部的文明，有美索不达米亚北部的文明，有传入美索不达米亚的东方国家的文明，有多瑙河民族的文明以及中欧地区的文明。古希腊的医学进步和它的思想史的进步（部分地继承了神秘学）是同步进行的。"荷马史诗"不仅向我们描绘了伯罗奔尼撒战士们的病痛和伤痛，也向我们展示了最早的

---

① 一种产于西域的香草，属于多年生草本植物，有浓烈蒜味，可入药，有消食、杀虫的功效。——译注

② 详见让·普拉多的《香水的阿里阿德涅之线》中的引文，第37页。

医学文论。在《伊利亚特》中，我们可以看到赫卡墨（Hécamède）调制出一份有着神奇功效的馨香药水（见第十一章）。在整个古希腊，体育锻炼是赤身进行的，人们用芳香的精油擦身，以便使肌肉更柔韧，也使身体更柔和。希波克拉底在雅典用烟熏疗法和焚烧香木堆的方法救治疟疾和瘟疫患者。洗剂和香膏在古希腊的用量是如此之多，以至于柏拉图有一天惊叹："如果人们没有养成骄奢的习惯和爱好，医学也不会存在。"对于希波克拉底而言："大自然是病人的第一位医生，只有利用大自然的影响力，我们才能获得医学上的成功。"当时，他开出的药方里有镇痛用的香膏、按摩法、香精油以及芳香药物。此外，他还制定了"香氛检查法"。这一方法由不同的香味组成，用于给不孕的女人做检查："如果一个女人怀不上孩子，而且你想知道她是否可以受孕，那么你必须用织物或被单把她全身包住，并在她的身下放置一种香氛，你若发现香气进入她的身体后，几乎上升至她的鼻子和口腔，那你就能断定她本人并非不孕。"[1]古希腊人不仅用香水喷洒他们的房子、家畜，甚至开战前也在他们的战旗上洒满香水。那时的香水由多种香料制成，埃雷索斯的泰奥弗拉斯托斯（Théophraste d'Erésos）[2]在他的《植物志》（*Histoire des plantes*）中有所描述。在古希腊，香氛制品备受学者们的赏识，医生们不仅推广香氛的使用，也普及关于香氛的药用知识。迪奥科里斯便是如此，他撰写了五卷本的《药物论》（*De Materia medica*）。在这部著作中，他详尽地罗列并描述了1600种药物的用法，其中五分之三的品种属于植物类，其余的则属于动物类和矿物类。他的作品，与其说是一部植物著作，不如说是一部医学著作，对整个地中海盆地和阿拉伯世界都产生了重大的影响。

罗马。洗浴、按摩以及体育锻炼在古罗马同样非常重要。许多活动都是在充满香精油的香气中展开的。庞贝出土的文物目录提到了香水

---

[1] 详见让·普拉多的《香水的阿里阿德涅之线》中的引文，第44页。
[2] 公元前4世纪古希腊哲学家和科学家。

瓶和胭脂罐，它们证明了美颜护肤在古罗马的重要性[1]。关于这一主题，阐述得最详尽的作品也由一位古罗马作家老普林尼（Pline l'Ancien）写就。他的《自然史》（尤其是第十二—第十九卷）是一部专门研究植物学的作品，书中也提及了一些异国的树木和植物。在这本书里，我们可以看到古罗马人采摘芳香植物的各个部位，根须、茎干、表皮、浆汁、胶脂、木料、芽苗、花朵、叶片和果实。对于人们从这些芳香植物中提取出的药物，老普林尼也进行了描述（第二十二—第三十三卷）。他所写的这部史著，从希罗多德对"考察"（enquête）一词的释义上说，是一次真正的"考察"。这本著作的学识是百科全书式的，从中世纪直至19世纪都广为流传[2]。

古罗马帝国鼎盛时期，近东沉浸在《一千零一夜》故事的芬芳里。伊斯兰文明的根蔓延展到整个地中海盆地，包括面朝亚洲和印度的波斯。当时，草本香料、药物和香氛制品就从亚洲和印度输入波斯。从撒马尔罕（Samarcande）[3]到法国的普瓦捷（Poitiers）[4]，伊斯兰文明的大浪在辽阔的帝国里蔓延。犹如穆罕默德偏爱的女人和孩子一样，香料是帝国讨伐征战的目标之一。在玫瑰之国，伊斯兰世界的中心巴格达，学者如医生一般受到尊崇。波斯科学家、杰出的医学家拉齐（Rhazès，865—925年），在巴格达创建了一家医院。他集中整理了这家医院成百上千的病历，并据此写出了113册医书。这些医书后来又成为一部建立在临床观测之上的大药典——拉丁文名为 *Continens* 的《医学集成》——的主要内容。《医学集成》对大约1400种物种进行了归类，它证明了

---

[1] 让-皮埃尔·布伦（Jean-Pierre Brun），《庞贝壁画中关于香氛产品的制造和交易的描绘》（«Une représentation de la fabrication et de la vente des parfums sur une peinture de Pompéi»），见《香水通史》，第49—50页。
[2] 老普林尼，《自然史》，于贝尔·泽纳克编选（éd. Et choix d'Hubert Zehnacker），巴黎，加利玛出版社，"弗里奥经典系列"（Folio Classique），2007年。
[3] 古代连接着中国、波斯、印度三大帝国的著名中亚都城，如今位于乌兹别克斯坦境内。——译注
[4] 又译为普瓦提埃，位于法国西部。——译注

药用植物和芳香植物在东方和西方之间的贸易的重要性。为了和巴格达竞争，西班牙的科尔多瓦（Cordoue）建起了一个藏书十分丰富的图书馆①；在这个图书馆里，关于香料的图书占据了一个特殊的地位——传说人们往建造图书馆的灰浆里加入了一些香料，建筑物因而发出一股怡人的麝香味。

蒸馏。中世纪，有关香水的问题都离不开蒸馏技术的传播。由于蒸馏技术的提高，当时和医疗紧密联系的香水成为一种酏剂。11世纪早期，伊朗哲学家、医学家阿维森纳（Avicenne）②重新研发了蒸馏法，从玫瑰花中分离出某些芳香液体，即混合了玫瑰水和精油的精华油（attar）。在阿拉伯的医学中，红玫瑰被视为一种消炎的介质。阿维森纳在蒸煮玫瑰花的过程中，发明了一种专门治疗肺结核的药物。

古希腊的时候，蒸馏已经存在，亚里士多德对这一方法就有所了解。不过，是11世纪的摩尔人③和阿维森纳发明了这一名称，并确立了有关蒸馏的法则。两个世纪之后，人们在意大利的萨莱诺（Salerne）④发明了酒精蒸馏法，为现代香水业打下了基础。尽管如尼古拉·托马斯（Nicolas Thomas）指出的那样，蒸馏一词让人们想起的是从蒸馏釜喷嘴一滴一滴流出的馏出液，但是这个词首先意味着"分离"⑤。

意大利萨莱诺医科大学的医生们翻译的阿拉伯文献，以及稍晚些时候在安达卢西亚（Andalousie）翻译出来的阿拉伯文献，向西方输入了蒸馏工艺。12世纪，随着蒸馏技术和炼金术在西方的流传，玫瑰精油得到了推广。当时，把玫瑰花瓣和水放在一起蒸馏来制作玫瑰水，在阿

---

① 穆斯林统治西班牙时期，公元976年建立的当时世界上最大的一座图书馆。——译注
② 原名为伊本·西那（Ibn Sina），中世纪影响力最大的阿拉伯科学家、哲学家、医学家，代表作品有《哲学、科学大全》和《医典》。后一部作品直到17世纪仍被西方国家视为医学经典。欧洲人尊称他为"医者之王"。——译注
③ 中世纪时居住在伊比利亚半岛、西西里岛、马耳他、马格里布和西非的穆斯林。——译注
④ 意大利南部大区坎帕尼亚的第二大城市，历史上以其医科大学而闻名。——译注
⑤ 尼古拉·托马斯，《中世纪的香氛制造业》（«La parfumerie au Moyen âge»），见《香水通史》，第106页。

拉伯国家，尤其是在绿洲环绕中的叙利亚首都大马士革非常普遍，产品远销也门、埃塞俄比亚、印度，甚至中国①。阿拉伯的航海者长期垄断香水和化妆品制造业中的原料贸易。摩尔王朝时期②，经营香料和生产香氛制品的阿拉伯商人在格拉纳达（Grenade）③开店，出售香料、香氛制品，以及含有龙涎香和麝香的春药。当时，一些香料商驻扎在阿尔罕布拉宫（l'Alhambra）④的花园里。正如乳香、没药和麝香一样，龙涎香自古代以来一直都是香水制造业中的神秘原料。"龙涎"一词指的是东方国家的某些制剂，这些制剂往往以香草、岩蔷薇⑤为基本成分，散发出粉末味的柔和香气，因此往往被认为曼妙而性感。阿拉伯人到了印度之后，以蒸馏的方法萃取精油的习惯传播开来，而且正是在阿拉伯词汇attar之上，产生了表示"调香师、药剂师、草药师"等精油行家里手这一名称。

随着蛮族的入侵以及公元476年西罗马帝国的覆亡，与香氛有关的习俗没落下去了，西欧的香氛制造业明显倒退。自罗马陷落以后，香氛工艺转移到拜占庭帝国⑥。另外，在天主教的影响下，香氛被禁止使用，因为香氛象征着尘世的轻佻。然而，随着远征东方的十字军的归来，美颜护肤品和香氛产品，尤其是玫瑰水，又被带回了西方国家。

在十字军东征的时代（1096—1291年），东西方之间的贸易发展起来，商业之路也因而得到改善。十字军不仅从东方带回了新型香氛和香料，还重新引入了洗浴时使用香氛制品的习惯。因此，在12世纪和13世纪，西欧香水业的形势好转起来，而这也多亏了那些和东方国家通商

---

① 尼古拉·托马斯，《中世纪的香氛制造业》，见《香水通史》，第106页。
② 大约从公元10世纪至14世纪。——译注
③ 摩尔人统治西班牙时期的著名首府。——译注
④ 摩尔人留存在西班牙格拉纳达最著名的古迹。——译注
⑤ 岩蔷薇：常绿灌木，直立，冠开张，叶窄，暗绿色，具黏性。花大而多，白色，花心雄蕊四周有红色斑，初夏开放。用溶剂浸提法或水煮法或水蒸气蒸馏法从岩蔷薇上端枝叶及分泌出的树脂，提取各种制品。具温暖而甜的龙涎香－琥珀膏香气，有些花草药草香，柔甜，扩散而相当持久。——编注
⑥ 东罗马帝国。——译注

的商人，尤其是威尼斯和阿拉伯的商人。如果说伴随着基督教势力的上升，香水和化妆品的使用逐步下降，那么修道院和宫廷里的浴室则见证了对于古代保健卫生习惯的采纳和承袭。在法国，出售香料和香氛产品的是配药师、草药师以及皮革商。当时，为了限制激烈的商业竞争，法国成立了一个包括香料商和配药师在内的同业工会，不过后者的势力更大，他们很快就把持了助理医师和调香师的职位。

玫瑰水。香味手套生产商行会同一时期也在法国的蒙彼利埃和格拉斯成立了。萨莱诺和蒙彼利埃成为大型的科研中心，这两个地方研发出了酒精蒸馏提纯法。这一工艺大大促进了香水制造，因为它用一种易挥发的中性物质取代了传统的赋形剂①，即油脂。玫瑰水当时在西方只用于医疗，它的调制具体见于阿布尔卡西斯（Abulcasis）②的阿拉伯语著作《自由奴》（*Liber servitoris*）③。（这本著作的拉丁文译本成为配药师们的主要参考书，他们把这本书里的内容应用到调制油膏和类似于药物的洗涤法灌肠之上。④）此外，在中世纪意大利医师普拉特吕斯（Platearius）撰写的《简易医学》（*Livre des simples médicines*）里也提到了玫瑰水，它出现在这本书4%的制剂里。在1471年出版的《药典》（*Antidotarium Nicolai*）中，含有玫瑰水的药剂的比例甚至达到了13%。1271年，玫瑰水的使用在巴黎是如此普及，以至于巴黎大学医学院规定：若没有具从医资格的医师的治疗意见，配药师不能把它用于商业用途，而且玫瑰水只能在药房出售。然而，玫瑰水也是一种日用产品，不仅用于药房配药中，还可用于烹饪。在玫瑰水中加入酒精似乎是西方，尤其是萨莱诺医学院的一项发明。尽管提及这一发明的最早文献之一《萨莱诺学术概要》（*Compendium magistri Salerni*）在12世纪中叶

---

① 制剂中除了主料以外的附加物。——译注
② 原名为宰赫拉威（Al-Zahrawi，约936—1013年），中世纪最伟大的阿拉伯外科医生，被称为"现代外科学之父"，他的代表作有《医学宝鉴》和《自由奴》。——译注
③ 阿布尔卡西斯率先使用蒸馏法制药，他在这部作品里写到的秘方和说明能帮助读者从混合在一起的药材中提取药物，以及使用它们。——译注
④ 尼古拉·托马斯，《中世纪的香氛制造业》，见《香水通史》，第107页。

第二章　香水的医疗和保健功能

就已经出版，然而酒精的使用在中世纪一直被严格地限定在医疗上，至少直到 15 世纪仍然如此。

2．消除罪孽和瘴气

中世纪修道院的草药苗圃里，种植着各种各样属于上帝或者魔鬼的植物。药用植物的应用在教会中很普遍，不含酒精的香水和其他酏剂都是由宗教人士调制的。12 世纪德国本笃会修女、神秘学家希尔德加德·宾根（Hildegarde）除了用文字记录下她见到的异象之外，还著有一本讲述香味的作品，以及另一部关于疾病起源和治疗的作品。此外，在她的作品《认识主道》（Scivias：Sache les voies de Dieu）中，我们不仅读到她对于所喜爱的保健植物的用法和意见，还能读到她对于它们的疗效的观测。她在葡萄酒、水或精油的基础上进行的配制基本都是一些简单的冲剂、煎剂、泡剂、浸剂、汤剂、酏剂、香膏以及糊剂……

当时，科学知识和教会依然有着千丝万缕的关系。一些针对各种疼痛的著名药物便是在修道院内调制出来的，譬如用于受火枪射击的伤口的药水以及修士们用的酏剂。15 世纪末期和 16 世纪早期，在法国国王弗朗索瓦一世的诏令之下，一些修士调配出了某种专门治疗火枪伤的药剂。这一药剂主要是为了增强弗朗索瓦一世军队中的火枪手的兵力补充。当时的修士对于药草的疗效都很在行，所以研制出的酏剂效果惊人。慢慢地，不仅国王的火枪手使用这一药剂，所有的民众都开始用它来治疗各种伤病。18 世纪和 19 世纪的时候，火枪伤药水是如此受欢迎，它变成了一个广受大众赏识和欢迎的专有名词。于是，娇兰世家的创始人皮埃尔·弗朗索瓦·帕斯卡尔·娇兰（Pierre François Pascal Guerlain）1828 年在巴黎开设了他的第一家店铺，而火枪伤药剂便是其中的头牌产品之一。他的成功就建立在这一产品之上。火枪伤药水往往用来缓解焦虑，医治头痛、牙痛和睡眠紊乱，以及舒缓胃痛和促进消化。

加尔默罗水。加尔默罗水或者加尔默罗（柠檬）香蜂草[①]水是另一种以植物为基础原料的强身药物。香蜂草很久以前就已经被当成药用植物来种植了。10 世纪的时候，本笃会的修士把它从西班牙引进法国。那时，西班牙的医生已经开始把这一植物用在治疗之上。据阿维森纳所说，"香蜂草适于提振精力、活跃心情、激发快乐、减忧排虑"。希尔德加德·宾根也证实香蜂草是一种愉悦心情的药物："人们吃了柠檬香蜂草后，喜笑颜开，因为它令人心情开朗，因此它配得上心灵圣母这一名称。"[《自然界》(*Physica*)] 加尔默罗（柠檬）香蜂草水是一种结合了十四种植物和九种香料的疗效的制剂。它的名称便来源于这些原料中的香蜂草或者柠檬香草[②]。16 世纪，一位法国药物疗法专家调制出了这一滋补液，并把秘方透露给了一位修士，即位于巴黎沃日拉尔大街（rue de Vaugirard）的加尔默罗教会里的达米昂神父（père Damien）。这一药水的疗效让教会里的修士们心悦诚服，于是他们决定加以配制。加尔默罗水也因而成为黎塞留主教最喜欢的药物之一，他服用这一药水来治疗他顽固的偏头疼、消化不良和胃痛。

沐浴。西方基督教社会继承了古代的沐浴传统，十字军东征回来之后，又继承了穆斯林的洗浴习俗。但是，在满足感官快乐的沐浴和为了保持卫生的洗浴之间，有着严格的区别；在洁身的沐浴和为了保持健康的泡浴之间，也是如此。教会批评"香身活色的沐浴"（bain de complaisance），因为那是为了享乐。因此，公元 6 世纪的时候，格里高利一世（Grégoire le Grand）[③]明确规定："如果沐浴是为了寻欢作乐，那么我们不允许，礼拜日不允许，其他的日子也不允许；如果相反，人们洗澡是因为身体卫生的需要，那么我们不禁止，甚至是礼拜日也不禁

[①] 香蜂草：多年生草本，原产俄罗斯及中亚各国，为一种很好的芳香油植物。——编注
[②] 同一植物的两种叫法。——译注
[③] 第 64 任罗马天主教教皇，中世纪教皇国的创立者。——译注

止。"①关于泡澡可以去病的观念贯穿了整个中世纪。尤其是13世纪的时候,泡澡在一些大城市里盛行一时,如当时的巴黎就总共有几十个蒸汽大浴室。然而,兴奋和骚动的一面使得浴室逐渐向一些堕落的街区靠拢,即在妓院和赌场之间。中世纪文学作品《玫瑰传奇》(Roman de la rose)就是一个例证,作者在浴室带来的感官快乐上喋喋不休。在拉伯雷构想出来的《高康大》②的德兼美修道院(abbaye de Thélème)里,经营香料的商人向善男信女们派发装在喷雾香炉中的玫瑰水、橙花水、天使水。当时的人们用蒸馏或煎煮的方法,再配以过滤的纯净水和酒精,调制出许多配方相对简单的香露。

至于私人浴室,那是享受侍浴的显爵贵侯的专属物。浴室成为财富的符号,一个摆阔、炫富、色情的场所。在中世纪和文艺复兴时代的油画作品中,有关沐浴的画面都暗示这些赤身裸体的场所是纵情声色之地。澡堂的主要功能是寻欢作乐,而不再是保健卫生,正如中世纪末期允许男女混浴、戏耍和喧哗的公共浴室一般。教会表示澡堂打理人这一职业"下流无耻"。14世纪末期以后,澡堂在瘟疫期间被认为是传染的源头,它让人们想起某个引起恐慌的陈旧观念——蒸汽会增大身体皮肤的毛孔,而这会让病毒进入体内。因此,对于澡堂的谴责不仅事关信仰,也变成了事关健康卫生。来自小亚细亚的黑死病在欧洲迅速蔓延,造成了大约2500万至3000万人死亡,即相当于欧洲四分之一的人口死于黑死病。1348年,这一病灾在法国造成重大伤亡,强有力地推动了香氛物质或产品的使用。医生们怀疑热水会让张大的皮肤毛孔暴露在传染瘟疫的空气中,于是他们建议人们使用香氛物质杀菌消毒的预防功效来

---

① 见乔治·维加雷洛(Georges Vigarello)写的《古代到现代的镜子和浴室》(«Miroirs et bains de l'Antiauité à la Renaissance»)中的引文,详见伊莎贝尔·巴尔迭(Isabelle)、米歇尔·班贝内-普里瓦(Michèle Bimbenet-Privat)和菲利浦·沃尔特(Philippe Walter)主编的《浴室和镜子:古代到文艺复兴时期的身体护理和护肤品》(Le Bain et le miroir. Soins du corps et cosmétique de l'Antiquité à la Renaissance),巴黎,加利玛出版社,2009年,第19页。

② 拉伯雷《巨人传》中的第一部。——译注

洁净身体。

于是，当时的浴室被迁到了市外，到了文艺复兴时代，浴室就完全消失了。1526 年，尼德兰（今荷兰和比利时）人文学者和神学家伊拉斯谟记述了这一现象："二十五年前，在布拉邦（Brabant）①，没有比公共澡堂更让人们趋之若鹜的地方了；现在，再也没有公共澡堂，新出现的黑死病让我们学会了忽略它们。"② 亨利二世的御医安布鲁瓦兹·帕雷（Ambroise Paré）③ 在被任命为国王的首席外科御医后，下令自 1551 年起关闭所有大城市里的公共蒸汽浴室和澡堂。相反，治疗用的温泉浴却一如既往地推行，蒙田就在温泉水中治疗他的肾结石。

澡堂的数量逐渐减少，然而皇家宫邸里仍然有浴室，比如枫丹白露城堡和后来的凡尔赛宫。此外，凡尔赛宫里的路易十四要求弗朗索瓦·吉拉东（François Girardon）和托马斯·勒尼奥丹（Thomas Regnaudin）把他雕塑成"众仙女侍浴的阿波罗"（Appolon servi par les nymphes de Thétis）④，一组壮观的群雕中的人物。沐浴于是有了美的寓意，并且成为一种题材画的主题，而非一种真正的日常习惯。然而，在盥洗打扮上，其他的习俗倒是延续下来了，如喷洒香水、擦拭身体或者搓身、更换内衣服等。《高康大》中有一处描写：一些玩旧式网球的修士用干毛巾搓身，然后再擦干净身体并重新换上衣服。穿戴白色的织物能保证干净，并成为象征现代感性的一个符号。蒙田就宣称无法"披着他的汗水"。夏尔·佩罗（Charles Perrault）在他的著作《古人和今人的共同点》（Parallèle des Anciens et des Modernes）里，剖析了当时的习俗特点以及澡堂的消失："比起没有穿戴内衣习惯的古人，我们对洗浴更不上心，因为我们如今拥有的内衣物能让我们的身体保持干净，这比古人的蒸汽浴室或澡堂带来的舒适

---

① 位于今大的荷兰境内。——译注
② 见《古代到现代的镜子和浴室》中的引文，第 20 页。
③ 文艺复兴时期欧洲著名的外科医生，代表作有《外科学两卷》，被称为"现代外科与病理学之父"。——译注
④ 在这组群雕里，一共有七个人物，六位仙女围绕着巡视回来的太阳神阿波罗，为他洗手灌足、净面熏香，洗去人间的尘埃。——译注

更胜一筹。"中世纪末期之后，在镜子前的这种"干浴"，使得所有的制剂里都加入了香料。经营香料和制作香氛产品的商人成为祛除疫气的主要力量，他们的这一古老使命从文艺复兴开始便不断强化。

塞浦路斯香囊和香果球。中世纪末期，人们逐渐减少沐浴。但是，他们用香料浸渍衣物，并且像在东方国家一样，用装在喷壶里的芳香液体喷洒居室。各式各样洁身除臭的产品出现了：香粉、洗液、药液、香盒和球形的塞浦路斯香囊（Oiselets de Chypre）。与此同时，也出现了许多被认为是可以防止腐臭空气渗透的方法。考古发现的第一批"塞浦路斯香囊"上溯至1668年。尽管没有任何的文献，但根据雷姆利[①]和查拉[②]的观点，那是人们为了闻到其中的香味，或者为了减缓空气中的恶臭而投入火中的一些球形香囊。这些香囊在燃烧的时候，香气便像小鸟一样缓缓飞升。依雷姆利看来，塞浦路斯香囊的配方含有柳木炭、黄蓍胶、玫瑰水、劳丹脂、麝香、麝猫香、龙涎香、苏合香、安息香、沉香木、桂皮、丁香、榄香脂[③]。德尼（Denis）却认为，香囊的组成成分也许如下：柳木炭、莎草根、劳丹脂、玛蹄脂、乳香、安息香、墨角兰、桂皮、丁香、檀香。

文艺复兴时代，香氛被视为"药之魂"，这说明药剂业和香氛产品制造业的联系是多么的密切。此外，香氛也是一种"景致"，是外形展示技巧中不可或缺的辅助物，因为它能使衣物和裹在其中的赤裸的身体形成一个整体的形象。人们认为香料的主要功效是治疗和杀菌消毒，其次便是以讨人喜欢的甜美气味带来快乐和享乐。实际上，香氛中和甚至去除恶臭——恶臭掩盖下的是腐烂。同时，芳香传达的是洁净和卫生。某种香味愈是浓郁和沁人心脾，它就越受欢迎。文艺复兴时代的医生认为，香气既能影响体表，又能对内心产生作用。

16世纪，欧洲社会的上层人士不仅养成了佩戴来自威尼斯的香珠的

[①] 尼古拉·雷姆利（Nicolas Lémery），法国17世纪化学家。——译注
[②] 摩伊斯·查拉（Moïse Charas），法国17世纪药剂学家。——译注
[③] 榄香脂是原产于菲律宾的一种树木渗出的胶脂，它能用来制作香支，此外它还具有愈合伤口的特性。

习惯，也习惯于在室内放置塞浦路斯香囊。此外，一种时人称为"香果球"的小器皿也流传开来，里面一般装有麝香、龙涎香、松香以及其他香精油。这种起源于东方国家的香球是当时应用于芳香疗法的一种饰物，结构极其精微复杂，用黄金或白银制成的球状物，镶有珍珠和宝石，上面有一个小圆环，人们往往把它挂在腰带、脖子或者手指上。当时，形状像苹果一样的香球里一般都含有龙涎香，即一种来自抹香鲸肠道分泌物的芳香物质。不过，含有龙涎香的香果球由于龙涎香昂贵的价格，一般是王侯权贵的专属物。老百姓一般满足于装有普通成分（比如芦荟树脂、樟脑油、意大利香草罗勒、干薄荷叶）的香果球，甚至是满足于一小块只在香醋中浸泡过的海绵。

香果球有着惊人的疗效，在治疗传染病方面，它备受推崇。它还能促进消化、呵护女性的器官以及治疗男性的阳痿。16 世纪以后，它的外形改成了橙子的形状。而且，由于西班牙人和葡萄牙人的地理大发现，它里面装有的香料也越来越多。它的不同香型用于一周里的不同日子。贵妇人们流行用紫罗兰、薰衣草和橙花香味的香膏，而才媛淑女们则往往在衣饰里藏有小香囊。另外，当时也流行装有芳香液体的小瓶子，最华贵的一般产自威尼斯和波西米亚。为了杀菌消毒以及满室生香，人们除了在壁炉里焚烧叶桂和迷迭香之外，还在地上铺满香草。

18 世纪的巴黎由于满城的恶臭，被人们称为"泥淖之城"。当时，戈布兰河（rivière des Gobelins）①的河水以及巴黎的医院和手工作坊的废弃物污染了塞纳河，河上漂浮着各种各样的垃圾和粪便。塞纳河的河水量只比注入其中的废物和污水勉强多出一半。圣马塞尔市郊（faubourg Saint-Marcel）②的味道令人作呕，而卢浮宫、杜乐丽花园、自然历史博

---

① 塞纳河的支流毕耶河（la rivière de Bièvre），18 世纪时参照当时河岸著名的戈布兰挂毯生产商改名为戈布兰河，后来由于河水污染严重以及巴黎下水道整治，流经巴黎城内的部分被全部掩埋。——译注
② 又称为圣马索市郊（faubourg Saint-Marceau），位于今天巴黎的五区和十三区之间。——译注

物馆、司法宫、巴黎歌剧院所在的街区，茅厕的臭气则折磨着过往的路人。尽管关于下水道的安装有明确的法规，但是房主们出于经济上的考虑，都不予遵守。当时的卫生学家把注意力都放在了居民聚集区，因为这些地区处在酸腐的空气和污浊的恶臭的双重夹击之下，然而他们毫无办法。在污浊的空气中，人们走在嘈杂的大街小巷上，踩在齐脚的泥污和粪便中。下雨天的时候，街道犹如粪沟。这时的法国满是粪便的恶臭，而不是香水的味道。不管怎么说，香水在当时是王公显侯和宫中的专属物。所以，香氛成了区分社会地位的东西：有钱人香气怡人，或者至少用大量的香氛来掩饰他们的体臭，而穷人却浑身散发出屎臭。

不过，凡尔赛宫和周边的味道却让人们怀疑住在里面的人的奢华水平和卫生程度。一份文字显示："树林、花园甚至是宫殿本身散发出来的恶臭让人感到恶心。通道、庭院、建筑物、走廊满是粪便。一个卖猪肉的商贩，甚至每天早上都在大臣议事厅（l'aile des ministres）的墙角边杀猪放血并烘烤猪肉。圣克鲁大街（l'avenue de Saint-Cloud）上到处都是腐臭的积水和死猫。"[①]当时的生理学家认为空气和水传染疾病。解决这一问题的办法是更换衣物和干浴，即用洗涤剂或香醋擦身。空气净化或空气消毒不是通过给房间通风，而是在屋里焚烧香料，或者放置装有干燥的花瓣和香料的罐子。因此，在凡尔赛宫这个时人根本无视茅厕存在的地方，香水便出现了：一方面作为抵抗瘟疫的良方妙药，另一方面则作为消除疫气的无价之宝。

卫生保健那时候只是个人行为，是宫殿中的保留活动。某些人或许能够欣赏若干年前发生的香味革命带来的一切新型香氛。然而，大多数人的嗅觉还很粗糙，因此凡尔赛宫里的香味极具特色，是有着浓烈麝香的哈喇味。

凡尔赛宫里，自我展示的艺术无论如何都发展到了极致。香水以及

---

① 拉莫朗蒂埃尔（La Morandière）写于1764年的文字记载，详见奥古斯丹·卡巴内（Augustin Cabanès）的《史上秘俗》（*Mœurs intimes du passé*）（第一版于巴黎，1908年），第一卷，日内瓦，法莫出版社（Famot），1977年，第254页。

各种各样的香体物往往让人如头顶光环，而这光环恰似个人的自我延伸和扩展。宫里的各位朝臣不仅由于身上的香味而显得与众不同，也在国王的身边彰显了自己的存在。这样的展示方式尽管无形无影，却极其灵验。每个人都求助于香氛产品清洁、保健和治疗的功效。

18世纪时，法国著名的药剂师和调香大师让－路易·法尔荣向凡尔赛宫输送了各式各样的梳洗用品和化妆品，譬如柠檬香膏、橙花香膏、黄瓜软膏、百香乳棒、皇家乳罐或乳棒、英国塔夫绸饰件、含酒精的薰衣草花露水、古龙水、让口舌保持清香的刮舌器、牙刷、石竹粉、压发梳、粗齿梳子、海绵制品、浴衣带、衣服上的别针、天鹅绒的粉扑、"质量上乘"的胭脂罐、打理胡须用的海绵塞、美容手套或轧光手套、整套的假痣①、香蜂草伤药水、珊瑚盒子、酒精以及其他的小玩意儿和产品。

路易十六的姑姑们，也就是路易十五的女儿们②，在个人的物质需求方面相当素朴。她们几乎没有那些时髦的小物品或饰件。虽说她们也使用一些诸如天鹅绒的粉扑和牙刷之类的梳妆用品，但是在香水上，她们并没有那些独特的个性香型，只为自己备有一些时兴于路易十五时期的古龙水、橙花露和薰衣草露。为了呵护她们干燥的双手，她们会戴一些装饰性的手套和涂抹一种特殊的软膏。她们也擦那款著名的"让肌肤美白和……像绸缎般柔滑的"面霜。此外，她们还把胭脂用在眼妆上，让眼睛明艳生辉。但是，她们在经济上精打细算，在梳妆打扮上的花销从未大手大脚。

至于路易十六的弟弟们，普鲁旺斯伯爵和阿图瓦伯爵③，在嗅觉上他们偏好，甚至迷恋橙花香和晚香玉的味道。当然，他们也用古龙水和

---

① 18世纪，法国的贵夫人喜欢用黑色的塔夫绸做成的各式各样的假痣贴在脸上、脖子上和胸前，以此突出白皙的皮肤。——译注

② 欧洲的君主，谱系和我国的不一样，同样是路易，前一位与后一位未必是父子关系，譬如路易十五是路易十四的曾孙，路易十六是路易十五的孙子，因此便有了文中的表述。——译注

③ 后来的路易十八和查理十世，也就是法国波旁王朝复辟后的第一位和第二位国王。——译注

第二章　香水的医疗和保健功能

薰衣草香味的花露水①。路易十六的小妹妹伊丽莎白夫人，一位迷人、低调、又非常讨人喜欢的公主。同样，在梳妆打扮上，她也很低调，使用的香氛总是非常的清淡——薰衣草花露水、古龙水、橙花水。让-路易·法尔荣也向她供应美容用品和手套。对于阿图瓦伯爵，他则专门制作了一种特殊的脂粉，他给这一产品取名为"阿图瓦式的香粉"②。

大概在1760年，路易十五命人在凡尔赛宫里布置了一间全新的浴室，里面的装潢十分奢华，护墙板上不仅饰有卢梭兄弟的壁画，还镶有泛着光泽的三色调金粉。水又逐渐回到了盥洗室内。调香师让-路易·法尔荣十分清楚沐浴的习惯自古就有，而且那是最有利于健康的。因此，他不断重复，出于卫生健康或为了养病，必须沐浴。不过，他还是把日常的治疗问题留给了医生。他不厌其烦地重提老调："可以说，干净卫生能滋养皮肤，这在某种程度上又有助于健康，所以有必要洗澡。每个人都有自己特殊的沐浴习惯：有的人每一个星期、每两个星期或者每个月洗一次澡；有的人则在最佳时段，每年连续八天或十天多次洗澡。有的人在家里洗澡，有的人则在澡堂洗澡。澡堂提供一切便利，甚至可以在里面去毛除须。然而，不少人更喜欢家里的浴室，因为他们不需要出门就能洗澡。有三种洗浴方式：第一种是把整个身子直到脖子的部位都泡在水里；第二种是半身浴，即蹲坐在水中，洗澡水勉强超过肚脐；第三种只是洗脚，即把脚泡在刚没到小腿肚的水里。"③

英式的保健卫生。 18世纪中叶以后，使用香水来掩饰体臭不再受到认可。发生在英国的"卫生学"革命彻底改变了人们的习惯，推动时人

---

① 国家档案馆（Archives nationales）卷宗AP61：《法尔荣以及国王的兄弟的回忆录（1780—1786）》（*Mémoires de Fargeon à Monsieur frère du Roy de 1780 à 1786*）。
② 同上。
③ 法尔荣，《调香师的工艺：香水、化妆品、药膏、香锭、香氛、古代精油、精华油制法大全（附有女士美颜护肤、祛斑除皱和染发的新秘籍）》（*L'Art du parfumeur ou Traité complet de la preparation des parfums, cosmétiques, pommades, pastilles, odeurs, huiles antiques, essences...contenant plusieurs secrets nouveaux pour embellir et conserver le teint des dames, effacer les taches et les rides du visage et teindre les cheveux*），巴黎，德拉兰出版社（Delalain fils），1801年，第385页。

更加频繁地洗澡。英国人主张通过勤洗澡去除病毒，每天洗手和洗脸，一周两次或三次全身浴。当时，许多有钱人不仅家里安有浴缸，还把泡澡视为进食和体育活动的补充。他们还发明了厕所，这样一来人们就可以在一个绝对私密和卫生的空间里方便。杜巴丽伯爵夫人（Comtesse du Barry）[①]让人在她家里布置了这样一个地方。她的这一如厕环境开启并极大地促进了风尚的进步。同样，玛丽·安托万内特皇后也命人为她布置了一间厕所。

另外，在香料和香氛制品方面，英国也有着悠久的传统。由威尼斯商船输入的东方和阿拉伯国家的香料和香氛制品，让伊丽莎白一世的宫廷趋之若鹜。当时，英国的理发匠人也制作出一些清淡而持久的香水。1730年，一名来自西班牙梅诺卡岛（Minorque）的年轻人胡安·法姆尼阿斯·弗罗瑞斯（Juan Famenias Floris），在伦敦圣詹姆斯区（quartier Saint James）的杰明街89号（numéro 89 Jermyn street）开了一家理发店。他调制出了著名的薰衣草香水，这很快就使他成为伦敦名流雅士推崇的调香师。与此同时，他还销售香柠檬精油、百里香或者欧百里香精油、复合香味的香薰棒、玫瑰香或者晚香玉软膏、小香皂、百花香罐、紫罗兰花露水、香水醋和其他商品，譬如扇子、香囊、成对的袜带以及巴黎流行的一切新奇的小玩意儿。在他忠实的贵客里，有一些诸如金斯顿公爵夫人（duchesse de Kinston）这样的大贵族。如今，这家名为"伦敦弗罗瑞斯香水"（Floris of London）的店面依然存在。

玛丽·安托万内特的沐浴喜好。酷爱沐浴和身处鲜花之中的玛丽·安托万内特皇后，开启了香水业中的鲜花香氛时尚。沐浴时，她的身子往往套在一件宽大的英国法兰绒衬衣里，衬衣的系扣一直延伸到领口，而衣袖的末端以及衣领都有衬里。她出浴的时候，一位女官会高高地拉起一块大毛巾，以免其他侍女看到她的裸体；然后，再把毛巾披到她的肩上。侍浴的女人们便上前围住她并为她擦干身子。她接着会套上

[①] 路易十五的最后一位情妇。——译注

一件长长的、完全开口并饰有花边的衬衣，以及一件在床上穿的白塔夫绸料子的披风。然后，衣柜间的侍女用长柄暖床炉暖床，并给她穿上带花边的麻纱拖鞋。这么一番穿戴之后，玛丽·安托万内特皇后便拿起一本书或者拿起她的女工躺到床上去。最后，侍浴的宫女和男侍们才收拾并清除所有用于沐浴的物件。在她沐浴的日子里，她甚至就在浴盆中用午餐，仆役们把盛满食物的托盘放在大澡盆的盖子上。

玛丽·安托万内特尤其喜欢沐浴的时刻，因而常常为自己预留出这一时间。她用于沐浴的房间位于凡尔赛宫一楼的皇后套房里，就在她的卧室后面以及午睡室的旁边。房间里，铺了地板的地面有一定的斜度，以便排水。挨着墙放的浴盆，直接通过管道接收来自楼下水桶室内的冷水和热水。这间浴室的外观很朴素，和路易十五的浴室相反。（后一浴室内饰有卢梭兄弟的作品，十分的富丽堂皇，后来成为路易十六的珠宝匣陈设间。）玛丽·安托万内特沐浴时，主要为了休息和放松。她的母亲，玛利娅·特蕾莎女王[①]（l'impératrice Marie-Thérèse）向她传教了一些卫生准则，比如主张用"麸皮水"润湿的毛巾擦身。此外，她传令让人在她的小套房里用桃花心木安设了一处极其精美的"英式处所"，里面别出心裁地配备了一个有益于健康的小喷泉。对于玛丽·安托万内特皇后喜欢盥浴这一点，人们颇多微词。而对于她的轻佻和淫荡，诽谤的文字或斥责也极其阴险恶毒。某位叫苏拉维（Soulavie）的人士竟写道：在浴盆中裸浴的皇后接见了一位备受尊敬的教会人士[②]。

让-路易·法尔荣。当时，玛丽·安托万内特皇后的御用香水师，为给她侍浴的女官写下了不同的沐浴指示和准备。以下便是他为"小浴一番"给出的指示："这第一种准备是取四盎司去皮的甜杏仁、一磅的土

[①] 神圣罗马帝国皇帝查理六世之女、奥地利女大公和国母。——译注
[②] 详见康潘夫人（Mme Campan）在《关于法国皇后玛丽·安托万内特的回忆录》（*Mémoires sur la vie de Marie-Antoinette, reine de France et de Navarre*）中的一处摘要《皇后的日常安排和私生活》（«Intérieur de la reine et distribution de la journée»），费尔曼·迪多出版社（Firmin-Didot），无出版日期，第一卷，第 96 页。

木香根①、一磅的松子、四把亚麻籽、一盎司的蜀葵根、一盎司的百合鳞茎。我把这些东西研磨成粉糊，然后装入三个香囊里。在第一个香囊中，我放入一半的粉糊，其他的一半则放入另外两个香囊里。之后，我分别把装有一把麸皮的小袋子放入后两个香囊里，把装有两把麸皮的小袋子放入第一个香囊中。然后，我建议你们开始加热从河里打上的水，特别是经过磨轮底部的河水，这些水足够洗一次澡了。当水热了之后，要及时把它倒入桶里。皇后沐浴时必须坐在上述的大香囊之上，你们用另外两个香囊给她搓身子。我觉得还需要往这一洗澡水中加入一些十分讨人喜欢的香味，譬如橙花、带有硬而厚的果皮的水果——比方说香橼、佛手柑或其他同一品种的水果——的汁液，这些花或者果汁的香味也是皇后偏好的。以芳香植物调制出来的香水也普遍用于洗浴。对于那些喜欢龙涎香怡人香味的人士，沐浴时甚至还可以用龙涎香。然而，正如同样散发出沁人心脾的苏合香和安息香一样，皇后不怎么喜欢龙涎香。不过，用上述的方法沐浴，皇后可以美白和洁净肌肤，也可以去除体味。此外，沐浴时用到的那些香氛不仅能够让她放松疲惫的身子，还能缓解她常常亢奋的思维。"②

沐浴时用到的其他香球，既用来去垢和美白肌肤，也用来保持肌肤的清香。它们是由八分之一盎司的乳香、八分之六盎司的甘松③、八分之七盎司的香桃木调配而成的。法尔荣先是把各种原料磨成细粉，然后再把它们和蓝莓精油、榅桲精油或者睡莲精油混合在一起。这些香球在沐浴时用于搓洗身子。

单一香型的香水宽心安神的功效，备受玛丽·安托万内特的喜欢。这类香水是把一种直接来源于植物或者动物的香料通过蒸馏法萃取而得，譬如被称为"国王水"的橙花水。在骚乱喧哗的凡尔赛宫里，薰衣草精

---

① 一种在潮湿的土地中生长的生命力极强的野草的草根，香味非常浓烈。药物学家认为这一草根有许多疗效。
② 让-路易·法尔荣，见《调香师的工艺》，第385—386页。
③ 一种产于印度的根或根茎，味苦，以前用于调制香氛产品。

第二章　香水的医疗和保健功能

油和柠檬精油的良好效果不无裨益。玛丽·安托万内特往往命人往香匣里滴几滴这两种香精油，以净化她的套房里的空气。在她出现晕眩的时候，仆人们便拿来不同的香水醋，让她吸一吸。她总是选橙花或薰衣草味的香水醋。香水醋通过蒸馏法获得，尽管它们也用在梳洗中，却有着十分明显的提振精神的功效。皇后的女官们的衣兜里常常备有一些小盒子，盒子里装有时人称为"醋酸汁"的珍贵酏剂，这是为了在她情绪激动或感到不适的时候呈给她闻一闻。皇后更喜欢这些酏剂，而非从硫酸酒石（在高浓缩的香醋中浸泡过）中提取的嗅盐，尽管那也是调香师法尔荣调制出来、且备受宫里的贵妇们喜爱的制剂。

不过，玛丽·安托万内特的调香师让－路易·法尔荣特别为她调制出了含有酒精的玫瑰水、紫罗兰水、茉莉花水、黄水仙水和晚香玉水。这些香水都是在以酒精为溶剂的条件下，蒸馏长时间浸泡过的芳香原料获得的。法尔荣在小花瓶中分别调出每一种香水，再用麝香、龙涎香或者愈伤草增强它们的味道。玛丽·安托万内特皇后特别偏好浓郁的香水，并且总是希望香精浓度尽可能高。法尔荣于是为她调制了一些香味馥郁的香水，而她则乐于给她的这些"刺鼻"的香精取名。这类香精的浓度非常高，是通过多次蒸馏后才萃取出来的。

香料商或调香师：传染病的杀手。凡尔赛宫中的雅致和奢华不应该让我们忽略了香料在医学上的用途——这一用途在广大百姓中非常普及，特别是在传染病严重的背景下。史上最致命的传染病大概是麦角中毒、麻风病和鼠疫。直到18世纪之前，鼠疫在历史上经常出现，它被认为是来自上天的惩罚。它往往不是以腹股沟淋巴结炎或者淋巴结的形式出现，就是以肺炎的形式出现，后一表现方式一般很快就会引起死亡。在法国，鼠疫主要在17、18世纪重新现身，尤其是1720年至1750年间在马赛、艾克斯、阿尔和土伦，半数以上的人口都死于这一病灾。直到18世纪，每当鼠疫爆发的时候，医生们便叮嘱要尽可能地足不出户，保持门窗紧闭，并在家里焚烧"香脂匣"。香匣里往往含有乳香、龙涎香、麝香、樟脑、榲桲、刺柏籽、硫黄、雌黄、锑石，甚至是火炮粉。此外，医生们还建议，在地上撒一些芳香的植物，时不时地闻一闻放置在家中的百花罐或者是随身携带的香果球发出的混合香味；用香醋擦身，因为香醋的收敛功效可以收缩毛孔；避免去恶臭泥泞之地以及沼泽地和墓地。

不得不接触鼠疫患者的医生必须身穿那套著名的"鼠疫制服"。这套衣服是路易十三的首席御医夏尔·德洛尔姆（Charles Delorme）设计的：包括一件长长的、把人裹得尽可能密不透风且又编织得十分密实的袍子，一顶宽边的帽子和一个带有鸟嘴容器的面具，容器里装有芳香植物和香料，以净化呼入的空气。当时，香料商或者调香师则负责用香料和香氛产品对处所、个人甚至动物杀菌消毒。对处所的消毒过程极其繁复，且耗时长久，这可以在尼古拉·德·马拉尔（Nicolas de La Mare）大法官1705年颁发的《治安条约》（Traité de la Police）中读到。条约的第十一章提到了防治鼠疫的措施以及香料和香氛制品（用于净化居室或者给鼠疫患者清洗消毒）。香料商或调香师们成为防止瘟疫传染的最佳委托人，而这有时候甚至会危及他们的生命。

四贼醋。有一些像"四贼醋"一样的著名产品，它们的故事往往和鼠疫联系在一起，因此衍生出了许多传说。据说，当18世纪马赛市（根据其他资料，是比这早一个世纪，即1630年的图卢兹）的"官员们"对于大瘟疫造成的大规模死伤束手无策之时，四个小偷在城里肆无忌惮地偷窃。他们对于当时流行的传染病有免疫功能，因为他们不仅能够轻易地入户行窃，而且还窃取那些死于瘟疫的病人的钱财。他们被抓住以后，法庭宣布如果他们说出自己的秘密，那么将得到宽大处理。他们供认说他们用一种浸泡过的制物擦身，尤其是双手和脸部。这一制物是浸泡在醋里的蒜头和其他众多的芳香草本植物，比方说鼠尾草、迷迭香以及和樟脑混在一起的薄荷、桂皮和肉豆蔻。

甚至还有传言说，考虑到他们的供认，对于他们额外的从轻发落是处以绞刑，而非活活烧死的火刑！之后，他们吐露的秘方被公布出来，而且还推荐给广大的民众。这一方法马上显示出惊人的效果。巴舒蒙（Bachaumont）在他的《回忆录》（*Mémoires*）[①]中就有所提及。香醋的疗效、防腐功效、收敛性以及解热的效应在很久以前就为人所知了。希波克拉底，早在公元前400年就已经开给他的病人使用。顺便再强调一下的是，直到18世纪，简陋的容器和运输工具"破坏或者不利于葡萄酒的保存"，因此葡萄酒很快就"变酸"了。香醋新鲜的酸味非常清香，能够杀菌、消毒，也能掩盖腐臭，因此发酸的葡萄酒被用来防治黑死病。18世纪以后，人们养成了用香醋擦脸和擦手的习惯。四贼醋的治疗效果和杀菌效果在治疗传染病上的名声让它不仅在1748年被收入了《药典》（*Codex*）中，而且也作为外用的杀菌剂在药房出售，直到1937年为止[②]。

3. 含有酒精的香水

14世纪以后，西方慢慢出现了含有酒精的香水。这样的香水源于乙醇的发现。在酒精这一介质的作用下，火和水便能结合在一起——这便是时人所说的"烧酒"。蒸馏釜和蛇形管是用来蒸馏酒精的两种器具，酒精蒸馏技术开启了现代香水之路。正是在这一时期，出现了匈牙利皇后水（l'eau de la reine de Hongrie）这一"真实而又神奇的"传说。这一药水也是西方的第一款香水（1370年）。它是一款馏出液或酏剂，即把迷迭香、鼠尾草、墨角兰、雪松以及香蜂草放在一起蒸馏而得。它的名声受益于一段相当奇特并令人有所保留的传说故事。不过，正如在香水业中常见的一样，历史学家有时只能通过传说来构筑历史。以下便是最

[①] 《关于1762年至今的法国文学史的私人回忆录，或一位旁观者的日记》（*Mémoires secrets pour servir à l'histoire de la république des lettres en France depuis 1762 jusqu'à nos jours, ou Journal d'un observateur*）。

[②] 根据其他资料，这一具有强大杀菌功效的香醋，也许是在马赛大瘟疫期间，安托万-克劳德·马耶（Antoine-Claude Maille）1720年研制出来的。他的"发明"在可怕的鼠疫泛滥之时，挽救了许多人的生命。在巨大的成功之下，他不仅加大了这一制品的产量，还通过蒸馏法和浸渍法调制出了其他几十种很有特色的香氛产品，并为这些产品取了一些当时就已经非常具有广告效应的名字，譬如"提神水""太子妃水""童贞水"或者"美人水"。

著名的故事之一："我，唐娜·伊莎贝拉（Dona Ysabel），匈牙利的皇后，时年七十二岁，饱受肢体僵硬和痛风之苦，服用了整整一年的下述药剂。我是从一位从未谋面、也不可能见到的隐修修士那里得到这一秘方的。自从服用了这一药水之后，它给我带来许多美好的变化，以至于年轻的波兰国王希望迎娶我。但由于上帝和天使的爱，我拒绝了他。不过，我相信正是出于上帝和天使的爱，我得到了前面所提到的药方：把一些迷迭香和墨角兰的叶子，与鼠尾草和乙醇放在一个玻璃瓶里，然后置于阳光下五至六天。"[1] 这个故事会不会是某位伺机获取一批贵族客户的药剂师想象出来的？我们不得而知。阿尔诺·德·维尔诺孚（Arnaud de Villeneuve，1235—1313年）曾提到一个类似的药剂，把烧酒和迷迭香的花朵放在一起，不过他指的是一种迷迭香的药剂，而非某种溶解在酒精中的醑剂，因为16世纪以后，使用酒精制造香水才推广开来。学术著作第一次提到匈牙利皇后水是1660年，这个时候该药水已经成为当时的香水之都蒙彼利埃的特色产品，并深受凡尔赛宫的喜欢。18世纪早期，塞巴斯蒂安·马特（Sébastien Matte），蒙彼利埃的一名药剂师，也想到了把迷迭香浸泡在一种酒精溶液中，于是一种被称为"浓酒精"（eau ardente）的迷迭香醑剂诞生了。

匈牙利皇后水是万应灵药的符号，一种珍贵的药剂，可以口服，也可以用来擦身保持身体清香；一种能净化体内和体表的芳香制剂。这一让肌肤焕发青春的美颜水还能惊人地预防一系列的病痛——气晕、头痛、脑部疾病、神经紧张、风湿、痛风等。总之，它是一剂实实在在的灵丹妙药，甚至能防治鼠疫。

古龙水[2]。同样，古龙水也是作为结合了卫生保健、医疗和美容功效的产品出现的。关于它的历史，依然是以传说为主，再辅以真实的历史文献。乔万尼·保罗·费米尼，一位出生于意大利米兰的年轻

---

[1] 资料来源：法国香水协会（Syndicat français de la parfumerie-SFP）。
[2] 又称为科隆水。——译注

人，1695 年在**皇后水**（*Acqua di regina*）——佛罗伦萨新圣母玛丽亚修道院（couvent Santa Maria Novella）里的修女们简单配制出来的一种调和水——的基础之上，发明了**神奇之水**（*l'aqua mirabilis*），一种柑橘类香味的调和水。据说他把秘方传给了他的外甥，即很有可能在科隆定居下来的药剂师让-安托万·法里纳（Jean-Antoine Farina）。其他的资料，包括香榭格蕾（Rogers et Gallet）[①]所藏的真实文本，则提到应该是乔万尼·保罗·费米尼自己骑着骡子去了德国科隆，并在那里安顿下来。他也许完全就在科隆发明了"神奇之水"。1734 年，他把他的配方以及经营得非常好的生意传给了他的女婿让-安托万·法里纳，后者又于 1788 年临死之际把配方和生意传给了自己的孙子让-玛丽·法里纳（Jean-Maire Farina）。[②]依然保存在香榭格蕾公司里的其他资料，还叙说了这位乔万尼·保罗·费米尼先在意大利的伦巴第（Lombardie）和皮埃蒙特（Piémont）的交界地带经营一家香料店。后来，他才搬去科隆居住，并在那儿从事"糖类、香橼[③]、橙子以及果脯"的生意。根据一位从印度返回的英国军官向他吐露的配方，他蒸馏出了"神奇之水"。一位东方僧人曾用这一奇妙的药水救治了那位军官。1730 年以后，这一药水开始销往国外。其他版本的说法则提到他的某位外甥，听上去也言之有理。我们还是让传说继续下去吧，尤其是上述品牌出于商业上的原因，证实了两个名字之间的关联："费米尼先生是位于科隆金秤街上（la balance d'or）的店铺的创始人，安托万·法里纳则是店里调制蒸馏产品的师傅。"

总之，七年战争[④]期间，路易十五的将士从科隆带回了一种奇妙的调和水，并以科隆水之名（古龙水）把它引荐到凡尔赛宫中。当时，这

[①] 1862 年创立于巴黎的香氛美肤品牌。——译注

[②] 见让-玛丽·法里纳 1806 年写的一封信。

[③] 香橼：又名枸橼或枸橼子，属不规则分枝的灌木或小乔木。果椭圆形、近圆形或两端狭的纺锤形，重可达 2000 克，果皮淡黄色，粗糙，难剥离，果肉无色，近于透明或淡乳黄色，爽脆，味酸或略甜，有香气。——编注

[④] 1754—1763 年发生的战争，欧洲的主要国家都卷入战争之中，由于冲突主要集中在 1756—1763 年，所以称为七年战争。——译注

一橙皮和迷迭香浸液的馏出物主要还是一种药物，而非高雅的香水。它是一种灵丹妙药，由于它的酒精含量高，因此既用在疗病上，也用在盥洗上。凡尔赛宫里的人，包括忧愁多虑的法国国王路易十五在内，则由于科隆水提神醒脑的功效开始使用这一产品。1727年，科隆医学科学院确认科隆水是一种有益于健康的产品。[①]于是，市场上出现了激烈的竞争。当时，这一水剂的配方众所周知，因而许许多多的科隆水被调配了出来。这也就是为什么1792年，由威廉·姆林斯（Wilhelm Muelhens）创立的香水屋推出的古龙水，即 **4711**[②] 的原版，也开始在科隆出售。继科隆水之后，威尼斯水（Venise）、加冕之水（Couronnée）、魅力之水（Superbe）、性感之水（Sensuel）、强身水（Vigoureuse）、圣水（Divine）、滋补水（Cordiale）等一系列芳香的水剂相继推出。当时，许许多多有奇妙功效的药水都用在梳洗或养病上。原因是，自从15世纪之后，欧洲的医生们认为用水来清洗身体很危险。人们于是开始干洗身子，即用泡有洗液或香醋的织物来擦洗身体。

让-玛丽·法里纳二十一岁时搬到了巴黎，并于1808年成为拿破仑一世特许的香水供应商[③]，因为后者每天都使用大量的古龙水。法里纳的店铺位于巴黎圣-奥诺雷大街（rue Saint-Honoré）331号。时人都知道他们的皇帝极度迷恋古龙水。当时，人们广泛应用这一产品，比如用它来擦身，或者把它加入洗澡水里。可以肯定的是，拿破仑在意大利战争期间发现了古龙水的功效，但他主要是在远征埃及的时候，养成了用古龙水擦洗身子的习惯，甚至到了离不开古龙水的地步。在沙漠炎热的天气下，为了提神和解暑，他不得不频繁地、连续不断地用古龙水擦拭身子。"正是在东方的时候，"他的首席贴身内侍康斯坦（Constant）

---

① 见让-玛丽·法里纳1806年11月21日写给他祖父的遗孀利文夫人（Mme Leven）的信。
② 德国同名香水品牌的标志性产品，古龙水系列中的一款著名修护香水，可外用，也可内服，具有提神、醒脑、止痛、疗病等功效。——译注
③ R. 卡普尔东（R. Capredon，香榭格蕾公司前制造部经理），《让-玛丽·法里纳在巴黎的早期生涯》（Les débuts de Jean-Marie Farina à Paris par R. Capredon），1980年提交给法国香水工会的内部资料。

说道,"他养成了这一卫生习惯,他觉得这是一个很好的习惯,而且这个习惯事实上的确很棒。"① 据说,他每天都用一瓶古龙水,人们还声称他在每一场战役前都要喝上几滴这一提神醒脑的产品!香榭格蕾公司(前身是让-玛丽·法里纳在巴黎经营的香水铺)珍藏的"皇帝的滚棒"② 或者"带有瓶套的香水瓶",便是拿破仑皇帝大量使用古龙水的明证。他把这一有益于健康的水剂用于梳洗,把它当成了沐浴用的香水(eau de toilette)③。此外,在肝病的折磨之下,他应该很喜欢古龙水强身健体的一面,以及它清爽而不黏腻的香气。

我们若阅读康斯坦撰写的关于拿破仑私生活的《回忆录》,便可以看到里面有许多和古龙水相关的细枝末节。据说,拿破仑在举行宗教婚礼之前,就已经违反礼仪,和他未来的妻子玛丽-露易丝(Marie-Louise)同寝了。康斯坦写道:"拿破仑回到他的卧室,洒了一番古龙水,然后只穿着一件睡衣,悄悄返回玛丽-露易丝的寝室。"

1806年5月,仅仅这一个月,康斯坦就记录拿破仑用了36升的古龙水。1806年8月,拿破仑的古龙水供货人热尔维·夏尔丹(Gervais Chardin)则记录了九箱(每箱六瓶)的用量。到了1810年,人们发现他每月平均使用三十六至四十瓶(往往是三打)古龙水。杜罗什洛(Durochereau),1812年4月12日之后成为拿破仑皇帝特许的古龙水供应商,他记下的发货量是每月"一滚筒"十八箱的古龙水。拿破仑对古龙水的迷恋贯穿一生,以至于在他流放的圣赫拿(Sainte-Hélène)岛上,他还让马穆鲁克·阿里(Mameluk Ali)调制古龙水。后者根据某一配方,用当地找到的一些原料,成功地调配出了这一制剂。路易-艾蒂

---

① 《服侍皇帝和国王陛下的康斯坦记录的账单》[*Mémoire des dépenses faites par Constant pour le service de S.M. l'Empereur et roi(An 14)*],国家档案馆(Archives nationales)。

② 由于拿破仑每个月都使用60瓶让-玛丽·法里纳调制的古龙水,后者的妻子便请人设计了一种圆柱形的香水瓶,以便皇帝能滚塞到他的靴子里,所以就有了这一香水瓶的名称。——译注

③ 这一词组如今一般指淡香水,从字面上直译是沐浴用香水。——译注

安·圣-丹尼（Louis-Étienne Saint-Denis）[1]手写的配方提到的基本成分有烧酒和六七种原料。

香榭格蕾公司。香榭格蕾公司（*Roger et Gallet*）诞生于1862年。既是表兄弟、又是连襟的夏尔·阿尔芒·罗杰（Charles Armand Rogers）和夏尔·马尔谢尔·格雷（Charles Martial Gallet）在这一年的4月收购了雷昂斯·科拉（Léonce Collas）的香水铺[2]。当年，夏尔妻子和格雷妻子的同一堂兄正寻求转让他于1840年从让-玛丽·法里纳手中买下的香水铺[3]。

夏尔·阿尔芒·罗杰1807年9月24日出生于诺曼底卡尔瓦多省（Calvados）的维尔市（Vire）。他的父亲是一名呢绒批发商，家庭比较富裕。他先是在巴黎从事制帽工作，后来去了美洲的智利，并在那里发家致富。在拉丁美洲的时候，他为巴黎的香料商、香水和化妆品制造商充当原料采办经纪人。1844年，他迎娶雷昂斯·科拉的堂妹科拉莉·科拉（Coralie Collas）为妻，并打算安顿下来。

夏尔·格雷1824年4月28日出生于维尔。他的父亲勒内·夏尔·格雷是一名食品杂货商，帮助他在外省开了一家小银行。他的一个舅舅则在维尔调制并出售蒸馏制剂。1847年，他娶了科拉莉的妹妹奥克塔薇·科拉（Octavie Collas）为妻。

阿尔芒·罗杰了解了一下正在出售的商铺，觉得是一笔有前途的买卖。[4]商铺当时的营业数额很吸引人，租金也低廉，因而很容易盈利。

---

[1] 上文的马穆鲁克·阿里，自1811年被拿破仑任命为第二贴身内侍之后，就成为拿破仑忠诚的追随者。——译注
[2] 我们在这简要地重述了P. A. 杜布瓦（Dubois）的手稿记录，他的笔记来自他在巴黎档案馆（archives de Paris）和公证文书原本保管中心（minutier central des notaires）所做的调研。
[3] 见《让-玛丽·法里纳在巴黎的早期生涯》。
[4] 罗欣·勒罗-伊卡尔（Rosine Lheureux-Icard），《1860年至1910年间的香氛美肤产品生产商：在巴黎注册的品牌、图案和式样》（*Les Parfumeurs entre 1860 et 1910, d'après les marques, dessins et modèles déposés à Paris*），古文字学档案管理博士文凭论文，法国国立文献学院（École nationale des chartes），1994年。我们在这里概述了引用的作品的内容，见第21—24页。

事实是，他指出了"古龙水每升的零售价和成本分别是 12 法郎和 2.90 法郎。若批发，每升的售价和成本则是 8 法郎和 2.40 法郎"。这相当于 76% 和 70% 的利润。阿尔芒·罗杰和夏尔·格雷对香水铺诱人的盈利潜能深感兴趣。于是，1862 年 4 月，他们以 20 万法郎的价格买下了雷昂斯·科拉的生意。这一买价很高，因为当年预估的营业数额为 23.2 万法郎。

雷昂斯·科拉当年的办事处位于巴黎的圣－奥诺雷大街，他的香水工厂则位于露台街（rue de la Terrasse）。共同买下了香水店的两位连襟组建了一个家族式的企业，分工合作。阿尔芒·罗杰当时已经计划，一旦他的儿子亨利胜任工厂的管理工作，他就从业务中脱离出来。两位合伙人的妻子科拉莉和奥克塔薇第一年则在公司的零售商铺里轮班工作。1862 年以后，这一香氛美肤世家不仅把办公地点迁到了当时的商业地带中心奥特维尔街（rue de Hauteville）——妙巴黎彩妆店（les Parfums Bourjois）也位于同一条街的 62 号——还在克里什市（Clichy）后来成为勒瓦卢瓦-佩雷镇（Levallois-Perret）的地方购置了第一块地，用于建造工厂。香氛制造业那些年在欧洲也逐渐成长为大规模的工业企业。19 世纪的香料经营者或者香氛产品生产商不仅继续扮演疫气杀手的角色，也加入到了治疗传染病的队伍中。正是在这一时代，从事配药和卖药行当的店家（apothicaires）慢慢变成了执业药师（pharmaciens）；此外，医院药房也随着现代医院医学的诞生和进步而同时出现和发展。

帝王之水（*L'eau impériale*）。1860 年左右，人们目睹了香水产业的诞生。古龙水成为香水制造业中的万能产品，甚至广受医生的推荐。古龙水不仅受到男士的欢迎，也得到女士们的青睐。因此，香水制造商围绕这一带来高额利润的酏剂展开了激烈的竞争。阿尔芒·罗杰和夏尔·格雷对众多的剽窃者反复发起了诉讼，坚称只有他们才拥有从让-玛丽·法里纳手中传下来的原始配方，对应的产品便是香榭格蕾公司当时生产的**远古之水**（*Extra-Vieille*）。那时，每一位调香大师都推出了自己的古龙水，即点缀有个人风格的古龙水，一抹龙涎香、一丝俄罗斯皮革香或者一缕疑似薰衣草的香味……如今，大多数的古龙水都销声匿迹了，

"帝王之水",娇兰品牌推出的第一支古龙水,是1853年特别为拿破仑三世的皇后欧也妮打造的,香气极其精致、幽雅,含有佛手柑、柠檬、迷迭香以及橙花油的味道。瓶身刻有六十九只小蜜蜂,是由当时著名的玻璃器皿制造商波谢打造的第一款半工业制作的香水瓶

除了几款重要的之外,譬如"4711"古龙水(以其 18 世纪在科隆的制造地址的门牌号命名)和娇兰的古龙水。"帝王之水",娇兰品牌推出的第一支古龙水,是皮埃尔·弗朗索瓦·帕斯卡尔·娇兰 1853 年特别为拿破仑三世的皇后欧也妮(Eugénie)打造的一款香水,因为欧也妮皇后不喜欢宫廷舞会上呛鼻的香味。这一款香水承袭了 19 世纪之前一切知名古龙水的传统,香气极其精致、幽雅,含有佛手柑、柠檬、迷迭香以及橙花油的味道。它的调配可以追溯至 1839 年。如果说皮埃尔·弗朗索瓦·帕斯卡尔自称是让 - 玛丽·法里纳的门徒,那么他获得皇家特许的、令人垂涎的官方供应商的资格,却主要是因为他为皇后的美貌量身定制的献礼。1853 年 5 月 11 日,他收到了来自杜乐丽宫皇帝侍卫处(la Maison de l'Empereur)的要务阁(ministère d'État)发出的一份协议书[①]。御用供应商的头衔不仅保证了他在法国声名显赫,也让他扬名国外。"帝王之水"的瓶身刻有六十九只小蜜蜂,是由当时著名的玻璃器皿制造商波谢(Pochet)打造的第一款半工业制作的香水瓶。这一香水瓶也是对帝国的献礼,因为在它绿白相间的标签上,绘有象征帝国的老鹰。如今,人们依旧向娇兰订购这一款古龙水,尤其是它的奢华版。点缀在奢华版瓶身上的是象征皇室的金箔蜂。后来,娇兰推出的古龙水还分别有:1894 年的**雄鸡之水**(*l'Eau du coq*),香味传达出的是某一春日清晨的清新和曼妙;1920 年的**香橼花露**(*l'Eau de fleur de cédrat*),令人想起地中海甜美、迷人的香气;1970 年作为"春天的祭典"发布的**娇兰香露**(*l'Eau de Guerlain*)。尽管娇兰的每一款古龙水都拥有其独特的一面,清淡的酸味、果香味、洁白透明的液体……但它们都拥有相同的瓶身:从设计完工之后就从未改变过的、标志性的瓶身。"帝王之水"这一支古龙水是娇兰品牌历史最为久远的标志性产品,因此自 1999 年以来,每年夏季,娇兰都会推出这支经典香水的全新诠释版:**花草水语**(*Aqua Allegoria*)系列香水。

香氛产业在卫生保健上的使命。 19 世纪的香氛美肤产业主要发挥着

---

① 见娇兰公司的文献。

两方面的作用：让大革命前的香氛产品发扬光大；同时，又专注于卫生保健的目标。《洛雷指南》（*Manuel Roret*）精彩地概括了香氛制造业的这一双重目标："香氛制造工艺一方面和卫生保健紧密联系，另一方面又要满足人们享受的需求，这种需求是某种更进步的文明以及某种更为精微幽雅的味觉或感官。"[1] 于是，卫生保健不仅成为香氛产业主要追求的目标，也促进了一些新产品的诞生。而这些产品则和当时的社会需求相符合，19世纪后期的法国社会注重卫生保健，并对民众循循善诱[2]。1830年以后，建造舒适的起居设备，成为致力于"卫生设施工程"的法国建筑师们最重视的事情。到了1880年之后，浴室便成为住宅中不可分割的一部分。人们赋予干净卫生许多优点，比如预防传染病和防止腐败变质[3]。去味（从去除香味或者臭味的意义上而言）这一19世纪特有的观念覆盖了整个法国社会，而且卫生习惯也不断加大了富人和穷人之间的隔阂[4]。创刊于1843年的《法国画报》（*L'Illustration*）写道："在法国，如今用喷香抹粉取代沐浴的人很少，但是随着卫生条件、起居设备以及财富水平的提高，人们使用香氛产品的次数日益增多。尽管人们对香氛的态度有所保留，但他们至少总会使用香皂。"[5]

1830年以后，香皂取代了当时常用的马赛皂[6]。香氛产品制造商纷

---

[1] 《洛雷百科指南》，《香氛产品制作指南》（*Le Manuel du parfumeur*），洛雷出版社（Roret），1873年，1918年，1930年，第241页。

[2] 阿兰·科尔班（Alain Corbin），《疫气和水仙：18和19世纪的社会嗅觉及幻想》（*Le Miasme et la jonquille. L'odorat et l'imaginaire social aux XVIII-XIXe siècles*），巴黎，弗拉马里翁出版社（Flammarion），"田野丛书"（«Champs»），1986年。

[3] 乔治·维加雷洛，《卫生和不卫生：中世纪以后健康和生活水平的提高》（*Le Sain et le malsain. Santé et mieux-être depuis le Moyen Âge*），巴黎，瑟伊出版社，1993年。

[4] 参见上述或下述引用的阿兰·科尔班、乔治·维加雷洛和菲利浦·佩罗的作品。

[5] 《伦敦世博会纵览：香氛产业》（«À travers l'Exposition de Londres, la parfumerie»），《插图报》（*L'Illustration*）、《世博报》（*Journal universel*），1862年。

[6] 马赛皂最初只用于身体的简单清洁，主要用来洗手和洗脸。17世纪时，路易十四规定了这种肥皂的制作标准，比如只允许使用纯橄榄油，不允许使用动物脂肪、黄油或其他油脂。马赛制皂商对规定的遵守，不仅保证了他们的产品的质量，更为他们的产品赢得了美誉。——译注

纷注册产品专利。譬如，梦普拉和维奥雷香皂屋（la Maison Monpelas et Violet）先后在 1834 年和 1837 年为当时流行的温莎皂（Windsor）[①]注册了专利[②]。

1862 年，香皂的制作占了香氛产品总量的一半。某些乐观的人士甚至声称："如今，几乎所有的人都洗手，人们不再只是用水洗手，甚至不再是用普通的肥皂洗手，而是用那些便于抓取的小块香皂洗手。"[③]因此，香皂在 19 世纪不仅成为香氛产业的主要产品，而且还为某些品牌奠定了名声，赢得了美誉。

1889 年，巴黎世博会的报道人员写道，相对而言，香氛产业的工人很少生病，他们具有某种真正的免疫力。总而言之，香料、香氛产品和保健卫生一如既往地共同抗击传染病。在谈到浑浊、肮脏的空气和对付它的手段时，法裔英籍的香水大师尤金·芮谜（Eugène Rimmel）[④]引述了一篇文章[⑤]的内容："为什么香氛不是消解瘴气的解毒剂呢？而且，花香难道不也是一种消除恶臭或疫气的介质吗？鲜花的香气，当它弥漫在空气中时，通过它特殊的化学分解作用，不仅和不利于身心健康的疫气结合在一起，而且还能立刻消除疫气……认为人们可以通过在空气中喷洒各种香气来净化空气的观点很普遍，也很自然……必须证明的是香氛不仅能用来遮掩恶臭的瘴气，还可以从根本上去除瘴气。此外，香氛也不再是某种奢侈品，而是一种实用品，一种能真正护卫人们健康的东

[①] 不同于以橄榄油为原料的马赛皂，温莎皂以牛脂为原料。——译注
[②] 贸易、工业和海外殖民地部（Ministère du Commerce, de l'industrie et des Colonies），《1889 年巴黎世博会：阿尔弗雷·皮卡尔先生主编的国际评委会报告，第三组，第 28 类，香水和化妆品制造业；L. 罗特先生的报告》(Exposition universelle intenationale de 1889 à Paris. Rapports du jury international, publiés sous la direction de M. Alfred Picard, groupe III, classe 28, Parfumerie. Rapports de M.L.L'Hôte)，巴黎，国家印刷局（Imprimerie nationale），1891 年。
[③] 朱利安·杜尔刚（Julien Turgan），《皮维香水厂》(«La parfumerie Piver»)，见《大型工厂企业：国内和国外的产业研究》(Les Grandes Usines. Études industrielles en France et à l'étranger)，巴黎，列维兄弟出版社（Lévy et frères），1868—1884 年，第四卷，第 131 页。
[④] 最古老的化妆品品牌之一芮谜的创始人。——译注
[⑤] 这篇文章发表在《科学邮报》上，香氛在其中被视为某种可以"消除瘴气的解毒剂"。

西。"[1]至于在个人护理方面，露易丝·达尔克（Louise d'Alcq），一本美容和化妆品指南（1881年）的作者，肯定地说道："治疗皮肤病或者抵御岁月对皮肤的侵蚀，人们能用得上的最好的护肤品，便是保持干净卫生"。[2]相反，关于女性私处护理这一微妙话题，文学作品在谈到的时候总是讳莫如深[3]。

19世纪，有些人在卫生保健运动中看到了香氛产业成功的原因："香氛制造工艺不仅满足了人们对于享受和舒适安逸的需求——这一需求构成了那些更开化的人士的首要特征——同时也满足了身体卫生和居家卫生的需求；而且，正是因为这两方面日益深得人心的需求，19世纪的香氛产业赢得了重要的一席之位。"[4]香水和化妆品企业皮诺（Pinaud）就把它的香水**帕尔玛紫花**（*Aux violettes de Parme*，1880年）的成功归因于它消毒杀菌的品质。实际上，这家企业的一位医生专员，即著有《香水和鲜花》（*Les Parfums et les fleurs*）的德贝医生（le docteur Debay），不仅每天都监督这一款香水的调制和生产，而且还支持对这一产品进行无毒性测试实验。当时，对于来自异国的原料，无论是在香气上，还是在"卫生保健学"上，人们都严格筛选。

最后，我们可以用《插图报》的观点作为结束语："长期以来，香氛美肤产品这一产业纯粹是为了卫生保健，而这就是它们的特点。"如此一来，科学、卫生、质控便成为19世纪香氛产业的三个重要组成部分。

对于香氛的排斥。与认为卫生保健运动带来了香氛产业的成功这一

---

[1] 尤金·芮谜，《香氛产品手册》（*Le Livre des parfums*），布鲁塞尔，姆加尔出版社（Muquardt），1870年，第19—21页。
[2] 露易丝·达尔克，《盥洗室里的秘密：一位社交名媛的建议和秘方》（*Les Secrets du cabinet de toilette. Conseils et recettes par une femme du monde*），巴黎，1881年，第49页。
[3] 参见阿兰·科尔班的作品《疫气和水仙：18和19世纪的社会嗅觉及幻想》第三部分第三章和第四章；以及菲利浦·佩罗（Philippe Perrot）的《女性的身体》（«Le corps féminin»），见《18和19世纪的驻颜美肤术》（*Le Travail des apprences, XVIIIe-XIXe siècle*）一书，巴黎，瑟伊出版社，1984年，第五章，第107—139页。
[4] 保尔·法维（Paul Favier），《装满鲜花的篮子：皮诺和梅耶香水厂》（«La Corbeille fleurie：Maison Pinaud et Meyer»），《插图报》，1870年上半年刊，第362页。

观点不同的是，19世纪时，有些人则认为法国社会对于香氛的蔑视正源于当时的卫生改革运动。尽管那一时代的香水、化妆品或日用化学品让人们受益匪浅，并且它们的香味也不似上世纪的产品那般令人"头昏脑涨"，然而时人对香氛的态度还是有所保留，甚至带有敌意。尤金·芮谜对此感到很遗憾："上个世纪，洒香抹粉总是极好的品位；所有风流典雅的骑士都把采用心仪的女士喜欢的精油和色彩，当成某种责任。如今，正好相反，许多人的举止中都流露出对香氛的厌恶，即便是喜欢香氛的人士也几乎不敢承认他们的喜好……人们原谅鲜花散发出甜美的香味，但是对于调制出来的香氛产品，人们却很冷漠，因为它们错就错在过于逼真地模仿了鲜花的芳香。"① 此外，当时的科学论调或医学论点也同样造成了人们对于香氛的蔑视，这一态度甚至很夸张。克罗盖医生（docteur Cloquet）在其1821年发表的《气味学专论》（*Traité d'osphrésiologie*）中，引入的论点是：嗅觉向我们的大脑传递的信息可能会对人类的行为产生不良后果；而罗斯坦医生（docteur Rostan）自1826年开始，就坚称滥用香氛制品会引起各种各样的神经官能症，如歇斯底里、疑病症、忧虑等。②

卫生改革运动中关于道德的说法，由实验心理学提供理论支撑，也丝毫无益于那些对香氛的诋毁性论调。因此，人们听到的便是：香氛会促使人们追求一些不可告人的感官体验；增强人们对于堕落的兴趣；让人们显出一种萎靡不振的精神状态，从而导致最糟糕的灾难——"女性化"！此外，医学上的这一论调还得到了某种揭露香氛危害的文字的支持：描述调香师的蒸馏行为的词语是"令人恶心的"；洒香抹粉的习惯则被认为是"迫切、粗暴的"，犹如让女人、即便是最正直的女人都春心荡漾而堕落的毒品。当时，礼仪即是规矩，因此，一切厚重的、动物性的香味都受到唾弃。为了保持自重，人们只追求那些有益于健康的、清新

---

① 尤金·芮谜，《香氛产品手册》，第25页。
② 阿兰·科尔班，《疫气和水仙：18和19世纪的社会嗅觉及幻想》，第216页。

的香味。在这一卫生保健运动的潮流中,干净、明亮的香调传达出来的是健康、卫生之美。祖传下来的产品令人放心,某一产品悠久的历史正是精良制作的保证。香氛美肤产品世家的商品目录介绍的总是一成不变的产品,尤其是那些不受任何潮流影响的产品:"我对于时尚,以及对于它所造成的奴役的控诉之一是,它把所有的女人都塑成千人一面。"①在 19 世纪的正统观念的引导下,这一时代的香氛产业是正派的、中规中矩的。

4. 香氛美肤世家的重要产品及其特点

商家产品目录。香氛美肤世家的产品目录从总体上提供了产品生产的一个概览,比如娇兰和香榭格蕾的产品目录就提供了大量的产品资料。

19 世纪末,娇兰的某一商品目录首先指出的是,它配制出的每一款香氛都适于各种天气。②之后,这一目录上注明的才是手帕用的香精:以紫罗兰精油为基本成分制成的香膏,大约有 80 来个香型;或者是 80 种从鲜花中萃取的香型。同一目录中还有一些特殊的女士洗浴制剂(属于处方药品)、150 种香味制成的香精或香水、室内用的燃香和用于织物的香囊(去除用于洗涤的碱水的味道)。此外,目录里的精馏古龙水——又称为皇家古龙水(Eau de Cologne impériale)——同样分为不同的香型,比方说龙涎香香型、麝香香型、俄罗斯皮革香型或者"主流香型"(柑橘香和木香)。

娇兰的上述目录中也列出了一些淡香水,其中有"让肌肤焕然一新并增强皮肤弹性的"**塞浦路斯香水**(*Eau de Chypre*),有"加入

[①] 阿尔丰斯·卡尔(Alphonse Karr),见尤金·芮谜所著的作品《香氛产品手册》的序言,第 10 页。

[②] 娇兰(Guerlain),《时价目录表》(*Catalogue de prix courants*),19 世纪末,凡尔赛图书馆(bibliothèque de Versailles),雷利蒂埃(Lhéritier),G994 号图册。

沐浴的水中便能促进肌肤健康的""雄鸡之水",有"味道最醇厚的香水,即用于保持身体的卫生和洁净"的**俄罗斯古龙水**(*Eau de Cologne russe*)。

然后,还有一些化妆品:草莓香味的面霜、口红和粉底、妮维雅面霜(crème Nivéa)①、白手霜;"保持玉手透亮、白净、柔滑并能祛除雀斑的"**娇兰精华液**(Lotion de Guerlain)、"美白兼防晒的"软膏;东方粉底和玫瑰指甲油。

最后,便是一些牙膏、香皂以及护理头发生长的制剂,譬如定型发辫用的楦梓香膏。此外,在当时流行的温泉疗法或者浴疗学的风尚之下,娇兰还推出了一些"浴疗制剂"。

在娇兰的这份产品目录中,我们可以看到诸如"处方用""健康功效""强身健体""保健沐浴""浴疗制剂"等医学用语,这些词汇让人想起的是某一经营配药或药品买卖的店主的商品目录,而不是一位调香大师的商品目录。保健卫生和消味除臭的目标在此跃然纸上。另外,我们也注意到皮埃尔·弗朗索瓦·帕斯卡尔·娇兰拥有药剂医师的专业知识,这不仅让他驾轻就熟地满足了当时法国社会在卫生保健上的需求,还保证了他的产品的可信度。

1872年,香榭格蕾的产品目录中含有的古龙水、化妆品以及洗浴用品多达530个品种②。该品牌1879年推出的第一批圆形香皂和让-玛丽·法里纳的古龙水成就了它的名声。19世纪末,这一香氛美肤世家的香水系列推出了首批备受欢迎的产品:首先是1886年的**科拉莉昂**(*Cralliam*),接着是1905年的**爱之花**(*Fleur d'amour*)和1911年的**斯嘉莉亚**(*Cigalia*)。当时,香榭格蕾公司和著名的设计师拉里克联手打造了这几款香水的瓶身。不过,在该品牌1872年和1879年的商品时价目录

---

① 第一款妮维雅面霜是娇兰公司于1875年研制出来的,是一款防晒美白产品,1942年,娇兰把这一产品转让给拥有同名产品的德国护肤品品牌妮维雅。——译注
② 香榭格蕾,《时价目录表》(*Tarifs de prix courant*),1872年和1879年,巴黎市立历史图书馆(BHVP),序列号120,"香水、化妆品和日化用品"(«Parfumerie»)。

表中，我们可以了解到它在这一时期的技术创新非常有限，因为它更倾向于推动地产投资以及员工培训①。此外，上述的两份价目表还强调了它们把重点放在承袭企业的专有技术之上。

古龙水。无论贫富贵贱、无论男女，都喜欢古龙水。香水产业于是大量供应古龙水。自从产业化以后，古龙水便成批量地生产出来，人人都买得到这一产品。名流雅士们在时尚街区的著名香水屋里购买古龙水，比方说1853年后在娇兰连锁店中大量出售的"帝王之水"。老百姓则在巴黎大马路边的香水和香料集市上，购买装在短颈大腹瓶中、质量平平的古龙水。把据说有花草香味的匈牙利皇后水和1700年左右研制出来的无与伦比的"神奇之水"（法里纳把它推向市场）调和在一起，便有了该款很快就被冠名为古龙水的香水②。这一调和了柠檬、香橙、佛手柑、迷迭香、酸橙、橙花油的香水无疑是当时的明星产品。"古龙水几乎涵盖了香水的一切优点，它是最好的，这是无可辩驳的，而且它能用于一切场合。没有人不喜欢它，也没有人觉得它令人讨厌，大家都喜欢它的香味。"③

19世纪，古龙水的使用量继续增加。外用方面，出于它提振精神的效应，人们用之喷洒、清洗或者按摩身体；内服方面，这一柑橘香味的调和水具有医学上的功效，古龙水对肾结石、癫痫、疯瘫等症状均有疗效④。当时，在医生开出的药方上，它不是用来加入糖浆、葡萄酒、洗澡水、漱口液、泡脚液中，就是用于注射、气雾吸入治疗、打石膏、灌

---

① 那时候，香榭格蕾在勒瓦卢瓦的香水工厂正处于高速发展阶段。
② 有关古龙水的历史概述，详见让·盖尔雷欧（J.Kerléo）的《关于某一著名香水的简史》(*Petite histoire d'une grande eau*)、香榭格蕾公司的文献《让-玛丽·法里纳1709年创立的香水屋的简史》(«Résumé de l'histoire de la Maison originale de Johann Maria Farina, fondée en 1709») 以及公证文书原本保管中心第八事务所（minutier central, étude Ⅷ）的《1806年7月3日法里纳先生和杜罗什洛先生的合作协议》(«Association de MM.Farina et Durocherau du 3 juillet 1806»)。
③ 露易丝·达尔克，《盥洗室里的秘密》，第110页。
④ 让-玛丽·法里纳的无限期《古龙水专利证书》(*Brevet de L'Eau admirable de Cologne*)，约1880年，巴黎市立历史图书馆（BHVP），序列号120。

第二章 香水的医疗和保健功能

肠等。

正是出于所有这些医药上的用途，古龙水被载入了《药典》之中，成为巴尔扎克郑重宣称的"香水业的骗术"的符号！

最后，还是让我们回头看看有关古龙水的宣传语吧："古龙水的优越性一方面归功于它的美颜净肤特性，它不仅香味讨人喜欢，而且能美肤亮肤，满足人们在梳妆打扮上的需求；另一方面则归功于它的保健属性。尤其是后一属性，医生们也因而常常开给病人内服或外用，《药典》收录的一百份药剂中都含有古龙水。"[1]

梳洗之水。最初的时候，许多淡雅的鲜花型香水主要用于梳洗。每一香水商号都推出"提神醒脑、使人振奋"的梳洗用水，而每一种梳洗用水又都有它的独特之处。譬如，**匈牙利水**（*Eau de Hongrie*）一般推荐给从事"大量脑力活动"的人士使用，因为它能消除头昏脑涨和大脑疲劳！源自葡萄牙的**雅典露**（*Eau athénienne*）由于它带来的活力而深受男士们的赏识。**眩晕之水**（*Fainty water*）则被建议用来护理皮肤——雀斑、蚊虫或蜜蜂叮咬后的皮肤[2]。不过，这些时人称为"梳洗之水"的淡香水，只不过是把还算上等的精油溶解在普通的白酒（谷酒或甜菜白酒）里制成的水剂。19世纪时，人们可以买得到许多花草香型的香水，比方说蒙彼利埃草本植物（百里香、薰衣草、迷迭香）配制的香水，或者纯粹的薰衣草香水。

神经易紧张的人士，不建议使用调配出来的复合香味。单一的原香据说有利于他们的健康[3]。不过，尽管尤金·芮谜声称在香氛制造中，富有艺术性的部分确实是由各种原始的香味组成，然而单一的原香还是说明了某种创造上的胆怯。

香水醋、香粉和燃烧用香。19世纪的时候，人们还使用大量的香水

---

[1] 香榭格蕾，《让-玛丽·法里纳的古龙水》（*L'eau de Cologne de Jean-Marie Farina*）的广告宣传，约1900年，巴黎市立历史图书馆，序列号120。
[2] 露易丝·达尔克，《盥洗室里的秘密》，第117—120页。
[3] 尤金·芮谜，《香氛产品手册》，第370页。

醋，譬如最广为人知的**布利香水醋**（*Vinaigre de Bully*），一种受到专利保护的、去除恶臭的香薰醋，既用于沐浴和保持肤色，也用于消除盥洗或剃须后造成的刺痒以及美白牙齿①。在他的这一款产品大获成功之后，布利被时人称为"调香大师、美颜师以及拥有众多产品专利的蒸馏大师"，他的产品有美颜香水醋、洁发醋、保健万灵水、栓内镇痛膏和护齿酏剂、从植物中提取的胭脂、香精、燃烧用香②。此外，还有韦尔恩（Vergnes）配制的"四贼醋"，这一香水醋可以追溯至 19 世纪的早期。在关于香氛制品的《洛雷指南》（1873 年版）中，就有一份关于这一香水醋的配方，尽管有所改动。

香粉包一般用来给衣物添香。女士们的"紧身胸衣的衣兜"内往往藏有芳香的饰带……不过，19 世纪的时候，人们几乎不再往服饰上喷洒香水。关于香氛的话题主要集中在喷洒在数之不尽的手帕上的香水，而这又和阿兰·科尔班所说的"和身体保持距离"有关。担心香气对皮肤的渗透和影响，这一正统的观念在当时根深蒂固。

与此同时，这一时期的人们却很喜欢放在香炉里焚烧的香氛产品，这样的焚烧用香又称为空气清新剂或者香锭。香炉往往是一些具有很高的装饰和艺术价值的物品。它们常常是水晶和银器的结合体。在 1862 年的伦敦世博会上，娇兰公司展示了一款从"视觉和嗅觉"上都让人为之倾倒的香炉③。居室所用的燃香"既不会刺激嗅觉神经，也不会刺激呼吸道"。在一长串的液体燃香中，具有悠久历史的名香之一，即装有海生植物的百花罐，似乎深受上层人士的青睐。这一香罐能净化空气，也能用

---

① 《商业年鉴》（*Almanach du commerce*），1842 年，"香醋商"（«Vinaigrier»）专栏，让·凡森·布利（J. Vincent Bully），巴黎圣－奥诺雷街 259 号。
② 《商业年鉴》（*Almanach du commerce*），1828 年，"蒸馏产品制造商、香水制造商、化妆品制造商"（«Distilleur, parfumeur, cosméticien»）专栏，让·凡森·布利，工场和商场，巴黎圣－奥诺雷街 289 号。
③ 阿尔弗雷·达塞尔（Alfred Darcel），《伦敦世博会纵览》（«À travers l'Exposition de Londres»），见《插图报》，第 1012 期，1862 年。

来清洁门窗长年掩闭的居室。[1]

臭氧处理。19世纪时，人们通常都习惯于给居室洒香，更确切地说，是净化居室的空气或者去除室内的恶臭。与此同时，人们还建议在沙龙、剧院、舞厅或者演奏厅等处所，保持清新的空气。另外，香氛产品制造商还专门生产一些产品，给病人的房间杀菌消毒，既能在家私用，也能用于医院。1881年，在尤金·芮谜公司新推出的特色产品[2]中，有大量以臭氧为基本成分的"空气净化器"可供选择。人们给臭氧"这一著名的净化剂"所下的定义是带电的氧气。当时，这些"臭氧空气净化器"普遍用于医院、歌舞剧场、戏院以及"许多家庭"中。在科学证据和医学证据之下，人们认为臭氧具有疗效：通过净化空气，臭氧能让病人精神振奋。某位姓阿萨尔的医生提供了这方面的医学证明。

本着同一想法，芮谜还推出了含有臭氧的古龙水，人们把它洒在挂垫上。与此同时，芮谜也把他发明并获得了专利的装置投放入市场，譬如桌式喷泉、陈设在沙龙或舞厅中的花园喷泉、清洁空气或保持空气清新的香水喷雾器。此外，"芮谜的空气清新器"（le rafraîchisseur Rimmel）不仅能消除"神经性"头痛，还能净化病人房间内的空气。最后的这个产品还有喷雾型的，即某种结合了喷雾器和清新器优点的大喷壶。同样，从这些装置喷洒出来的香氛并不会停留在皮肤上，香氛的存在只是为了保持空气清新。

清洁及护理产品。19世纪时，由于梳子和毛刷就足以去除头垢，法国人大概每两个月才用肥皂洗一下头发，但是头发护理产品在香氛产业和日化产业中却占据着某一十分重要的位置。当时的观点认为，秀发是

---

[1] 巴黎市立历史图书馆馆藏《新闻》系列，第120号：《香料－香氛产品制造业》（«Parfums-Parfumerie»）。这一编码下的系列收藏了众多香氛美肤产品公司的时价表。我们就此做了一份综述，试图列举出一些不同于普通标准的产品的个例。不过，不同品牌间的产品差别不大。此外，我们在草拟的综述里还补充了来自美颜指南或者手册的使用说明。

[2] 尤金·芮谜公司，《时价目录表》（*Catalogue des prix courants*），1881年12月，施安印刷厂（imprimerie Chain），谢雷分店（succursale Cherét），巴黎市立历史图书馆，序列号120。

女性的重要特征之一，因此成为女人打扮和追求时尚的重要方面。查理十世统治时期[1]，"贝利公爵夫人式样"（à la duchesse de Berry）的发型需要一头浓密的头发。于是，法国的名媛淑女精心呵护头发的生长。19 世纪时，护发油的使用很常见。当时的护发油是把等量的榛子油和杏仁油加上牛的髓质通过冷浸法调制出来的，人们先把这三种成分混合在一起，然后再往其中添加芳香成分。这难道不就是塞沙·皮罗多（César Birotteau）——巴尔扎克同名小说的主人公——调制出的著名的科马根护发油（huile Comagène）吗？皮罗多把这一护发油的奥秘吐露给波比诺：榛子能促进秀发的光泽和质量。19 世纪，人们不仅把护发油和发乳用于清洁头皮，也用于去除头屑。

婕洛芙（la maison Gellé）[2]以其生产的生发素而闻名，这一产品也是该企业的拳头产品。娇兰公司推出了一系列养护头发的产品，即众多护发和生发的制剂，譬如罐装的护发油，专门用来阻断掉发、改善发质和预防头发脱色及脱发的奎宁合剂，去除头发油脂的芳香清洁液，让秀发芳香迷人的雅典水，增加发色的护发膏，定型发辫的榅桲霜[3]。不过，人们对于染发剂还是很小心，因为有些制剂里竟然含有生石灰！

至于消除口臭，则有洁齿的制品。最古老的漱口液当属**博托漱口水**（*Eau de Botot*）。御医朱利安·博托（Julien Botot）推荐给路易十五的这一"含有香脂和酒精的"漱口水，是在其父亲的研究基础上开发出来的。这一产品很快就赢得了普遍的认可。博托的秘方后来代代相传，并成为一款日用产品[4]。1844 年，皮埃尔医生开发的漱口液开始在市面销售[5]。塞普蒂缪斯·皮埃斯（Septimus Piesse）认为这一新产品是"博托漱口

---

[1] 法国波旁王朝复辟后的第二位国王，在位时间为 1824 年 9 月 14 日至 1830 年 8 月 2 日。——译注
[2] 法语全名为 La maison Gellé frères，由盖勒兄弟 1826 年成立于巴黎。——译注
[3] 见娇兰公司的《时价目录表》。
[4] 巴黎档案馆（Archives de Paris），D.342。
[5] 1844 年《年鉴》（*Édition du Bottin*）。

水"的改良版，但它香甜的口味很快就使它风行起来[1]。不过，相对于牙膏，当时的法国人更喜欢牙粉，并配以一些护齿的产品，比方说保护牙齿和牙龈的皂草苷、亮白牙齿的鸦片制剂以及草本的护齿酏剂。那时，市面上还推出了一些东方胭脂和玫瑰油，用于增加指甲的亮度和美化指甲。此外，人们也能买到一些粉状的脱毛产品。

香皂。香氛产品制造商生产的香皂构成了现代香氛产业的一个重要分支。硬皂的基本成分是碳酸钠，软皂则是苛性钾，而颜色透明的香皂则是通过用乙醇取代硬皂中的甘油酯获得的。19世纪，皮肤科医生围绕香皂是否对皮肤产生危害展开了探讨。然而，不管怎么说，香氛或日化产品生产商的销售目录都表明了香皂制造非常重要，有时甚至成就了品牌的知名度。

昔日"享有美誉的"德马尔松公司（la Maison Demarson-Chételat et Cie）[2]在1855年的巴黎世博会上，以其生产的香皂揽获了评委会的最高奖。在评委会的报告中，我们可以读到："德马尔松先生和席先生发送给世博会的香皂代表了此类产品的最佳制造技术；他们的香皂备受消费者喜欢不无道理，而我们也就不必再加以称颂；怡人的香气、丰富的色调，一切都一目了然。德马尔松先生和席先生谙晓高超的制皂工艺"。[3]该企业在它位于维莱特（Villette）的蒸汽工厂，既生产高端精美的香皂，也生产普通的无味肥皂，以及所谓的"温莎"皂、洗衣粉和剃须膏。而同期的娇兰公司，则生产名为Sapoceti的手工精油香皂[4]。这一款完美的中性香皂，具有润肤的特点，在美白和清洁皮肤的同时，不会刺激皮肤。

---

[1] 塞普蒂缪斯·皮埃斯，《香氛产品的历史和洗漱卫生：散剂、香水醋、洁牙剂、胭脂、染发剂、发乳》（*Histoire des parfums et hygiène de la toilette: poudres, vinaigre, dentifrice, fards, teintures, cosmétiques*），巴黎，巴伊耶尔父子出版社（Baillière et fils），1905年。

[2] 成立于1815年，最初名称为Demarson，后来又分别更改为Demarson et Cie、Demarson-Chételat et Cie，最后于1894又更名为Plassard。——译注

[3] 德马尔松公司的文献，《时价目录表》，1855年，主委会报告节选，巴黎市立历史图书馆，序列号120。

[4] 工业保护国立研究所（Institute national de la protection industrielle；INPI），1843年5月24日第9309号法国专利证。

最后，香氛制品商家也销售一些不是由它们生产的补充性产品，譬如成型的盒子、精美的物件、各式各样的刷子（刷头的、刷衣物的、刷帽子的、刷牙的、刷指甲的、刷胡须的）、各种玳瑁材质的梳子（粗齿的梳子、去头垢的梳子、盘发用的梳子、捋顺头发的梳子、胡须梳、卷发梳）以及篦子、化妆用镜、香水瓶、美容必需品、美甲包、装手帕和披巾的香匣。

5. 淡香水（日用香水）

在人们的生活习惯和生活格调中，淡香水（de toilette）扮演着一个重要的角色。在隐私的空间里，与之相对应的，是某一和沐浴的快乐联系在一起的美好时刻。在外用上，它唤起的依然是宁静和身心的放松。淡香水象征某一美好的时刻——致力于身体之美的时刻——也是纯真或纯净的符号和表达。

1920年之后，伴随着卫生条件的进步及日常用水越来越便利，香水开始主要用于提升感官的快乐。在香水制造商的产品目录中，两次世界大战期间的香水业由两大类产品构成：香精（浓度最高的香水），以及淡香水。"沐浴用香水"之前一直都是一些芳香的溶液，它们"用于身体，保持皮肤清爽透亮"，并且切合女性的日常生活[1]。然而，自从1920年之后，淡香水的定义明确为：一种以酒精为基本成分的芳香液体，含有低于10%的浓缩香精（意指纯的香精）。这一香精含有量偏低的酒精溶液并不只是一种简单的稀释液，它有自己的配方；而这一配方能突显香精原料里的那些清新、轻盈的香调。相对于价格高昂的香精，越来越多的女人期望拥有一般的淡香水。另外，她们可以毫不吝惜地喷洒，同时又

---

[1] 伊丽莎白·德·费多（Élisabeth de Feydeau），《从保健卫生到梦幻：1830年至1939年的法国香水工业》（*De l'hygiène au rêve. L'industrie française du parfum de 1830 à 1939*），研究论文，巴黎四大索邦大学，1997年，第493页。

能感受淡香水舒爽怡人的效果。1924年以后，**香奈儿5号**香水以"淡香水"的字样出现在该公司的第一批产品目录中；这一款香水的玻璃瓶身有别于和它同名的"香精"，但它的香味则更简单，适于白天喷洒[①]。

清新之水。有些香水品牌在无须开发出香精的情况下，就直接研制淡香水，并投放市场。1953年，迪奥香水便是这般把它的"清新之水"(*Eau fraîche*)推向市场的。这一支用于运动后的香水，引发了一场新的嗅觉潮流。1950年以后，克里斯汀·迪奥和塞尔日·埃弗特勒-路易什(Serge Heftler-Louiche)开始关注美国市场的发展，他们注意到美国女人几乎不用高浓度的香精，但她们却喷洒大量的淡香水。迪奥1947年推出的女士服装系列"新样式"(New Look，又译为新视觉、新风貌)征服了美国，而他本人也不断地受到这块高速冲向未来的大陆的吸引——休闲娱乐和体育运动在这块大陆上取得越来越重要的地位。20世纪50年代，人们喜欢那些所谓的"淡雅"的香水，而味道更"浓厚"的香精已经不再受到人们的赏识。到了60年代，香水业的这一新趋势呈现出欣欣向荣的景象。淡香水逐渐取代了古龙水，而直到当时，古龙水在香水行业中一直都发挥着提振精神和舒展身心的功效。这两类产品的区别在于：香水的主体构成是围绕花香展开，还是围绕西普香调展开；不过，两者都拥有柑橘味的前调。

在创立迪奥的香水部门之前，塞尔日·埃弗特勒-路易什是科蒂香水公司(Parfums Coty)的总监，他尤其喜欢科蒂继**西普**(*Chypre*)之后研制出的**绿带**(*Cordon vert*)古龙水。西普这一香型是橡木苔[②]、檀香和柑橘香的和谐组合，其中的关键是中心的茉莉花香。这也就是为什么埃德蒙·鲁德尼茨卡(Edmond Roudnitska)在指出它的特点时说道："研制出现代版的西普香调的人不是我，是弗朗索瓦·科蒂。他开发出的

[①] 《1924年商品目录》(*Catalogue 1924*)，香奈儿公司非公开性文献。
[②] 苔藓的一种，长在橡树的枝干上，是制造香水的重要原料，尤其是西普调香水的必要原料之一。——译注

'西普'香水，花香味极其鲜明，尤其是惊人的茉莉花香。"①在调制迪奥的香水"清新"时，他把古龙水的清凉和茉莉花及橡木苔的热烈结合在一起。继 1944 年研制出了著名的**罗莎女士**（*Femme de Rochas*）之后，埃德蒙·鲁德尼茨卡又于 1948 年调配出了**岩间之水**（*Eau de Roche*）。当他调配这一香水时，萦绕在他脑海里的是一股瀑布的水汽。随后，他又为爱马仕创作了**爱马仕淡香水**（*Eau d'Hermès*），这是一款散发出柑橘和辛香气味的中性香水，令人想起爱马仕"凯莉"（Kelly）手提包里的味道。

克里斯汀·迪奥希望获得一种香氛，它能同时让男人和女人在下午和晚上的休闲活动中，觉得神清气爽，譬如在晒日光浴、乘游艇出海以及进行诸如网球和高尔夫球等时尚运动的时候。在夏天的炎热之下，这种香氛必须能提振精神，但同时又要淡雅、幽微。在这一方面，迪奥的"清新之水"是后来备受男女喜爱的淡香水——比如 1966 年推出的香水**旷野**（*Eau sauvage*）——的先驱。

可以肯定的是，迪奥香水开启了淡香水的潮流。克里斯汀·迪奥很喜欢淡香水自然的本真和纯粹，它们的香味让他想起童年时的花卉以及罗盘玫瑰别墅（la villa Les Rhumbs）②冬季花园里的柠檬树。迪奥对他们家在格兰维尔（Granville）的房子一直念念不忘。那是一间英格兰-诺曼底风格的建筑，矗立在伸向大海的悬崖之上，四周是一大片迎着海风和潮汐生长的树林和植物。迪奥在美国旅行的时候，很喜欢旧金山的天气——"凉爽、又有点潮湿"。因此，当他为 1953 年的春夏嗅觉新品做准备时，他希望依从的正是这一内在的心理气候。

从 1947 年起，迪奥的服装设计师克里斯汀·迪奥和调香师埃德蒙·鲁德尼茨卡开始了他们的友谊。后来，在开发 1949 年推出的**迪奥拉玛**（*Diorama*）期间，他们的关系不断加深。那是两种想象力和两种感性

---

① 迈克尔·埃德伍兹，《香水传奇》，第 160 页。
② 位于法国诺曼底的格兰维尔，克里斯汀·迪奥童年时代的故居。——译注

的相遇。尤其是，两人都追求他们在大自然中发现的极简原则，然而这一极简在他们的创作中却反转过来。对于鲁德尼茨卡而言，一切都能结合在一起：传统和技术、工艺和美。他说道："极简是对某一高超技艺的加冕。"①迪奥的"清新之水"正是这一激进的尝试的第一部分。作家乔里-卡尔·于斯曼（Joris-Karl Huysmans）对这种努力有过恰当的表述："香水行业中的调香大师成就了自然界里的原有香味，他雕琢香味，并且像珠宝工匠打磨一块宝石的光泽一样对香味进行加工，并对它加以发挥。"②当埃德蒙·鲁德尼茨卡致力于发展香水调制的这一新观点时，他确信有必要简化香水的结构，去除香水中属于牟利性的香调。在调制"清新之水"时，他去繁从简，让香芬变得轻盈而纯粹，但同时又不忽略香水的本质。他成为香水雕刻师。

依据塞尔日·埃弗特勒-路易什的某个新奇的想法，埃德蒙·鲁德尼茨卡开始研制"清新之水"。这一香水清新怡人，前所未有，将让男男女女都神清气爽，它以一种简洁而迷人的调性把优雅与闲适、热烈与冷静组合在一起，而且其中的西普香调几乎像阳光一样明亮。"清新之水"并非从某一香精中衍生出来，它拥有自己独特的调性。前调是涌溢的柑橘和柠檬清香。中调虽以原产于南美的玫瑰木（一种樟属月桂）为主，但还兼具茉莉花香的妩媚和性感。（玫瑰木的香气清冷湿润，但同时又有木质香的温暖和干燥。20世纪20年代，调香师们深受这一两性香气的吸引。）尾调则把橡木苔和香草的甜美结合在一起，是带有温度的西普香。克里斯汀·迪奥迷恋上了这一新潮和清新自然的香水，把它当成自己的个性香水。通过某些混搭原则——勒内·格吕奥（René Gruau）③在他的广告插画中也将采用这些原则——把反差鲜明的香调细致且精微地

---

① 埃德蒙·鲁德尼茨卡，《香水》（*Le Parfum*），巴黎，法国大学出版社，"我知道什么？"丛书（«Que sais-je? »），第1888册，1980年。
② 乔里-卡尔·于斯曼，《逆天》（*À rebours*），巴黎，木匠出版社（Charpentier），1884年。
③ 20世纪最有影响力的时尚插画大师之一，他的众多作品在20世纪四五十年代推动了法国时装界的复兴。——译注

迪奥的"清新之水"以一种简洁而迷人的调性,把优雅与闲适、热烈与冷静组合在一起,其中的西普香调几乎像阳光一样明亮。它不仅是时代的标志,也是第一支中性香水

糅合在一起,"清新之水"成为一款新式的古龙水。

"清新之水"瓶身的设计师费尔南·盖里-科拉(Fernand Guéry-Colas)把它设计成一个超越时空的透明玻璃瓶。维克多·格朗皮埃尔(Victor Grandpierre),克里斯汀·迪奥的建筑师,则为此款香水设计了"藤编图案"(cannage club)的包装盒。盒子犹似一条黑色丝线穿过的白色藤椅背。这一设计灵感来自格兰维尔赛马场和高尔夫球场露天咖啡座的白色桌椅,以及克里斯汀·迪奥为他位于米利·拉佛雷(Milly-la-Forêt)的府邸挑选的家具。

1961年,为了强化"清新之水"的清凉感,迪奥的设计师专门为瓶身打造了一个金属的喷雾系统。在推出的广告中,这一版本的香水和高尔夫球、网球联系在一起。喜欢体育运动的克里斯汀·迪奥非常清楚,喷洒香水的姿势对于感受香氛十分重要;而喷洒"清新之水"就犹如立在一场细雨或一阵芳香的轻雾之中。克里斯汀·迪奥很早就和喷雾器供应商一起合作了。他不仅和他们一道构想出了一些奢美的版本,还和他们一起进行技术创新,以便提高迪奥公司的淡香水的弥漫性。不过,为了赢得男士的信任,无论是对于香水瓶还是对于包装盒,他在所有版本的产品中均保留了男女皆宜的外形。

中性香水。"清新之水"以它男女皆宜的定位,成为时代的标志,而这也使它成为第一支中性香水。勒内·格吕奥为它打造的插画广告将笔触放在和运动有关的优雅格调之上。20世纪50年代,体育依然主要是男人的活动领域,只有一小部分女性参加体育运动。格吕奥为1953年的"清新之水"所创作的广告插画,呈现了一个运动型的男士,正坐在一把颜色鲜艳的折叠式帆布躺椅上休息。一副墨镜、一些网球或高尔夫球运动的道具搁在香水瓶的旁边。香水看上去是整个画面中唯一清凉透心的泉源:一股实实在在的、清心解渴的清泉。这一呈现了优雅、自在和从现实中抽离出来的时尚插画,很好地总结了这一新产品的精神。迪奥50年代的另一款广告对此精神的表述如下:"清新为首,迪奥为首。"为了让喷洒"清新之水"成为男男女女的生活习惯,和格吕奥的时尚插画同时发展起来的是一种非常教科书式的广告语言。这一产品的创新在于弥补了香氛以及中性香水市场的缺无。当时，在关于它的视觉广告中，无论是在摄影广告，还是写实风格的插画广告里，总有一小段非常详细的、解释性的文字，既循循善诱，又非常实用。

1953 年，迪奥的"清新之水"在推出清新迷人的中性香水的同时，掀起了香水界的革命。从此以后，一股新的潮流不断深化发展。

新型的嗅觉观。从社会学的观点来看，20 世纪 60 年代末期是欧洲女性的一个重大转折点。女性解放运动宣称："女人占半边天。"1969 年 12 月 28 日，节育在法国合法化。从那以后，女性无须配偶的同意，就可以参加工作，并且能打理她们个人的资产、拥有银行账户。著名的高等学府，如巴黎综合理工大学（Polytechnique）、高等经济商学院（Essec）及巴黎高等商学院（HEC）等，都向她们打开了大门。那是一个充满梦想的时代，而和梦想相关的是某一全新的革命理念，代表符号便是长裤、迎风飘展的秀发和青春的芬芳。一个更自然的女性形象出现了，她多了从容自在，少了矫揉造作；尽管是一个都市中的职业女性，但她追求的是能让她想起户外或者森林的香氛。

女性在改变，香水必须演变。20 世纪 70 年代，思想界重新反思女性的传统道德标准；传统的香水直到当时还是女性被视为物品或玩偶的符号之一。1966 年，女人们迷上了迪奥的"旷野"男士香水。这一给市场带来深刻影响的香水，不仅成为淡香水的典范，还催生了许许多多的中性香水。总而言之，它标志着香水业的重要演变。"旷野"代表的对自然率性的追求，影响非常广泛，这也引起了香水界人士的反思。淡香水清新、透亮、活力四射，表达了大胆前卫、自主、独立的女性所赢得的前所未有的自由。1969 年，兰蔻推出了 *Ô* 女士香水："上千滴的香水，上千次的清凉透心。"这一支香水中的多种柑橘类果香是由罗伯特·戈浓（Robert Gonnon）打造的，他善于让它们保持持久的清香。一种全新的调制方法、柑橘味、透亮的液体加上一阵阵扑鼻而来的清新：前调是柠檬、橘子、佛手柑；中调是逐渐过渡为绿色草本植物（罗勒、香菜和迷迭香)的混合花香(希蒂莺①合成的茉莉花香、忍冬②、铃兰③);尾调则是西普香(橡木苔、香根草、檀香)。在一阵强烈的清新之中,兰蔻的这款香水携带的信息简单明了:惬意、青春和快乐。同一年,鲁宾(Lubin)公司推出**新版香水**(*Eau neuve*),它复制了该公司1798年投放入市场的**鲁宾香水**(*Eau de Rubin*)的概念:一款带有柑橘香味和香脂味的香水,能醒脑提神和镇定安神。不过,新版本的香水中加入了贴合时代气息的天然香脂、芳香族植物精油、香辛料及花香;和性自由诉求同步的香水广告则呈现了女性赤裸的躯体。

1970年的香水市场上表现亮眼的还有**罗莎之水**(*Eau de Rochas*),一代自由女性的符号以及淡香水领域的先驱。它的基本成分是青柠檬和马鞭草④的耀眼组合,突破了香氛调和的边界,使之在国际上大获成功。由尼古拉·玛木纳(Nicolas Mamounas)研制出来的这一款香水,复制了埃德蒙·鲁德尼茨卡1948年推出的"岩间之水"的创意。它犹如一股让人想起瀑布的清泉,起泡的柑橘清香,和水仙与野玫瑰糅合在一起的马鞭草的甜美,橡木苔和迈索尔檀香的深厚。直至今日,"罗莎之水"依然是香水市场中的典范。

迪奥蕾拉女士淡香水的故事。1972年,迪奥香水大力推广"迪奥蕾拉"(*Diorelle*),一款自称充满活力、令人心旷神怡的香水,并声称将淘汰那些过于精致的女人闺房里的香味。它代表喜悦和愉快的心情。另外,它在当时还是第一支花果味的淡香水。埃德蒙·鲁德尼茨卡重新打造西普香,以高超的技巧实现了弥漫性、精微和清新自然的完美组合。于是,**继迪奥之韵**(*Diorissimo*)和"旷野"之后,德鲁尼茨卡完成了他

---

① 一种人工化合物,气味清新自然。——译注
② 忍冬:又名金银花,忍冬属多年生半常绿缠绕灌木,中国大部分地区多有分布,不少地区已栽培生产,其中以河南、山东所产最为闻名。日本和朝鲜亦有出产。——编注
③ 铃兰:又名君影草、山谷百合、风铃草,铃兰属多年生草本植物,铃兰原产于北半球温带,欧、亚及北美洲和中国的东北、华北地区,气味甜,全株有毒。——编注
④ 马鞭草:属多年生直立草本植物,原产于欧洲,全草供药用,性凉,味微葳,有凉血、散瘀、通经、清热、解毒、止痒、驱虫、消胀的功效。——编注

在嗅觉创作上的三部曲。不过，这一次，他遵循的是一种全新的香水结构法——一项精炼提纯的工作，即去掉香水中牟利性的香调，简化香水结构。尽管"迪奥蕾拉"的调配借鉴了六年前推出的"旷野"男士香水的研制经验，而且两款香水都以西普香为基调，然而"迪奥蕾拉"实际上并不像人们常说的一样，是"旷野"男士香水的女性版本。鲁德尼茨卡确切地说过："'迪奥蕾拉'的灵感并非来自'旷野'；调制时，我用的是另外一种方法。""迪奥蕾拉"与伊夫·圣罗兰品牌1964年推出的香水 *Y* 属于同一派系，虽然它的香味同样十分清新，花香也十分迷人，但是它的重点在于果味的甜美，而非绿色草本植物的清香。为了探索"迪奥蕾拉"香味的源头，我们也许应该回到1953年推出的"清新之水"，即第一支新式淡香水。二十年过后，糅合了茉莉花和橡木苔的清新香调在"迪奥蕾拉"这支香水里有了变化。它的出众之处在于：前调的柑橘类的芬芳（西西里的柠檬和罗勒）轻舞飞扬之后，是带有迷人果味的花香中调（忍冬、茉莉花、桃子），它的尾调则由香根草和橡木苔点缀。

"迪奥蕾拉"以其独创的风格影响了整整一代的调香师，其中就有让-克劳德·艾列纳，这也是为什么他十分推崇这一香水："在普罗旺斯，晚上采摘下来的茉莉花会散发出一种香气、一种气息、一种情绪，类似于'迪奥蕾拉'女士香水。这一鲜花主题的香水极具特色，迸发出的清澈、透亮和纯真显示了调香师的精湛技艺……因此，埃德蒙·鲁德尼茨卡向我们证明了香水不仅仅是把某些材料糅杂在一起，而是一次灵魂的作品。"[1]此外，尽管只是闲言说笑，他还是很喜欢回忆起一段让他迷恋上了"迪奥蕾拉"的童年记忆："……为了挣点钱，我的祖母常常去采摘茉莉花，而我则很喜欢陪她一起去。那是一个年轻姑娘们的世

---

[1] 让-克劳德·艾列纳，见乔斯琳和让-保罗·勒马盖夫妇（Jocelyne et Jean-Paul Le Marquet）、玛丽-克里斯汀·格拉斯、让-克劳德·艾列纳共同撰写的《香水符号之下的埃德蒙·鲁德尼茨卡：香水作曲师》(*Sous le signe du parfum. Edmond Roudnistka, compositeur-parfumeur*)，展览目录，托农莱班（Thonon-les-Bains），阿尔巴龙出版社（L'Albaron），"秘密花园"丛书（«Jardin secret»），1991年，第104页。

香水"迪奥蕾拉"以其独创的风格影响了整整一代的调香师，"它散发出树林、草地、木头和初雨的味道"。雕塑家塞尔日·芒索为它设计了瓶身

界。她们一看到我,就要我唱歌给正在干活的她们听。采摘结束后,她们会送给我一些茉莉花。她们的汗味和茉莉花的芬芳混在一起,引起了我身上的性感官的强烈震撼。这对我产生了深刻的影响。在香水制造业,有一种原料闻起来有汗味的感觉,那便是孜然。第一支让我有了情色反应的香水便是迪奥品牌的'迪奥蕾拉'女士香水,它糅杂了茉莉花和孜然的味道。身上洒有这一款香水的女人便成为我的女人!"[1]

1972年的媒体报道是这样描述"迪奥蕾拉"的:"一股动人的清新,娇媚自然,优雅自在。这是一款新潮的香水,它散发出树林、草地、木头和初雨的味道。它首先开启的是清新、轻盈、透亮的柠檬和罗勒香气。带有幽微果香的中调散发出忍冬和茉莉花香,其中又夹有桃子带来的果味的甘美。尾调淡雅而持久的香根草则赋予它木质的温度。"这一象征春天的柔和的香水,又充满了夏日的阳光。

"迪奥蕾拉"瓶身的打造如同一件艺术品,因为它必须体现新一代人的精神,尽管在当时的香水制造业中工业美学还几乎不为人所知。设计师们力求通过瓶身的形态传达出不断变化的时代梦想。迪奥香水找来雕塑家塞尔日·芒索(Serge Mansau)为它的产品设计瓶身。芒索不仅擅于运用现代的材料,而且能巧妙地抹去历史的印迹。他设计的"迪奥蕾拉"香水瓶,风格既不是极简主义的,也不是后现代主义的——金属的底座加上玻璃瓶身的设计,这一作品在一定程度上遵循了传统,因为迪奥香水瓶的椭圆瓶身不仅保留了下来,甚至还备受尊崇。金属底座被描述成"一面反光的镜子,映照出穿过碧绿瓶里的透明液体的光线"[2]。总之,和"迪奥蕾拉"的气质完全吻合的这款香水瓶,设计果敢、现代,大气的线形雕花、代表现代建筑材质的钢铁和玻璃,完美结合在了一起。

"迪奥蕾拉"香水瓶的打造是塞尔日·芒索最愉快的回忆之一,和

---

[1] 让-克劳德·艾列纳,研制出多支知名香水的调香大师,譬如凡客雅宝(Van Cleef et Arpels)的 *First*、卡地亚的 **宣言**(*Déclaration*)以及希思黎的 **绿野仙踪**(*Eau de campagne*)。后来,他成为爱马仕的专属调香师。引文出自网址 plurielles.fr。

[2] 塞尔日·芒索是这么描述的,见《香水传奇》,第163页。

第二章　香水的医疗和保健功能

迪奥香水团队的合作富有创造性；和埃德蒙·鲁德尼茨卡的交流简单、纯粹，他们两人之间形成了一种共同的语言，在这一语言里，香水成为一种哲学、一种艺术。

"迪奥蕾拉"这一香水的名字明快、亮丽，听起来就像人名（1955年提交给了工业产权国立研究所）。对于该款香水的视觉广告，迪奥再次选择了时尚插画师勒内·格吕奥。后者得到的介绍是"迪奥蕾拉"是一支献给纯真的年轻女孩的香水。他首先用书法体利索地画出一个感叹号，传达了这支香水率真和打破常规的精神。之后，他画了一位新潮的年轻女孩，无拘无束、生气活泼、喜气洋洋，却又不失娇媚优雅。他的重要创新还在于展示了一个身着裤装的女性。

总是处于时尚前沿的迪奥品牌，还为"迪奥蕾拉"这一款"酷炫"的香水选择了新式的形象推广：利用电视惊人的影响力。1968年以后，电视开始播放知名品牌公司的广告。让-克里斯托弗·阿维尔蒂（Jean-Christophe Averty），以其对于电视制作的见解和创新而闻名。他为"迪奥蕾拉"的宣传制作了一部影视版的彩色广告片。几个轻快的乐符——让·克劳德作曲——给出了片子的节奏，一个惊叹号从香水瓶中冒出，变成了一个生机勃勃的女人的侧身（由格吕奥所绘）。侧着身子的年轻女子身穿裤装，笑意盈盈；转眼，她分身出了许多个女人。她迎风飘动的秀发以及她的衣服也改变了颜色。这支广告短片表达了一支香水的现代性传达给女人的情绪。"迪奥，真正的迪奥，迪奥蕾拉，克里斯汀·迪奥的新款香水，迪奥蕾拉。"一个迷人的女声轻快地说道，犹如某一新生命的宣言。最后，片子以著名的感叹号降下了帷幕[①]。

后来，这一广告片的主题曲的唱片——一个45转的密纹唱片，附有勒内·格吕奥签名的纸套——很快就发行了。

"迪奥蕾拉"，纯熟技巧打造出的晶莹透亮和简单纯真，花香主题香

[①] 国立音响器材研究所资料（Archives Institut national de l'audiovisuel），1972年12月12日。

水的领头羊，今天依然是知名香水里的典范。香奈儿品牌 1974 年推出的**水晶恋**（*Cristalle*），便是一支属于淡香水这一新生代的香水，透亮，私密，完全不会使人头昏脑涨，却从不消失。因此，香奈儿公司的广告说道："我们一直想要一支拥有淡香水的勃勃生机的香水。我们一直想要一支拥有香精诱人风姿的香水。我们一直做不到。然而，现在，我们做到了……"

轻透和风姿绰约是"水晶恋"淡香水特有的两个特征：前调先是柑橘和西西里柠檬的清香，然后才是使之完整的桃子味；迷人的花香（风信子和忍冬的合奏曲）构成了中调；而尾调则有东方的茉莉花香。

焕然一新的清新。20 世纪 80 年代末，追求纯净、清透是香水制造业的特征，一种新的潮流于是应运而生——和愉悦与圆满的理念同步的香水潮流。对于香水工业而言，从净化和使人升华的火到温柔并给人力量的水，只是一步或者几乎只是一步之遥的努力。水，火的对立元素，同样具有净化的作用。娇诗韵（Clarins）的标志性产品**活力香体露**（*Eau dynamisante*），一款介于香水和保养液之间的产品，恢复了酏剂的传统。1987 年，该品牌的创始人雅克·古尔丹-克拉兰（Jacques Courtin-Clarins）大力推广"活力香体露"。他梦想推出一款卓越的产品，把精油的效用和它们迷人的香气结合在一起。当时，这一香体露引入了一个全新的术语"芳香心理学"，即"芳香疗法"和"心理学"两个术语的缩合，意指一门新的学科。这一学科的侧重点在于气味对于身体和心理的效用：我很好闻，我觉得很棒。"活力香体露"是娇诗韵品牌一次成功的营销；因而，二十多年来，它一直都是该品牌的标志产品。这一香体露含有佛罗里达香橙、迷迭香、百里香以及普罗旺斯的杂交薰衣草。尽管它有着古龙水的风姿，但它首先是一剂滋养水、一杯令人身心愉悦的鸡尾酒：有生姜和使人兴奋的西洋参，有车前草（具有实实在在的柔肤作用），有保湿滋润的芦荟以及提振精神的木贼。

从卡尔文·克莱恩（**Calvin Klein**）**到三宅一生**（**Issey Miyake**）。20世纪 90 年代，美国流行的"清新干净"之风，以其臭氧调的特征成为香氛产业里的一股重要潮流。它类似"频繁更换频道"现象，只不过人们当时换来换去的变成了香水：人们的选择从奢华浓郁的**爱斯卡达**（*Eau d'Escada*）[①]跳到简单纯粹的**CK one**[②]，或者再跳到香调复杂、精雕细琢的香水（伊丽莎白·雅顿的"灿动"和香奈儿的"魅力"）。在香水行业里，人们看到的是回归消费者的期待：男男女女们憧憬的是一个更纯粹的世界。对于行将结束的20世纪，人们潜意识里的恐惧引起了各式各样的、矛盾的反应：譬如有些人把时间和金钱花在说唱音乐或者电子音乐之上，另外一些人则逃遁到舒适、安全的茧式生活（cocooing），或者新时代运动的宗教里。新型的香水产品散发出水生的调性，似乎是为了满足人们对于身心净化和自然的渴求。香水制造业中出现了一些清新自然的海洋调，它们体现了洗涤制品中业已存在的"干净"潮流。大卫杜夫（Davidoff）的**冷水**（*Cool water*）、三宅一生的**一生之水**（*L'Eau d'Issey*）、乔治·阿玛尼的**寄情水**（*Acqua di Giò*）、宝格丽的"绿茶香水"（*Eau parfumé au thé vert*），都是富有特色的海洋调香水。CK的**真实**（*Truth*），让人想起大自然的清新和鲜绿，以及炙热而性感的皮肤。1994年推出的"CK one"，则凸显了"清新干净"之潮流，是一款献给叛逆和迷失的年轻人的中性香水。这一香水的目标市场是与现实脱节的一代新人，他们介于十五岁到二十五岁。它的概念是简约的原则（纯粹透明的香氛：一种人们与之合为一体的香气，一个像药瓶一样的香水瓶）。它开创了一种私密的香气，需要细致品味；它格调高雅的麝香和龙涎香尾调，则带来干净、清新的感觉。在一个和谐、简单和中立的世界里，"清新干净"这一与众不同的全新香味模式破土而出。

20世纪90年代，香水的发展趋势是纯净的气息，以及犹如生命之泉一般洁净、自由、丰满的水液。该潮流把纯粹、轻透的香调和性感结合在一起，它的发展动力和理念不仅来源于东方古老的传统和文化，也

[①] 德国著名时尚品牌爱斯卡达1990年推出的香水。——译注
[②] CK1994年推出的中性香水，开创了一个新的香水时代，是CK最著名的香水。——译注

来源于一种现代风尚———一个越来越关注生态环境的世界。海洋调因而成为这一时代香水制造的特征。雅男士（Aramis）[①]1988 年推出的**新西部男士香水**（New west for him）是调香师们所说的"海洋调"或者"臭氧调"香水的开拓者。西瓜味或者生蚝味（对于某些人而言）的西瓜酮是一种化学物质，在香水业中用来赋予人们海洋气息的印象。1989 年的**克莱本男士香水**（Claibone for men）[②]是第二支采用海洋调为主题的香水，1990 年推出的**新西部女士香水**（New west for her）则把这一股潮流推向了高潮[③]。不过，迈克尔·埃德伍兹认为：直到 CK 推出的**逃逸**（Escape）女士香水获得成功之后，这一全新的调性似乎才扫除了所有的疑虑，因为开始的时候它似乎只是一种突发奇想，而非一种时尚。后来，CK 香水研发部门的负责人安娜·戈特利布（Anne Gottlieb）回忆说，"干净成为性感的同义词"[④]。

  为什么海洋香调成为香水界的主导香调？显然，这建立在水的象征符号之上，而且这样的符号存在于所有的人类文明之中。水用于浇灌或饮用，火则用于加热取暖。水是荷花之母，而荷花既是埃及人眼里的圣花，也是佛陀静思的宝座。此外，水也是芦苇或香蒲之母，而芦苇和香蒲则是犹太教的创始人摩西和古埃及国王的共同象征。水是一切事物的起源。对于人类和大自然而言，它是生命和富饶的符号。在想象的世界里，它又成为远方和上路的符号。流质的水，能溶解一切，也能和一切形态无缝贴合——包括各种气味——而这既是为了让它们变得更自由活泼，也是为了让它们焕然一新。水是一种变化不定的成分，人类总是受到它的多重性的吸引。它既象征热闹喧嚣的青春，也象征归于宁静平和的壮年。它还可以既友好又凶险，既甜美又苦涩，既炙热又冰冷，既流

[①] 雅诗兰黛集团 1964 年开发的一个品牌，开创了高端男士护理产品和香水的先河。——译注
[②] 1974 年创立于美国的中产品牌丽资·克莱本（Liz Claibone，又译为丽诗加邦）的产品。——译注
[③] 根据安娜·戈特利布，西瓜酮还有赋予香水起泡的特点。它常用在洗衣制品中，赋予衣物清新的感觉。
[④] 见《香水传奇》中的引言，第 275 页。

动不息又停滞不动，既透明又浑浊。它具有三种形态：固态、液态、气态，从而通过大气把天空和大地连接了起来，犹如燃烧的香通过烟雾把天国和尘世联系在一起。此外，水还代表了生命的三大定律：首先，是繁殖的定律，这体现在孕育生命的羊水以及中国文化里龙的精液（既是在大地上播种的种子，又是水的男性符号）。其次，是生命的定律，我们的生存需要水——天堂的花园难道不是由水来浇灌而绿意盎然吗？而地狱的特征不就是熊熊烈火吗？而且，水还可以用来治病，正如法国卢尔德[①]（Lourdes）的圣水或者麦加的渗渗泉水（Zem Zem de La Mecque）所显示出的奇迹一样。不然，就是更常见的、养生疗病的温泉。最后，是水体现在一切宗教里的神圣定律：基督徒的洗礼水，或者信徒们在其中洗去身上一切不洁之物的印度恒河水。

不过，需要指出的是，香水气味上的清教主义趋势，即追求轻透和纯净的潮流出现在 20 世纪 90 年代新时代运动蓬勃发展以及全球深刻的意识危机时期。从嗅觉调色板的角度而言，这一潮流在香水界促使调香师朝着两个潜在的方向发展：一方面，是由于含有了一定剂量的西瓜酮而略带咸味的海洋调；另一方面，法国的调香师觉得这臭氧化的香味过于美式，所以他们另外寻找一些"干净的"香调，这样的香调更纯粹、更轻透，让人想起河流或大气里的水汽。1991 年，倩碧推出的 **Wrappings** 便是最初的尝试。这一款香水使用了一些诸如兔耳草醛等非碘化的合成香料，带有几许植被的绿意。

对这一股海洋之风起到推波助澜作用的一支香水，也许是日本的时尚品牌三宅一生 1992 年推出的"一生之水"。这支灵感来源于日本及其神秘传统的香水，加入了大量的西瓜酮。水，无论是环绕日本群岛的海洋咸水，还是大量流淌在群山里的淡水，对于日本人的生活而言，都非常的重要。日本整个国家都遍布着从山上倾泻下来的清泉，它们或冷或热。在这些泉水的旁边往往设有矿泉疗养馆，也就是每个日本人在仔细

[①] 位于法国西南部，法国著名的宗教圣地。——译注

地洗净身子后,喜欢泡的温泉(onsen)。以前,在日本的传统住宅中,某些专门用来沐浴的房间很特别,也很高雅:它们的墙板是用扁柏的香木砌成的,这种木头在接触到滚烫的热水冒出的蒸汽时,会散发出淡雅的香气。与此同时,水也是某一纯洁的符号,因为它代表了佛陀洁白无瑕的心灵。在日本的小园子里,总有一处泉眼,在园里漫步的人总能用一把长柄的大木勺舀水解渴,或者洗手和润脸。

  直到1992年,著名时装设计师三宅一生都不喜欢人工合成的香氛。他身上的日本文化使他远离合成香氛,他的想法是,"自然是最伟大的调香师"。在他的童年记忆中,印象最深刻的是鸢尾花潮湿的叶子散发出的香气,那是在寺庙进香前洗澡时闻到的:"每年的5月5日是日本的男孩节。在这一天的洗澡水里,人们会放入一些鸢尾花的叶子,温热的洗澡水于是裹上了某种植被的味道,非常的香。在其他的日子里,人们还会把一些厚厚的柑橘皮放入洗澡水中。橘皮的味道和洗澡的木盆的香气混在一起。"三宅一生当时想要一种像"水、某种无气无味的东西"一样的香水。他向调香师雅克·卡瓦利耶是这么表述的:"一个女人把清澈的水倒在她干净的身子上时的味道。"对于他来说,这也许是世界上最美妙的味道。于是,雅克·卡瓦利耶面临的挑战是打造一款水味的香水,犹如露珠或者落在植被上的雨水的味道,甚至是贴在女人身上的水珠的味道。对于那一时期的调香师来说,这并不是一个容易深入的想法,因为他们当时力图打造的香氛正相反。三宅一生的这一香水的主题只可能是清新、女人味、绽放的鲜花、麝香和性感。必须开发出一种全新的香味结构,以及一种既清新、又强烈而持久的美感。与此同时,三宅一生希望瓶身也是对这一香水的诠释:"呈现出悬浮在太空中的水滴的清透。"[1]因而,由法国著名设计师阿兰·德·穆尔格(Alain de Mourgues)和法比安·巴隆(Fabien Baron)设计的香水瓶,三棱柱的图形造型极其简约,使人想起香雾的升腾。2009年,三宅一生为他的**气息**或**一生之香**

---

[1] 三宅一生企业的内部资料,BPI,1992年。

(A scent by Issey）也做出了同样的尝试："我的创作总是始于一些最简单的然而也是最本质的想法。"[1] 此外，他还说道："香气，是清新的空气。"因此，这一次，他想获得的是"一种犹如人们呼吸的空气一般简单而美妙的气味"。"气息"这一香水的构想是新生、春天以及大自然的空气，能让人们与大自然和谐地共生，并重新发现大自然的纯粹和清新。这一支香水的瓶身，本着一块布（APOC）的制衣理念[2]，声称尽管采纳了新的实验技术，却不繁复。由著名的以色列设计师阿里克·列维（Arik Lévy）操刀设计的香水瓶，从一块玻璃中诞生了。采用玻璃瓶身是因为玻璃是所有香水瓶最初的材质，不过阿里克·列维用的却是毛玻璃。这一复杂的玻璃工艺给人一团光线的幻觉；在这一团光线中，人们又似乎可以根据想要的容量剪裁瓶身。

通过一项保密的制造工艺，由日本设计大师佐藤卓（Taku Satoh）设计的商标就刻在香水瓶的内部，瓶身因而得以保持一整块毛玻璃的磨砂质感。

古龙水的回归。 20 世纪 60 年代，古龙水渐渐变成了陈年旧货。在进入大卖场的销售渠道之后，它越来越大众化，并失去了一切奢华、高端的内涵。这一状况一直持续到 2000 年年初。社会学家布丽吉特·穆尼耶对这一现象解释说："古龙水这一新进的成功与渴求真实的心理吻合。古龙水不仅是一种简单而真实的产品，并且拥有其自身的历史。奢侈品牌以盛大的营销攻势推出的香水一般都精雕细琢，古龙水则和它们截然相反。"[3] 人们自然而然地把渴求真实的愿望，即对惬意、纯粹和干净的向往，和古龙水联系在一起。如果说古龙水失去了它在养伤疗病上的功能，那么从此以后它不仅和内心的快乐联系在一起，还和当前的享乐思

---

[1] 三宅一生企业的内部资料，BPI，2009 年。
[2] 一块布系列，指的是一块布就成就一件衣服的系列。这一制衣理念是某种思维的结果，它开创了一种新的探索方式和一种全新的生活方式，力图把美感、功能性、简便和环境保护融合在一起。
[3] 布丽吉特·穆尼耶，《穿越历史的香水：从奥林匹斯山上的诸神到网络香水》。

潮相吻合。这一产品重新恢复活力的秘密在于，一些对完美的香水孜孜以求的调香师不断地重新演绎它。譬如，蒂埃里·穆勒对于古龙水的历史起源以及人们昔日赋予它的神奇疗效，一直都有着浓厚的兴趣。他想研制一款以它的名字命名的香水：一支既清新、又性感持久的香水。这一简简单单被称为**古龙水**（*Cologne*）的淡香水，灵感来源于一块古龙水香皂。那是穆勒某次在摩洛哥逗留时使用的香皂。"古龙水"的调配从传统的基础香味（橙花油、橙叶油、佛手柑、橙花）出发，然后再加入麝香和某种被简简单单地称为"S"调的香氛。分子式严格保密的"S"调，赋予了这一柑橘味的性感香水某种活力和生机。

和往昔的古龙水相比，2000 年后新出现的古龙水的香精浓度也稍有不同，大多数情况都介于常说的香水和淡香水之间。此外，人们使用古龙水，不再只是与保持身体卫生和舒爽的需求联系在一起，还与追求感官快乐或者高雅的趣味联系在一切。在水疗美容养生（Spa）的影响之下，2000 年以后，沐浴的空间有了很大的改观。浴室成为房屋的重要组成部分：拓宽的墙体、打开的窗户、异国情调的木质家具、丰富的室内色彩和精致的物品；这样，就必须要有和这一新的环境相配套的香氛产品。在这个私密性极其重要的空间里，拥有洁净特征的古龙水成为某种不可动摇的珍贵之物。可以抹在皮肤上的古龙水，是男女皆可使用的优质产品，于是调香师也大力打造此类产品。譬如，穆勒品牌推出的古龙水，由著名的香水大师艾伯特·莫瑞拉斯（Alberto Moris）开创。[凯卓的**花样年华**（*Flower by Kenzo*）和阿玛尼的"寄情水"也是他的作品。]雅克·卡瓦利耶为香榭格蕾调制了**暖红姜古龙水**（*Eau de gingembre*）。在弗雷德里克·马勒香氛出版社（Frédéric Malle）[①]，让-克劳德·艾列纳则打造出了**酸橙古龙水**（*Cologne Bigarade*）。这一香水以苦橙或酸橙精油的

[①] 全称为 Éditions de Parfums Frédéric Mall，是出身于香水世家的弗雷德里克·马勒（迪奥香水的创始人塞尔日·埃弗特勒-路易什的外孙）1999 年创立的沙龙香水品牌，汇聚了数十位来自各个顶级品牌的调香大师，旨在像出版社一样，推出不受市场营销左右、有创造性的香水作品。——译注

独特品质为基础，犹似对传统古龙水的一次打磨和再演绎。2009 年，独立香水品牌弗朗西斯·库尔吉安（Francis Kurkdjian）[①]也推出了一支古龙水，分别有日用款和夜用款。喷洒这两个版本的古龙水成为生活里的一种艺术和仪式。

2000 年以后，还出现了淡香露（Les eaux légères），是已有的经典香水的清淡版本。调香师们重新打造原有的香水配方，使其适于夏天使用；他们往往减少那些气味较为浓郁的成分而突出更为清淡的原料，但同时又保留原版香水的特性。这也是让昔日的经典香水契合当前趣味的一种方式。因此，娇兰 1925 年就投放市场并大获成功的经典香水**一千零一夜**（*Shalimar*）——一支充满东方风情的、撩人的香水——经过香水师玛蒂尔德·罗兰（Mathilde Laurent）重新演绎成淡香露后，赢得了另外一批顾客。这支**一千零一夜淡香露**（*Eau légère parfumée de Shalimar*），纯净、轻透，让受到年轻一代冷落的原版经典香水，焕发出全新的气息。

淡香露最初的时候只是昙花一现、季节性的新产品。一年当中往往只在夏季露一下脸，夏末的时候就退出市场。香水业这一新潮流的成功在于它的热点性和稀缺性，这引起了消费者的兴趣。淡香水隆重上市的时间和明媚的夏日、阳光、假期相吻合，它代表的是喜悦和无忧无虑。让·保罗·戈蒂埃（Jean Paul Gaultier）自从 1997 年以来，每年都推出它旗下备受欢迎的香水的夏日版本，譬如**尊贵**（*Classique*）女士香精和**男香**（*Le Male*）男士香水的夏日版。同时推向市场的除了造型奇特的瓶身之外，是重新演绎后清新怡人的香水。三宅一生的"一生之水"也选择了相同的策略，因为每年的 5 月至 9 月，由于消费者寻求更淡雅的香调，原版"一生之水"的销售量总会有所下降。同样，众多的品牌为了保持它们的市场份额，也采取这一策略，推出旗下知名香水的清淡版本。

昔日的经典香水向轻透和简约过渡的这一趋势，让一些新的版本得以出现，而这不仅留住了老主顾，还赢得了年轻一代的青睐。这也就是

---

① 法国当代著名调香大师 2009 年自己创办的同名独立品牌。——译注

为什么，1997 年香奈儿经过大胆创新，推出了 5 号香水的新版**初水**（*Eau première*）。香奈儿的御用香水大师雅克·博尔日（Jacques Polges）以精湛的技艺重新打造了这一款神秘的香水。焕然一新的"香奈儿 5 号"，纯净、透亮，犹似一道轻盈的彩带，在丰盈、甜美、柔和的香调下起舞，不似原版那般令人心生畏意。

至于塞尔日·芦丹氏，2009 年则以**芦丹氏之水**（*L'Eau de Lutens*）向我们讲述了一段香水的故事，以净化我们被香味过于厚重的世界污染了的鼻子。这是一款反香水的产品，诉诸缥缈的记忆。塞尔日·芦丹氏在打造出**苏丹琥珀**（*Ambre sultan*）后，马上就开始了该香水的创作。这一反香水的淡香露令人想起甜美的睡眠、干净的衬衣、一张飞向未来的洁白纸片。它是一种反抗，它的理念是和四处弥漫的虚假香味一刀两断。比起满足于带来有益身心健康的清爽效果的古龙水，"芦丹氏之水"更上一层楼，它让我们感觉到的是沐浴的快乐和洁净感，以及干爽的衣物带来的舒适。此外，它的留香效果惊人，因此塞尔日·芦丹氏开玩笑地说它是"世界上最珍贵的香皂"。

研制出了许多精彩之作之后，芦丹氏的创作回归香水制造的本质。瓶身像雪一样洁白、像一片鹅毛、又像一处守护睡眠中的法国王太子的密室。"芦丹氏之水"就如他之前创作的其他作品一样，是一支有亲和性的香水：首先，迎面扑来的是迅速飘过的几片橘皮的清香；之后，肥厚的玉兰花瓣固有的香味及其蜡质的一面将我们淹没在其中；养生的药草鼠尾草则呈现给我们一件干净的洁白衣物的味道。侵入肌肤的是遗留下来的太空感：纯粹、弥漫、透亮。一丝新鲜空气的印迹，触及享乐的理念。"我们给予自身的享受只能是很私密的，我觉得简单干净是奢华的基础。您会佩戴一些不干净的首饰吗？"塞尔日·芦丹氏戏谑地说道。如此一来，香水在一个肮脏浊臭的社会中用于抵御疫气的几个世纪以后，"芦丹氏之水"形成了一种合理的割裂，即法国王室的积垢和皇太子枕边的清新之间的割裂。

第三章

嗅觉和调香大师

Chapitre 3. La sensibilité olfactive et les créateurs de parfums

作为个体的人一旦摆脱了与身体卫生相关的问题，就需要在社会中通过自我定义、自我展示以构筑个人的存在感，即思考如何提升自我形象，以加强自己的社会威望。香水，犹如一个人的容貌和身体线条，成为自我的表达。香水，一件无形的饰物，能给人带来自信和快乐。只要选对了香水，并且正确喷洒，那么它就成为一种"自有的"味道、一种属于我们的味道，并成为我们最私密的存在和特征。它是展现我们的感性的一种方式。香水所蕴含的这一奇妙的潜质，伟大的调香师熟稔于心。

1. 嗅觉地位的重建

古希腊诗人阿里斯托芬说，鼻子只是用来擤鼻涕的。在很长的一段时间里，嗅觉备受哲学家们的冷落，因为它过于接近动物的本能。康德就认为嗅觉是最为险恶的感官，因为它有可能会威胁到自由。多余的感官，"享乐的感官"，它的本质是激起人们本能的行为和思想。

然而，法国哲学家孔狄亚克于1754年发表的《感觉论》(Traité des sensations)凸显了感官的认知作用。这位著名的感觉论者以某一比喻为依据——关于某个只拥有鼻子的塑像的寓意——深入发展了英国的经验论心理学。他表示，嗅觉是一切心智构成的起源：正因为有了嗅觉，大理石塑像最终才获得了一切才智[①]。不过，他的结论是：为了认识外部世界，五种感官缺一不可。这也就是为什么只拥有嗅觉的雕像，在闻到"玫瑰的香味"时只是感知到玫瑰的气味，对闻到的对象却没有任何的印象。"因此，根据作用于鼻子之上的对象，这一味道可以是玫瑰的香味，也可以是石竹、茉莉花、紫罗兰的香味。"[②]这一关于感官的等级理论，使得嗅觉在哲学上获得了它应有的地位。嗅觉不再是高贵的五官中的丑小鸭。

同样，让-雅克·卢梭在他的《论科学与艺术》(Discours sur les sciences et les arts)中也表达了一种全新的感觉论。他声称"有感觉的人胜过有思想的人"。感官之窗让情感和自我得以释放出来。无形无影又无所不在的自我，需要有一个内在的、亲密的向导：想象力。人不仅受到想象力的支配，而且他和世界的联系也是由这一力量建立起来的。"想象力能扩展我们的潜能"，还能驾驭理智，它能使理智升华，并使之崇高。因此，在至高无上的想象力的滋养下，感官带来的认知成为完整的智力训练的基本条件和必要条件。由于他人的气味而造成的迷恋或厌恶，卢梭对此深有感受。此外，他还把这样的现象当成了文学创作的主题。他讲述过，当他走入巴黎城里时，圣-马塞尔城区令人作呕的气味让他难

---

① 孔狄亚克假定了一座和人的内部结构一模一样的雕塑。它只有一个鼻子，而且没有任何的观念或认知。随着这座雕像的各个感官相继觉醒过来，它的心灵便充满各种印象或认知。——译注

② 埃蒂耶纳·博诺·德·孔狄亚克（Étienne Bonnot de Condillac），1754年《感觉论》(«Traité des sensations, 1754»)，见《哲学全集》(Œuvres philosophiques)，巴黎，法国大学出版社，1947年，第222页。

以忍受。他由此得出的推论是:"味道本身引起的感觉很微弱。它摇撼的与其说是感官,不如说是想象力;而且它造成的痛苦不是因为人们闻到了它,而是因为人们对它的心理预期。"如此一来,味觉获得了一种全新的重要性,它不仅能使灵魂战栗,还能唤醒沉睡的记忆、影响当下的心情。"现实的世界是有限的,而想象的世界是无限的;不能扩展现实的世界,就要缩小想象的世界;因为一切让我们感到不幸的痛苦正来自于这两个世界的差距。"①因此,照卢梭看来,嗅觉尤其是一种想象力。

嗅觉论。于是,关于嗅觉的理论产生了。19世纪,某些文学流派推动了嗅觉理念的发展。一方面,诗歌颂咏香气;另一方面,社会评论家圣西门宣称:"文学可以称为心灵的花朵或者心灵的花香。"②不过,对于其他人来说,嗅觉闯入文学之园是一种倒退。同样是社会评论家的马克思·诺尔道(Max Nordau),以嗅叶在人们的大脑里完全附属于额叶——智能最高的部位——为依据断言,气味只能有限地唤醒一些抽象的概念,而且引起的也只是一些无关紧要的情感③。

然而,19世纪发展起来的浩浩荡荡的个人主义运动,还是把文学引向了对于感官的分析。这样的分析既细致入微又热情洋溢。此外,个人主义运动还促使香水的形象向感官快乐或魅惑的方向转变。在浪漫主义作家全面地、彻底地自我解放之下,个体取得了胜利。自然主义作家通过科学而客观的方法分析人类的心灵。象征主义作家则在客体和人类的心灵之间建立起神秘的连接。在这一文学丰产的环境之下,香水不再被视为某种纯粹的优雅饰物,而是被当成一种身体要素和感官要素。

---

① 让-雅克·卢梭,《爱弥儿:论教育》(*Émile, ou De l'éducation*),1762年。
② 见费利克斯·科拉(Félix Cola)在《调香师之书》(*Le Livre du parfumeur*)里的引文,卡瓦列雷(Cavalière),拉耶出版社(Éditons du Layet),1980年[第一版,巴黎,卡斯特芒出版社(Casterman),1931年],第133页。费利克斯·科拉把他编写的这部作品当成"调香师的圣经"。他花了一整章的篇幅来书写文学,见第121—146页。在作品的结尾处,作者用香水的格式把波德莱尔最著名的诗句移译出来,颂咏了"艺术的通感"。
③ 马克思·诺尔道,《退化》(*Dégénérescence*),巴黎,阿尔冈出版社(Alcan),1894年,第二卷,第462—463页。

1884年，乔里-卡尔·于斯曼，在他的小说《逆天》里，通过让·弗罗莱萨·德塞森特（Jean Floressas Des Esseintes）——一名饱受幻觉中的气味折磨的花花公子和美学家，精心描画了现代调香师的魔幻形象[①]。为从现实世界中抽离出来，德塞森特在他乡下的私人住宅里打造了一个梦幻的世界。芳香给这一世界带来了勃勃生机。在书中专门探讨香水艺术的章节里，主人公调制了一些具有前调、中调和尾调的香水。化身为调香师的德塞森特，破除旧时的香水配方，听从直觉的引导，他重建了一种景致、一种氛围，激发出高贵的情感。在于斯曼的笔下，调香师不仅探索神经上的异常、全新的幻像，还把先验中的气味糅合在一起，以达到一种割裂的状态。"他赏玩龙涎香、上等的北越麝香晶片以及植物香料中味道最为熏辛的广藿香[②]（野生的广藿香花朵会散发出腥锈的腐臭）。一颗安息香球在德塞森特的指间滚动，慢慢散发出热气；房间里升腾起一股怪异的味道，既恶心又曼妙，混合着黄水仙的柔和甜美与橡胶及煤油的恶臭。"[③]德塞森特以其非正统的方式，在香水台上奏响奇特弦乐，不仅在香水制造史划下了一道深深的印迹，还写出了一篇关于嗅觉美学的论文以及一套香水工艺的研习方法——这一方法在19世纪末还完全属于未来派。"在香水制造业中，艺术家精心雕琢大自然里的原始香氛，使之臻于完美，犹如珠宝工匠打磨宝石的光泽使之熠熠生辉一样。"于斯曼不仅把调香师视为艺术家，还把一套制香工艺刻画成纯粹的创造活动，而这样的现实在1889年只能存在于他的小说中。

建立在感官崇拜之上的个人主义文学，致力于赞美嗅觉，并从中汲取灵感。依照让·洛兰（Jean Lorrain）的表述，作家成为感觉的奴役。因此，尊崇嗅觉并从某一崭新的角度赞美香氛的作家，被人们称为"嗅

[①] 乔里-卡尔·于斯曼，《逆天》，第八章。
[②] 广藿香：原产菲律宾及印度尼西亚，可用水蒸气蒸馏法从干叶或经发酵处理的干叶提油。具木香，并有些干药草香和辛香，又有些壤香，香气浓而持久。——编注
[③] 乔里-卡尔·于斯曼，《逆天》，第十章。

觉作家"。以下便是心理学家安德烈·莫内利（André Monéry）试着给出的定义："嗅觉作家的嗅觉感受——要么是出于天生的灵敏和经过了某种特殊的嗅觉训练，要么是出于对这一感官的精心分析和演绎——取得了激动人心的力量，那是大多数人通常拥有的感受力无法达到的高度。对于他而言，嗅觉方面的信息在精神上产生的回响是如此的强烈，以至于这些信息并非像在大多数作家的作品里表现得那么无关紧要，而是构成了某种重要的源泉，即作品的灵感主题之一。"①

从嗅觉中挖掘灵感的作家大约出现在1857年，也就是夏尔·波德莱尔的《恶之花》发表的年代；该诗集标志着嗅觉美学的内涵发展，达到了一个重要的阶段②。从那以后，人们毫不犹豫地把这类作家视为半疯半癫的人、神经官能症患者或者颓废派。然而，他们却以他们的写作，影响了我们的感知：香水成为理想的魅惑手段，成为揭示或展现女性魅力的武器以及释放激情的介质。

颓废主义。泰奥菲尔·戈蒂耶（Théophile Gautier）③在《恶之花》的序言里，把"颓废主义"定义为一种文学追求："力图以最游移不定的文体传达出最难以名状的思想。"④写作可以解构某种感受，探索这样或那样的情境下感官兴奋的原因和属性，描绘精微复杂的知觉。譬如，左拉在《穆雷神父的过错》（*La Faute de l'abbé Mouret*）中的描绘："更近一些的，有空气中传来的阿尔托一家人的汗味，有

---

① 安德烈·莫内利，《香气之魂：论嗅觉心理学》（*L'Âme des parfums. Essai de psychologie olfactive*），巴黎，阿里斯蒂德·居耶出版社（Librairie Aristide Quillet），1924年，第30页。他撰写的几部专著，探讨了香味和文学的紧密联系。此外，他还著有《心理医学批评在文学领域的局限》（«Les limites de la crtitique medico-psychologique dans le domaine littéraire»），见《医学期刊》（*La Chronique médicale*），1909年4月1日；《神经官能症在当代文学中的起源》（«La genèse des névroses dans la littérature contemporaine»），《长椅》杂志（*Le Divan*），1909年。
② 夏尔·波德莱尔，《波德莱尔全集》（*Œuvres complètes*），第一卷和第二卷，巴黎，加利玛出版社，"七星文库"，1975年。
③ 法国19世纪诗人、散文家和作家，唯美主义的先驱，主张"为艺术而艺术"。——译注
④ 泰奥菲尔·戈蒂耶，见《波德莱尔全集》。

墓地淡淡的味道，有教堂的熏香——女孩们油腻的头发味使之走了样；不然，还有粪肥的味道、鸡窝鸭笼里的水气的味道以及农家里令人窒息的发酵味。"[1]

同样，莫泊桑也描述和剖析了一间农舍的气味和特点："当天的天气闷热，长期铺放、晒晾过许多东西的黏土地面发出陈年旧月的味道，露丝因而觉得不舒服。此外，空气中还夹杂着隔壁房间散发出的鲜乳制品的酸臭。"[2]同样的点析还有："……从路上走过的所有这些奶牛把牛棚里的味道都洒在了地面上，和微尘糅杂在一起，风中便有了香荚兰[3]的味道。"[4]气味的相似，在心理连接的作用下，激发出迷人的意象。嗅觉的表象之下，掩藏的是生命和事物的本质，嗅觉让灵魂有了延展。某些作家在嗅觉的这一力量里觉察到某种危险。埃德蒙·德·龚古尔（Edmond de Concourt）就刻画了他的女主人公陷入痉挛之中、兴奋又迷惘得接近窒息的现象："谢丽站起来，上半身后倾，脑袋向后微仰，用鼻子又深吸了一下香气，双眼因感到的快意而合上……最后，她又睡着了，睡梦中她感到一阵快感：有点神志迷离，又有点窒息的感觉。"[5]在意大利唯美派文学巨匠加布里埃尔·邓南遮（Gabriele D'Annunzio）的《死亡的胜利》（*Le Triomphe de la mort*）中，感官兴奋甚至达到了一种病态的程度。英国著名的颓废派作家、唯美主义代表奥斯卡·王尔德（Oscar Wilde）笔下的道林·格雷（Dorian Gray），则追求精神生活和感官领域之间的连

---

[1] 爱弥儿·左拉，《穆雷神父的过错》，见《卢贡-马卡家族：第二帝国时代一个家族的自然史和社会史》（*Les Rougon-Macquart. Histoire naturelle et sociale d'une famille sous le Second Empire*），巴黎，加利玛出版社，"七星文库"，1960年，第1231页。

[2] 居伊·德·莫泊桑，《一个农场女工的故事》（«Histoire d'une fille de ferme»），见《小说故事集》（*Contes et nouvelles*）（1881年），巴黎，加利玛出版社，"七星文库"，第一卷，1974年，第225—243页。

[3] 香荚兰：属攀援植物，原产于马达加斯加，带有青甜的豆香、膏香、粉香及甜辛香，是最好的豆香来源之一。——编注

[4] 莫泊桑，《奥尔拉》（«Mont-Oriol»），见《小说集》（*Romans*），1886—1887年，巴黎，加利玛出版社，"七星文库"，第481—700页。

[5] 埃德蒙·德·龚古尔，《谢丽》（*Chérie*），巴黎，木匠出版社，1884年，第299、302页。

接。艺术家"创造美",在弥漫着"浓郁的玫瑰花香"[1]的作坊里创作。那一时期的评论家带着"法医般的兴趣"关注艺术家的这一形象,不过总把它和颓废派作家联系在一起。

通感。一旦作家不能纯粹、客观地描述嗅觉,他就会把这一感受和我们更容易理解的其他感官兴奋结合在一起。最著名的艺术手法便是波德莱尔的"通感":"芳香、色彩、乐声彼此交融/芬芳,似孩童娇嫩的肌肤/似柔和悦耳的笙箫/似绿油油的田野/还有,腐臭、馥郁、璀璨/连绵不绝/如龙涎香、麝香、安息香和乳香/灵魂高歌、感官鸣唳。"[2]

确切说来,作家不再解释气味,而是呈现出它给我们留下的特殊印象的性质。如此一来,便有了左拉作品中"炽烈的气味",或者波德莱尔笔下"腐臭、馥郁和璀璨的芳香"。用于"嗅觉美学"的这些语言,既有主观的概念,也有客观的描述,力图传达出嗅觉带来的难以形容的兴奋。

通过移位修辞,香水语言——香水的名称以及表达用语——吸收了绘画、色彩和声乐方面的词汇。19世纪下半叶,文学对于气味的呈现和探索这一文学宝藏,将产生决定性的影响,因为它为某种直到当时都不能套用在嗅觉之上的表达方式正名,而调香师或者香氛制造商也将从中受益。香水不再被视为某种卫生的因素,而是被视为一种梦想的媒介。虽说这一意识是缓慢发展起来的,但无论如何,20世纪之后的香水业,从嗅觉派作家挖掘出来的题材中不断汲取灵感。

现代风尚。香水卫生保健的功能逐步让位于梦想。它也渐渐地被视为一种艺术,并获得了美学上的价值。于是,长年以来,香氛产业调整生产,以满足女性群体不同于往日的需求。文学作品对于香气的

---

[1] 奥斯卡·王尔德,《道林·格雷的画像》(*Le Portrait de Dorian Gray*)(1891年),见《王尔德作品集》(*Œuvres*),巴黎,加利玛出版社,"七星文库",1996年,第347—562页、前言和第349页。

[2] 夏尔·波德莱尔,《通感》(«Correspondances»),《恶之花》(*Les Fleurs du mal*),见《波德莱尔全集》。

描绘不仅让香水的梦幻形象得以传播，还影响了它的概念。20世纪早期，香氛制造商开始把这些文学上的词语应用在他们的产品描述和广告宣传上。

20世纪初，巴黎成为先锋文化的世界之都，根据罗伯特·穆齐尔（Robert Musil）的表述，孕育这个时代的人士在巴黎齐聚一堂[1]。现代主义掀起热潮，并触及一切思想领域。在这一思潮的影响下，社会科学、人文科学和物理学焕然一新。在文学领域，我们同样发现对于19世纪的准则的否定。马塞尔·普鲁斯特的作品颠覆了小说的传统结构：故事的叙述时间瓦解了，代之以追忆，也就是重建美好的往昔。因此，香气不仅成为昔日重现的载体，还受到人们的认可，在他们的生活中取得了一席之地。同样，先前因为赞美香氛，并呈现出香氛在感官上的一切威力而被列为危险人物的作家，也突然间受到了重视和认可。20世纪头十年，心理学家、科学家和作家通力合作，探讨气味和香水。研究论文、生理学著作或者文学作品推动思维的演变；气味和先验中的香气从那以后成为社会行为研究的中心之一。

对于香水，无论人们加以贬损还是尊崇，都不能再漠视它。因此，可以肯定的是，对于气味的掌握成为阐述嗅觉美学必不可少的条件。

芳香心理学。为了从科学的角度进行研究，生理学家们重新采纳文学作品对于气味的阐述。这方面的研究开展于20世纪早期，主要证明了香气在男性和女性发展对于自我和外部世界的意识以及关于爱的觉知时，起到了类似于"促发器"的作用。感知气味或者香气因而被视为对于自我的肯定。文学作品表明，日常生活中充满了香气：有树木、花朵、土壤、流水的芬芳，也有生活赋予各种物品的神秘气息，比如书页发黄的旧书、一条褪色的丝裙、被遗忘的手套，以及一切带有往昔味道的物品。莫泊桑在其长篇小说《如死一般强》（*Fort comme la mort*）中，表达了他

---

[1] 玛德莱娜·勒贝里欧（Madeleine Rebérioux），《1898—1914：激进的共和国时代？》（*La République radicale? 1898-1914*），巴黎，瑟伊出版社，1975年，第175页。

对于衰老的焦虑。这部剖析衰老的作品，把香气描绘成引发中年男主人公激情的介质。"多少次在路上，一件逸散出某一挥发后的精油气息的女连衣裙，让他突然忆起已经湮灭的往事！在那些旧香水瓶的底部，他也常常找到某些过往的生命片段，以及一切飘忽不定的味道——街巷、田地、房屋、家具的气息；柔和甜美或熏臭逼人；炙热的夏夜或寒冷的冬夜，这些气息总能点亮他遥远而模糊的记忆，仿佛味道本身就珍藏了逝去之物的芬芳……"[1]

普鲁斯特的玛德莱娜点心。香味是记忆的魔法师。在普鲁斯特的笔下，随着小玛德莱娜点心熟悉的味道，接踵而来的是一系列的感官印象，线条、色彩、气味涌现，浮想联翩。小玛德莱娜点心有了让岁月停止的魔力，昔日的时光重现在小说叙述者的眼前。往昔的感觉是那么的丰满，以至于此时此景下的叙述者心潮起伏。由气味引发的回忆的力量是如此强大，我们唯有俯首称臣。往事犹如一股神秘的力量，向我们袭来。无论是视觉还是听觉，都不具备这种唤醒尘封于我们内心的往事的力量。此外，在某种形式的嗅觉兴奋之下，我们还会出现某个共同的倾向：趋于认识自我，并忆起旧时的情感状态。

气味获得了某种情感上的意义和价值。因此，它不仅成为一个符号，还成为20世纪初的文学题材之一。香氛，无论它是激发出神秘的意象，还是充当感官快乐的基点，它激起的情感强度都来自于记忆。

旅行。气味和香氛不仅带给我们关于外部世界的认知，也让我们认识到记忆的瑰丽多彩。铁路和海路等交通运输的进步，使得出行不断伸向远方。于是，和远行的味道有关的题材源源不绝。比方说，皮革箱散发出的猛兽的味道；火车站刺鼻的烟味；邮轮淡淡的怪味，那是沥青、热油、漆木、腌柠檬和大海的气息混合在一起的味道。我们倾听一下波德莱尔的吟唱吧："慵懒的亚洲、炙热的非洲／一个遥远的、几近死寂的

---

[1] 居伊·德·莫泊桑，《如死一般强》，见《莫泊桑长篇小说》(1888年)，巴黎，加利玛出版社，"七星文库"，1987年，第899页。

世界／香气之林，沐浴在你的浓郁之处！／宛似其他畅游在乐声中的精灵／我的魂，噢，我的爱，游弋在你的芬芳之中。"①不然，再听一下拉迪亚德·吉卜林（Rudyard Kipling），在高歌英国帝国主义的伟大的同时，他引入了两极到赤道之间，每一纬度都有其独特味道的观点："您注意到了吗，无论在哪里，只要几个旅客聚到一起，总会有一个人说道：'你们还记得那个地方弥漫的味道吗？'……至于我，我认为即便见多识广，也只有两种基本的气味能给每个人留下深刻印象——燃烧的味道和正在融化的油脂的味道，那是人们进行烹饪的味道。"②在世人的集体想象力中，木头的青烟味也许是最让人浮想联翩的味道。与其他任何一种众所周知的介质相比，它更能触发记忆深处的纷繁往事，也更常见。"木头冒出的青烟对每个人都会产生某种魔力，而这又取决于各个人的人生。"至于正在融化的油脂的味道，则会撩拨每个旅人的心弦。为此，吉卜林指出：有共同的气味，也有只触动某些地区的人的气味。飘荡在两极地区的是"搁浅的大块浮冰的荒凉气息，那是从海底的淤泥渗出的与世隔绝的味道"。逐渐南下，便是一片常青灌木的纷繁气味，"乳青的雪水洁净的味道涌向一处碎石堤坝，不远的深处，疑似一群黄鼠狼在搬家"。以及诸如此类的区域性气味。譬如，属于中亚的独特味道"糅合了茉莉花、黄兰花以及波光粼粼的海水炙热而慵懒的气息"。

　　气味顽强地回荡在我们的体内。对于熟悉的环境下的味道，我们不再有感觉，但是它们就在我们的体内。只要我们远离一段时间，它们就会突然浮现出来。另外，这些熟悉的味道也会影响我们的嗅觉趣味。香氛制作商深谙此道，因为人们在香气上的喜好随着国家和地区发生改变。自从 20 世纪早期以来，娇兰香水世家不断调整它们的产品制造，以适应每种不同的气候③。与此同时，调香大师们也力求在他们的作品中重建一

---

① 夏尔·波德莱尔，《秀发》（«La Chevelure»），《恶之花》，见《波德莱尔全集》。
② 拉迪亚德·吉卜林，《旅行和香氛》（Des voyages et des parfums），巴黎，法国文学社（Société littéraire de France），第 131 册，1917 年，第 33—34 页。
③ 见娇兰公司的《商品时价表》，约 1900 年，凡尔赛市立图书馆。

种氛围、一种在某一时空嗅到的气息。

2. 气味学理论

医生、科研人员、生理学家、心理学家、神经学家、病理学家及精神病学家投身于其中的气味学和嗅觉研究，能够为众人所知，主要得益于乌得勒支大学（l'université d'Utrecht）的学者亨德里克·茨瓦尔德玛克（Hendrik Zwaardemaker），他于 20 世纪早期发表了一份具有决定性意义的研究论文。不过，早在 1888 年，随着气味测量仪的出现，这一科学领域就已经涌现出了大量的著述。在法国，这方面的专论往往刊登在严肃期刊《科学百科全书：实验心理学文库》（*Encyclopédie scientifique, bibliothèque de psychologie expérimentale*）上。相关的研讨会则在医学科学院举行，会上宣读的撰述随后会发表在《医学热点》（*Actualités médicales*）杂志上。然而，科学家在分析嗅觉和描述气味的特点时，却存在着某种困窘。于是有了如下的表述："气味对于我们而言只是一些感受，它们本身在科学上完全没有确切的特性"[1]；或者"我们对于气味的物理特性和属性几乎一无所知，除了知道它们来自一些挥发体，以及知道一些极小的微粒就足以刺激嗅觉神经末梢之外"。[2]

但是，这一无能为力的表示，受到了某些力图证明气味振动理论的研究的驳斥。气味振动理论首先由 1904 年获得诺贝尔化学奖的英国科学家威廉·拉姆赛提出[3]，随后海克拉夫特（Haycraft）的研究为其提供了

---

[1] 让-皮埃尔·莫拉（Jean-Pierre Morat）和莫里斯·多雍（Maurice Doyon），《论生理学》（*Traité de physiologie*），第四卷，巴黎，马松出版社（Masson），1902 年。
[2] 弗朗索瓦·吉尔贝·维奥（François-Gilbert Viault）和费利克斯·佐尔耶（Félix Jolyet），《人类生理学初论》（*Traité élémentaire de physiologie humaine*），巴黎，多恩出版社（O. Doin），1903 年。
[3] 威廉·拉姆赛，《气味》（«On Smell»），见《自然》（*Nature*）一书，1882 年，第二十六卷，第 187 页。

依据[1];最后,瓦什德(Vaschide)和范·梅勒(Van Melle)确立了这一理论:"嗅觉的产生,并非芳香体散发出来的微粒和嗅觉神经的末梢直接接触的结果,而是通过短波的射线间接产生的,这样的射线类似于我们所认识的光源和热源,但又不完全一样。"[2]气味振动理论建立在不同的论据之上:织物对于气味的吸收会随着它们的色彩发生变化,气味和热波之间存在密切的关系等。不过,在嗅觉的内在机理方面,不确定性依然很大。关于气味的定义以及气味的分类还是难以确定。

在法国化学家安托万·弗朗索瓦·福尔克洛瓦(Antoine François Fourcroy)的时代,人们把气味描述成某种没有重量、没有特性的流动的气体。福尔克洛瓦采纳了古希腊哲学家泰奥弗拉斯托斯提出的把气味物质化的观点,即把气味归于它不断脱离的散发物本身。通过雾化现象,气味从某些坚固的实体中分离出来,并直接作用于我们的嗅觉器官。福尔克洛瓦受到了某些科学家的驳斥,在他们提交给1900年巴黎世博会主委会的研究成果里,他们声称芳香物质重量保持不变是因为磅秤的度量太粗糙了。

在上述研究报告中,不仅气味被表述成物质的一种分子属性,而且嗅觉现象的特征也有了明确表述。香氛制造商路易·图桑·皮维(Louis Toussaint Piver)说道:最近,关于分子绝对尺寸的测量表明,尽管某一实体在一个世纪的时间里每秒也许会丧失成千上万个分子,但是这不足整体的"1‰毫克"。[3]

气味的分类。18世纪,瑞典博物学家里内(Linée)把气味归为七

---

[1] 约翰·贝里·海克拉夫特(J.B. Haycraft),《感觉的客观因素》(«The Objective Cause of Sensation»),第三部分《嗅觉》(«The Sense of Smell»),《大脑》(*Brain*),第11卷,爱丁堡,伦敦,彭特兰出版社(Y.J. Pentland),1888年,第166—178页。

[2] 瓦什德和范·梅勒,《关于嗅觉的物理条件和性质的新设想》(*Une nouvelle hypothèse sur la nature des conditions physiques de l'odorat*),科学院研讨会报告,1899年12月26日。

[3] 贸易、工业和邮电部(Ministère du Commerce, de l'Industrie, des Postes et des Télégraphes),《1900年巴黎世博会主委会的报告》(*Exposition universelle internationale de 1900 à Paris*),第35页。

大类。同一时期，德国医生和博物学家凡·哈勒（von Haller）划分出三种不同类型的气味，而调香师和化学家尤金·芮谜则根据气味的自然起源把它们分成不同的系列。1865 年，塞普蒂缪斯·皮埃斯提出了"香阶理论"，在气味系列中，每一种气味根据它对嗅觉产生的影响而代表一定的音值。气味的调性系列对于调制香氛而言，就如同音阶对于作曲的作用一般，因为调香师必须寻找和谐的香调；每一种气味又有它独特的颤音，而这会影响到嗅觉系统[①]。这一有趣的观念引发了对此置之不理的科学家们的冷嘲热讽。1894 年，科学家吉斯乐（Giessler）根据气味造成的生理反应对它们进行归类，譬如氨或鼻烟引起的喷嚏、洋葱引起的流眼泪、硫化雾引起的咳嗽。这一根据感性而非本质属性进行的归类，对生理学的发展几乎起不到任何促进作用。

茨瓦尔德玛克教授重新采纳了前人的研究成果，把气味分为九大类[②]。依他看来，气味的特性只能根据它的来源描述，但为了准确，必须用物理的手段分离出单一的味道，即对味道进行逐层剥离，直至最后只能闻到一层味道。茨瓦尔德玛克于是采用了里内的归类，但在其基础上又添加了两大类，以便适应现代化学的发展。自然界中观察到的气味被分成三大平行的系列。其中的主系列由纯粹嗅觉上的芳香物组成。刺鼻的气味和味觉上的味道则构成附属系列。如下便是他对气味进行的分类：

第一类：轻盈的味道（水果、蜂蜡、乙醚、乙醛）。

第二类：香料的味道（樟脑、桂皮、丁香、香辛作料、檀香、柠檬素、草本香料、薄荷脑、茴香、杏仁）。

第三类：香脂的味道（堇菜根、椴花、百合花、茉莉花、晚香玉、

---

① 塞普蒂缪斯·皮埃斯，《气味、香水和化妆品》（*Des odeurs, des parfums et des cosmétiques*），巴黎，让－巴蒂斯特·巴伊耶尔父子出版社（J.-B. Baillière et fils），1865 年，第 42—43 页。

② 亨德里克·茨瓦尔德玛克，《嗅觉》（«Odorat»），见《科学百科全书》（*Encyclopédie scientifique*），巴黎，多恩出版社（G.Doin），1919 年，第 179—223 页。

紫罗兰和藏红花，秘鲁香脂、妥鲁香脂，以及诸如香兰素、香豆素、胡椒醛或向日葵香精之类的合成衍生物）。

第四类：龙涎-麝香香型的味道（龙涎香、麝香、麝猫香和合成的衍生物）。

第五类：烯丙基-卡可基的味道（大蒜、洋葱，以及以磷、砷和硫黄为基本成分的化合物）。

第六类：焦臭的气味（闻起来有烧焦味的化学制剂，比如苯酚，以及诸如烘焙的咖啡、烤架上烤的面包、烟草的青烟和柏油等自然物质）。

第七类：酸腐的味道（公山羊的味道，存在于脂肪酸、乳制品、奶酪，以及某些年龄层次的人或者某些人种的汗味之中）。

第八类：恶臭的味道（麻醉剂、臭虫、浓缩芫荽溶解时的味道，这些臭味都令人不得不屏住呼吸）。

第九类：引起呕吐的气味（腐尸、粪便、霉烂，腐烂的成品和半成品）。

气味测量法。气味测量法是某种测量气味的原理和方法，它旨在"以数值的方式确定刺激点，而数值代表的便是相对应的感觉敏度"[1]。为了测量和比较嗅觉上的感受，科学家们进行了众多的尝试。1848年，瓦伦丁（Vatentin）教授用来测量气味的仪器被称为气味测量仪。瓦伦丁、弗洛里什（Froelich）、夏尔·亨利（Charles Henry）、雅克·帕西（Jacques Passy）、菲谢（Fischer）和潘佐尔（Penzoldt）等科学家分别于1848年、1851年、1891年、1892年、1896年力图测定嗅觉敏度。雅克·帕西的方法迅捷、简易，测量的结果也很可靠，极大地提高了嗅觉测量技术[2]。他把物质的气味划分为三种基本属性：力度（或者气味的能量）、浓度以及品性。后来，贝尔特洛（Berthlot）的方法带来了更加精准的测量结果[3]。

---

[1] 亨德里克·茨瓦尔德玛克，《嗅觉》，第79页。
[2] 雅克·帕西医生，生物学协会研讨会报告，1892年1月30日。
[3] 皮埃尔·欧仁·贝尔特洛医生，生物学协会研讨会报告，1904年5月24日。

为了有条不紊地测出常态或病态下的嗅觉敏感度，亨德里克·茨瓦尔德玛克试图制定出一种可靠的气味测量法。他使用的是一个气味测量器——在有气味的溶液中浸泡过的软管，可以往里面导入另一支连接着检查对象的鼻子的玻璃管。这样一来，就能够通过软管裸露在外的长度测量出嗅觉的最低值。这一实验极其复杂。由于鼻黏膜的健康多多少少都会受到外界影响，所以很难确保神经器官的完整，以及难以有效地把气味微粒传送到它们的接触点上[1]。因此，为了让这一方法真实可靠，必须检查病人的鼻腔，并在一个无气无味的环境中进行测试。

医生图卢兹和瓦什德发明的嗅觉测量仪（osmi-esthésimètre），促进了嗅觉测量的飞跃发展。该仪器的工作原理是把度数越来越低的樟脑溶液溶于水中[2]。对维勒瑞夫（Villejuif）精神病院里的男女护工以及学校里的孩子们进行的实验表明，嗅觉随着性别和年龄发生变化。医疗界对他们的研究结果持有怀疑的态度。图卢兹记录下了许多上述的樟脑溶液溶解于蒸馏水或者不溶解于蒸馏水的例子[3]。

这两位医生的研究凸显了影响嗅觉机理的三大因素：

1．嗅觉器官的生理值决定嗅觉。鼻黏膜的病变会降低嗅觉的感受力。

2．心理作用会产生重大影响。与其说我们用鼻子来辨别气味，不如说我们用大脑来感受气味。譬如，爱弥儿·左拉的嗅觉在退化，但他自称为感受气味的大师[4]。

3．最后，嗅觉方面的知识也是一种影响因素，它能改变气味的强

---

[1] 科莱医生（Docteur Collet），《嗅觉混乱》（«L'odorat et ses troubles»），《医学热点》（*Actualités médicales*）杂志，1904年。

[2] 图卢兹医生，《以樟脑水测量男性和女性的嗅觉》（«Mesure de l'odorat par l'eau camphrée chez l'homme et chez la femme»），生物学协会研讨会报告，1899年5月30日；瓦什德医生，《关于嗅觉测量》（«De l'olfactométrie»），《喉科学简报》（*Bulletin de laryngologie*），1901年3月30日。

[3] 图卢兹医生，《医学月刊》（*Revue mensuelle de médecine*），1899年11月10日。

[4] 科莱医生，《嗅觉混乱》。

度、信息和重要性[①]。因此，如果人们不对鼻子进行任何嗅觉训练，那么它辨气识味的能力有限。对于调制香氛的大师而言，嗅觉训练是个人发展的关键。他必须在个人的禀赋之上，加入气味方面的知识，并且还要像音乐家练习音阶一样钻研气味的调性。塞普蒂缪斯·皮埃斯说道："经验丰富的调香师的实验室里大约有两百种气味，他不仅能分辨出每一种气味，还知道每一种气味的名字。无须看乐器，就能分辨并唱出从某一含有两百个琴键的键盘上奏响的音符，那该是怎样的一位音乐家呢？"[②]

在上述所有的研究成果之上，生理学家们不仅可以识别气味的力度、浓度和品性，以及每个人不同的嗅觉敏度，还可以尝试建立起某种嗅觉心理学。如今，尽管科学知识取得了长足的进步，但对气味感兴趣的科学家，比如安德烈·奥莱（André Holley），得出的结论与之前相比，也没有很大的不同。

嗅觉的机理。生理学医生对鼻子这一器官和它的机理很感兴趣。亨德里克·茨瓦尔德玛克把嗅觉形成的整个过程分为若干阶段[③]。首先，作为主体的人通过食物，或者通过带来各种味道的气流获得印象。其次，微粒在空气中的扩散带来气味，而呼吸则把气味导入鼻中，让它们抵达位于鼻腔里的感觉神经末梢。最后发生的便是对于气味的感知。这一嗅觉兴奋下的意识或知觉启动一系列的心理活动。嗅觉记忆的瞬间作用能立即催生出对于气味的识别。大脑从当下的感受和封存在记忆里的旧时感受中汲取对比的因素。接下来便是对于气味的品鉴：有的人声称难以忍受，有的则声称令人愉快。对于气味的评价总是很主观，它因人而异。

嗅觉对于人们的影响取决于大脑对气味的解读。生理学家们力图识

---

① 夏尔·雷吉斯芒塞（Charles Régismanset），《香水的哲学》（*Philosophie des parfums*），巴黎，桑索出版社（Sansot），1907年。
② 塞普蒂缪斯·皮埃斯，《香氛产品的历史和洗漱卫生》，第45页。
③ 亨德里克·茨瓦尔德玛克，《嗅觉》，《科学百科全书》，第32—63页。

破人类的心理。他们不仅探究研究对象的神经构成,也探究他当前和过往的精神状态甚至是他身上的遗传因素。

研究嗅觉认知的神经科学家安德烈·奥莱 1999 年注意到:"我们的感知在我们维持和他人及环境的长久关系中至关重要。如果我们剥夺了某个人在这上面的交流,那么我们将看到他的精神生活和情感生活严重受挫。对于人类而言,适度的感官刺激源代表着某种平衡的要素。"[1]

我们是如何感知气味的? 一切都经由我们的嗅觉系统。该系统能形成某种强烈的印象,而这随后又可以为大脑所利用。感觉是记忆和情绪的源头。除了一些信号之外,自然界不存在自有的气味。气味总是和某种感受以及大脑形成的某种观念联系在一起。要闻到气味,鼻子和大脑缺一不可。嗅觉的接收神经元位于鼻后的某一黏膜内。这一黏膜内有细胞、神经元、嗅觉纤毛,它们接收气味信息,并传导给其他生成气味的细胞。

气味分子一进入鼻腔,就会"轻抚"嗅觉纤毛;随后,这些分子会诱发出一种向大脑扩散的带电信号,并形成气味[2]。

此外,回溯嗅觉的机理,即感受口中之物的味道,揭示了滋味和香气之间的紧密联系。嗅觉和味觉相伴相生。嗅觉对于进食起到关键的作用,它能让人产生饥饿感或饱足感。鼻子犹如一条内外相接的管道,气味分子得以穿行。它们转经喉腔之后,通过鼻后通道上升至位于咽头上方的鼻部。鼻子这一敞开的通道把喉部和鼻部联系在一起。上述的机理就被称为回溯嗅觉,滋味于是成为所称的美味。

对于气味产生的情感反应依人而异。不过,导致人们出现形式各异

---

[1] 安德烈·奥莱,《嗅觉赞歌》(*Éloge de l'odorat*),巴黎,奥迪尔·雅克布出版社,1999 年。安德烈·奥莱主要在第戎大学的欧洲味觉学中心(Centre européen de sciences du goût)主持工作。

[2] 穆斯塔法·本萨菲(Moustafa Bensafi),神经系统科学研究者,国家科研中心(CNRS),"感官神经系统科学:行为认知"(«Neurosciences sensorielles comportement cognition»)实验室,在"回忆性的嗅闻"(«Sentir pour se souvenir»)研讨会上的发言,第戎,2009 年。

的反应的原因还几乎不为人所知；不同的人，不同的感受，这一领域仍然有许多东西有待探究。我们只知道高压环境、震撼人心的事件以及研究对象的生理状态都是决定性因素。

嗅觉的重要性。如今众所周知的是，嗅觉很重要，香氛有好处，能美化日常生活[1]。它能减轻压力，让人们摆脱城市污染的味道。许多科学家证明，在紧张的时刻使用某些香氛可以缓解焦虑[2]。他们的研究成果常被一些知名的化妆品牌加以利用。在气味学或者气味心理学领域，人们常常提到精油的好处。此外，使用香水似乎能改善更年期妇女的情绪。众多实验证明，不经意中使用的香气能极大地影响判断力。19世纪的巴黎，人们迷恋广藿香，而这一行为背后的原因也有了揭晓：事实是，女人们在购买织物时，常常中意来自印度的山羊绒披肩，这些经船运而来的披肩就裹在当时用于防治蛀虫的广藿香叶子中。新近的例子则有，美国的一项研究表明：带有香气的袜子比其他的袜子销路更好[3]。

现在，大家都知道气味会让人滋生欲望，也会让人产生穿越时空之感。它们让我们回到过去，也让我们在熟悉或陌生之境遨游。此外，它们还能让往日重现，使我们心情激荡，并让我们想起某些感觉或者某些人。香水大师比任何人都更深谙此道。

3．调香师

调香师是艺术家，也是技师；是魔法师，也是炼丹师。一个灵敏的鼻子本身就能发现一切灵感来源。不同于总是复制同一配方的药剂师，

---

[1] 汉斯·哈特（Hanns Hatt）和雷吉恩·迪（Regine Dee），《爱的化学反应：当感情遇上了香味》（*La chimie de l'amour. Quand les sentiments ont une odeur*），巴黎，国家科研中心出版社（CNRS Éditions），2009年4月。

[2] 威廉·雷德（William Redd）和莎朗·曼恩（Sharon Manne），《核磁共振检查时出现的焦虑》（*Distress during MRI's*）[Anxiété pendant l'IRM]，SOSI，www.senseofsmell.org。

[3] 耶瑟夫·斯戴芬·杰里内克（J.Stephan Jellinek），《香水之魂》（*L'Âme du parfum*），巴黎，奥祖出版社（Auzou），1997年，第170页。

调香师是面向个人内心的创作家。

18世纪，在拉瓦奇耶（Lavoisier）①关于化学命名的首批科研成果面世之后，调香师面临的是庞大的思维体系。他们必须不断学习，并根据新知识调整技艺。此外，当时的贵族阶层寻求全新的香型，以及更私密、更柔和的香氛。调香师们的职责是为那些富有嗅觉知识的审美家工作，因为后者总在追寻精微、幽雅、不同于以往的香氛。人们不再把香水视为杀菌消毒的介质或者是消除瘟疫的万灵药。从那以后，香水取得了大自然的杰作的地位，它不仅激发情感，还能提升个人魅力。如此一来，在超越现实世界和填补梦幻世界的同时，它调和了两个世界。

当时，尽管香水工艺还处于蹒跚起步的阶段，但随着现代技术的进步，它逐渐稳步发展。问题的关键在于，从周围世界的束缚和恶臭中摆脱出来，重建一个全新的、私密的、富有情感的嗅觉体系。而相应的准则便是，不再有气味上的排斥和社会歧视，只有对于人们称为"香氛"的这一生命气息的迷恋，因为它能幻化出多姿多彩的组合。

让-路易·法尔荣，玛丽·安托万内特的御用香水师，是这般表述他的职业特点的："在新出现的奢侈品中，没有哪一种在带来感官快乐上，能媲美调香师的作品。他总是埋头采集从鲜花、果皮或某些芳香植物的木料中散发出来的香气，他把这些香气凝固在酒精溶液和精油里。他喜欢开发新型的香味，激发出日益愉悦的感受，并让人们享受到不同季节、不同天气和不同地区的香氛。然而，这一需要创新精神和才能的艺术，对于那些想在这方面获得持久功名的人而言不无艰难。熟悉关于气味的理论，懂得从香料中萃取香氛并把它们和其他与之相契合的气味完美地保存在一起的方法，谙晓糅合的气味会产生何等嗅觉效果（是热烈撩人抑或柔和甜美的感受），研习迄今为止的化妆品和香氛产品的配制方法，这些便是想获得精湛技艺的调香师所必需的理论知识；除此之外，

---

① 全名为安德万-洛朗·德·拉瓦锡（Antoine-Laurent de Lavoisier），现代化学的奠基人，1787年发表的《化学命名表》（*Méthode de nomenclature chimique*）是沿用至今的化学命名体系。——译注

他还需要练习那些常规的配方。"①

1865 年，调香师塞普蒂缪斯·皮埃斯撰写了一份气味的音阶——"香阶"。尽管科学界对此冷嘲热讽，但他的这一尝试却是气味振动理论的发端②。皮埃斯这位英国调香师，把气味视为一些给嗅觉系统留下印象的特殊振动，就如颜色给眼睛、声音给耳朵留下印象一样。他把气味归纳到一个音列中，每种气味在其中都拥有自己的一个音值：譬如广藿香代表的是 F 调的低音 *do*，麝猫香对应的则是 G 调的高音 *fa*。因此，犹如有八度的音阶和半音一样，也有八度的味阶和半味。如此一来，调香师调制香水就如音乐家根据"和声"的规律谱写和弦一样。他寻找完美的香调组合，比如天芥菜、香荚兰和橙花；同时，他又避免把不搭调的香气放在一起，比如安息香、石竹和百里香。不过，皮埃斯这一独特的、全新的嗅觉美学在当时几乎没有得到拓展。

19 世纪，调香师的工作主要还是尽可能精确地模仿大自然里的香氛。依据尤金·芮谜的观点："攫取玫瑰花和它的同类呼出的圣洁气息，并把这一气息和某些稳定的、恒久的基本成分结合在一起以延长它的生命，然后再以最优雅、最迷人的形式把它呈现出来，而这便是调香艺术的目标和胜利，正如《圣经》里所说的一样。"③当时，这一尽可能忠实地复制大自然的艺术，表现在配制手帕用的香精之上。在这里面，没有艺术构想，也没有调香师的创造力和想象力衍生出来的主题，有的只是对于迷人的自然香氛细致入微的观察。那时候，自然是优雅而神圣的，源于自然界的香气是梦幻的象征，而闻起来似乎是化学合成的香气则备受冷落。

但是，19 世纪末期出现了某种显著的变化：为了研制出逐渐远离现实并富于幻想的香型，调香师开始借助于合成物和他们的情感记忆。和阿尔弗雷德·贾瓦尔（Alfred Javal）共同创立了霍比格恩特香水品

---

① 让-路易·法尔荣，《调香师的工艺》。
② 塞普蒂缪斯·皮埃斯，《气味、香水和化妆品》。
③ 尤金·芮谜，《香氛产品手册》，第 4 页。

牌（Houbigant）的保罗·巴尔奎（Paul Parquet），就属于具有开创精神的先驱之一。1882 年，这位天才调香师研制出了**皇家凤尾草**（*Fougère royale*），一支以佛手柑和香豆[①]素为基本成分的香水，它令人想起的是树林或森林中的灌木丛的香味，而不再只是某一种香味。

娇兰香[②]。娇兰第二代香水师艾米·娇兰（Aimé Guerlain）1889 年开发出的"姬琪"，通过把合成香氛和天然香料结合在一起，开创了某种暗示的艺术，而不再是对自然的模仿。对于那一时代的人而言，这一款香水神秘、不可捉摸。它的前调犹似清淡的古龙水，尾调则是浓烈的动物性香气麝猫香。"'姬琪'有着从飞扬的秀发中散发出的佛手柑分子、驰骋的野马腿下的马鞭草味以及柔滑肌肤上也许有失端庄的檀香。"[③]为了纪念一曲青春恋歌而研制出来的"姬琪"，直到 1908 年还是令女士们困惑不已[④]。

雅克·娇兰师从他的叔叔艾米，他学到娇兰的香水要贴近唤起或者暗示的意象。他把印象派的技巧移用到香氛制造之上。于是，朦胧的香调取代了对于自然香氛的纯粹模仿。自从 1890 年创作了**龙涎香**（*Ambre*）之后，雅各开始在调香台前独当一面。年轻的调香师开始构思一种新型的香调，他将赋予它一串神秘的印记、一道奇特的痕迹。它主要含有香荚兰，但也有香脂、佛手柑、香豆以及诸如鸢尾花和茉莉花之类的花香。这一纷繁的香味，犹如穿透迷宫的阿里阿德涅之线，取名为"娇兰香"（Guerlinade）。在娇兰品牌的所有香水中都能找到"娇兰香"的影子。

每一支香水的创作灵感，都或多或少来自一段把人们引向远方的

[①] 香豆：黑香豆，豆科植物，清甜和醇的豆香、膏香。——编注
[②] 雅克·娇兰在其叔父研制出的香水"姬琪"之上，调制出来的一种香液，香调缤纷多彩，是娇兰家族的独门秘籍。——译注
[③] 摘自小说家德尼斯·杜布瓦-雅莱（Denis Dubois-Jallais）的作品，见伊丽莎白·巴利耶（Élisabeth Barillé）和凯瑟琳·拉洛兹（Catherine Laroze）合著的《香水的圣经》（*Le Livre du parfum*），巴黎，弗拉马里翁出版社，1995 年，第 74 页。
[④] "姬琪"在推出之初，女人们为之困惑，而男士们却欣然接受。——译注

故事和传奇。女人们往往沉迷于其中。1906 年推出的**阵雨过后**（*Après l'ondée*），令人想起森林中湿润的灌木丛。在追忆某个夏日的午后时，雅克·娇兰把这支香水创作成"诗人的沉思和感伤"，那是一个在莫奈花园度过的午后，刚下了一场阵雨。1912 年，泰坦尼克号沉没，美好年代[①]也逐渐降下帷幕，**蓝调时光**（*L'Heure bleue*）便成为黄昏时分的最后一段光线，浪漫而耀眼。这支香水的创作灵感来自 1911 年的夏天：塞纳河畔的某个傍晚，雅克·娇兰正和他的儿子一起散步。当时正是光亮和黑暗交接的时刻，巴黎的喧嚣逐渐沉静下来，空气里充满了花香。雅克觉得一切都沉浸在一片祥和美好之中。他说道："我感受到某种强烈的东西，以至于我只能以一支香水把它表达出来。"这便是"蓝调时光"，也是雅克献给他挚爱的妻子丽莉·娇兰（Lily Guerlain）的一份礼物。雅克·娇兰成功地捕捉到了夏夜的倦怠以及即将到来的灾难的前兆。这支香水成为美好年代最后的欢乐时光的符号。此外，在第一次世界大战期间，它还成为女性的象征。当时，负责给士兵们写信慰问和寄递包裹的女性，就把浸有"蓝调时光"香水的手帕寄给战壕里的法国大兵。

雅克·娇兰通过重构一朵黄水仙的香味——在他的祖父精微的嗅觉之下诞生的——赢得了他在业界的声望。他先完成了香水工艺的学徒生涯，才接过研发香水的家族旗帜以及监控原材料质量的工作。在创作激情的推动之下，他越来越重视天然香精和精油，并在世界各地搜集上等的原材料。此外，他的重要举措还在于想到了男士们，自从 1903 年推出**先生的手帕**（*Le Mouchoir de Monsieur*）之后，他们就被冷落在一旁。1959 年，雅克开发出了**伟之华**（*Vétiver*）男士香水。

鼻子（调香师）。鼻子和香气有着密不可分的联系。这也就是为什么自从 1920 年以来，人们开始赋予创作香水的艺术家"鼻子"的雅号。20 世纪，调香师的地位进一步提升。

[①] 欧洲从 19 世纪末至第一次世界大战爆发前的一个繁荣时期。——译注

调香师既要拥有创造性的直觉，又要精通香水制作工艺和知识。根据打造出了"香奈儿5号"香水的调香巨匠恩尼斯·鲍（Ernest Beaux），调香师若想构建个人的调味板，就必须先了解原材料，分析和练习分解香味，并对现有的香水体液建立起某种无懈可击的记忆。这将帮助他在调制某些典型香调时，塑造他的风格，这是他的工作以及一切创作的基础。然后，灵感才会降临。调香师可以在阅读、音乐和绘画中找到他的灵感。对于恩尼斯·鲍而言，香水能够重建人们失去的东西，也就是人们一步一步物化的精神意象。至于"香奈儿5号"，他说灵感产生于俄国战争期间，在极地的某个地区，"那时正处于极昼，湖泊和河流散发出一股极其清新的香气"。

"香水"一词从原材料中脱离出来的同时，不断吸收其他艺术用语，比方说音乐上的调性、音色、和弦、对比、节奏；建筑领域的基础、架构、稳固；烹饪方面的冷、热、辛辣、酸；以及诗歌的出发、体态、心灵和其他的隐喻。如此一来，客户在向调香师表达他们的诉求和定制时，便有了表述的词语。调香师在他的调香台前工作：某种类似于管风琴演奏台的半圆形多层工作台，在逐层升高的台面上整齐地排列着装有香精基油的小玻璃瓶。调香师精心校验并配制他的混合物。为了把调味板上的以及感官记忆中的两千至四千种气味牢记在心，他每天都要练习他的嗅觉[1]。

在调香师的成长过程中，恩尼斯·鲍还强调其他调香师的作品的重要性，因为它们构成了香水业的内在文化。以下便是几支令他印象深刻的香水：鲁宾的"西普"，皮维的**绛三叶**（*Trèfle incarnat*），香榭格蕾的**帕尔玛紫罗兰**（*Vera violeta*）。他的师父中，可以想得到的有创作了**美满**（*Idéal*）、**皇家凤尾草**、**珍妮特之爱**（*Cœur de Jeannette*）等作品的巴尔奎；有研制出**霍比格恩特的花束**（*Quelques fleurs*）——以其丁香调

---

[1] 恩尼斯·鲍，《一位调香师的回忆》（«Souvenirs d'un parfumeur»），见《香水工业杂志》（*Revue de l'industrie de la parfumerie*），约1950年，第230页。

第三章　嗅觉和调香大师

闻名——的比昂内梅（Bienaimé）。此外，在恩尼斯·鲍看来，娇兰的香水、弗朗索瓦·科蒂的香水以及创立了卡隆香水品牌的欧内斯特·达尔特罗夫（Ernest Daltroff）的香水，不仅推动了法国香水业的创造力和进步，还增强了它的国际声誉。

调香师费利克斯·科拉 1931 年发表了一部专门为香氛从业人员撰写的重要著作。在这部作品中，他不仅完全赞同恩尼斯·鲍的上述观点，还进一步完善了对于调香师的刻画[1]。他认为制香艺术繁复、高深，因为人们对于嗅觉感受一方面要求苛刻，另一方面又反复无常。这也就是为什么现代调香师不仅要展示出高超的艺术鉴赏力，还要拥有丰富的科学知识和技巧。调香成为一种艺术、一种科学，而调香师既是一名艺术家，也是一名化学家。（不过，一名出色的化学家不一定是一名优秀的调香师。）由于当时还没有供年轻人学习制香工艺的香水学院，科拉因而深感遗憾。

科拉在书中详细地阐述了一套制香的入门知识，以便香水学徒能在六个月内掌握各种气味：初学者通过嗅闻等体验方式，研习自然香氛与合成香氛的味道。科拉的结论是："调香师是以香氛来作诗的诗人。香气的调和犹如字词的押韵。如果艺术家在组合香氛的字词和韵脚时，能够和他的想象力同步，那么香氛的韵律会更精彩、更丰富、更美妙。"[2]此外，他还补充到：现代的调香师不受赏识；而且说到底，由于他每天八小时都禁闭在充斥着各种香氛的实验室里，以至于他的才能也无法施展！

香水工业的黄金时代。20 世纪，香水创作中的美学追求逐渐凸显出来。一种真正的香水艺术形成了：调香师们思考、打造并提出这一艺术的标准。实际上，调香师在人们的眼里已经成为与众不同的艺术家。他的才能和禀赋在向前辈学习的过程中得以确认和充实，其中包括：对各

---

[1] 费利克斯·科拉，《调香师之书》，第 322 页。
[2] 同上，第 326 页。

种自然香味和合成香味了然于心；懂得糅合这些原材料；临摹经典作品；把严格的法则和创作结合在一起。

  两次世界大战期间是香水工业极富创造性的时期。正如为了艺术而艺术的艺术家一样，调香师致力于香水的创作。香水的正式身份从自然的杰作向艺术珍品转变。调香师们也开始公开表示，他们使用人工合成的香调进行创作，因为那是天然香料无法提供的。直到当时，调香师既是香水品牌的所有者，也是香水的创作者，比如弗朗索瓦·科蒂、欧内斯特·达尔特罗夫、艾米·娇兰和雅克·娇兰。随着时装设计师也涉足香水工业，调香师从此受聘于品牌之下：譬如曾经效力于普瓦雷①和帕图②的调香师亨利·阿尔梅拉（Henri Alméras）③、香奈儿的御用香水师恩尼斯·鲍。那时还没有严格意义上的香水学院，只有一些可以朝调香职业发展的专业课程。所以，许多未来的调香师的培养主要还是在香水企业里完成的。这一时期，格拉斯有三四家香水公司接受学徒，但数量有限。他们往往是当地的孩子，或是来自香水和化妆品领域的年轻人。我们在前面已经提及娇兰香水世家以及它内部的培训制度：香水作品十分丰富的雅克，打小便由他的叔叔艾米·娇兰调教、培训。在米洛香水公司（les Parfums Millot），也可以看到这种家族式的培训系统，让·德斯普雷（Jean Desprez）④和 P. A. 杜布瓦就像学徒一般在家族企业里学习香水的制作⑤。

---

① 保尔·普瓦雷（Paul Poret），又译为保罗·波列，20 世纪首位引导时装潮流的高级时装设计师的同名品牌，普瓦雷以把女人从紧身胸衣解放出来的设计理念而闻名。——译注
② 法国二三十年代著名的时装设计师让·帕图（Jean Patou）的同名品牌。——译注
③ 20 世纪的香水巨匠之一，1930 年推出的号称世界上最名贵的香水**欢愉**（*Joy*），至今依然享有极高的声誉。
④ 企业的联合始人亨利·德斯普雷（Henri Desprez）的曾孙。——译注
⑤ P. A. 杜布瓦，《一位肥皂学徒和药剂专业的学生的回忆》（*Souvenirs d'un apprenti savonnier et d'un élève apothicaire*），手写笔记，法国香水工会资料。

4．超级鼻子

两次世界大战期间，出现了许多香水巨匠；香水品牌都打上了他们的风格的烙印。调香师成为一位有文化艺术修养的创作家——他是科学家，也是发明家和艺术家。

恩尼斯·鲍 1881 年 12 月出生于莫斯科；17 岁时进入拉雷（Rallet）公司学习香皂制作，这是 19 世纪培养调香师的通常做法。当时，建立在莫斯科的拉雷公司隶属于格拉斯的诗丽斯（Chiris）[①]。1902 年，恩尼斯·鲍服完兵役之后，仍回到该公司师从技术总监勒梅西埃（Lemercier），学习香水工艺。关于他的师父，他写道："这是一位杰出的科研人员，他从来不愿意墨守成规；他当时已经清楚地知道，化学家和天然香料生产商很快就会为香氛产业带来前所未有的原料，而这些原料将促进香水的发明。"[②]

因此，恩尼斯·鲍很快便坚信化学和天然香料的结合，将启动香水工业的创造性。1912 年，作为宫廷调香师的他为沙皇尼古拉二世调制出了**拿破仑之香**（Le bouquet de Napoléon）。此香水取得了惊人的成功，以至于当时的俄国皇后也向他定制了**皇后之香**（Le bouquet de l'impératrice）。1922 年，他以总代理的身份来到巴黎的于格·埃内香氛公司（Établissement Hugues Aîné et Cie）。在这家企业，他研习巴黎的香氛工艺，并和那一时期的化学家及调香师建立起了友好的关系，比如奇华顿（Givaudan）、芬美意（Firmenich）、杜邦（Dupont）、德莱尔（de Laire）、诗丽斯[③]、弗雷斯（Fraysse）[④]、詹特森（Jantzen）[⑤]……1925 年，

---

① 1768 年创立于格拉斯的著名香料、香精家族企业。——译注
② 恩尼斯·鲍，《一位调香师的回忆录》。
③ 奇华顿、芬美意、杜邦、德莱尔、诗丽斯都是当时同名的香料香精家族企业的后人。——译注
④ 安德烈·弗雷斯，从 20 世纪 20 年代起，成为著名品牌浪凡（Lanvin）的御用香水师。——译注
⑤ 雅克·詹森特（Jacques Jantzen），巴黎世家（Balenciaga）的调香师。——译注

他以技术总监的身份加入香奈儿的香水部门。从此以后，他研发了香奈儿和妙巴黎旗下的所有香水。

亨利·罗伯特（**Henri Robert**）出生于法国的香水之都格拉斯。他的父亲耶瑟夫（Joseph）也是调香师，曾经任职于玛西侬兄弟（les frères Massignon）在戛纳设立的瓦莱尔格香氛工厂（l'usine de Valergues）[1]。亨利最久远的记忆可以追溯到父亲实验室里的瓷砖试验台，上面摆放着挥发性溶剂萃取仪。1921年，他加入诗丽斯企业，身份是调香化学实验人员。他既学习香水的配制，也学习对于天然原材料的加工和分析。当时，他的日常时间分为两部分。第一部分是，在首席调香师的指导下学习调香，前者向他传授关于原材料的气味的入门知识。第二部分是，在四个生产部门实习脂吸法[2]、蒸馏法、萃取法和解析香氛。他学会了仿香[3]，也学会了辨别特定香调的构成，比如科蒂的西普香水、娇兰香水以及达尔特罗夫为卡隆调制的香水和巴尔奎的香水。此外，他还结识了阿尔梅拉，后者观念新颖，研发了**玫瑰心**（*Les Parfums de Rosine*）[4]以及帕图香水屋的"欢愉"。1921年，他在拉雷公司认识了恩尼斯·鲍，并于1953年从这位香水巨匠的手中接管了香奈儿的香水部门。

安德烈·弗雷斯（**André Fraysse**）1902年出生于瑞士。他的父亲克劳德是位化学家，先后与现在的芬美意公司的创始人菲利浦·瑞伊（Philippe Chuit）以及列昂·奇华顿（Léon Givaudan）一起共事。紫罗兰酮[5]的发现给安德烈留下了深刻的印象。成为调香师以后，他于1911年

---

[1] 亨利·罗伯特，《调香师的回忆》（*Souvenir d'un parfumeur*），气味学和皮肤病学研讨会，巴黎，1977年11月8日，18页打印文本，第1页，SFP资料。
[2] 脂吸法：一种香料的制备方法，一般是指用脂肪（或油脂）将某些鲜花中的有香成分吸收在纯净无臭的脂肪（或油脂）内，所得产物称为香脂。——编注
[3] 仿香：运用调香知识，将多种香料按照适宜的配比调配成为所需要仿制的香气或香味。——编注
[4] 法国高级定制鼻祖保尔·普瓦雷1911年推出的同名香水品牌下的香水。——译注
[5] 紫罗兰酮：无色至微黄的液体，拥有酷似紫罗兰花香的香气，还有木香香气，并伴有果香余韵。少量存在于某些天然香料中，人工合成的则为 α-紫罗兰酮与 β-紫罗兰酮两种同分异构体的混合物。——编注

前往美国,为底特律的弗雷德里克·斯特恩(Frédéric Stern)工作。1917年,他回到巴黎,成为露兹侯爵夫人(La Marquise de Luzy)香料厂的调香师。这家位于讷伊(Neuilly)的工厂专门生产香料和香粉。后来,他又加入了亚德利(Yardley)香氛公司。他的父亲克劳德·弗雷斯开启了一个香水的王朝,四个孩子都成为调香师①。

调香师康斯坦丁·韦立奇恩(Constantin Weriguine)讲述过一段小插曲:"刚下了一场小阵雨,气温很舒适,空气轻薄。突然,一阵风吹来了一股浓浓的鲜草味,有点苦,但又夹杂着温热的泥土的味道。安德烈·弗雷斯的身体颤动了一下,他转过身对着我,用一种奇特而缓慢的声音犹似自言自语地说道:'嗯,是的,我创作第一批香水时的工作环境很奇特;我当时还很年轻,住在巴黎,我就职于浪凡。在我的身边,都是一些迷人、优雅的模特,一些非常美丽的女人……我的工作唯能感受到这一切,并从中汲取养料。而这里面并没有任何非常了不起的东西。'"②

马塞尔·比洛(Marcel Billot) 师从曾经也是化学院校毕业生的气味化学家朱斯丹·杜邦(Justin Dupont)。1907年,他以科学技术专业的文凭毕业,凭此于1924年获得了霍比格恩特技术总监的职位。1927年至1931年,他以技术总监的身份派驻美国。从美国回来以后,他创建了一个科研实验室,在这个实验室里,研究人员检验和分析天然香料和合成香氛。1939年,霍比格恩特以及科蒂两家香水和化妆品企业,在国际市场上名列前茅。

比洛对于香水工艺的贡献,体现在有关香水制造的著述上,譬如1930年的《关于促进香水研究》(*Contribution aux recherches sur*

---

① 让·科尔雷奥(Jean Kerléo),《纪念安德烈·弗雷斯先生》(*Hommage à M.André Fraysse*),法国香氛工艺协会研讨会(conférence STPF),1976年11月,5页打印文本,第1页,SFP资料。

② 康斯坦丁·韦立奇恩,《关于香水的记忆:一个调香师的回忆录》(*Souvenirs et parfums. Mémoires d'un parfumeur*),巴黎,普隆出版社(Plon),1965年,第200—201页。

les parfums），1934 年的《试论合理调整调香师的技艺》（*Essai de rationalisation dans la technique du parfumeur*）。1948 年，他发表了一部关于香味分类的册子，共归纳出九大系类，显示了精油的多样性。每一系类的香味又细化成不同的调性，分别以植物、花朵或者代表已识别的特定香气的天然香料的名称指代。此外，他还为一所成立于 1969 年的香水院校制定了框架[1]。

杰曼·塞利尔（Germaine Cellier）深刻地影响了战后的香水制造[2]。她 1908 年出生于波尔多，1930 年开始在巴黎学习化学，一毕业就进入了著名的香料香精企业鲁尔 - 贝尔特朗 - 杜邦（Roure-Bertrand-Dupont）。刚开始的时候，她做的是不起眼的工作，比如归类合成材料的馏出物，但她一如既往地显示出对于气味日益浓厚的兴趣。因此，她开始试着调配香水。塞利尔是一位美丽、独立的文艺女性。两次世界大战期间，她经常出入巴黎著名的文艺圈，不仅从中汲取创作的灵感，也充分释放她独特的个性。文艺圈子启发了她的创作，锻造了她的想象力。而她创作时，就像野兽派和抽象派画家——调性大胆，几近粗涩、矛盾。她的香水配方简明、精要。指引她的作品的是本能，而不是准则、惯例。

1943 年，她结识了曾任保尔·普瓦雷公司时装设计师的罗贝尔·皮盖（Robert Piquet）[3]。"二战"黑暗的岁月结束之后，皮盖的设计带来了一股生气勃勃、欢快的潮流。1944 年，杰曼·塞利尔为皮盖研制出了**捣蛋鬼**（*Bandit*）。此款香水的配方十分的大胆、狂野：一款糅杂了动物皮

---

[1] 欧内斯特 - 皮埃尔·穆尼耶（Ernest-Pierre Meunier），《纪念马塞尔·比洛》（*Hommage à la mémoire de Marcel Billot*），法国香水工艺协会研讨会（conférence prononcée à la Société technique des parfumeurs de France），1976 年，5 页打印讲稿，第 1 页，SFP 资料。

[2] 珍妮·蒙詹（Jeannie Mongin），《女调香师：杰曼·塞利尔》（«Une femme parfumeur：Germaine Cellier»），见《香水、化妆品和香氛》（*Parfums, cosmétiques et arômes*），第 56 期，1984 年 4—5 月。珍妮·蒙詹也是调香师，她在文章里引用了她在鲁尔香料香精公司的同事维达尔（Vidal）和其他人更为私密的回忆，其中包括杰曼·塞利尔三十多年的伴侣、网球运动员克里斯蒂昂·布绪（Christian Boussus）的回忆。

[3] 又译为罗伯·贝格，他于 1933 年创立了同名的时尚品牌，并大获成功。——译注

革香气的西普调香水,杰曼往其中调入了 1% 的喹啉[1]。1945 年,她为皮埃尔·巴尔曼创作出了**清风**(*Vent vert*)[2]:第一款绿调香水,基本成分是 8% 的奎宁[3]。1946 年,鲁尔公司决定在讷伊的一个私人小府邸里为她成立 Exarome 香氛公司。杰曼·塞利尔打破成规、前卫极致的艺术影响了香水制造业。

埃德蒙·鲁德尼茨卡是一位自学成才的香水巨匠。20 世纪 20 年代末期,当他在一家香料香精公司负责原材料的购买、产品的订购和销售时,不仅学会了识别形式各异的香精和精油,还学会了对成分的构成进行演绎推理。自 1940 年起,他开始从事研究工作,并撰写了一些论著。在阅读了伯格森和康德的著作之后,他和他的朋友欧仁·苏里奥(Eugène Souriau)[4]于 1951 年 5 月在索邦大学举办了名为"香氛的曲调"(*La Musique des parfums*)的讲座。他积极活动,提升香水艺术的名声:"调制香水,首先要构思一种新颖的香调,然后以这一无疑还十分抽象的概念为基础,勤勤恳恳地撰写出一份犹如电影脚本般的香水配方。把配方里的所有成分糅合在一起,原先构想出来的气味模式便成了实实在在的载体。要让这一创作富有艺术性,必要的前提首先是其中的组成成分须经过精挑细选,其次是各成分之间比例要均衡匀称,保证它们的组合极富表现力,呈现出某种特殊的、辨认度高的、精彩的、悦鼻的香味。只要满足了这一切必要条件,混合物就能变成一支香水、一件艺术作品。"[5]1977 年出版的《美学问题》(*L'Esthètique en question*),收录了鲁

---

[1] 喹啉:喹啉类化合物的统称,部分喹啉类化合物拥有强烈的动物香气。——编注
[2] 著名法国时装设计师,1945 年在巴黎创立了同名时装品牌,第二次世界大战后与迪奥、巴黎世家成为高级时装定制的三大巨头,1947 年问世的"清风"香水,是旗下第一款成功推出的香水。这支香水是 20 世纪 40 年代末、50 年代初最畅销的香水之一,当时受追捧的程度只有 20 年代"香奈儿 5 号"香水可与之媲美。——译注
[3] 奎宁:俗称金鸡纳霜,斜方晶系的针状物、无味,茜草科植物金鸡纳树及其同属植物的树皮中的主要生物碱,化学称为金鸡纳碱,是快速血液裂殖体杀灭剂。——编注
[4] 索邦大学审美学名誉教授,法兰西学院成员。
[5] 埃德蒙·鲁德尼茨卡,《香水人生》(*Une vie au service du parfum*),巴黎,特蕾丝·维安出版社(T. Vian),1991 年。

德尼茨卡的一部分研究成果和思考。1980 年，他撰写的《香水》出现在面向大众的科普丛书"我知道什么？"（Que sais-je？）[1]里。鲁德尼茨卡倾其一生都在和香水创作的商业化做斗争。

伴随着岁月的推移和创作的深入，鲁德尼茨卡对于其作品的构想也不断发生变化。虽说他的创作一如既往地建立在他本人的记忆之上，但他越来越注重作品结构的严密和简练。对于极简，他说："一款香水的结构越繁复——这很简单，也很吸引人——它创新的可能性就越低，因为调配出来的香调很可能已经开发过了。"因此，在他看来，一切都息息相关：传统和技术、艺术和美。"简约，"他说道，"是对于某一高超技艺的加冕。"[2] 1953 年之后，他开始启用一种全新的香水结构，尤其是在他与迪奥香水的合作中。该香水结构的宗旨在于，降低那些为了减缓合成香氛的滞涩而使用的过于甜腻的香调。对此，他是这么说的："人们开始使用相当高比例的香荚兰、果味、甜味以及一些诸如胡椒醛[3]之类的晶体，这使得香水产业逐渐向糖果甜食的方向发展，即更强调味觉而非嗅觉。"[4]至于他，则反其道而行之，他决定精减香水的配方和调配："为了确立某种调性以及确保香水结构的完整和统一，我严控香调的组合。"[5]

在这方面，迪奥的"旷野"便是一款杰作。它的结构严密、简约、轻透、精练，花香型的西普调清幽、持久，呈现出完美的青春活力。在科蒂的"西普"香水的启发之下，鲁德尼茨卡研发出了截然不同的"旷野"，他创新性地采用了还未被当时的香水界所了解的希蒂莺，一种给人

---

[1] 法国大学出版社从 1941 年开始编纂的一套百科知识普及丛书，随着社会知识的不断发展，该丛书的选题也不断扩大。——译注
[2] 埃德蒙·鲁德尼茨卡，《香水》，第 84 页。
[3] 胡椒醛：又名洋茉莉醛，白色或黄白色闪光结晶，有清甜的豆香兼茴清香气，微辛，有些似葵花、樱桃样香气，香气较弱而留香持久，天然品少量存在于笃斯越橘、甜瓜、香胡椒、鸡、雪莉酒、刺槐属等花油和香荚兰豆等中。——编注
[4] 埃德蒙·鲁德尼茨卡，《简介》（«Curriculum vitae»），见《香水、化妆品和香氛》，第 78 期，1987 年 12 月。
[5] 《香水符号之下的埃德蒙·鲁德尼茨卡：香水作曲师》，第 97 页。

香水"旷野"，结构严密、简约、轻透、精练，花香型的西普调清幽、持久，呈现出完美的青春活力

带来轻盈之感的人工化合物,类似茉莉花清香的茉莉醛①。

鲁德尼茨卡作品的另一个特点是自由自在,因为他打造香水时追求的是无拘无束,以他的个人趣味和某种不断精益求精的技术为基准。20世纪70年代末期,当营销部门试图让他屈从某些市场策划时,他拒绝接受。在他看来,香水首先是艺术家的作品,如果他答应像画家在画布上润饰作品一样修改一款香水,那么他也不应该调整初始的结构。他的一生都在奋力争取,让人们认可香水的艺术品地位。为了让香水能够纳入到1957年关于艺术品产权的法律框架之内,他一直都在积极活动。

5. 鲁德尼茨卡的传人

如今,调香师如果不是受聘于某家著名的时尚企业,就是成立自己的工作室。但无论是哪一种情形,在他的创作中,他都享有很大的自主性。这也就是为什么让-克劳德·艾列纳在创作爱马仕2010年推出的**爱马仕之旅**(*Voyage*)时,犹如天马行空。不过,这一作品的打造并非很轻松,"我不知所措,如笼中困兽,我犹豫不决、晕头转向"②,他笑着和盘托出。如何才能确确实实地把无形无相、不可言传的东西传达出来呢?我们一起倾听一下六位著名品牌的御用香水师的讲述吧。他们叩询对他们而言最重要的感官——嗅觉,并向我们述说他们的爱憎。

雅克·波巨(Jacques Polge)。在香奈儿的首席调香师看来:"如果一个人失去了嗅觉,那么他就失去了生活的趣味。从这方面说,嗅觉是我们最重要的感知,也是最盲目、最无条件的感知。我们畅吸一切看不见的气味,犹如呼吸一般。相比之下,建立在实实在在的形体之上的触觉和视觉,是有意识的感知。嗅觉则相反,它无声无息,连语言都无法表达,只能让位于想象。香奈儿的香水美学与我个人的天性相吻合。扑鼻而来的前

---

① 茉莉醛:常温下为黄色油状液体。具有强烈的茉莉花香气。——编注
② 爱马仕,香水"爱马仕之旅"的媒体资料,2010年1月。

调往往是我觉得奇妙无比,却又充满了矛盾的茉莉花香。它的力量和威力总是让我惊叹不已。玉兰和忍冬同样优雅迷人,完全不同于我觉得过于咄咄逼人的晚香玉。通常而言,我喜欢来自东方的香料,其中有檀香、香根草、香木、广藿香等。任何一支著名的香水都有东方香料的影子。"[1]

雅克·波巨总是把他的香水和文学作品联系在一起:当他研制**闲散**(*La Pausa*)[2]时,萦绕在他脑子里的是美国作家弗朗西斯·斯科特·菲茨杰拉德1934年发表的作品《夜色温柔》,一个发生在法国南部里维耶拉海岸的故事。而**绿色气息**(*Bel respiro*)这一香水的名字则含蓄地提到了作品《罗兰·巴特自述》(*Roland Barthes par Roland Barthes*)。雅克·波巨清晰地记得,书中有一段文字提到了割下来的青草的味道;当巴特侧鼻畅吸这一气息时,他许了一个愿望。波巨从中读到的是某种邀约!一支香水因此诞生了。

弗雷德里克·马勒。创立香氛出版社[3]的弗雷德里克·马勒是这么描述嗅觉的:"它是最具有性吸引(原文为英文sex-appeal)意味的感官。很小的时候,我就已经明白它是人们之间必不可少的语言,能引发某种非理性的、原始的印象,而这一印象又和智力或思维层面毫无关联。它轻抚肌肤,让我们以一种本能的方式触摸到一个人。色彩从未像气味或香水一样,让我有接近某个人的欲望。犹如一段省略了所有路程的捷径,嗅觉让我们一下子就深入到一个人的内心。"

"我并不把身体的气味和某种原料或某个地方的味道区别开来。我过去学的是艺术史;在我嗅觉的世界里,能感受到它的存在。首先,我喜欢精心打造的东西。无论在绘画领域还是在香水领域,平庸之作无处不在。而打动我的,是艺术家的艺术品质和技艺,只要线条是优美的,

---

[1] 和让-吕克·绪谢(Jean-Luc Suchet)的访谈,2009年11月。
[2] *La Pausa* 是香奈儿女士拥有的度假别墅的名称,位于法国南部的罗克布吕恩(Roquebrune)。该别墅是1928年她请人在英国威斯敏斯特公爵送给她的一块土地上建造的,其中的花园种满了橄榄树和鸢尾花。
[3] 又称为香水协会。

粗细都不重要。"关于马勒有一段逸事，这是他童年时的一段往事，他推出的一支美妙动人的香水就源于这段往事。20 世纪 50 年代，鲁德尼茨卡为他的夫人特蕾丝（Thérèse）创作了一支名为**白梅**（*Prune*）的香水。由于无法接受该香水前卫的调式，好几个时尚品牌都拒绝了鲁德尼茨卡。然而，在迪奥公司，一位女士试用了一段时间。夜晚降临的时候，她的儿子闻到她身上的香味，并留下了一段难以忘怀的美好回忆。四十年之后，这个小男孩，弗雷德里克·马勒，成为"香水的出版人"。他是如此注重香水的创作，以至于他发行的每一款香水都署上了调香师的名字，正如诗人在他的诗作或者画家在他的画作上署名一样。2000 年，他决定接触特蕾丝·鲁德尼茨卡，以寻回"白梅"这支香水，并以此作为他发行的第一批作品之一。原本一生专有这支私人香水的特蕾丝答应了，于是才有了马勒推出的**特蕾丝之香**（*Le parfum de Thérèse*）。

蒂埃里·瓦塞（Thierry Wasser）。这位接任让-保罗·娇兰的调香师并不是娇兰家族的后人；他的创作以嗅觉记忆为基础，与令人沉迷的老娇兰香形成对比。2009 年，他研制出的**田园恋歌**（*Idylle*）[①]是一次爱的宣言。蒂埃里·瓦塞坦承，在创作"田园恋歌"的时候，他正处于热恋之中，非常幸福，他想高声喊出他的快乐，并讲述一段轻松、欢快、幸福的故事。至于他本人特有的风格，他并没有描绘成热情洋溢或狂放。他更喜欢含而不露、隐约其辞、欲言又止或者隐而不语。作为现代绘画的崇拜者，他创作出来的香水是印象主义的。他接二连三的实验，逐渐演变成了某些令人愉快且轻松的香调。至于他的嗅觉，他是这么描述的："鼻子是一种测量工具，能用来验证我的想法。为此，必须要懂得强化鼻子的能力。随着年岁的增长，人们身上的这一感官会稍许退化，而其他的感官则相反，因为城市环境不断刺激它们。嗅觉优先关注的是情感，并让步于一切可能性。所以，鼻子的感性是变化不定的，而这同时又取决于地点和时间。调香师是一些喜欢捣弄香料的孩子。每个人都有

---

① 又译为**甜蜜情人**或**爱朵**。——译注

自己喜欢的香调。正像那些具有一定厚度、一定质感、一定密度、一定强度的香料一样，香荚兰是我极其喜欢的一种原料。所有的果香都让我恼火，但是我也不是完全地排斥。作为调香师，首先就要接触一切气味，无论是好闻的还是难闻的，因为它们不仅组成了生活的正反两面，而且往往总能完美地结合在一起。"

塞尔日·芦丹氏。资生堂在巴黎设立皇家宫殿会馆（Salon du Palais-Royal）之初，有一位美学家的身影——塞尔日·芦丹氏，一位醉心于美的调香师，但他对于和他同一时代出产的香水，却感到痛心。那些一支接一支成功运作的商业香水，也就是所谓面向营销目标的、"社会文化的"产物，让他心生敌意——他认为它们是时尚品牌之间败常乱俗的产物，他转向他的潜意识宝藏，从中汲取香水创作的想法和灵感。1980年，他初显身手，创作了**黑色数字**（Nombre Noir）。不过，他未能得偿所愿地发挥。十年以后，芦丹氏重整旗鼓，并决定逆潮流而行，以回应那些不仅声称懂得并敢于尝试的人士的勇气。为了能够在回忆中、在遗忘中、在迷失中、在理智之外、在直觉的信念中、在情感和记忆的裹挟下构想出一款香水，他摒弃那些华而不实、矫揉造作或徒有虚表的东西。如此诞生的**林之妩媚**（Féminité du bois）①，首先逸散出来的是阿特拉斯（Atlas）雪松②的香气——1968年他第一次在摩洛哥旅行期间深受触动的一种香气。那是一次甜蜜的旅行，他有了一个萦绕于脑际的想法。"某天，我要调制出一支名为**雪松**（Cèdre）的香水。"他憧憬着某种木质香的、构筑在一段记忆之上的透明液体。在伊斯兰教区绿树成荫的街巷上的漫步，以及从镶木细工中透出来的雪松的香气，都给他带来了灵感。松香是一种既温热又清爽的木香，有着奶油、蜂蜜和牛奶的味道，热烈、迷人。雪松一经砍伐，就会形成一种撩人而性感的香气，以至于芦丹氏觉得那是一种动物性的香气。此外，摩洛哥那些豪华宫邸的松木

---

① 国内香水界一般译为"林之妩媚"，但更准确的译名应该为"木之妩媚"，详见下文作者对于这支香水的讲述。——译注
② 松科雪松属的一种植物，分布于摩洛哥和阿尔及利亚山脉。——译注

天花板也让他认为这一树木很神圣。从那时起,他孜孜以求的只有一个目标:把这一香木演绎成女性,换言之,就是从中引申出一个女性形象,一个有着浅浅的脸色、粉粉的香唇、梦幻一般的缪斯。"林之妩媚"这一香水犹如一道木质香的点心——把情绪饱满的松香嵌入一道嗅觉的细工中———件木质香的外衣。芦丹氏渴望用梨酒的制作工艺①留住一段甜蜜的记忆,因为这能把他苦行僧一般的味蕾上的所有美味都保留在一个瓶子里。这一愿望幻化成了现实中的汁液、香料、花朵和水果。我们还是听一听芦丹氏的讲述吧:"最初的时候,鼻子这一器官是为了引起不安和疑虑。至于嗅觉,则慢慢接受了来自社会因素和文化因素的训练。人们规定良好的行为准则,即把善与恶区分开来。幸而有时候,嗅觉会反抗自我、超越自我并上升到某一凌驾于规定和准则之上的高度。如果我们都不能确定美的定义,那么我们又如何能描述香和臭呢?嗅觉这一感受完全是个人的,属于本能的或原生的范畴。我逐渐学会了控制一切令我反感的气味,比方说令人厌恶的麝猫香,我的认识不无错误。如果说我真的不喜欢那些娇小的花朵的淡淡香味;相反我却很喜欢那些受热时其中蕴含的精油会吱吱作响的鲜花,譬如玫瑰、茉莉、晚香玉。我喜欢干涩的味道、持久的香气、收割下来的稻草,甚于嫩绿的麦草,因为它们在我看来更迷人。一切树脂状的、浓稠馥郁的香氛都让我兴奋不已。我把这些香气编织起来的方式便成为我最主要的乐趣、我的自由。"

让-克劳德·艾列纳,爱马仕的专属香水师,喜欢引用埃德蒙·鲁德尼茨卡说过的一句话:"我和香水自成一体,香水和我自成一体,我是一台闻香嗅气的机器。""爱马仕闻香珍藏"(Hermessence)系列香水,一部如同日本俳句②的嗅觉诗集,凝练、浓烈。这一系列的香水是一些"香水

---

① 法国农民给还挂在树枝上的小梨子套上玻璃瓶,然后把玻璃瓶固定在枝条上。梨子在瓶中慢慢长大。当梨子成熟之后,果农们取下瓶子,并把瓶子和长大的梨清洗干净。最后,往里面加入透明的梨子口味的白兰地,制成一瓶装有梨子的水果烈酒。这一传统工艺始于18世纪。——译注
② 日本的一种古典诗词,要求严格。——译注

艺术"（parfumistiques）的习作，犹如香氛水彩画，我们可以从中领略到调香师的精湛技艺，他不断地做减法：随着时光的流逝，让－克劳德·艾列纳调味板上的气味从上千种精减为两百种！2005年推出的**地中海花园**（*Un jardin en Méditerannée*）开启了一个新的系列，即探访一个秘密花园的系列。让－克劳德·艾列纳在这一作品中以充满激情的回忆，展现出迷人的地中海：他讲述水、讲述光影、讲述无花果树叶的香气。**尼罗河花园**（*Un jardin sur le Nil*）描述了河岸边的一次漫步；而随后的作品**雨季过后的花园**（*Un jardin après la mousson*）则带来了某一特殊时刻的体验：万物复苏的时刻。艾列纳邀请我们进行一次充满诗情画意的旅行，探索非同寻常的印度，而远非习惯中浓烈的、令人上头的芳香。他对此段经历和故事的描述如下："'雨季过后的花园'取材于印度的喀拉拉邦（Kerala），该地区处于纵横交错的河流和运河的中心，被称为河水回流之地。在这个大地和河水交汇的地带，植被繁茂。香水表现了回归的太阳撕裂云层，大地透湿，植被鼓满汁液，鲜嫩的叶子翠绿欲滴，整个大自然都在畅吸。这一时刻，色彩和香氛明亮耀眼、恰到好处、纯粹干净。"艾列纳在印度的旅途中，邂逅了多姿多彩的味道、气息、香氛和美味。从这一充满了符号和象征的纷繁表象中，他攫取的是重新焕发出生命力的大自然静谧安宁的景致。在追寻某种轻盈、透明、充满柔情蜜意的清新时，他想起了一杯生姜柠檬水：有着淡淡的胡椒味，以及几滴青柠的酸味。他去掉味道辛辣、强劲的香料，以凸显植被的气息、水生的印象以及幽冷的香氛。他选用了香气鲜明且精妙的小豆蔻、芫荽和胡椒。他还着迷于形似白蝴蝶的红丝姜花的甜美和水嫩。最后，他别有兴致地调入了香根草——为了让他们的房子满室生香，印度人喜欢把这一沾满泥土的绿草挂在窗边。于是，在他的作品中，让－克劳德·艾列纳收集了雨季过后，花园里呈现出来的一切形式：湿润的绿意，水嫩的甘甜，汁液饱满的植被……

因此，当遇到关于嗅觉的问题时，艾列纳的陈述和他的创作不无协调："当我一想到这一身体器官时，我便想起尼采的表述'我的一切认知都在我的鼻子里'，以及索莱斯（Sollers）的表述'和欲望相关的活动都

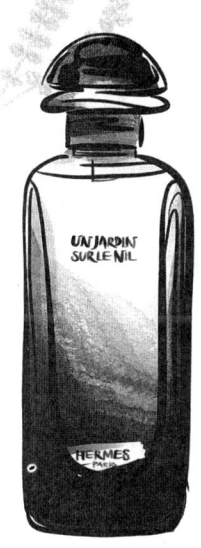

花园系列，由爱马仕专属香水师让－克劳德·艾列纳设计，他不断地做减法，其调味板上的气味从上千种精减为两百种

发生在鼻子里'，这两句话都证明了鼻子的重要性。喜欢或者厌恶，鼻子的动作并没有明示出来。一种绝妙的默而不宣，让我们静悄悄地避开他人。想一想眼神透露出来的不满吧！用鼻子屏住呼吸，比闭上眼睛和堵住耳朵要更隐蔽。那些所谓的臭味，譬如汗味或者粪便的味道，往往引起我的注意。并非是它们让我觉得愉悦，而是它们涵盖着某种粗暴生硬的东西，某种动物性，能为香水带来一丝人性。一般说来，我讨厌那些为了尽可能地诱惑大众而重复使用的原料。换言之，所有那些过于咄咄逼人的香料：薰衣草和晚香玉、龙涎香或香荚兰，尽管有时候我也赏玩，但它们不符合我想表达的东西。"

弗朗索瓦·德玛什（François Demachy），在香水之都格拉斯长大，是迪奥的御用调香师。他知道如何呈现出某些特殊原料的风姿。那是一种超越了技术范畴的禀赋，"存在于"花朵的内部，是调香师真正的向导。弗朗索瓦·德玛什不仅精通成就了格拉斯声名的香水工艺，也喜欢赞美这座城市的鲜花所蕴含的珍贵精华。从童年时代开始，他的鼻子就在这个一切都散发出美妙气息的城市里无休止地畅吸着："令人惊奇的是，从出生到死亡，鼻子是唯一一个细胞每二十天就自我更新一次的器官。它也是唯一一个拥有和外界直接接触的神经元的器官。鼻子充满了生命力，但它的内在机理依然神秘莫测。这会不会就是人们迟迟未能更好地解析它的原因所在？不过，畅吸香氛并非总是一种单纯的行为。古时候，宗教仪式中燃香而冒出的青烟，不仅在于把尘世和天国连在一起，还起到了另一个秘而不宣的作用：阻止灵魂的游荡。当我有意剖析气味时，我偏爱记忆中的那些鲜明味道：我母亲的香水味和我童年时穿越茉莉花海时闻到的香气；有着怀旧色彩的气味，比方说1968年5月风暴时的广藿香；如烧焦的牛奶一样说明问题的味道，甚至是不受欢迎的味道；欺骗人的味道，我着迷于它们的黑暗面。凌驾于这一切之上的，则是真正的龙涎香的香气，因为它富有魔力。"

如此说来，调香师是一位有着尖锐的感性的艺术家，他能捕捉一切形式的魅惑。

第四章

女性魅惑：女性香水

Chapitre 4. La séduction féminine

　　从拉丁语 *seducere* 衍生出来的魅惑（séduire）一词，意即"引向别处"。魅惑，就是强烈地吸引他人，迷住他、引诱他、蛊惑他、把他带往某一享乐之乡或堕落之地。从精神意义上说，"使着迷"意指使保持虔诚、恭敬之心。魅惑，就是令他人失足，并像猎物一般捕获他。

　　自从亚当和夏娃以来，爱情故事常常在某一飘荡着迷人气息的背景下展开。在《创世记》中，伊甸园里弥漫着百合和玫瑰的芳香。亚当和夏娃这对人类的始祖，在被逐出人间乐园之前，就睡在一个花篮底下，花篮里撒满了"很多每天都会焕然一新的玫瑰花"。因此，香水的历史和魅惑的历史融为一体。而随着现代香水业的诞生，魅惑也被尊崇为调香师创作、耕耘的田地。

　　长久以来，香水一直都是魅惑的同谋，它是爱的信使，也是感情生活的美化剂。它在古代就已经是一种诱惑物。在《圣经》里，在恋人的邂

175

逅中，它扮演着重要角色：在男欢女爱的《雅歌》里，它随着新人们迈出慵懒而性感的"双人舞步"。香水是邂逅，是一见钟情，是爱和欢乐。它本身就是一股魔力。

嗅觉，专横的情爱感官，从古代起就被认为和本能的关系过于密切，因此像香水一样，也受到了人们的贬损，而这又皆出于它会引起情欲或性冲动。在它的淫威之下，爱情也会走向死亡。希腊神话中，与象征爱欲或情欲的爱神厄洛斯（Éros）对应的人物是死神塔纳托斯（Thanatos）；香水，欲望的代名词，也会成为使人着魔、麻痹人心的"心灵毒药"。催情药因此被打上了恶魔的不祥印记。长期以来，香水被人们用来遮蔽毒药，譬如文艺复兴时期美第奇家族的香水戒以及用来掩盖毒药味的香水手套。深受路易十四宠爱的情妇蒙特斯潘（Montespan），把弄香水毒药的高手，就善于用致人于死命的香水来除掉她的对手。香水犹如毒蛇：阴冷、邪恶、分泌毒汁的动物，却有着炙热的血液和丰腴的肉身。

直到19世纪，香水依然被人们视为"腐浊、馥郁、跋扈"（波德莱尔语）。时人认为，发出恶臭怪味的动物性香料会使人堕落；同样，有些花朵在当时也有着令人恹恹欲睡的名声。晚香玉的气味犹似亡灵游荡在周围的腐肉。此外，还有水仙，花朵是如此地娇弱，而花香却又是如此地馥郁浓烈。曼陀罗像雨伞一样舒展开的白色花冠，则散发出一股妖娆的香气。夜幕降临，这种花就从它那邪恶的唇瓣里呼出令人头昏脑涨的雾气。这些危险、妖娆、撩人或者令人销魂的鲜花，是"黑暗的诱惑者"。此外，必须补充的是，调香师为了萃取鲜花的香气必须折下它。

"天使调配的珍稀毒药/腐蚀我的/液体/噢，我心灵的生与死！"[①]尽管文学赞美那些迷人的香氛，但它同时也揭露出香水施加的魔力和引发的危险。在埃德蒙·德·龚古尔的小说里，谢丽陷入了癫

[①] 夏尔·波德莱尔，《香水瓶》（«Le flacon»），见《恶之花》，巴黎，加利玛出版社，"七星文库"，1975年。

狂，原因是她沉迷于"快感"之中：她吸食麝香。而在左拉的《穆雷神父的过错》中，阿尔比娜（Albine）则因"花香引起的气嗝"而死亡。于斯曼的《逆天》中的德塞森特，患有重度神经官能症的花花公子，为了摆脱抑郁而狂热地追求由香氛带来的快感。他不仅追逐新奇的香气，而且还有一个"喜欢把她的乳尖浸在香水之中的女人"——他的众多情妇之一。

1. 在自然的真实和人为的假象之间

正如脸部轮廓和身体曲线一样，女人身上的香水味也是个性的表现。香水是魅力的完美展现，它赋予了女人令人无法抵御的诱惑力。无论是在东方还是西方，香水在女性的传统符号中，都是一件令人生畏的魅惑武器。对于小说家科莱特（Colette）[①]而言，只要找到了和身体浑然天成的香水，就要"不顾一切"地执迷于它。这样的香水勾勒出你本人，赋予你特有的香型，凸显你的存在；而对于加布里埃尔·香奈儿（Gabrielle Chanel），它则意味着"一个女士的光临，并且在她离开之后仍让人对她记忆犹新"。

"认识一下你自己吧，过于迷恋香水的女人，噢，你就像那沉醉于花海里的蜜蜂，流连于一支又一支的香水之间。你涂抹于耳垂或乳沟的那滴名贵的汁液，你要晓得它接触了你的肌肤之后会有什么变化。试一试吧，尤其要察看一下，除了你喷洒的香水之外，对你总是来者不拒的男人的眼光或他鼻子的皱缩，千万不要在香味这一严肃的事情上犯错，也不要掉以轻心。如果你在自己多变的、充满生机的、热情洋溢的身体和你身上安静的香水之间取得了某种调和，那么你的香水瓶里装着的至

[①] 全名为西多妮-加布里埃尔·科莱特（Sidonie-Gabrielle Colette），1873—1954年，法国首位享有国葬之礼的著名女作家，她同时还是开辟了自己的美容专栏的时尚记者。——译注

少是两个人的快乐。"①科莱特懂得传达出香水在女性诱惑中的要点,而这便是温婉的自然香和妖娆撩人的人工香水之间形成的张力,是自然的真实和嗅觉的表象之间的张力:"他身上的味道闻起来是香水味,正如所有的香水的味道;但是在她的身上,有一股几乎就是天然的、生来就有的香气。"②

芳香怡人的服饰。熏洒香水的姿势和仪式离不开女人的世界,并且一般都发生在一些重要的场所里:东方的宫闱或闺房,西方的小客厅。后一处所是18世纪,西方女人在梳妆打扮时接见爱慕者、男性友人或情人的地方。女性形象的完美展示包括在肌肤上涂抹香水,以及用香水来熏洒衣物、秀发和枕头,从而营造出一个轻盈而飘曳的光圈。在东方的日本,也有同样的仪式:遵守一整套惯例和规则的品香活动,即香道。在日本传统的住宅里,香炉往往放在和服的旁边。它们常常出现在日本的版画和诗歌等艺术作品里。"你为之怦然心动/独眠于一间熏香怡人的屋内。揉洗秀发、对镜梳妆、披上香气四溢的服饰。/纵无看客,你满心欢喜。"③

东方女人特别擅于凸显她们的美貌;在她们的衣饰中,香氛自古以来就占据着重要的地位。穆罕默德说道:"真主是美,他喜欢美。"女人们为了让丈夫觉得自己赏心悦目,为了保持自己对于丈夫的新鲜感,以及一如既往地吸引他,不得不为悦己者容。这也就是为什么她们精心呵护容颜,有时甚至沉迷于此。她们调制浓郁的香水,因为那是高贵和性感的象征。这样的香水往往含有木香、龙涎香、香荚兰和麝香。秀发是她们尤其要特别呵护的对象。东方的女人尽可能地留有一头长长的秀

---

① 科莱特为雷诺香水公司(Parfums Renoir)的一份产品目录撰写的文稿,巴黎,1930—1945年。
② 西蒙娜·德·波伏娃,《名士风流》(*Les Mandarins*),巴黎,加利玛出版社,1954年。
③ 清少纳言(Sei Shônagnon),《枕草子》(*Notes de chevet*),巴黎,加利玛出版社,1997年。海伦娜·巴依戊(Hélène Bayou),《衣饰和妆容的符号体系:日本版画里的女性形象》(«Parure et symbolique du maquillage: l'image de la femme dans l'estampe»),见《香水通史》,第168页。

发,并努力保持秀发香气袭人。这些小心思是为了长久地吸引她们的丈夫的注意力。对于女性的历史而言,女人对于男人的这种依赖是传统社会的一个恒定的符号。孤身一人,她们无法活下去:古时候,没了丈夫的寡妇只能乞讨;被丈夫休了的女子在其他人的眼里也就不存在了。犹似西方的一声回响,加布里埃尔·香奈儿——解放女人身体的主要倡导者——也宣称:"女人需要的是爱她的男人的目光,而不是美容院。失去了这一目光,她也便凋零了。"[1]

为了讨得男人的欢心,赢得他们的注意力,并且让他们离不开自己,香水在女人的生活中一直以来都扮演着至关重要的角色。蓬巴杜夫人(Mme de Pompadour),路易十五公认的情妇,为了避免国王过于匆匆地离开她的寓所,往室内摆放的瓷玫瑰和百花罐——产自塞尔夫御窑(la manufacture royale de Sèvres)——熏洒香水。古往今来,浪漫迷人的女人一直都是调香师的缪斯,他们力图把她的美移植到每一次创作之中。精美的花香、曲线优美的东方香调、细鞋跟上的西普香痕迹:女人味在香水中得到了完美的提升。

百花型香水(Mille fleurs)。花香几乎是女人的专享。复合花香的香水,或单一花香的香水往往让人想起女人味和快乐等概念。在传统香水工业和现代香水工业中,以鲜花为主题的香水无处不在,因为它们象征着女性——诗人和调香师的缪斯。

如此一来,花香里蕴含的大概就是女性魅力的本质,而调香师的才艺也许就在于尽可能精确地复制出这一美妙的气息。关于这一点,我们还是倾听一下历史学家阿兰·科尔班的表述吧:"女人——大自然里芬芳的鲜花,这一四处泛滥的符号,凸显了人们想遏制咄咄逼人的情欲的强烈愿望。优雅的香气显示出的形象是透明而干净的肉体,人们希望它是内心纯洁的表现,也就是以某一大胆的手段,力求消除本能的威胁、平

---

[1] 克劳德·德莱(Claude Delay),《孤独时分的香奈儿》(*Chanel solitaire*),巴黎,加利玛出版社,1983 年,第 156 页。

息女人的激情。人们希望女人犹如玫瑰、紫罗兰、百合,而非麝猫香或麝香。"[1]

18世纪以后,花香成为女人的特征。事实是,技术的进步带来了一种全新的工艺:对原材料的蒸馏可以重复多次——也就是所谓的"精馏"——通过这一方式获得的精油最终可以从蒸馏水里分离出来。这样的精油,优质度和浓度大幅提高,人们称之为"浓缩精油"(esprits ardents),后来经玛丽·安托万内特更名为"精炼精油"(esprits perçants)。此外,脂吸法可以从那些所谓的"无声无息"的鲜花中萃取出精油:这样的鲜花过于娇嫩,蒸馏法几乎不能提炼出任何香气。于是,调香师的调味板上有了更多的天然原料,更不用说他的调配不再受到季节的限制。因此,复合型香水,即所谓的"百花型"香水,便出现了,它们由各个季节里采摘的鲜花的天然精油调配而成。

18世纪,铃兰、丁香、玫瑰、茉莉等鲜花是一个反复出现的装饰主题。启蒙时代提倡人们尊崇乡间和树林里的植被。那是一个田园世纪,到处是纯朴的乡间生活。室内往往饰有丁香花、玫瑰花、铃兰花、蜀葵花、罂粟花、玉米棒子、花环和水果装饰。这一植被的组曲,奏响的是某种轻快的人间调式,而幻想则是其中的一个要素。玛丽·安托万内特渴望生活在花海之中,她喜欢看到凡尔赛宫、小特里亚农宫(Petit Trianon)的墙饰,窗幔和棉被上织有或绣有花卉。安托万内特的风格,是推崇自由自在地表现大自然。18世纪的园林,总是内心风景的涌现,仿佛综合了梦幻和现实,这可以从所有景致荒诞的庭院中看出。在一片绿土上,人们耕耘梦想;在有着人工整形和修饰痕迹的规则式园林里,留存下的是时代的幻想。

1780年左右,一场重要的时尚也接近了尾声,代之以全新的变化。女人们的脸上不再涂有厚厚的脂粉。她们终于相信浓妆艳抹会使脸部轮廓显得夸张、生硬,而且肤色白的则越白、黑的则越黑。从此以后,新

---

[1] 阿兰·科尔班,《疫气和水仙》,第218页。

的时尚力求妆容简单、纯朴。于是，头发要么束成马尾辫，要么就是法官的发式，即文职官员的假发发式；头发上面也不再是厚大的帽子，而只是一个玫瑰花环。总而言之，女人的服饰行头更像是格勒兹（Greuze）画作中的婚礼花篮。在这股回归自然的热潮中，在追求纯朴的服饰以及天真的外表的狂热中，女人们乐此不疲：大革命之前的一小段时间里，任何有关女性穿着打扮的时尚，都力图凸显"童真"。

女人就像花园里色彩柔和的鲜花，有淡淡的玫瑰粉，也有蓝色、黄色、淡紫、丁香紫、亚麻灰、棕色和白色。她们不再把脸描画成像玩具娃娃一般，头发也自自然然地梳起来，示人以清爽简单的精致妆容，一种全新的、登峰造极的风雅。民间也吹起一股清新自然之风，犹如在特里亚农宫一样。那里的气息纯粹、洁净，深受玛丽·安托万内特皇后的喜欢。

在香水领域，小雕像香水瓶取得了实实在在的成功。人们疯狂迷恋那些爱情或田园主题的精小瓷瓶：丘比特和巴克斯[1]、韦尔图努斯[2]和波摩纳[3]、丑角和巨人、向牧羊女示爱的羊倌、家养的宠物和异域的珍禽……这些香水瓶在贵夫人和淑女们的化妆桌上一字排开。蓬巴杜夫人重新引入了宝石雕刻这一古老的传统：香水瓶和香水盒上饰有浮雕玉石。香水盒和瓶子都穿上了人们所说的"鲨鱼皮"。1750年之后，随着铅晶质玻璃[4]在英国的发明，大批镶有金框和银框的香水瓶生产出来了。

当时有名如**金纽扣**（*Bouton-d'or*）[5]、**特里亚农宫**（*Trianon*）、**鲜花盛开的草地**（*Prés fleuris*）、**春花香露**（*Eau de bouquet de printemps*）等香水。大自然的芳香、田园的味道为人们所重新认识和赏识，人们心目中的乡村不再是脏臭、泥泞的低洼地和粪肥，而是一个诗情画意的世界。

---

[1] Bacchus，罗马神话中的酒神和植物神，与之相对应的是希腊神话中的狄俄尼索斯。——译注
[2] Vertumne，罗马神话中负责四季变化和植物生长的神祇。——译注
[3] Pomone，罗马神话中水果女神。——译注
[4] 又称水晶玻璃。——译注
[5] 也是一种一年生草本植物的名称，又名为千日菊。——译注

精心调制出来的花香型香水需要长达三个季节的准备工作。调香师们往往进行多次的蒸馏和校准，赋予"优质香水"（eaux surfines）柔媚、纯净、透亮的气息，而这正是某一新兴的热情之下的诉求：那一时期的人们迷恋来自波西米亚和英国的水晶玻璃香水瓶。

18世纪的香氛产业，在众多的产品中，无论是香水产品还是化妆品，都加入了玫瑰这一元素。在《纯植物女性梳妆用品》[①]（*Toilette de Flore à l'usage des dames*）一书中，某些香露里就含有玫瑰，譬如**女士香露**（*Eau des dames*）、**圣水**（*Eau divine*）或**天堂水**（*Eau céleste*）等。这些芳香的液体一般用来涂抹肌肤，而且由于玫瑰重要的美妆特性，它们也用于干浴。希波克拉底早就在治疗胃肠灼热、溃疡、耳痛或牙痛的药方里，让病人服用玫瑰精油和玫瑰花的汁液。路易十四的御用药师尼古拉·雷姆利，在他1685年出版的化学课讲义中，宣称"它们（玫瑰花）的功效集中于花瓣之上，可以用于治病疗身……它们能止泻、稀释并净化血液"。

18世纪，根据西蒙·巴尔布（Simon Barbe）的配方调配出来的**天使水**（*Eau d'ange*），不仅继续用于熏洒扇子、手套和衣物，也成为配制香水的首要成分之一[②]。它是由暹罗的安息香树脂、苏合香胶脂、肉豆蔻、桂皮和普罗万（Provins）地区[③]的高卢玫瑰花瓣调配而成的。此外，它还兼有一丝龙涎香和麝香的气味。当时的绅士用来美妆的**阿多尼斯水**（*Eau d'Adonis*），是一种在春末调制的香露，调香师们往往采摘新鲜的玫瑰花进行调配。而**娇露**（*Eau mignonne*）散发出的是一股柔和雅致的气息，那是由鲜花、香辛作料和果味调和而成的：玫瑰、豆蔻、罗勒籽、佛罗伦萨鸢尾花、辣椒仔以及少量的柠檬油，最后调入的龙涎香让整体

[①] 皮埃尔·约瑟夫·布寇兹（Pierre Joseph Buc'hoz），《纯植物女性梳妆用品：论用于女士美妆产品中的花草》（*La Toilette de Flore, ou Essai sur les plantes et les fleurs qui peuvent servir d'ornement aux dames*），巴黎，1771年。

[②] 西蒙·巴尔布，《皇家香水师：香水工艺》（*Le Parfumeur royal, ou l'art de parfumer...*）（1699年），老索格兰出版社（Saugrain l'aîné），1761年。

[③] 法国中北部塞纳-马恩省的一个古镇。——译注

有了协调感。

自制私房香水。19世纪,人们认为:"如果一个女人要想有不一样的面貌,那么她必须拥有自己的专有香水。"身兼小说作者和记者的阿尔丰斯·卡尔在为尤金·芮谜的《香氛产品手册》[1]撰写的序言里,就这么明确地写道。某些调香师试图搭建起一个关于女人香味的宝盒,这既是跨向香阶的第一步,也是嗅觉美学进步的标志。"气味的协调就像色彩的协调一样重要。纤纤玉手发出浓烈的麝香,而秀发却散发出茉莉花、或者其他任何一种让人在嗅觉上产生不适的香气,这样便是不协调。"[2]因此,往香粉、香皂、香膏里加入的应该是某些基本的香料。人们称为"酒精香露"或者"香露"的香精和精油的基本成分,也是一些香味和谐的鲜花:玫瑰、茉莉、橙花、金合欢[3]、紫罗兰、晚香玉。1850年之后,广藿香在英国广受欢迎,获得了前所未有的成功。法国于第二帝国时代也引进了广藿香。这一时期的香水有**骑师俱乐部花语香水**(*Le Bouquet du jockey*)、**尚蒂伊花语香水**(*Bouquet Chantilly*)、**鸡蛋花花语香水**(*Bouquet à la frangipane*),或者是由收割下来的料草的香气和其他新发现的天然香料(譬如依兰香)糅制而成的花语香水。

大革命前业已开始的自制"私房香水"的习俗,19世纪时继续存在。那一时期,出版了大量关于调制花香混合液的书籍,制法简单明了,易于在家里操作:比如有薰衣草香露、葡萄牙香露、紫罗兰香精,以及经红酒稀释过的花语香水。人们可以在药店或者药品杂货店买到原料,然后再自行调配。露易丝·达尔克撰写的美容指南[4]和斯塔夫男爵夫人的作品都给出了一些常用产品的制法。不过,照香水制造商尤金·芮谜看来,她们的作品并不可靠,因为里面给出的配方异想天开,

---

[1] 尤金·芮谜,《香氛产品手册》,第370页。
[2] 香榭格蕾公司,《时价目录表》,BHVP,序列号120,1880年,第7页。
[3] 金合欢:又名鸭皂树、刺球花、消息树等,金合欢属灌木或小乔木,分布于世界大部分地区,幽清韵,近紫罗兰带橙花鲜清与悬钩子带香豆素香气,又有温和的粉香、辛香及草药香。——编注
[4] 露易丝·达尔克,《盥洗室里的秘密:一位社交名媛的建议和秘方》,第69页。

一点都不专业[1]。

当时，新兴的中产阶级妇女热衷于调制香水，不过她们的这一活动很私密，是在个人的盥洗室里单独进行的。美容指南建议她们使用可以紧锁的梳妆台，家里的女仆绝对不能知道女主人的美妆秘密，也不能"用她们不干净的手，弄脏了密封在乳石瓶中的冷霜"[2]。因此，19世纪的女性，是在绝对私密的情况下打造一种自然的幻象，模仿自然但又不凌驾于其上。那并不是在脸上涂抹厚重而吓人的脂粉（大仲马抨击这样的妆容，声称只有妓女才浓妆艳抹）。当时的道德鼓励自然、纯朴。化妆被描述成某种会使人沉迷于其中的恶习。"化妆最大的弊病之一是，在给皮肤和健康造成了可怕的问题之后，人们养成了化妆的癖好。"[3]

在体面的富裕阶层的香水礼仪中，年轻女孩应当远离香水，因为香水只会破坏少女身上特殊的香气[4]。一种先天的迷人气味，它本身就是最好的香水："与一切来自阿拉伯的香料相比，少女身上散发出的、犹似墨角兰的甜美气息，更加美妙，也更加令人心醉神迷。"[5]人们也赞美从年轻女孩的秀发中，散发出来的天然芳香："某些女人的秀发满是她们的香气，当人们嗅她们的头发时，仿佛就在快乐地畅吸一束鲜花的芳香。"[6]类似的比喻自然都和花卉的世界有关。

---

[1] 尤金·芮谜，《香氛产品手册》，第349页。随着香水工业的发展，在家里调制香水的习俗逐渐消失，因为不仅有大量的香水投放市场，而且它们的价格也非常有竞争力。原料的费用比香水商店里的成品价格还要贵。

[2] 露易丝·达尔克，《盥洗室里的秘密：一位社交名媛的建议和秘方》，第5页。

[3] 同上书，第69页。

[4] 伊莎贝尔·布利卡尔（Isabelle Bricard），《圣女抑或纯洁少女：19世纪年轻女孩的教养》（*Saintes ou pouliches: L'éducation des jeunes filles au XIXe siècle*），巴黎，阿尔班·米歇尔出版社，1985年，第180-201页。

[5] 奥古斯特·德贝（Auguste Debay），《香水和鲜花，以及它们对人类经济生活的影响》（*Les parfums et les fleurs, de leur influence sur l'économie humaine*）。见《疫气和水仙》中的引文，第214—216页。

[6] 奥古斯丹·加洛潘（Augustin Galopin），《爱情中的女人香和嗅觉》（*Le Parfum de la femme et le sens olfactive dans l'amour*），巴黎，爱德华·丹徒出版社（E. Dentu），1886年，第115页。

在 19 世纪的卫生革命热潮中，干净、透明、清新的香调意味着健康和洁净。当时，围绕着几个花香调，一些非常幽雅的复合花香香水调配出来了。经过了督政府和第一帝国时代繁复的香气和厚重的味道之后，19 世纪的资产阶级社会又回归玛丽·安托万内特时代备受赏识的花香。人们逐渐抛弃浓烈的香水，转向进一步提升肌肤清新度的花香调香水。

对于这一时代新兴的资产阶级而言，干净的身体和清淡的香水对应的是精神上的洁净，他们不喜欢人为的化妆和过多的香水。因此，排斥第一帝国时代宫廷里的矫揉造作，与回归旧制度时代的贵族准则，成为资产阶级新的价值标准。他们在干净的理念中发现的是某种社会地位和根基。当时，对于贵夫人或淑女而言，过多地喷洒香水有失端庄，因为无论如何，香氛产品都不应该掩盖她们身上原有的香气。"有品位的女人的才气，不仅仅在于善于选择精微雅致的香水，尤其在于懂得使用某种能提升她特有的原香的香水，总之这种香水不能有损于她与生俱来的香气。"[1] 所以，女人们得到的建议是，绝不能滥用香水，也不能沉迷于香水之中。"法国女人一般喷洒少量的香水，她们喜欢雅致、柔和、不着痕迹的香味。"[2] 选择香水成为某种需要智力的行为，它是进入某一风雅的文明社会的特权，尤其是在第二帝国时代。

2. 美好年代：新艺术运动的影响

19 世纪末期兴起了一股全新的艺术潮流：崇敬和赞美大自然、崇拜女性、热爱曲线、迷恋东方和日本的模式，尤其是某种对于玻璃制品、金银制品、陶瓷制品等装饰艺术的兴趣。与此同时，19、20 世纪之交的

---

[1] 奥古斯丹·加洛潘，《爱情中的女人香和嗅觉》，第 156 页。
[2] 布朗士·德·杰利（Blanche de Géry），《优雅和实用卫生课程》（*Leçons de coquetterie et d'hygiène pratique*），巴黎，蒂利翁出版社（E. Thirion），1885 年，第 233 页。

美学原则也应用到日常生活的方方面面，新艺术运动[①]在路灯、大建筑物的门面、地铁入口等各式各样的物体上，留下了它的印迹；而香水自然也受到影响，无论是它的气息，还是它的外观，都有新艺术的影子。

鲜花，新艺术运动中无处不在的主题，在香水业中体现在花香型香水上。1893 年，世界花卉博览会在巴黎举行，会上展出了来自法国各地以及遥远国度的花卉。依据不同的表述，"女人——鲜花"这一主题尽管形式各异，但总以寓喻的画面呈现出来。植物和动物交织地出现在一些充满诗意、梦幻的展示之上。使用了比喻和象征的广告文字，也充满诗情画意，尽管往往夸张、华丽[②]。无论是清晰地，还是含蓄地，一切都被表达了出来，于是便有了女性魅力的本质就蕴含在花香里的说法。因此，调香师的艺术天赋在于：尽可能准确地再现弥漫在大自然里的气息，并通过多重组合，即所说的"复合花香"，尽可能无懈可击地复制出现实。理想的香水便是鲜花香调的香水，主要有铃兰、丁香、茉莉、天芥菜、紫罗兰和玫瑰。

在上述所有的花香之中，紫罗兰的香味尤其受欢迎。1898 年，在德国科学家费尔迪南·蒂曼（Ferdinand Thiemann）和 P. 克鲁格（P.Krüger）发现了紫罗兰酮——具有紫罗兰和鸢尾花的温热香味——之后，旋即兴起一股紫罗兰的时尚。1990 年，法国化学家穆罗（Moureu）和德朗日（Delange）发现了辛炔羧酸甲酯和庚炔羧酸甲酯，两者都具有鲜明的紫罗兰叶子的味道。20 世纪初，香榭格蕾推出**真紫罗兰**（*Vera violetta*）。在它的价目表里，香榭格蕾公司不敢承认使用了化学物质来代替紫罗兰；设计这一款香水的调香师们解释，他们在不使用化合物的情况下，知道如何去除破坏香水味的油脂味。所以，他们懂得"重塑紫罗兰真实

---

① 欧洲和美国 19 世纪末 20 世纪初掀起的一场影响面非常广的装饰艺术运动。——译注
② 勒格朗香水企业（Parfums Legrand）这一时期的一则广告，通过把鲜花比作女人的类比手法，阐述了香水的理念，表达如下：当女人俯身欣赏花朵时，她发现鲜花里蕴含着某种最有魔力、最令人心醉神迷的东西——香气，这一她没有的禀赋。幸运的是，命中注定，她看到一切都能梦想成真……人们找寻鲜花的秘密，并找到了。基于这一成就，人类的天才渴望建立一种艺术，香水的艺术。BHVP，序列号 120，约 1900 年。

的、纯粹的香气"①；但是，这一香水由于含有人工合成物，还是引起了人们的愤慨。此外，我们还可以把当时人们对于紫罗兰香气的迷恋，和同一时期人们对于紫色衣饰的热爱联系在一起。

1890 年，鲁宾香水公司推出了一批手帕用香水，尤其是一些花香调的香水：**金葡萄藤**（*Pampres d'or*）、**迷思**（*Enigma*）、**小人国**（*Lilliput*）、**格勒兹的花束**（*Bouquet Greuze*）、**索拉米娅**（*Sola mia*）、**紫仙**（*Violette fée*）。这些作品都是一些去除了动物性香调或者香辛料的鲜花精油组合。与此同时，鲁宾公司还想到了做一个香水套装的主意：由分别代表不同季节的四瓶香水，组成的"花之年"（L'année fleurie）。此外，他们还向市场投放了鲁宾小瓶盖，即穿着路易十五式样的丝质服装的萨克森小瓷娃香水盖，用来密封装有手帕用香水的瓶子②。香精随着功能的变化也演变成了淡香水：如今装在香水喷雾器中的香水，让女人一天都拥有淡淡的清香。

花之语。19 世纪末期，妙巴黎大力推广的花语系列香水获得了巨大的成功③。1894 年的"紫罗兰之美"系列、1898 年的"含羞草之美"系列和"铃兰之美"系列，以及 1913 年在美国大力推出的"玫瑰灰"系列，一上市便赢得了女性的普遍欢迎。"……灰"系列是以十一种鲜花为基本成分开发出来的，该系列的成功甚至延伸到了澳大利亚。玫瑰、铃兰、丁香、石竹、仙客来、栀子花、桂竹香、薰衣草、茉莉、鸢尾、紫罗兰，这十一种花卉都代表了女性的特质。女人们从中挑选——以她看来——最符合她的气质的香氛④。总的来说，它们都是一些为了再现某一鲜花的完美幻象而浓度极高的纯香精。当时，以它们为基本成分衍生出的香氛产品则有精油、香粉、香袋、香皂、洗涤剂、淡香水、发乳和发油。此外，手帕用香水和香炉的时尚也继续流行。时人还可以在市面上

---

① 香榭格蕾公司，《商品时价表》，BHVP，序列号 120，1906 年。
② 鲁宾公司，《说明书》（*Livret*），BHVP，序列号 120，1914 年。
③ 花语系列香水（*La Série des fleurs*）、1893 年的**紫罗兰佳品**（*Prima violetta*）和 1890 年**梦中的紫罗兰**（*Violtetee rêvée*），香水瓶照片和时价表，妙巴黎文献。
④ 妙巴黎公司，"……灰"系列（*Série Ashes of...*），妙巴黎商品目录、香水瓶、广告、文献。

找到大量的香囊、芳香的信笺盒、香包衣架、香袋、香水匣和装手套的香盒。香氛征服了私人生活的各个领域，而广受推荐和喜欢的则是一些花香调的味道：白天芥菜、白丁香、玉兰花、铃兰花、木犀草、康乃馨、香荚兰、依兰、茉莉，尤其是帕尔玛紫罗兰[①]。

1914 年之前，某种和花语有关的香氛心理学已经开始推广：你爱幻想、含蓄和欢乐，那么你是玫瑰、紫罗兰或者茉莉花。女人们学会了解读这一言及爱情时既纯朴又文雅的方式，它改写了爱情王国的版图（la carte du Tendre）[②]。这种和鲜花主题联系在一起的女性特征由来已久，并且浪漫、温柔。香水业中备受推崇的原材料鲜花，于是被清楚地标注在香水名里：**加比拉的玫瑰**（*Rose de Gabilla*）、**科西嘉的茉莉**（*Jasmin de Corse*）、**林中铃兰**（*Muguet des bois*）、**科蒂公司的红蔷薇**（*La rose Jacqueminot*）、**加比拉公司**[③]**的春**（*Tout le printemps*）或者是娇兰**的我的本堂神甫的花园**（*Jardin de mon curé*）。我们还是看一下 1905 年至 1910 年间广告文案是如何赞美一支香水的吧："它时尚新颖、深受淑女们的喜爱，因为这是一支以紫罗兰和仙客来为主的高度提炼的花香型香水。它同时还是一支清新雅致的香水。"[④]

1901 年，雅克·娇兰研发了**花之凋零**（*Fleur qui meurt*），把当下和怀旧的情绪糅合在鲜花最璀璨的一刹那：向人们吐出最后一缕芳香气息的鲜花。这一香水装在一个所谓的"饰花"瓶中，因为出售时细长的瓶颈就由一条链子紧紧裹在一束丝质的紫花中。

这一时期的香水名一般都是描述性的，几乎总含有某种花卉的名字：**一缕香氛**（*Un air embaumé*）、**醉人的玫瑰**（*Rose capiteuse*），褪色

[①] 在查阅了香水公司的商品目录之后，我们做出了以上的综述，BHVP，序列号 120。
[②] 法国 17 世纪时出现的一幅关于想象中的王国的地图；在这幅地图上，人们可以看到以村庄或道路的形式表现出来的不同情感状态。——译注
[③] 黎巴嫩裔法国人亨丽埃特·加比拉（Henriette Gabilla）1910 年在巴黎成立的香水公司。——译注
[④] 安洁莉香水公司（Parfums Angélis），**和风**（*La Brise Angélis*），广告（日期不详），约 1905—1910 年。

的石竹（*Œillet fané*）、"帕尔玛紫罗兰"、"科西嘉的茉莉"。1895 年，娇兰香水大胆启用了一个乍看之下令人觉得吃惊的名字："我的本堂神甫的花园"。这个名字让人想起那些位于本堂神甫住宅附近的园子。在这些休息和静思的地方，种着各式各样的有益植物：果树、花卉、蔬菜和药用植物。有趣的是，"我的本堂神甫的花园"这支香水推向市场的时间，正是法国社会天主教运动风起云涌的 19 世纪 90 年代。在基督教的普及中，神父扮演着一个重要的角色，他离开祈祷室，走向民众。他是天主教徒和共和政体之间的调停者[①]。因此，他的花园里的气味，无论是鲜花的清香，还是动物性香气，只能是一些圣洁的、启迪人心的、馥郁的香氛[②]。

在同一时期的香水广告里，18 世纪的田园风格依旧是一种毋庸置疑的标志和准则、一种女性美的理想、一种生活的艺术。和巴黎的报刊文章所指出的一样，年轻的牧羊女和盘着饰带的贵夫人，仍然是传扬某一香氛产品的形象。香水公司把这一优雅的、高贵的传统应用到他们的广告之中，令人想起皇室御用香水大师的时代[③]。广告中的女人们，盘着饰带，给人一种清新透心的惬意感。她们演绎的"爱情偶遇"，纯真、浪漫。柔和的色彩，加上嵌在洛可可画框中的画面，让人觉得仿佛在看一幅画作[④]。背景充满田园气息，女人们开心地玩耍，跳着欢乐的法兰

[①] 让-玛丽·马耶厄尔（Jean-Marie Mayeur），《第三共和国的早期》（*Les débuts de la Trosième République*），巴黎，瑟伊出版社，1973 年，第 193—203 页。

[②] 雅克·娇兰，《我的本堂神甫的花园》，露易丝·阿贝玛（Louise Abbéma）大约在 1900—1905 年间为娇兰公司创作的水彩画广告作品，《150 年的香水编年史：1828—1978》（*Cent cinquantenaire, 1828-1978. Chronique parfumée du temps qui passe*），南特，西莫诺印刷厂（Simonneau Impr.），1978 年。

[③] 19 世纪 90 年代，在建筑、家具和其他装饰艺术领域，吹起了一股强劲的新洛可可之风。

[④] 香水广告把 18 世纪作为灵感和主题，比如里高（Rigaud）的"路易十五香水"，见国家图书馆汇编（BN Recueils），第 403 卷，里高香水公司画册，1891 年，第 31 页；皮诺香水、化妆品公司（Ed. Pinaut）的**调情**（*Flirt*），1910 年 4 月，BHVP，时事热点，序列号 120，报刊名不详；婕洛芙公司（Gellé Frères）的**成功之作**（*Quelques succès*），BHVP，时事热点，序列号 120，婕洛芙香水公司，日期不详；妙巴黎的**春之魅**（*Les Charmes du printemps*），国家图书馆铜版画，具体日期不详，1900—1909 年。

多拉舞①，似乎还是玛丽·安托万内特的时代。她们的会话柔和、甜美，犹似齐特拉的琴声，肉乎乎的小天使就围绕在旁边。人们还以为是华托（Watteau）②或者布歇（Boucher）③的油画作品。两位艺术家见证了往昔的快乐时光，而象征着贵族式的快乐、优雅和精致的香水则让往昔重现。

好几个香水品牌都采纳了这一广告主题，譬如妙巴黎的**曼侬·莱斯戈**④（*Manon Lescaut*）、里高的**路易十五香水**（*Parfumerie Louis XV*）、香榭格蕾1908年推出的**宫廷记忆**（*Souvenir de la cour*）⑤。香水企业便是这般地寻求一些可识别的、确切的典范。不过，这一趋势后来又逐渐让步于抽象的、梦幻的新艺术——让人想起其他更性感、更撩人的香型。

3．花香型香水

为了表达女性神秘、欢快的特性，20世纪的香水业一如既往地围绕着鲜花家族展开。花香型香水象征的是围起来的花园。那是女人们的传统园地，私密，但又色彩缤纷、香气四溢，人们在其中栽种用于室内插花的鲜花。一直以来，调香师们备受鲜花和女人的诱惑。在花香型香水中，玫瑰是调香师创作时的重要灵感来源。象征着女人的玫瑰，传说是由维纳斯的鲜血和爱神厄洛斯的吻变成的。它的花刺提醒人们：它不是一种人们能轻易摆弄的花朵。阿拉伯的谚语说道："正如玫瑰花一样，猫只会抓伤那些不懂得抱它的人。"同时，这一谚语又宣称"保护玫瑰花的不是它的花刺，而是它的芳香"。"现代香水之父"弗朗索瓦·科蒂1904年研制出的**雅克米诺玫瑰**（*La rose Jacqueminot*），是第一支现代的单一花香型香水。

---

① 法国南部普罗旺斯地区的一种民间舞蹈。——译注
② 法国18世纪著名的洛可可派画家。——译注
③ 法国18世纪杰出的洛可可派画家，曾任法国美术院院长、皇家首席画师。——译注
④ 同名于法国18世纪的一部文学名著。——译注
⑤ 这些品牌的香水名称详见《1890—1910年销售目录》，BHVP，序列号120。

科蒂创作的"雅克米诺玫瑰",这支单一花香型香水取得了巨大的成功

雅克米诺玫瑰。在"花香"备受追捧的年代,弗朗索瓦·科蒂寻求一种全新的表达方式:某种单一花香的结构。尽管此结构只围绕着一种原料展开,但这种原料却是所有香料中最美妙的:象征女性的玫瑰花[①]。成功随着作品"雅克米诺玫瑰"出现了[②]。弗朗索瓦·科蒂的创作以格拉斯的玫瑰净油——通过挥发性溶剂萃取出来的精油——为基础。净油这一极其纯净、几乎没有任何杂质的新产品,在调香师后来的创作中受到重用。

科蒂对他研发出来的作品很满意,他决定把它推荐给卢浮宫商店的主管。不过,后者没有接受,因为他觉得这一新品太生硬、太粗俗。它的新奇令人无所适从。传说,又一次出现在了香水的历史上:是科蒂自己还是一位笨手笨脚的女售货员,在下午比肩接踵的商店里失手打破了他的一瓶香水?总之,整个商店瞬间香气四溢,人们涌了过来。很快,柜台里的新品被洗劫一空。"雅克米诺玫瑰"在香水界形成了一个有决定意义的断裂。当科蒂在格拉斯的诗丽斯企业实习时,他发现了五月玫瑰[③]净油这一产品,所以他想到把两种合成物结合在一起,即玫瑰醇——由玫瑰精油和天竺葵[④]精油两种基本成分构成的合成物——和紫罗兰酮。这样一来,科蒂重新闻到了从玫瑰园地上散发出来的芳香,那是他在格拉斯时,在五月的晴天丽日里陶醉于其中的气息。这一香氛充分传达出了 20 世纪初女性的优雅和魅力。"雅克米诺玫瑰"是一支成功的香水,是科蒂时来运转的开始,也是某一长长的香水系列的初始之作,即玫瑰-紫罗兰调香水的发端。

玫瑰调香水。香水业中无数次演绎过的玫瑰花,就像诗人保尔·魏

---

① 不过,科蒂这位勇于创新的调香大师的初作并没有一经推出就获得成功。他的第一批花香型香水,比如**天芥菜花**(*Héliotrope*)或者**白丁香**(*Lilas blanc*)都遭遇了滑铁卢。
② 弗朗索瓦·科蒂希望以此香水名表达他对雅克米诺博士(docteur Jacqueminot)的敬意,在后者的帮助下,他在香水业迈出了他的第一步。
③ 又称为格拉斯玫瑰或者百叶蔷薇。——译注
④ 天竺葵:属多年生肉质、亚灌木或灌木植物,有大约 230 个别种,提取香料多以香叶天竺葵与玫瑰香叶为主,蜜甜香,微青,有果凉香气及脂蜡气,余香有玫瑰样甜香。

尔伦（Paul Verlaine）笔下那位不为人所识的女子一样，既不完全相同，也不完全不同[①]。如果我们拿起一瓶 30 毫升的"香奈儿 5 号"香精，就能闻到其中香浓的玫瑰、茉莉和依兰。1930 年面世的"欢愉"，一款献给女人的极其奢华馥郁的香水，是大量的玫瑰花和茉莉花的组合。该作品的宣传口号声称"（它是）世界上最珍贵的香水"，让人犹如闻到了裹住女人肌肤的浓郁香气。1969 年，帕科·拉巴纳（Paco Rabanne）[②]投放市场的**散热器**（*Calandre*）是一款玫瑰香氧化了的香水，冰冷的金属香气夹带着鲜芒果和皮革的气味。倩碧 1971 年推出的神奇而迷人的**香露**（*Aromatics Exilir*），则是广藿香点缀之下的玫瑰。而雅诗兰黛公司 1978 年的作品**如风**（*White linen*），是一股带着黎明时分的水汽的春天气息，纷繁、富饶。1979 年，玫瑰花这一经常出现在娇兰世家中的缪斯，让-保罗·娇兰以**娜希玛**（*Nahema*），再次向它表示崇高的敬意。赋予调香师灵感的是法国著名的女影星凯瑟琳·德纳芙（Catherine Deneuve）：在电影《本杰明或者童男日记》（*Benjamin ou les mémoires d'un puceau*）中，有一幕她被困在了一个点缀着玫瑰花的金色电梯轿厢里。为了创作"娜希玛"，让-保罗·娇兰效仿拉威尔（Ravel）在《波莱罗舞曲》（*Boléro*）中使用的循环节奏，孜孜不倦地重复玫瑰花这一主题。其中丰饶的土耳其玫瑰净油，把酸涩的风信子变成了精美的玫瑰酱。女性撩人的性感在"娜希玛"中得到了升华和净化。这一支香味丰腴、饱满的香水，是一首充满东方风情的诗歌，是一曲关于爱、关于女人和玫瑰花的颂歌。

1981 年，让-夏尔·布罗索（Jean-Charles Brosseau）公司[③]的作品**玫瑰幽灵**（*Ombre rose*，又译**玫瑰影**），具有某种和谐的花香粉调，那是以玫瑰和香荚兰为主要成分的香调。同样，伊夫·圣罗兰公司 1983 年也为喜爱红玫瑰的巴黎女性们推出了**巴黎**（*Paris*），一曲关于玫瑰的赞歌。

[①] 保尔·魏尔伦，《我熟悉的梦》（«Mon rêve familier»），见《感伤集》（*Poèmes saturniens, Melancholia*），第六卷，勒梅尔出版社（A. Lemerre），1886 年。
[②] 西班牙人帕科·拉巴纳，20 世纪 60 年代在巴黎创立的同名高级时装品牌。——译注
[③] 著名时装帽和饰品设计师 1954 年创立的同名时尚品牌，又译为芝恩布莎。——译注

不过，对于这支香水的市场推广，尚塔尔·罗斯（Chantal Ross）希望把重点放在名字而非香味之上。事实是，20世纪80年代，法国的厕纸都添有玫瑰香，高端香水业中的玫瑰调香水受到了女性消费者的嫌弃，这皆因为功能性香氛产品带来的负面内涵。相反，美国女人钟情于象征着浪漫爱情的玫瑰花。因此，"巴黎"在海外市场推广时主打玫瑰香这一特点，并取得了类似于本土市场的成功。

1988年，CK推出的**永恒**（*Eternity*）女士香水，为女性们贡献了一款既热辣性感又富有浪漫色彩的香水。由索菲亚·格罗伊斯曼（Sophia Grosjsman）打造的这支热烈的花香型香水，以玫瑰-紫罗兰组成的谐调为基础，再以香辛料作为点缀。索菲亚·格罗伊斯曼的使命很明确：为懂得欣赏生活中的简单事物与喜欢和谐轻快的家庭生活的女性们，打造出一款充满柔情的香水。她决定以玫瑰和紫罗兰作为主题和出发点，再配以适合于白天和晚上的清新的香辛料，形成对比。这是一支既给人私密感，又带着撩人色调的香水。

1996年，让·保罗·戈蒂埃品牌发布的**经典**（*Classique*），在凸显两个强有力的、永恒的女性符号——玫瑰和紧胸衣①——的同时，声称表现了女性的欢快和自由。不过，这一支玫瑰调香水的风格却有所不同。玫瑰在这支香水里化身为某种诱惑人心的花朵。2000年，凯卓的"花样年华"则重新调整了玫瑰-紫罗兰这一谐调：更清新、更热烈、粉质感更强、麝香的味道也更浓郁，使之和时代趣味相吻合。这支糅合了玫瑰、紫罗兰、山楂花和胡椒味的香水，在国际市场上大获成功。2003年，纪梵希的**倾城之魅/粉红魅力**（*Very Irrésistible*），带来了全新版本的粉质玫瑰香调：缀有茴香。同一年，英国著名时装设计师斯特拉·麦考特尼（Stella McCartney），成功推出首支以自己的名字命名的香水**斯特拉**（*Stella*），诠释出了带有安息香的玫瑰-紫罗兰谐调，新颖而独特。最

---

① 这里指的是让·保罗·戈蒂埃为他的这一作品，设计了穿着紧胸衣的女人躯干的香水瓶身。——译注

让·保罗·戈蒂埃品牌设计的香水"经典",凸显了两个强有力的、永恒的女性符号:玫瑰和紧胸衣,声称表现了女性的欢快和自由。这与第一支现代单一花香型香水"雅克米诺玫瑰"已经有所不同

后，保罗·史密斯（Paul Smith）2008年推出的**玫瑰**（*Rose*），向我们传递出了犹如花园中闻到的新鲜玫瑰香。

铃兰。如同玫瑰一样，其他富有浪漫色彩的鲜花——长期以来一直"默默无闻"，由于它们的香气幽微而显得十分的含蓄、低调——在20世纪，也向世人毫无保留地展示出了它们的柔媚。它们的香氛是由合成的方法获得的。事实是，正如丁香、紫藤、百合、紫罗兰和铃兰一样，忍冬蜜汁般的甜美并不能以萃取的方法提取。所以，必须人工合成。1941年，亨利·罗伯特（Henri Robert）为科蒂香水公司打造的"林中铃兰"，在美国取得了巨大的成功。1952年，为了庆祝五一国际劳动节，米歇尔·莫塞缇（Michel Morsetti）为卡隆公司创作了**幸福铃兰**（*Muguet du bonheur*）。这支花香型香水甜美的香调，仿佛上了浆一般的坚韧；此外，它还含有橙花、玫瑰和茉莉花。菲利斯·万圃伊·贝尔戈（Félicie Wanpouille Bergaud）亲自操刀，设计了带有刻面的圆身尖底香水瓶以及令人想起铃兰花的白绿香水盒。1956年，迪奥香水推出的"迪奥之韵"，成为史上最迷人的铃兰花香水。克里斯汀·迪奥吐露，他曾经画过一些鲜花体态的女人："光滑柔嫩的肩膀，丰满的上身，宛如爬藤的腰身和像花冠一般展开的伞形半裙"。[①]尽管"迪奥之韵"不含任何铃兰净油，然而它却让人有了一种闻到新鲜采摘的铃兰花的感觉，因而成为回归自然、纯朴的花香型香水之一。

百花型香水一如既往地由各种各样的鲜花组合而成：格拉斯高贵的茉莉花，品质一流、价格昂贵，是格拉斯人口中的"花朵"，因此茉莉花的采摘在当地成了必须小心翼翼的事情之一；佛罗伦萨的鸢尾花，也是奢华的名品；此外，还有薰衣草、含羞草、橙花、黄水仙、风信子、马约特岛[②]的依兰、埃及和非洲留尼汪的天竺葵（香味神似玫瑰，也用于男士香水中）。

[①] 克里斯汀·迪奥，《时代人物》（*Homme du siècle*），展览目录，格朗维尔（Granville），克里斯汀·迪奥博物馆，凡尔赛，阿尔特里出版社（Artlys），2005年，第52页。
[②] 组成香料之国科摩罗的四大岛之一。——译注

1948 年，尼娜·里奇（Nina Ricci）①推出的**时代气息**（*L'Air du temps*，又译为**比翼双飞**），成为了"二战"后的一款经典名作。它自称是一支带来幸福感的香精，是一支令人重返无忧无虑的快乐生活的香水，重拾许许多多在战争黯淡无光的日子里消失了的情感。它清新、自然，有着古典的纯朴气息，品质优良的天然原料提升了它的气质。它又是一支生动活泼、柔和甜美、富有烂漫色彩的香水，前调热烈，中调花香丰富，尾调持久、绵长。整支香水的结构匀称、严密，启发了后来之作，譬如纪梵希 1957 年的**尊享**（*Le De*）、姬龙雪 1966 年的**斐济**（*Fidji*）、露华浓 1973 年的**查莉**（*Charlie*）以及古驰 1975 年的**古驰一号**（*Gucci I*）。

阿娜伊斯·阿娜伊斯（*Anaïs Anaïs*）。70 年代早期，成衣革命风起云涌，一些高端奢牌的产品价格不再高不可及。1959 年，皮尔·卡丹是第一个签订了成衣制作和销售许可的服装设计师。1966 年，安德烈·库雷热（André Courrèges）②紧随其后。卡夏尔的创始人让·布斯盖（Jean Bousquet）和隶属于欧莱雅集团的卡夏尔香水的总监安奈特·路易（Annette Louit），注意到 1968 年的五月风暴已经改变了年轻女性的观念。她们不再光顾传统的香水屋，在这些店铺里已经找不到她们想要的产品。她们渴望新事物，在尝试了天然香精和麝香之后，她们开始在完全不同于高端香水屋的药品超市购买香水产品。因此，必须向年轻消费者提供令她们耳目一新的产品：一支同时传递温和与性感形象的香水。阿娜伊斯——古波斯代表爱情的女神的名字，后来在希腊成为象征丰产的女神的名字——作为一个带有地中海格调的名字，建立起了知名度③。此外，名字的重复意味着某一拥有多重面孔的女性，或者至少是双重面孔的女性。在当时流行的花语香水背景之下，卡夏尔的香水团队希望研发出一款既柔和、又性感的香水；想法便是围绕着代表纯洁的百合花——醉人

---

① 又译为莲娜·丽姿。——译注
② 法国著名时尚设计师，"超短裙之父"。——译注
③ 和当时的卡夏尔香水部门的总监安奈特·路易的访谈，见迈克尔·埃德伍兹的《香水传奇》，第 182 页。

的洁白花朵——打造香水。那时候，百合花精油尚未能萃取出来，调香师们对这一花香的诠释只能以一系列的白色花卉为基础：晚香玉、风信子、橙花、茉莉花和铃兰。因此，最后打造出来的"阿娜伊斯·阿娜伊斯"综合了多种鲜花：它清新柔和；中调由馥郁、辛辣的木质香烘托；尾调则是温暖的龙涎香和麝香。这一反差鲜明的香水，清新甜美、纯净迷人，由一个富有浪漫色彩的瓶子呈现出来——乳白的玻璃瓶，瓶身镶有的标签上是一些梦幻般的花朵。阿内格蕾·贝尔（Annergret Beier）设计的这个香水瓶，尽管灵感来源于往昔的一个梳洗瓶子，仍被视为具有创新意义。它不仅体现了"阿娜伊斯·阿娜伊斯"的柔和与浪漫，并且保持了这一香水的神秘性。而莎拉·摩恩（Sarah Moon）[1]富有浪漫色彩的广告画面，则演绎出了该香水关于双重性的主题，即天真而又放纵的女孩——科莱特小说中寻爱觅艳的女主角[2]——的双重性。随着"阿娜伊斯·阿娜伊斯"的出现，年轻女性们从此以后有了属于她们的香水。这一香水取得了巨大的成功。

20世纪末期的香水。在女性香水中，花香型一直很常见。80年代出现了一款花香非常浓郁的香水，1983年由让-保罗·娇兰创作的**百花乐园**（*Jardins de Bagatelle*）。娇兰的这支香水讲述了一段关于白色花卉的故事，欢快、明亮，并且犹如那一时代的女性一般，果敢无畏。巴黎的布洛涅森林边缘，有一座新古典风格的豪华花园府邸，"百花乐园"的创作灵感就来源于里面的女像柱之一。该府邸是由路易十六的弟弟阿图瓦伯爵亦即后来的查理十世建造的。那是玛丽·安托万内特王后和他的小叔子之间的一次赌注，他们打赌十周内，在某一落败的茅舍处建起一座府邸。"百花乐园"前调酸甜，中调是光彩夺目的混合百花香，带有香荚兰和麝香的木质尾调则使之绵长持久。这一很容易辨识的气息，标志了80年代女性的欢欣愉悦。

---

[1] 法国著名时尚摄影师。——译注
[2] 科莱特，《流浪女伶》（*L'Ingénue libertine*），巴黎，奥朗多夫出版社（P. Ollendroff），1909年。

90年代，花香型香水有了全新的演绎。1995年由艾伯特·莫瑞拉斯研发出的雅诗兰黛的**欢沁**（*Pleasures*），香调纯粹、晶莹剔透，让花香型香水焕然一新。这支混合花香型香水，不仅让人想起清晨绿意盎然、挂满露珠的花园，也许也适于"每一个女人，以及任何季节和时间"。它同样反映了女人每天喷洒香水的愿望：一个不伤大雅、迷人的乐趣。

真我。混合花香型香水就像某些人一样，有着欢乐的天性。迪奥1999年研发出的"真我"，便是这些欢欣明快的香水之一。它体现的是光彩照人、幸福洋溢的女性。换言之，有着金黄的小麦肤色的现代女神，她披落的秀发随着柔软的身体起伏，美丽迷人。广告展示了一位纤细的金发女子，沐浴在一片及胸的水中，暗黄的水色让人想起金粉。迈达斯国王点石成金的故事，在这里以女性的方式呈现了出来。作为21世纪第一支重要的花香型香水，"真我"有着浓郁的果味和麝香味，从前调到尾调都闪亮、炫目。由女调香师卡丽丝·贝克（Calice Becker）创作的这支香水，在推出十年之后，仍位居销量最佳的女士香水的首位。2006年之后成为迪奥御用香水师的弗朗索瓦·德玛什，在打造净油版**真我纯香**（*J'adore L'Absolu*）时，决定突出四种花香。它们都是香水制造业中最为名贵的原材料，分别是依兰、土耳其大马士革玫瑰、双瓣茉莉和晚香玉。和精油比起来，净油的香气更丰富，也更稳定，它捕捉到了鲜花最隐秘以及让人最意想不到的一面。

康乃馨（*Carnation*）。鲜花也许会失去娇弱欲滴的一面，但不会失去壮美。"它们是香水的灵魂"，年轻的西班牙-意大利裔调香师莫娜·德·奥里奥（Mona Di Orio）这么肯定地说道。曾经师从埃德蒙·鲁德尼茨卡的她，在处理花香上显示出了精确而高超的技艺。对于2006年创作出来的"康乃馨"，她说那是向文字生香的科莱特的一次致敬。这支有着皮革味的花香型香水，弥漫着某种直接出自科莱特的小说世界的性感。在莫娜·德·奥里奥的想象中：一位女子，在一间东方风情的闺房里，里面浮着一团香粉的气息；她看到了这位女子白净、丰腴的身体，并感觉到了她的炙热。"我表达的女性具有阳光般的炙热肤质。""康乃

迪奥推出的香水"真我",有着浓郁的果味和麝香味,从前调到尾调都闪亮、炫目。女调香师卡丽丝·贝克创作的这支香水,在推出十年之后,仍位居销量最佳的女士香水的首位

馨"这支香水就像是热烈的石竹和洁白的、毒乳般的晚香玉之间的一次碰撞。

总之,无论是单一花型的香水还是形象感十足的混合花香型香水,无论唤起的是温柔的还是遥远的意象,花香型香水一如既往表现出来的,都是女性特有的气息。

4. 神秘的女性魅惑

正如福楼拜写到的一样,香水,这一"美的气息",犹似一股裹挟着我们的迷人雾气,施展出某种甜美的诱惑,比死亡还令人胆战心惊。聚斯金德笔下的主人公让-巴蒂斯特·格雷诺耶,是个没有气味的人,他的一生都在探寻让人们喜欢上他的气味。为了捕获这一气息,他甚至成为凶手,问题的关键都在于少女身上的体香,这一让人们失去才智和判断力的香气。

女人们发出的香气,能在男人身上引起某种类似于性的迷狂的震撼和激情。莫扎特的歌剧《唐·乔万尼》(《唐璜》)的剧本作者达·蓬特(Da Ponte)[①],在他撰写的咏叹调"女人香"中,就描绘了女人散发出的特殊香气对于男人的影响。女人的体味,比如腋下或者腿部的汗香,使男人为之入迷。一种让她们的情夫感受到一阵阵快意的醺酣、一种致命的迷狂、一种温柔的疯狂。许久之后,男人们依然记得深入肌肤里的战栗,以及占据了他们心头和灵魂的香气。

在他的悲剧作品《安东尼与克利奥帕特拉》中,莎士比亚讲述了尤利乌斯·恺撒死后,把马克·安东尼和克利奥帕特拉女王紧密联系在一起的跌宕起伏的激情。当时,三巨头共同统治并决定着罗马的命运:马克·安东尼在三位联盟首领里,能力最强,经验最丰富,但他却完全臣

---

① 18世纪和19世纪的歌剧填词家、诗人,因和莫扎特一起合作了三部意大利歌剧《费加罗的婚礼》《唐璜》《女人皆如此》而闻名于世。——译注

服于他的情妇，对来自罗马的苦难和信息充耳不闻。不过，在一时激起的"罗马人的善德"之下，他最终还是从克利奥帕特拉的怀抱中挣脱出来，回到意大利。在回国期间，他甚至同意迎娶年轻的恺撒①的妹妹奥克塔维娅（Ocatvie），以示结盟……然而，他很快又回到了他既爱又怕、迷人的女王的怀抱里。奥克塔维娅如何才能和安东尼在一艘豪华的楼船上首次见到的女人一争高下："黄金打造的船尾/绛紫的风帆，是如此的芬芳/噢，愿四周的风减弱这一芬芳引起的爱欲"？②同样，令人无法忘怀的肌肤的味道，便是在我们的体汗之上扬起的一片风帆，令人埋头其中畅吸的气息。

如果我们翻阅一下美容院的目录和美容指南，就会发现1890年以后，为了成为美好年代的俏佳人，女人们不再梳头发中间分开、紧贴于两鬓的发式，也不再追求白皙的肌肤，并且还除去了裙子里的衬架，正如阿尔丰斯·穆夏（Alphonse Mucha）在他的画作里展示出来的一样。这一时期的法国女人被认为是无与伦比的，因为"她对于'优雅和时尚'的信仰有着如此深入的认识，以至于任何事物在她面前都消解了"。③在发表于《吉儿·布拉斯画报》（*Gil Blas illustré*）上的一篇专栏文章里，莫泊桑力图表述出巴黎女人神秘的、难以言说的特征。对于修正天生不完美长相的美颜术，他在文中也顺便点评了一下。他把纯粹的造型美和通过人为的手段或技巧达到的美对立起来，而后者是巴黎女人擅于灵活运用的："巴黎女人！她是怎样的呢？她不美，勉强说得上漂亮。她的形

---

① 尤利乌斯·恺撒的养子、后来的罗马皇帝屋大维。——译注
② 威廉·莎士比亚（William Shakespeare），《安东尼与克利奥帕特拉》（*Antoine et Cléopâtre*）（1606年），见《威廉·莎士比亚的喜剧、历史剧、悲剧》（*Les Comédies, histoires et tragedies de M. William Shakespeare*），伦敦，布朗特出版社（Blunt）；序言和引论由伊夫·博纳富瓦（Yves Bonnefoy）撰写，双语版本，巴黎，加利玛出版社，"弗里奥戏剧丛书"（«Folio théâtre»），2003年。
③ 《世纪末》（«La fin du siècle»）一文，见《服装和时尚百科画册》（*Encyclopédie illustrée du costume et de la mode*），巴黎，格吕恩出版社（Gründ），1970年，第293页。该文参考了某篇发表于1900年巴黎世博会之后的文章、一篇关于19世纪末时尚女性的穿戴的文章。

体一点都不优美,娇小的身体往往细弱,并且常常被巧妙地掩饰起来,一个'赝品'般的女人,总之完全不像希腊女人。但是,她的全身都是一种语言,而这种语言比优美的体形更能传达出优雅,而且她的眼神道出了她的默而不宣。"[1]

1885 年,一出名为《巴黎女人》(*La Parisienne*)的戏剧在文艺复兴剧院(Théâtre de la Renaissance)上演。此外,莫泊桑也在他的小说《如死一般强》中,再次含蓄地提到了巴黎女人:"在她金黄的秀发之下,有着青春常驻的巴黎女人的活力、机灵和优雅,身上带着一股令人惊奇的生命力、一种永不枯竭的韧劲,这让她们在二十年的时间里,保持着坚不可摧、光芒四射的不变容颜,她们的首要之务是呵护她们的身体和珍惜她们的健康。"[2]小说里的男主人公奥利维耶·贝尔丹(Olivier Bertin),是一个受到巴黎的上流社会青睐的明星画家。从他的画室中为他摆姿势的模特身上,他目睹了巴黎那些最靓丽的美人,而其中的一位,阿妮·德·居耶鲁瓦(Any de Guilleroy)还成为她的情妇。正如受到尊崇的巴黎时尚和香水一样,优雅娇俏、神秘的巴黎女人,人们所称的魅力的符号,成为国际崇拜的对象。

19 世纪末,时尚和香水业具有风格多样化和材质多样化的特征。诸如沃斯(Worth)、杜塞(Doucet)、雷德芬(Redfern)和德雷科尔(Drecoll)等著名时装设计师,都尾随时尚变化的节奏。在 1900 年的巴黎世博会上,高级时装系列的展示令公众们叹为观止。巴黎于是被推崇为时尚的圣地,巴黎的女人也被抬高成为受人瞩目的人物。在高级时装领域,蓬巴杜夫人风格的紧胸衣-衬裙组合,以及装饰得十分奢华富丽的宫廷礼服,受到人们的喜爱。然而,这一时期的裙子依然绷得很紧,穿戴起来极

---

[1] 居伊·德·莫泊桑,《女人》(«Les femmes»),发表在《吉儿·布拉斯画报》中的专栏文章,1881 年 10 月 29 日。
[2] 居伊·德·莫泊桑,《如死一般强》(*Fort comme la mort*)(1889 年),杰拉尔德·德莱兹芒出版社(Gérard Delaisement),巴黎,加利玛出版社,"弗里奥经典丛书",1883 年,第 840 页。

不舒服。人们感受到了变革的需要,即对于某一更舒适、更轻松自在、更有异国情调的自然体形的诉求:当时的时尚不仅受到了俄罗斯芭蕾舞剧团的服饰的影响,而且还在保罗·波列具有东方风格的作品中,找到了它的服饰语言。1907年出现了一种全新的式样:日本和服式的袖子[①]。

这一时代的香氛产品企业不仅自称为新女性形象的发言人,还紧跟服装潮流的演变。1910年,一家香水企业描绘了巴黎女人的完美形象:"女人总的任务是保持美丽,以便取悦、迷惑、爱上他人和得到宠爱。在这方面,巴黎女人活泼、愉快,既优雅又迷人,拥有大方的五官、娇俏的面容,白里透红的亮丽肤色中又带着细腻的妆容。她有一头浓密的秀发,最绚丽的饰物是她热情闪烁的双眼,以及丰腴坚挺的胸脯。浑圆的大骨盆和翘起的肥厚臀部之上,则是凹凸有致的上半身以及有着优美弧线的乳房。她的大腿犹如洁白光滑的大理石,而小腿肚则滚圆结实。此外,她的踝骨和双脚纤细迷人。"[②]

因此,女性的肉身在其性感撩人的身材——这一身材的打磨既是为了爱的付出,又是为了得到爱——之下,一如既往地受到喝彩。这一形象也许令人觉得女人受制于她的美貌,并完全成为男性垂涎的玩物。然而,正相反,19世纪末的巴黎女人将打造她的形象,掌控她的诱惑力,并且在必要的时候弥补先天容颜上的不足,而不仅仅是接受它。她的身体不再只和生殖功能有关,还和近乎挑逗的诱惑联系在一起,因为她是那么的果敢。曾经是观赏对象的女性,从此以后不仅拥有了主动权,还有权自我展示。她再也无须承受岁月的重压,她可以赶走脸上的皱纹,通过运动和避免身体肥胖来保持体形,呵护她天生的容貌并从中受益。一种对她的身体潜能的培育,而身体潜能又给女人的精神面貌带来某种

[①] 《时尚设计师》(«Les créateurs de la mode»),见《插画名档》(Les Grands Dossiers de L'Illustration),1910年11月19日,第94—100页;《新时尚的诞生》(«Les essais d'une mode nouvelle»),1911年2月18日,第102—103页;《巴黎的面孔:模特》(Figures Parisiennes: le mannequin),1913年12月27日,第112—116页。

[②] 克拉克公司(Maison Clarks),《新美容必读书》(Le Nouveau Bréviaire de la beauté),BHVP,序列号120,1910年。

改观。取悦他人的义务，再也不仅仅是朝着生儿育女和社会学上的形象发展，而是演变为自我的满足以及自我的尊重。女性成为某一性感而轻盈的创造物，成为灵感的源泉，正如新艺术运动所希望的一样。此外，美貌和魅力作为一个总体被确立：这一总体并不仅仅取决于优美的脸部轮廓，还取决于"整体的完美和身体各个部位的和谐"[1]。总之，魅力从女人精美的仪容中显示出来。

通过直接面向女性的各种美容指南和建议，香氛产业成为上述信息的使者，而这也正是它的利益所在。它随后不仅收获了女性消费者的心理期待，还充分利用后者的新需求扩展它的产品系列，也就是供女性们使用的众多武器：化妆品、护肤品、美容院、健身课等。

然而，一切的操作都是在浴室里："神秘怡人的圣所，女人们在里面悄悄地梳妆打扮，用一些常见的或私密的洗剂梳洗。"香氛产品企业是这么解释它们的活动的："和美紧密联系的调香艺术，不仅致力于调制香气迷人的甜美香氛，还致力于研发卫生健康的好产品，以便人们从年轻时就开始保持青春和活力。"[2]

穆夏。19世纪末期的香氛企业还采纳了新艺术运动所推崇的主题，尤其是在广告领域。阿尔丰斯·穆夏，1860年出生的捷克艺术家、新艺术运动装饰画大师和招贴画画师，他的广告海报展现了当时崭新的工业品：自行车、香烟以及毋庸置疑的香水等产品。在他的招贴画的中间，总有一位处在梦幻般的场景中的美女。

1898年，罗多（Rodo）香水公司开始推广它的香水，并委托穆夏负责其推广形象[3]。之后，霍比格恩特请他设计公司在1900年巴黎世博会上的展台。短短几年的时间里，招贴画这一广告形式在所有的品牌乃至

---

[1] 克拉克公司，《新美容必读书》，第4页。
[2] 克拉克公司，《一般的卫生和洗浴用品》（*Prouduits pour l'hygiène et la toilette en général*），BHVP，序列号120，1904年。
[3] 阿尔丰斯·穆夏，《罗多香水推介》（*Lance-parfum Rodo*），巴黎，尚普诺瓦印刷厂（impr. F. Champenois），1896年，彩色石版画。

整个香氛产业里普及开来。香榭格蕾公司 1910 年左右的一出广告，就出色地模仿了穆夏的一幅海报①。

在新艺术运动的影响下，有着迷人风姿的女子成为香水的寓象，她秀发金黄，笑容满面，身材犹如蜻蜓般纤细，上身的衣饰往往敞胸露肩。她要么直立、要么俯身、要么挺胸，妖艳撩人，轻薄衣物合着凹凸有致的身体起伏，细长的小腿从衣物里露出来。梦想开启了，女人在其中被描绘成为转瞬即逝、遥不可及的性感女神。1914 年之前的香水广告尽管还保留着某些原有的特性，但已经开始采纳文学发展起来的主题，赋予香水性感的、神秘的和情感的层面。

蓝调时光。当时，大多数香水的名字依然由两三个字词组成，而且这些字词又和形容词或者修饰它们的某一表达——比如"圣诞节的"、"叙利亚的"、"拿破仑的"——并列在一起。尽管香水的名称是描述性的，但它们的存在既是为了让我们产生向往之心，进入想象的世界，也是为了建立起一种氛围。娇兰 1912 年推出的香水，声称和时代的气氛保持一致：战争一触即发，"蓝调时光"代表了某种模糊的、稍纵即逝的欢乐。在这支香水推出之际，雅克·娇兰对它做了一番非常精彩的描述："太阳落山了，但是夜晚还没有降临。那是一个模糊的时段。在深蓝的天色里，树叶低声呢喃，流水汩汩作响，一切都在凝神静思，以传达出一种爱、一种亲密、一种绵绵不绝的温情。刹那间，人和周遭的事物，和片刻的光阴，和某一香水的时光融为一体。"②第一次世界大战期间，为了让战壕里的法国大兵们想起昔日的欢乐和提高军队的士气，人们把一些浸有这一香水——美好时光的符号——的手帕分发给他们。

---

① 穆夏风格的广告海报，香榭格蕾公司，石版画，日期不详，1910 年左右［《艺术和香水：香水瓶的历史》(*Art et parfums. Histoire des flacons*)，布鲁塞尔，皮埃尔·马尔达加出版社 (Pierre Mardaga)，1989 年——列日大学考古学和音乐学中心，艺术史教授和学者的论文集］；拉雷公司：雪罗兰 (Violette neige)，莫斯科拉雷香水公司，BN 石版画，为莫斯科拉雷公司制作的小海报，日期不详，约 1900—1910 年。
② 娇兰早期展览作品的内部资料，见《150 年的香水编年史：1828—1978》。

有些香水的名字本身就已经让人想起了爱和诱惑，尽管表达方式略显老式陈旧：**爱恋**（*Pour être aimée*），**我是你的唯一**（*N'aimez que moi*），**这就是为什么我爱罗西妮**（*Voilà pourquoi j'aimais Rossine*）。这些"爱的宣言的只言片语"，虽说依然十分节制、委婉，但它们也歌颂爱的迷狂和纯洁，譬如阿丽斯香水公司（Arys）的**第一声我愿意**（*Premier oui*），加比拉香水公司（Gabilla）的**漫步**（*Musardises*）。与此同时，和爱情相关的心绪不宁的概念，也开始见于香水的名字中：娇兰的**意乱情迷**（*Pour troubler*），科蒂的**晕眩**（*Vertige*），加比拉的**探戈**（*Tango*）和**狂热的激情**（*Folle passion*）。

1910年左右，弗朗索瓦·科蒂和皮诺香水公司重新启用源自英语的"调情"一词，作为香水的名称。皮诺香水公司把"调情"描述成一款"超级持久"的香水。它会成为成功的恋爱史的保证吗？这一香水名称听起来像是某种挑逗，从而显得独树一帜。

1919年，娇兰公司开发出了**蝴蝶夫人**（*Mitsouko*），此香水名字借用了克劳德·法雷尔（Claude Farrès）小说里的女主人公的名字——一个自由独立的日本年轻女子。那时候，日本元素很流行。这一代表"神秘"的名字，让人想起远东标准之下的爱情，而远东的标准传递出的是一个恋爱中的女子神秘而迷人的形象。香水制造商们明白，必须从老一套的描述性名称——**伊斯兰的香水**（*Parfum d'islam*）、**四月的微笑**（*Sourire d'avril*）——的古典路子里跳出来，进入到普遍性、尤其是想象的世界中去。这种传递信息的方式，意味着某支香水的推广要和女性消费者的梦想结合在一起。这种方式在当时开始确立起来。香水广告让人有了性感迷人、与众不同的盼头。于是，人们认为香水能提升女性的魅力，把她带入一个令人愉悦的世界里。1900年以后，香水广告开始描绘夫妻生活的画面，比方说体贴的丈夫送给他的妻子香水，而妻子则仿佛收到了理想中的礼物[①]。

---

① 甘油皂（Savon Glycérol），1905年，BHVP，序列号120。

女人味的表现。纯粹的女人味是一种优雅、一道独特的光芒、一股和内心生活密切联系的力量；这一切都不会陷入刻板的时尚和俗套的气味里。香水和肌肤接触之后，不仅发生变化，还传达出一种特殊的女人味。女人梦想拥有美貌，有声电影的发展则在引入好莱坞神话的场面——有着致命诱惑力的、难以企及的性感女人——的同时，延伸了女人的这一梦想。20世纪30年代，广告海报或者电影往往把女人置于夜色之下，她们妖娆迷人；香水和夜晚以及魅惑联系在一起。电影和好莱坞的魔力激发了人们对于明星的崇拜，每个女人都梦想形似明星[1]。洒上几滴香水也许让某些女人觉得与明星有了相似之处。因此，20世纪出现的那些迷人的气息和著名的香水，让女人们得以永远地绑住男人的爱。那些有着无法抵御的诱惑力的女人，为了让周围的人神魂颠倒而使用的特殊香氛和醉人的气息，成为使人痴狂的保证：香水无须像猛兽，只需性感撩人。

性感的东方香型。调香师们把女人肌肤散发出来的性感而甜美的香气，表现在所说的"龙涎香型"[2]里。在山鲁佐德（Schéhérazade）[3]的国度中，香水是高高在上的王者。曼妙的东方香型香水，在肌肤上发出温热、滑润的香气，是甜美的香荚兰粉调的同义词；它们的香调往往围绕香荚兰、香脂和岩蔷薇展开，纷繁迷人。这一类型的香水把我们带往远方的国度，带往《一千零一夜》里的东方世界，带向东方的后宫中施展撩人魅力的女人。

西方的画家把东方的后宫绘成一个封闭的世界，里面挤满了赤身裸体、性感撩人的女人。土耳其历史学家的描绘和这一画面正相反，那是

---

[1] 克拉克公司，《巴黎最美丽的女演员们选用克拉克品牌的产品的见证》（*Le Témoignage des plus joiles artistes de Paris pour les produits Clarks*），美容目录，1925年，共6页，BHVP，序列号120。

[2] 也译为琥珀香型，又称"东方香型"，为非花香型中传统性香型的单独一类，以木质香、辛香、树脂及动物香为主要元素的香调，反映了西方国家对神秘中东地区宗教和日常生活的丰富幻想。——编注

[3] 阿拉伯民间故事集《一千零一夜》中的人物，也是故事的讲述者。——译注

一处女性学堂、一处教育机构:"后宫"一词既指某一重要人物身边一长串的女性,又指她们居住的空间。一直以来,后宫都是西方人的一个幻梦:它主要是一个淫乐的地方,苏丹的嫔妃和侍妾就生活在其中。她们的任务是为他繁衍后代,并以音乐、舞蹈和情爱之术为他消闲解闷。选妃招秀往往由苏丹的母后负责。此外,"后宫"这个术语还表示,只有苏丹和太监可以出入的禁地。因此,西方人关于后宫的想象力,只能由对于温柔的情事的幻想来维持,并辅之以虚构的或者改编的神话故事,因为从来没有一位西方人能深入后宫之中。

传奇人物。山鲁佐德就是一个传奇的人物,她挫败了国王山奴亚(Shahriar)的死亡诱捕,每天晚上都向国王讲述一个不同的故事,《一千零一夜》故事集便由此形成。通过故事的魔力,她不仅挽救了王国里女孩子们的生命,还把国王变成了她真正意义上的夫君,而不是一位杀人的暴君。山鲁佐德是一位美丽的东方女子,她"明艳动人,穿着散发出香水的长裙,香水里混有藏红花、红花、龙涎香、麝香和檀香"。她柔软的肢体,她在繁星满空、漫漫长夜中的慵懒舞步,尤其是她甜美柔和的话语,都成为她迷人的武器。我们还是听一听故事集中的一小段节选吧:

"'夫人,'被这些话迷住的巴葛巴拉(Bakbarah)接着说道,'我不再属于我,我完全属于您,您可以任意支使我。''你向我表达的忠心,'贵夫人说道,'令我太开心了!你让我觉得很高兴,我希望我也让你觉得很高兴。'她接着说道:'来人给他上点香水和玫瑰水吧。'一听到这话,两个女奴马上离开,但很快又回来了,一位捧着一个装有老沉香的银制香料匣子,另一个则拿着玫瑰水并把它洒在巴葛巴拉的脸上和手上。我的兄弟非常高兴受到了这般的礼遇,他再也把持不住了。"[1]

---

[1] 《一千零一夜》,《理发匠的第二个兄弟的故事》(«Histoire du second frère du barbier»),第一卷,安托万·加朗(A. Galland)译,巴黎,加尔尼耶兄弟出版社(Garnier Frères),1949 年,第 400 页。

在苏莱曼一世（Soliman le Magnifique）[1]统治时期，后宫在王后罗克塞拉娜（Roxelane）的影响之下，政治色彩越来越浓厚，而她在君士坦丁堡（即今伊斯坦布尔）兴建的浴室则是当时舒适生活的见证。罗克塞拉娜这位从俄罗斯掳掠而来的美艳女奴，为苏莱曼一世生下了几个儿子，后来成为苏丹的正室以及众人口中的幸运女人。她不仅把后宫变成了权力的前厅，还强势地推行女人干政。她树立的这一楷模——在法国则有同一时期的玛丽·德·美第奇（Marie de Médicis）——让西方赞叹不已，并且成为东方女性的神话。

作家皮埃尔·洛蒂（Pierre Loti）[2]和漂亮的阿姬亚黛（Aziyadé）之间的爱恋——阿姬亚黛长着一双碧眼，犹如东方诗人赞美的碧绿海洋——为他的同名小说带来了创作灵感。这部作品的题词：献给让我发现，并爱上了君士坦丁堡的佳人，便是那些美丽的感伤和那一神秘的爱情的明证。阿姬亚黛向小说的叙事者讲述了后宫的生活，一种有按摩、有舞蹈、有音乐的生活。此外，女人们在后宫里还学习声乐、诗歌、情爱技巧以及土耳其语和波斯语。为了增强东方的神秘感，皮埃尔·洛蒂还把作品的中心人物换成了女主角，让她成为象征爱情的永恒人物。

牛至（*L'Origan*）。东方型香水既令人想起上述几位著名的传奇美人，又从她们的传说中汲取创作的养料。这一类型的香水像一出圆滑优美的华尔兹舞，也像炙热而神秘的爱欲。在传统的制香行业里，为了让香水绵长持久，往往以动物性香气和脂类香气作为尾调，并用香荚兰加以点缀。1905 年推出的"牛至"，是第一支东方型花香调香水，也是东方龙涎香现代香水的开山之作、一款杰出的香水作品。对于同一时代的香水作品，它形成了一种割裂。不过，它依然承袭传统，因为科蒂从旧时东方型香水的"龙涎香"里受到启发，把香脂、珍稀香木、麝香以及

---

[1] 奥斯曼帝国的第十位苏丹，1520—1566 年在位，在他的统治之下，奥斯曼帝国的政治、经济、军事和文化皆进入鼎盛时期。——译注

[2] 法国 19 世纪末 20 世纪初的著名作家，以其作品中的异国风情和对于自然景物的出色描写而享有盛名。——译注

饰有花香的香荚兰等柔和甜美、安神缓绪的香气，和具有异国情调的精油糅合在一起。此外，他通过使用芬美意公司研发出的两种基本合成成分——散发出木香和花香的甲基紫兰酮和有着浓烈花香的赤藓红——让传统的东方型香水焕然一新。"牛至"这一香水的前调里加入了佛手柑、橙花油和依兰，这让它在初闻时清新明快；中调则在格拉斯的诗丽斯公司生产的鲜花净油的作用之下，缤纷多彩；最后，由于使用了化学家萨缪尔森（Samuelson）发明的一种基本成分龙涎香精，尾调温暖而明亮。这一新式的香水，馥郁迷人，和同一时期的百花型香水相比，具有推陈出新的意义，并赋予 20 世纪早期的女人神秘而诱人的身影，犹似加斯东·勒鲁（Gaston Lerou）在其轰动一时的小说里所描述的黑衣女人[①]。"牛至"开启了一股潮流，围绕着热烈的东方型花香调，后来出现了许多衍生品[②]。

一千零一夜（*Shalimar*）。1905 年，弗朗索瓦·科蒂在打造柔和甜美的龙涎香系列产品的同时，充分挖掘东方香型热烈迷人的特点，因为这在当时备受迷恋异国情调的人士的青睐。在胡椒醛的合成作用之下，1910 年他研发出了**古式龙涎香**（*Ambre antique*，又译**古老琥珀**）；在 1911 年和 1921 年先后推出的**冥河**（*Styx*）与**祖母绿**（*Émeraude*）里，他继续沿用这一香水主题。尾调几乎总是以合成物来保持稳定，并且具有像香荚兰一样甜美的粉质香味（比如岩蔷薇的香氛），以及极具女性魅力特征的动物性香气。在这类甜美的东方型香水里，娇兰的"一千零一夜"是著名的典范之一。雅克·娇兰 1925 年创作这支香水时，正处于女人们对远东充满了憧憬的疯狂年代。它是一支性感撩人、令人沉醉的香水。

---

① 加斯东·勒鲁，《黑衣女人的香气》（*Le parfum de la dame en noir*），巴黎，罗贝尔·拉丰出版社（Robert Laffont），"旧书"丛书（Collection«Bouquins»），1988 年。
② 娇兰 1912 年的"蓝调时光"，让·德斯普雷 1962 年的**凡尔赛宫舞会**（*Bal à Versailles*），1976 年的**奥斯卡·德拉伦塔**（*Oscar de la Renta*），歌莉娅·温德比 1982 年的**温德比**（*Vanderbilt*），克里斯汀·迪奥 1985 年的**毒药**（*Poison*），卡夏尔 1987 年的**露露**（*Loulou*）、1988 年的**宝诗龙**（*Boucheron*）和巴黎罗莎（Rochas）1994 年的**迷恋**（*Tocade*），都属于"牛至"引领的香水系列。

一支不合常情的香水，前调清新，花香的中调似有似无，尾调则因为带来甜美、炙热气息的香荚兰和动物性香料而丰盈饱满。犹如一件美得令人晕眩的低领晚礼服，"一千零一夜"一直以来都是一则神话，它的性感和神秘受到一代又一代女性的追捧。

Youth dew（**青春朝露**）。雅诗兰黛 1953 年推出的"*Youth dew*"不仅带来了一款全新演绎的龙涎香型，还代表了香水业中美式香水的诞生。20 世纪 50 年代，美国人不仅对他们自身的身份有了觉悟，并且力求重新占有他们的市场。美国的女性消费者一直以来都倾向于浓郁的、留香持久的香水，比方说丹娜品牌（Dana）1932 年发行的**禁忌**（*Tabu*），原因是这样的香水能吸引注意力。另外，美国女性的生活方式和欧洲的截然不同。雅诗兰黛很清楚美国女人的心理：如果不能为自己提供一次巴黎之旅，她大概很乐意买一支香水，并通过天天喷洒香水来满足她对于法式优雅的幻想。事实是，象征着"青春的朝露"的"*Youth dew*"是一支迷人的东方型香水。它推出之际正值花香型香水和西普型果调、皮革调香水盛行的时期。它是从美肤产品中衍生出来的一个作品，受到了把洁肤、护肤和性感结合在一起的法式香水的启发。与此同时，它还是一款改变了女性日常习惯的香精油。比欧洲女人更富有活力的美国女性，喜欢一整天都香气迷人。雅诗兰黛首先向这些现代女性推出的是一款芳香的沐浴油，一款浓度空前、高达 70% 的精油。美国的女性消费者迷上了这一产品，因为它不仅满足了她们的所有企求，还成为她们日常生活的一部分。

这一油质的棕色液体不仅能让肌肤一整天都保持湿润，而且让肌肤散发出龙涎香、乳香、橙香和安息香的气息。它在国际上大获成功，展示出了美国品牌在香水领域的创造性。"*Youth dew*"这款浓度极高的香水，后来影响了伊夫·圣罗兰令人着魔的香水**鸦片**（*Opium*）的创作；此外，它的影响力还延伸到了诸如比华利山（Beverly Hills）的**佐治奥**（*Giorgio*）和 CK 的**沉迷**（*Obsession*）等香水之上。如此多迷人、经久不散的香水，它们混合着浓郁的花香和辛热的东方香调，属于热情的女人妖娆诱人的天地。

可可（*Coco*）。雅克·波巨1984年创作的"可可"是一支东方型花香调香水。它开启了香水的一个新时代：它有着"辛辣"的主体结构，而尾调则是糅合了香豆、广藿香和愈伤草在内的东方香调。它迷人、性感，而且奇特。和雅克·波巨的另一作品**感性魅力**（*Allure sensuelle*）一样，这一香水的东方香调妖娆撩人、神秘莫测。清新的花香和果香丰盈、甜美，这是由于其中糅合了土耳其玫瑰、保加利亚玫瑰、茉莉和蜜橘；而木香有着香根草的炙热和浓郁；东方香调则以没药和乳香为基础，并缀以红胡椒籽、香荚兰和广藿香。

天使（*Angel*）。1992年，在美式香水的鼎盛时期，蒂埃里·穆勒研发出了"天使"女士香水，一款带有美食调的东方型香水。受到他母亲涂抹的"一千零一夜"的启发，蒂埃里·穆勒希望创作出一支香水，一支小男孩想象出来、送给他妈妈的香水。"天使"女士香水是香水历史上的一个重要转折点，因为它开辟了一条新的道路、一种新的香调，即东方型的美食调。自从迪奥1977年获得巨大成功的"毒药"之后，女人们逐渐厌倦了披着"东方的斗篷"（东方型香水）。因此，必须重新诠释这一香型。"天使"以一种前所未有的方式，对这一意味着性感和无上的快乐的香型进行了重新的演绎：在形象地呈现出其中的美食调的同时，又着重渲染这一调性。此外，这一香水还强调了女性气质的两面性：一款炙热的香水装在一个天蓝色的、清冷的瓶子中，既冰清玉洁又妖娆性感。

"天使"这一香水的魅力和新奇之处在于广藿香和美食调的结合。必须在两者间达成某种平衡——尽管难度很大——不然香水的味道会淹没在食物的厚重里。此外，从那以后，木质的味道成为穆勒香水里的主干，让人想起他的服装作品的结构。"天使"是调香师想象中的一件作品。在穆勒的想象里，出现了神话人物、天体符号以及无穷无尽的太空。天蓝色的星星瓶身对于他来说，意味着自由自在。永恒而万象的星星——蒂埃里·穆勒的幸运符号，是"天使"这一香水故事的起源。"天使是连接天堂和尘世的信使。每一颗星星都有守护它的天使，而每个女人都是天使。"穆勒这么解释道。他把女人放在世界的首位，并且在每一次的广告宣传中，都展示出一个经久的、轻盈的女性形象，即一个过去、现在和将来的征服者。

这一标志着断裂的香水成为法国香水的经典作品，在把女性引向美丽和魅惑的永恒梦想的同时，又不会忘却她们的吸引力。介于女神和童贞女之间，"天使"香水象征着女人渴望调和她多重生活中的诱惑和吸引。随着"天使"这一作品的出现，女人们对于丰润、甜美的性感又产生了新的兴趣和想法，正如蒂埃里·穆勒所希望的一样："一款如此性感的香水，让人几乎想吃下他的爱人，或者想尝一口涂抹此香水的人。"如此一来，"天使"在展示出某一革新的、前卫大胆的香味金字塔的同时，成为一支反一切社会潮流和嗅觉潮流的香水。甜美的食物不再是七宗罪之一，而成为一个现代的、新式的仙子的特征。

东方型香水具有引人入胜的一面，它们要么以其慵懒的步伐，要么以其狂热的节律唤起人们的欲望。迪奥 1998 年研发出的**蛊惑**（*Hypnotic poisson*，又译**红毒**）女士香水，是一款东方香荚兰调的香水，属于"毒药"系列。这支香水首先登场的是一股极其性感的香调，其中夹有苦杏仁、椰香、甜杏和辣椒的味道。花香的中调闪烁着双瓣茉莉、玫瑰、铃兰和谜一般的晚香玉的香气。最后，消融在肌肤上的是一股带有檀香、蓝花楹木、香荚兰和麝香的气息。迪奥的首席调香师弗朗索瓦·德玛什，在总结人们一如既往地迷恋和女人身上的自然体香相吻合的东方型香水时说道："一支成功的香水，是一支香调和味道同样优美迷人的香水，一支令涂抹它的女人面带笑容，或一支激起男人欲望的香水……"

5．西普香型

西普香型（Le Chypre）具体指的是两种对立的调性同时存在的香型。这一类型的香水得名于科蒂 1917 年创作的同名香水"西普"。科蒂的这支香水主要以佛手柑、橡木苔、岩蔷薇和广藿香为基础，它的创作灵感来源于塞浦路斯水[①]。自中世纪以来，塞浦路斯岛上的调香师就一直调制这一酏剂。它的配方后来逐渐为法国的调香师所了解。塞浦路斯水和塞浦路斯香粉在18世纪时属于万能产品，不过主要是男人在用，皆因为它们的初调都有点"干爽"。此外，必须要强调的是，塞浦路斯自古以来就是一块香料之地。那是一个肥沃、草木繁茂的岛屿；青铜器时代以后，航行于克里特岛、小亚细亚、叙利亚、埃及等地米诺斯文明下的船只，就在这个岛上中转[②]。喜爱这个风景优美的小岛的希腊人，把它当成阿弗洛狄忒女神的出生地。此外，它还成为调香师之岛，因为那里生长着许许多多的花草树木：胶蔷树、鸢尾花、墨角兰、没药、香桃木、罂粟和橡木苔。岛上的调香师们从叙利亚和腓尼基进口乳香、香脂、甘松香和肉桂。当时，塞浦路斯的调香师是如此地声名远播，他们不仅服务于迈锡尼世界里的国王和王后们，也为所有供奉阿弗洛狄忒女神——象征美和爱情——的庙宇调香或制香。他们在所有信仰阿弗洛狄忒的古希腊城市和岛屿上，获得了大量财富。同时，塞浦路斯的调香师们还赋予了香气另一额外的功效，正如保罗·福尔所说的一样：除了令人出神或入迷的力量之外，它（香气）还具有美的力量。有着一头金发的阿弗洛狄忒香极了；而与其父亲塞浦路斯国王犯下了乱伦之罪的米拉，则生下了掌管香料的神明阿多尼斯，也就是后来成为阿弗洛狄忒情人的神明。这一神话传说在赫西俄德（Hésiode）[③]生活的时代，即大约在公元前675年，开始向北方的民族传播，后者把香水和女性联系在一起，把它当成了女性的象征符号，甚至把它视为女人的化身。因此，来自塞浦路斯的东方传说故事，自从特洛伊战争时期起就征服了西方世界，香气从此以后也被视为女人的特质：迷人、令人沉醉且神秘，甚至会让人——包括神话故事中的英雄人物——放下抵抗的工具。荷马在他撰写的史诗里就

---

① 西普这一译名源自于Chypre这一法语单词的发音，原文指的是塞浦路斯。——译注
② 保罗·福尔，《古代的香水和香料》，第141页。
③ 古希腊著名诗人，代表作有《神谱》。——译注

讲到：香气迷人、美丽的阿弗洛狄忒善于让诸神为之神魂颠倒①。

自然，塞浦路斯的香水传说为整个现代香水业带来了创作的源泉。1850年以后，娇兰公司开始销售一种"塞浦路斯香水"。它还分别于1894年和1909年推出了**塞浦利斯纳**（*Cyprisine*）和**巴黎的塞浦路斯香水**（*Chypre de Paris*）。1890年之后，香榭格蕾、鲁宾和阿特金森（Atkinsons）②等香水品牌也开始销售它们的塞浦路斯香水。各个品牌的配方都有些许的不同。这一酏剂主要推荐给男性消费者，尤其是推荐给那些"文人雅士"用于洗浴。

1917年，多亏了弗朗索瓦·科蒂，这一类尤其优雅的香水开始面向女性消费者，似乎是为了给她们奇特的魅力加冕。科蒂当时正在寻找一种新奇的香味。尽管他在第一次世界大战前期就已经退伍，没有经历过地狱般的战壕，但他确信未来的时代需要别处的景致和新的表达方式。因此，他发出了一次向远方的梦中小岛——古老的香料之路上的十字路口——出发的邀约。为了呈现出这一远方之旅，他想要一种轻快的又优雅性感的香气。他还记得童年时期树林里的味道，所以通过记忆中"森林或树林在某些时段散发出的带有龙涎香味的青苔气息"，他打造出了一种橡木苔的味道。在以往的塞浦路斯香水里，橡木苔的泥土味过重，科蒂想去掉它。他反复实验，力求在清新的柑橘调和幽深的橡木苔之间找到平衡。在这一过程中，他甚至亲自去枫丹白露森林采摘橡木苔。最后，他不仅找到了以超量的茉莉花覆盖住橡木苔的泥土味的方法，也知道如何巧妙地把它们与合成香氛结合起来。"西普"，既优雅又现代的香水，终于创作出来了，自推出便获得了巨大的成功。与它一起出现的注解明确指出："神秘而迷人的水滴，是小麦肤色的女人的赞歌。"

雅克·娇兰密切关注弗朗索瓦·科蒂富有想象力的创作方式。他

---

① 荷马（Homère），《史诗》（*Hymnes*），第一卷，第35页，让·亨伯特（J. Hembert）译，巴黎，文学出版社（Les Belles Lettres），"法国大学丛书"（«CUF»），1996年。

② 由詹姆士·阿特金森（James Atkinsons）1799年在伦敦创立的香水品牌，曾是英国皇室的御用香水商。——译注

注意到科蒂高明地使用了合成物。后来，他采纳科蒂开发出来的著名香调，并通过使用另一高浓度的、有着桃子皮味道的合成香氛醛（C14），改进科蒂 1917 年确定下来的调式。醛是一种既有果味又撩人的合成香氛，1919 年出品的"蝴蝶夫人"的新奇和独创性就源于它。1925 年，米洛香水品牌推出**双绉**（*Crêpe de Chine*），一款西普型花香调醛香香水[①]。

20 世纪 20 年代，西普型香水独树一帜，它们现代前卫、令人惊叹。在后来的整个世纪里，这一类型的香水接二连三地出现，品种越来越丰富，但依然没有为大多数的女性认识和了解，因为她们更向往东方以及东方的香氛。第二次世界大战之后，是西普型香水大获成功的重要发展阶段。西普调，是冷冰之下的炙热，是一种令人无法抵御的优雅，一种复杂微妙又极其阴冷的氛围之下的优雅。这种氛围和希区柯克电影里的高冷女主角相得益彰。这些女人的血液里流淌着飘逸的风情，而从她们这种天生的魅力中散发出来的则是优雅和性感。西普型香水一直以来都是这一微妙组合的精彩体现。

1944 年 8 月，巴黎解放。尽管当时的定量配给措施很严格，一个恋爱中的男人还是想为他未来的妻子打造一款香水。爱情能使人征服艰难险阻，马塞尔·罗莎（Marcel Rochas）[②]，一位才华横溢的时装设计师，对于当时在水晶和酒精上由于强制的定量配给而造成的原料稀缺问题，决定筹集资金解决困境。他邀请巴黎的贵妇名媛，包括当时的温莎公爵夫人（la duchesse de Windsor）[③]、希腊的玛丽娜公主（la princesse Marina de Grèce）、诺瓦耶子爵夫人和罗斯查尔德男爵夫人等在内，订购这支战后新推出的奢华限量版香水。作为人们在战后找到的第一缕平和、甜美的气息，该香水在商业上取得了实实在在的成功，以至于不得

---

① 由调香师让·德斯普雷创作的这支香水，在多年间都取得很好的销售成绩，成为米洛香水的招牌作品。——译注
② 成立于 20 世纪 20 年代的同名时装品牌的创始人。——译注
③ 为其放弃王位的英国国王爱德华八世的妻子。——译注

不再重新生产。在罗莎的理念中，女性、时装和香水组成了一曲不可分割的三重奏，他常常喜欢说："我们应该在见到一个女人之前就已经闻到了她的香气。"埃德蒙·鲁德尼茨卡创作出了马塞尔·罗莎心目中的**女人香**（*Femme*）。这支香水的魅力在于当时未曾开发过的李子香，而且这一香气在橡木苔和桃子组成的香调的点缀下更加优雅迷人。不过，需要特别强调的是，这支香水的惊人力量在于它的香气能填满一间屋子，能让人产生某种非常特殊的贵气之感。1944年，"女人香"这支香水在马提尼翁大街的罗莎公司里举行发布会，发布会气氛奢华、香气四溢，并展示了一个由马克·拉里克（Marc Lalique）署名并编了号的水晶瓶。这只瓶子躺在一个有着尚蒂伊花边的首饰盒里，盒子内部是白色的，外面则是黑色，这是"为了面向世人"。奢华、贵气、女人味似乎成为"女人香"的标志。不过，1945年，为了适应该香水的大批量生产，原先由拉里克打造的香水瓶子，不得不由经典的圆身尖底瓶取代。这一瓶身受到梅·韦斯特（Mae West）[①]的丰臀细腰的启发，后来销售的同款香水都装在其中。

新样式[②]。香水迪奥小姐（*Miss Dior*）在体现了新样式的同时，也是一支西普型的香水。1946年以后，克里斯汀·迪奥希望推出一支可以"让每个女人都拥有某种美妙的女人味的香水，犹如我设计的每一件礼裙一样"，他说道："一个接一个，从香水瓶里浮现出来。"香水，迪奥世界里的贤者之石，在他看来是他的时装必不可少的点缀以及延伸他的风格的饰品，也是他的新样式时装的无形标志。他一直怀念弥漫在贵夫人客厅里的香味，怀念单一花型的香水的香味，怀念科蒂1917年推出的"西普"的香味，尤其怀念米洛香水品牌1925年研发出的"双绉"的香味——他很推崇这支香水以及里面含有的青苔、岩蔷薇和广藿香炙热

[①] 20世纪上半叶，凭借其曼妙迷人的身材在好莱坞红极一时，30年代中期曾经是美国片酬最高的女星。——译注

[②] 克里斯汀·迪奥1947年推出的女式裙装系列，又称为新风貌，获得了巨大的成功。——译注

的味道。迪奥渴望一支既清新又性感、既青春又不会过时的香水。和他儿时的朋友（科蒂香水集团的前总裁塞尔日·埃弗特勒-路易什）一起，他创立了迪奥的香水品牌，并于1947年推出了"迪奥小姐"。对于这支香水，他做了一番精妙的描述："'迪奥小姐'首先迎面扑来的是一股清爽、新鲜、生动的格蓬和栀子花的气息，轻快的鼠尾草又使这股气息更加美好。然后，萦绕在这一片芳香之中的，是茉莉、玫瑰和橙花无法言喻的美，以及广藿香和岩蔷薇的组合形成的迷人香调。最后，久久弥留在空气中的是橡木苔的炙热和甘美。"

"迪奥小姐"身着巴卡拉的水晶装面世了，它的瓶身由费尔南·盖里-科拉设计，"极具时装感"。有着三种颜色（蓝、白、红）的细颈圆形香水瓶，体现了新样式"花冠"系列的完美线条：细颈之上顶着一个精巧的圆头瓶盖，之下是圆润优美的瓶身，一直延伸到它轻盈的脚部。这支香水捕捉到了纯真、热情的现代女孩的精神。"迪奥小姐"就是她们当中的一员，甚至也许是她们的缪斯女神。克里斯汀·迪奥承认，他的事业要归功于身边那些引导他的女性，首先是他的母亲和妹妹，其次是其他给他带来创作灵感的女性。在他的观念里，女性的气质或形象是一位美丽、光彩照人的女王，而这都源于她摄人心魄的眼神、她的风姿、她的个性。迪奥的创作，是献给精力充沛、神采飞扬的女性的。

西普型这一香族比较复杂，有时会同时拥有几种不同的香调。服装设计师们似乎很喜欢它青苔的质地和谜一般的优雅，这一优雅和时装的世界协调一致。1953年，英国著名的时尚品牌巴尔曼（Balmain）发行了**俏佳人**（*Jolie madame*），一支甜蜜的皮革美食调西普型香水。它的名字源于该品牌发布的1952—1953年冬装系列。1967年推出的**巴尔曼小姐**（*Miss Balmain*）则是上述皮革调西普型香水的写意版。1964年，伊夫·圣罗兰公司推出了一款反映品牌形象——他希望这一形象是"反时装"的——的香水"Y"，一支水果调的西普型香水，拥有鲜花的乳汁。这是一支纯粹的、经典的香水，可以全年喷洒。受到"迪奥小姐"的启

"迪奥小姐"捕捉到了纯真、热情的现代女孩的精神,是一支既清新又性感、既青春又不会过时的香水。瓶身极具时装感,有着三种颜色(蓝、白、红)的细颈圆形香水瓶,体现了新样式"花冠"系列的完美线条

发,纪梵希公司于 1970 年推出了**纪梵希 3 号**(*Givenchy Ⅲ*)。1986 年,克罗德·蒙塔那(Claude Montana)①对于他命名的**肌肤之香**(*Parfum de peau*)这支纯正的皮革调西普型香水,精益求精。该香水由弗雷什耶(Claude Fléchier)打造,热情、浓烈,是专门为那些穿皮衣的女士设计的。这一皮革调西普型香水的尾调,动物性香气浓郁,由乳香烘托出来。它装在一个雕刻品一般的香水瓶里。

选择西普型香水大概标志着某种深刻的认知,即了解自我以及全面地展示自我的愿望。它们散发出灌木丛或树林的香气,逐渐赢得了光环和人们的赞美。2005 年,美国著名时装设计师纳西索·罗德里格兹(Narciso Rodriguez)推出了同名品牌下的香水 *For her*,一款时尚的西普型香水,麝香的尾调溅发出龙涎香、蜂蜜和花香。罗莎的"女人香"、迪奥的"迪奥小姐"、倩碧的**芳香精粹**(*Aromatics Elixir*)以及其他许许多多精彩的香水,谱写并丰富了西普香,以及喷洒西普型香水的女人的传奇。塞尔日·芦丹氏这么告诉我们:"我认为,西普香是一种既释放出光彩又透露出隐私的香氛。我们需要一生的时间去认识自己,并且选择一种表达自我的行为。"②我们也许想补充的是,选择是一种成熟的自我认识的形式。对于这一形式的把握,宣告了对于"女人的第三性"(la troisième femme)的领会,犹如吉儿·利波维斯基(Gilles Lipovetsky)所描述的一样:"她对于自身的美显示出严格的要求,她还从社会学的角度思考她的美。她把诸如能力、工作与责任等男性准则,与古老的女性标准(由对于爱情的幻想、美貌、家庭和母性等组成)结合起来。"③

---

① 法国同名品牌的创始人,服装设计师。——译注
② 访谈,2006 年 8 月。
③ 访谈,2006 年 9 月。吉儿·利波维斯基是《女人的第三性:女性标准的稳定性和演变》(*La Troisième Femme. Permanence et révolution du féminin*)的作者,巴黎,加利玛出版社,1997 年。

6．女性解放

　　19世纪末期和20世纪的大部分时间里，女人以追求解放为特点。直到那时，一直都用于提升女性魅力和性感的香水，成为一种社会识别的因素，一件自我解放或者挑战的武器。在肌肤上洒几滴香水，似乎就有了一件无形的盔甲，女人们因而勇于表现自我、解放自我、展示自我。香水为她们创造了一个实实在在的表达空间；喷洒香水这一行为并非无足轻重：它是自立、洒脱和自由的语言和表达。

　　对于19世纪资产阶级的道德品行而言，贸然使用香水会被视为嗅觉上的堕落。某种形式的自恋，会导致最可怕的灾难——女权主义。直到当时，女人扮演的社会角色依然是为了家族的延续和财富的传承，繁衍后代并抚养子女。米什莱（Michelet）鼓吹妇女的这一品行和付出[①]。爱玛·包法利，福楼拜笔下的女主人公，是把财富挥霍在无用之物上的妻子的典型代表。为了个人的乐趣而购物，她给出的是消费主义潮流之下的负面形象[②]。当时，从使用香水这一独立的行为中显示出来的个人主义，被描述为女人们屈从于她追求美貌的梦想，或者她急切地想勾引他人。19世纪的时候，香水很少直接用于身体之上。一般的做法是，女人们出于自重而往她们的手帕上喷洒香水——"手帕用香水一直到（19）世纪末都很盛行"——把芳香的饰带或者香囊别在腰下，往内衣上喷洒香水，以及涂抹香乳。

　　摩根女士（Lady Morgan）[③]，爱尔兰小说家和民族主义者，1817年发表过一部论著，名为《波旁王朝复辟时期的法国》（*La France sous la*

[①] 儒勒·米什莱（Jules Michelet），《爱、女人》（«L'amour, la femme»），见《19世纪的历史》（*Histoire du XIXe siècle*）（1872年），第一卷，热尔美·巴耶尔出版社（Germer Baillière），1898年，第349—702页。

[②] 居斯塔夫·福楼拜（Gustave Flaubert），《包法利夫人·外省的风俗》（*Madame Bovary. Mœurs de Province*），巴黎，米歇尔·列维兄弟出版社（M. Lévy frères），1857年。

[③] 真名为悉尼·奥文森（Sydney Owenson，1776—1859年），以其矮小的侏儒身材出名，伦敦的维多利亚和阿尔伯特博物馆（Victoria and Albert Museum）里有她的一尊半身塑像。

Restauration des Bourbons）。1929 年，当她在巴黎旅行时，给出了如下的建议："把您的手帕放在一个精美的手帕盒里……在这个漂亮又必不可少的时髦小物件里，在一块提花缎纹手帕的下面，您洒入一些柔和、甜美的香水，以形成一股被训练有素且文质彬彬的嗅觉神经刚刚好捕捉到的香氛；用手帕轻点脸部时，这些淡雅的香水，再加上一块精美的单一织物的清新，将带来无上的快乐。"①

19 世纪的时候，人们主要担心皮肤和香水之间的互相渗透。尽管香水是用来添香增秀的，然而当时的社会宣扬的是某种道德和生活上的清教主义。化妆品严禁使用。芮谜声称："凭良心，我们不会推荐使用脂粉。"当时，资产阶级品行里固有的是崇尚天然。大革命前，用来给脸部上妆的脂粉都被摒弃了。端庄的女人唯一能呈现出的面目是"她自身的美德"②。"只有演员的妆容才受到人们的谅解，因为没有上妆的脸禁不住舞台成排的脚灯从下而上的强光的照射。"③因此，化妆品属于人为的、虚构的世界，属于妓女的世界。科拉·珀尔（Cola Pearl），莫尔尼公爵的情妇，法国 19 世纪名妓里的女王，声称开启了 19 世纪 60 年代中期的化妆时尚④：

"我想正是在这一时期，也许还要早，我把化妆的习惯带到了巴黎。某些戏剧界的女士，在晚上的演出结束之后，往往并不卸妆……我于是想，应该可以打一些色调更柔和、美颜却又不会显得滑稽可笑的脂粉，我便开始独自进行了一些尝试，用各种颜色的粉膏打扮自己，包括银色和珠色的粉膏；此外，我还用一种来自英国的染发剂把我红棕色的头发

---

① 摩根女士，1829 年在巴黎的一次旅行。见《艺术和香水：香水瓶的历史》里的引文。
② 见菲利浦·佩罗在《18 和 19 世纪的女性身体》（*Le Corps féminin XVIIIe-XIX*）里的观点，巴黎，瑟伊出版社，1991 年，第六章：《模仿纯真》（«Le simulacre du naturel»）。
③ 露易丝·达尔克，《盥洗室里的秘密》，第 69 页。
④ 艾丽莎·爱玛·克劳什（Elisa Emma Crouch）1837 年出生于英国，后来以科拉·珀尔的名字成为法国帝国时代最著名的名妓之一。她曾经成为莫尔尼公爵（duc de Morny）、拿破仑亲王（prince Napoléon）、穆拉亲王（prince Murat）、奥尔治的纪尧姆亲王（prince Guillaume d'Orange）以及其他显贵的情妇。19 世纪 80 年代早期，她撰写了《名妓回忆录》。1886 年，科拉·珀尔死于癌症。

染成金发。我第一次这样化妆后大着胆子出门，得到的是欣赏和赞美；很快，其他女士请求我向她们展示这一化妆的艺术，我很乐意地接受了，后来的几年间，我的门户敞开，女士们、先生们都来看我化妆"。[1] 即便 19 世纪妓女们首先使用化妆品是真的，但是化妆在体面的富裕阶层依然并不受认可。

独立。渐渐地，随着女性在社会学上的解放，香水也得到了认可。以前，女人从社会学的意义而言，并不是一个个体，因为随着从父权向夫权的过渡，从官方的角度来看她在社会上并没有扮演任何角色。比起国外的姐妹，法国女性为了获得社会地位，经历了更为长久的奋斗。自从 1869 年以后，美国某些州的妇女就已经获得了投票权。法国的一个香水制造商为了庆祝这一女性解放运动中的先锋胜利，不仅推出了名为**美国紫罗兰**（*La Violette américaine*）的香水，还通过一位美好年代的女性展示出来：她正在挥舞着美国的国旗。在英国，争取妇女参政的运动开展于 1903 年，1918 年英国女性（三十岁以上的妇女）获得了投票权。法国的众议院支持妇女投票的权利，但是由于担心女人不能像她们的丈夫或父亲一样投票，参议院六次否决了众议院的提案。尽管在法国大革命期间，法国女性就已经要求拥有全部的公民资格，但是拿破仑的民法典却把她们变成了未成年人，一方面她们受到男性的支配，另一方面她们没有独立的经济地位。法国女性意识到她们能够以自身的力量管理经济事务，决定只要战争一结束，就再也不放弃这一特长。法国的女性运动一如既往地要求拥有投票权，譬如女权主义者露易丝·维斯（Louise Weiss）在 1934 年发起的运动。在巴士底狱广场，女权活动人士象征性地把她们的锁链扔进火里，并用香粉砸向警察！1936 年，莱昂·布鲁姆（Léon Blum）把三位女性纳入到他领导下的人民阵线政府里：进入法国科学研究院的诺贝尔奖获得者伊雷娜·耶里奥·居里（Irène Jolio-

---

[1] 科拉·珀尔，《名妓回忆录》（*Mémoires d'une courtisane*），巴黎，卫城出版社（Acropole），1985 年，第 131 页。

Curie)①、进入国民教育部的塞西尔·布兰什维克（Cécile Brunschvicg）以及进入大众健康部门的苏珊娜·拉克尔（Suzanne Lacore）②。为了感谢法国女性——不仅是抵抗运动中的女性，也包括所有家庭中的女性——在第二次世界大战期间发挥的重要作用，1944 年 4 月 21 日戴高乐将军赋予她们投票权。

以前，社会伦理道德对女性独立的许多外在特征持有负面见解。民法典禁止女性在公共场合着裤装。当乔治·桑穿着长裤、吸着烟斗现身时，引起了人们的极大愤慨。1900 年 3 月 15 日，尽管在她于夏特莱剧院（Châtelet）上演的埃德蒙·若斯坦（Edmond Rostand）的戏剧《雏鹰》（*L'Aiglon*）中获得了成功，莎拉·伯恩哈特（Sarah Bernhardt）③还是激起了一阵轩然大波，因为她在剧中身穿保罗·波列设计的白色西服反串男角。

第一次世界大战之后，"人们再次渴望舒适和快乐的生活，这让他们不仅抛弃了节俭的想法，也忽略未雨绸缪和审慎的生活原则。他们想享受当下的时光，每个人都随心所愿地花掉他的收入"④。这便是法国香水协会（Syndicat national de la parfumerie française）主席罗贝尔·比昂内梅（Robert Bienaimé）在 1923 年分析第一次世界大战结束后呈现在香水制造商面前的形势。20 世纪 20 年代，也就是所谓的"疯狂年代"，狂热的音乐（爵士、阿根廷探戈、黑人的歌舞杂耍）回响在巴黎的上空。巴黎，这座"不夜之城"成为众多节日的中心，文人雅士济济一堂，而美国知识分子的到来又让其锦上添花。1929 年的金融危机和货

---

① 居里夫妇的大女儿，1935 年与他的丈夫弗雷德里克·耶里奥共同获得了诺贝尔化学奖。——译注
② 玛丽-克里斯汀·格拉斯，伊丽莎白·德·费多，弗雷迪·高兹郎（Freddy Ghozland），《感官之一：20 世纪的香水》（*L'Un des sens. Le parfum au XXe sicècle*），图卢兹，米兰出版社（éditions Milan），2001 年，第 75、79 页。
③ 法国 20 世纪初享誉国际的女演员。——译注
④ 罗贝尔·比昂内梅（Robert Bienaimé），《法国香水制造业的现状》（*La situation actuelle de la parfumerie française*），法国香水协会，1931 年 3 月 9 日。

币贬值（包括那些被认为是最稳定的货币），又增加了人们的不安全感。为人们带来即时的额外享受和满足感的行业，譬如香水业，因而蓬勃发展。那些疯狂的年头带来的有利的经济形势，使香水行业深受其益，在所有的市场都取得了惊人的发展。此外，那些年间还出现了各式各样的新香型。

20世纪20年代，随着摆脱了一切束缚的年轻女孩的出现，传统的时代分崩离析。在第一次世界大战的推动下，这些女孩离开家门、出外工作，取代奔赴前线的男人。她们意识到自己有能力从事直到当时都属于男人的工作。地位卑微的女性一直以来都在田地、工厂或商店劳作。然而，第一次世界大战期间，所有的女人都必须固守前沿的重要工作岗位。战争结束之后，一些女性并不想放弃她们已经征服的这一片天地。与此同时，随着新增的社会需求，第三产业日益发展壮大，又为女性提供了某些"适当的岗位"：打字员、电报操作员、速记打字员。不同于早已存在的裁缝女艺徒、女售货员、制帽女工和其他女性职业，这些职位构成了某一前所未有的女性职业类型。那时是年轻女工的天下，她们中午就做一顿便饭，以便接下来逛商场。这样的女人为了自由而选择独身，把薪水留为自用，并按照自己的方式生活。前一代人开启的生活方式不仅变得更确定，而且也更普及。维克多·玛格丽特发表了名为《独立的女生》的小说，书中的女主人公莫妮克·列尔比耶（Monique Lerbier）就过着一种不受任何管束的生活[①]。她爱好运动，有着古铜色的肌肤，渴望自由，并通过放弃女士紧胸衣和留短发等一些去除昔日女性特征的方式，表达出崭新的精神面貌。

外形。20世纪20年代，法国的女人不仅选择某种简短的款式（衣服和发型），而且在公共场合无所顾忌地吸烟。取代了珠光肤色的古铜色肌肤，如今显示出的是上层社会的地位，也就是可以享有阳光下的休闲

[①] 维克多·玛格丽特（Victor Margueritte），《独立的女生》（*La Garçonne*），巴黎，弗拉马里翁出版社（Flammarion），1922年。

活动的精英阶层。日晒，再加上防晒产品，成为人民阵线政府 1936 年普及下的假期和休闲时光的见证。化妆品制造商推出了防晒油——首先由设计运动服装的让·帕图推出，加布里埃尔·香奈儿紧随其后。由于化妆品能掩盖职业女性可能出现的疲劳痕迹，因此成为优雅和美丽必不可少的同盟。运动和开车是女性新征服的两个领域，而她们的社会身份则在重新出现的喜悦气氛中，在当时的查尔斯顿舞、狐步舞和其他形式的舞蹈的诱人乐声里，表现了出来。这一时期的法国女性玩乐消遣、魅惑男人、为自己的穿衣打扮工作挣钱。

广告中的女人总是很活跃，处在一种运动的状态中，并往往和汽车及香烟联系在一起。运动带来的暗示和概念是中性的香水。1929 年，让·帕图推出了一款受到男性启发的香水，名为**他的**（*Le Sien*）。介绍这一香水的广告文字特别有趣："在体育运动领域，女性和男性一样平等。对于朴实或实用的体育风格，一款过于娇媚的香水在调性上是错误的……健康、明朗的香调，很'户外'，适合男人，但也和现代女性的个性融合在一起；当今的女性打高尔夫球，吸烟，开车的时速达每小时 120 公里。"[①] 这一广告展现了一个优雅的、正在打高尔夫球的女子。化妆品和香水制造商似乎与女性解放运动的步调保持一致。

时代发展的见证，女人可以随身携带在手提包中的产品也出现了粉饼（比起在闺阁中专用的散粉更方便使用）；滑套中的口红，这样的口红"防风、防雨、防吻后脱落"，正如妙巴黎在它的天然胭脂口红广告中夸耀的一样[②]。

20 世纪 30 年代，上述时尚延续了下来；与此同时，还出现了一股回归素朴又令人舒心的新古典主义的潮流。现代女性的形象在当时变得更古典、更有女人味、更温柔。女人们从紧身胸衣里解放出来，纤细和

---

① 佛尔内图书馆（Bibliothèque Forney），保留资料，Fol. 5538，时尚素描（1884—1930 年）。
② 妙巴黎，天然胭脂口红广告（*Publicité du rouge à la biocarmine*），1932 年，妙巴黎档案。

苗条的身材于是成为严格的标准："瘦下来，很好；不长胖，更好！"①化妆品制造商幽默地运用科学，推出了浴盐和瘦身疗法。

美颜。1919 年，"巴黎最大的健康和美容机构"德比美容院（Institut de beauté Derby），在其位于巴黎 16 区壮观的办公大楼内推出按摩、健康护理和美容护理等课程②。1938 年，审慎的香水世家娇兰，在其位于香榭丽舍大街的商场一楼也开设了一间美容院。此外，时装业也加入进来，让女性沉浸在奢华和优雅的氛围里。香水和化妆品制造商，"女人（永久）的朋友"③，不仅赋予女性提升魅力的可能性，还让她们在护理产品的呵护之下，尽情地享受运动和阳光而无损于美貌④。女人们可以高枕无忧地把自己托付在香水和化妆品制造商的手中，正如兰黛里克（Lenthéric）⑤在 1939 年的一则广告里建议的一样："请相信你，相信你的美貌，相信你的时装设计师，相信兰黛里克。"⑥

涂抹香水和化妆成为一项"独特而又奇妙"的艺术。这一艺术又是某种华美、风雅的仪式的组成部分。不过，这一仪式依然只在"名媛淑女的盥洗室"⑦中进行。在干净卫生、现代的浴室里完成必要的洗浴，并花点时间练习了瑞典体操后，穿着一件丝质浴衣的贵妇或淑女，就会坐在安放在她的闺房里的小梳妆台前。由珍贵的木材做成的这种家具，有着艺术装饰风格（Art déco）⑧的线条，上面摆放着镶银的画笔、玳瑁的梳子、装有东方型香水的水晶玻璃瓶、必备的古龙水、红宝石色的漱口

---

① 克拉克美容院，《美容产品目录》（Catalogue de beauté），1925 年，BHVP，序列号 120。
② 德比美容院的广告，《现代化妆品和日化用品产业》（La parfumerie moderne），科学和行业保护杂志，主编勒内-莫里斯·盖特佛塞（L.-M. Gattefossé），1919 年 12 月。
③ 我们在这里采纳了妙巴黎第一化妆盒的名字（1890 年），旧时演员化妆所需的"彩妆盒"的完美改版，适用于城里丰富多彩的活动。盒子和里面的内容与原先一模一样，只是盒子的颜色和里面的产品的名字有所改变。
④ 克拉克美容院，《美容产品目录》，1925 年，附录 III 11，共 7 页，BHVP，序列号 120。
⑤ 纪尧姆·兰黛里克 1885 年在巴黎成立的一家香水、化妆品和日化用品企业。——译注
⑥ 佛尔内图书馆，保留资料，艺术文档 632 号。
⑦ "淑女的盥洗室"，见《现代化妆品和日化用品产业》杂志，1919 年，第 51 页，法国香水工会（SFP）。
⑧ 从 19 世纪末 20 世纪初的新艺术运动衍生出来的一种运动和风格。——译注

水、喷洒"皮裘或空气所需的芳香雾气"的喷雾器（加雷[①]或拉里克[②]的作品）——人们往其中加入各式精美的香水，一些可以说是"和时节或当时的心境相吻合的香水"。从诸多方面而言，描述盥洗室或浴室的文字很有意义：它们证明了化妆品和香水，犹如其他事物一样，完美地融入了女人的习性之中。不过，香水和化妆品用于美妆养颜、提升魅力，因而为某一社会群体专享。

同样，非常"有益于身心的古龙水"也受益于这一带来感官快乐的概念：香水和化妆品制造商渴望把他们的产品装在其中。古龙水的传统功效一直受到赏识，今后人们还可以补充的优点有：带来惬意、舒心和美丽等。对于绅士淑女们满足于平价的普通古龙水，谢拉米香水公司（Les Parfums Chéramy）[③]表示不满。1928年发表在时尚杂志《法国画报》中的宣传文章写道："女人们不懂得真正的古龙水是什么样的。谢拉米的古龙水对她来说是一种真正的启示。她们从来没有感受过如此的清新和惬意，也没有感受过这样的体力恢复……然而，质量的差异是如此之大！这难道不事关您肌肤的健康、清爽，以及您的魅力吗？"[④]总之，为了传达独立自由的愿望，20世纪初以来，花香型、西普香型、东方香型的香水都点缀上了崭新的香调。

7．皮革香

历史上，女人长期以来都不被允许涉足男性的世界，许多工作领域和休闲、会话场所（比如俱乐部、酒吧、吸烟室）都不接待女人。然而，

[①] 全名为埃米尔·加雷（Émile Gallé），新艺术运动的代表，法国著名的玻璃艺术家和工艺家。——译注
[②] 全名为勒内·拉里克（René Lalique），法国装饰艺术运动时期著名的珠宝首饰和玻璃制品艺术家。——译注
[③] 为了扩大他的顾客群体，霍比格恩特1924年成立的公司。——译注
[④] 佛尔内图书馆，《宣传画册：谢拉米香水》（*Albums publicitaires. Parfums Chéramy*），1928年。

女人们将一步一步地吸纳皮革，并将之"穿在身上"①。传统上与男性的活动（汽车、飞行、旅行、俱乐部的沙发）联系在一起的皮革，成为女性解放和独立的标志性香调。

20 世纪 20 年代，皮革调香水随着卡隆的"**金色烟草**"（*Tabac blond*）出现了。这一类型的香水代表的是雌雄同体的自在和优雅。该香调从属于西普香型、东方香型和花香型，通过使用"干馏"出的桦木香精调制出来的，也就是说加热分解桦木，并把馏出液与安息香、乳香、杜松油和诸如孜然之类的香辛料结合在一起，最后呈现出一股强劲的香气。1880 年发现的异丁基喹啉②，是一种令人想起皮革味的优质合成香氛。卡隆的创始人欧内斯特·达尔特罗夫，在研发出某一由烟味和皮革味形成的浓郁香调，并由此创立了西普型皮革调香水的同时，完成了一项真正的发现，而异丁基喹啉这一强劲的香氛则让一切变成了可能。加入的皮革香提升了石竹和椴花这两种基本成分的味道，它们又裹在鸢尾花、依兰和香根草的中调里，之后便是雪松、龙涎香和麝香构成的尾调。"金色烟草"这一香水的香味纯粹是一种幻象，因为它里面完全没有烟叶。它是献给那些独立自由的年轻女孩的香水，因为她们当时吸的是刚从美国维吉尼亚（Virginie）传入的金色香烟。"金色烟草"也受到了科蒂的"牛至"女士香水和娇兰的"蓝调时光"的影响，然而它的香味是如此的强劲，以至于使用这一香水的一般都是男士。

俄罗斯皮革（*Cuir de Russie*）。1928 年，香奈儿推出的女士香水"俄罗斯皮革"，不仅重新演绎了俄罗斯军官通常使用的某种香膏——他们的皮靴就用这种香膏来保养——的味道，而且还重新构建了香水中的皮革香这一香调。具体做法是尾调温热，并且有点滑腻，又稍稍缀有安息香、桦木香和海狸香，让人悄然想起一款献给独立的年轻女性的香水。它的皮革味更浓烈，于是男士们也使用，因为他们从中重新感受到了他们的

---

① 这里的穿是指涂抹或喷洒香水之意。——译注
② 异丁基喹啉：黄色至棕黄色液体，具草香和木香，类似皮革样香调，香气有力。——编注

世界，而且他们当时几乎没有可供使用的香水产品。自从1875年娇兰和芮谜推出两支香水以来，"俄罗斯皮革"自身就已经是一种香调，更不用说19世纪的"俄式"古龙水。但是香奈儿的"俄罗斯皮革"革新了这一香调：通过调入大剂量的鸢尾花，让它变得柔媚。这支香水是由恩尼斯·鲍创作的，他曾经是末代沙皇宫廷中的御用香水师。宫中的富丽奢华，无论是自然的元素，还是餐桌艺术、艺术品、家具、圣像，都给他留下深刻印象。斯拉夫的精神气质不是中庸，而是激情和旺盛的情感，以及某种特定的生活艺术。斯拉夫的灵魂是绵延的感伤，但在不幸的生活中也会变得炙热、坚强。尼古拉二世，低调审慎的男人、亚历山德拉·费奥多萝芙娜（Alexandra Feodorovna）的忠实伴侣、三个公主和皇太子阿列克谢的父亲，1894年成为圣彼得堡皇宫里的统治者——沙皇。在他的宫殿里，人们看到的是令人惊叹的军装制服，以及俄帝国时代庄稼汉穿的系有腰带的长衫，闻到的是皮革的味道，那是从靴子和皮箱中散发出来的干燥的香味，混合着桦木、刺柏和鲜花的香气。此外，宫里全是刺绣品、包金饰物和裘毛或皮袄。1923年或1924年以后，加布里埃尔·香奈儿把这些元素打造成巴黎女人穿的制服。她借用俄国庄稼汉衣物中的套衫；她制作皮毛制品；她的布料缀有玛丽亚女大公（la grande-duchesse Marie）①的作坊出产的刺绣品。第一次世界大战之后，白俄罗斯人大量涌入巴黎；通过她的朋友们，俄罗斯芭蕾舞剧团经理谢尔盖·达基列夫（Serge de Diaghilev）、作曲家伊戈尔·斯特拉文斯基（Igor Stravinski）、芭蕾舞蹈演员谢尔盖·里法尔（Serge Lifar），以及她的情人迪米特里大公（le grand-duc Dimitri）②，加布里埃尔·香奈儿和俄罗斯人这一个圈子保持着密切的联系。

20世纪20年代，香奈儿"俄罗斯皮革"广告明确指出，"淑女们"

---

① 俄罗斯帝国末代皇帝尼古拉二世与皇后亚历山德拉·费奥多萝芙娜的第三个女儿玛丽亚·尼古拉耶芙娜。——译注
② 尼古拉二世的堂弟，他们在1920—1923年间交往。——译注

也许会觉得它"不端庄"①。实际上，皮革香是那些闯入香水中、闻起来近似于"猛兽"的味道，不仅确实不好闻，而且会引起原始的情欲。因此，这一香调的香水很有限，吸引的是一些勇于标新立异的女人。皮革香和20世纪二三十年代的女性联系密切。鲁宾1934年推出了**青烟**（*Fumée*）。在这款香水上，他挖掘的是附加的主题，因为香水瓶很有趣，以排放在盒子里的五支过滤香烟的形式呈现出来，就像一盒香烟。这一香水瓶是由著名的玻璃制品制造商波谢集团完成的。"青烟"属于皮革香水一族。1936年，另一款女性皮革香水 *Kobako* 也面世了。一直以来，东方国度对西方的名媛淑女施展着魔力，她们身穿喷洒了妙巴黎的"*Kobako*"的裘皮大衣，涌向《蝴蝶夫人》的首演。

20世纪60年代。20世纪60年代以前，已经有了五十多支皮革调的香水，其中有娇兰的 *Djedi* ②，浪凡的**丑闻**（*Scandal*）、皮盖（Piguet）香气四溢的**盗匪**（*Bandit*）以及葛蕾（Grès）的**倔强如你**（*Cabochard*）——献给"只依自己的想法行事的女性"，闻起来犹如马匹或马厩！

伴随着20世纪60年代人口年轻化的特点，香水研发出现了一个转折点：这并非是全新的香型崭露头角，而是传统香型蜕变发展。皮革和优雅总是格格不入。女士香水的格局一如既往地以花香型为主：这一时期出现了罗莎1960年的**罗莎夫人**（花香乙醛调）、**尼娜·里奇** 1961年的**玫瑰之吻**（*Capricci*，花香型）、娇兰1962年的**芳香园地**（*Champs d'aômes*，花香绿调）、让·德斯普雷1962年的"凡尔赛宫舞会"（"60年代最贵的香水"，同样是一支谱写花香乐章的香水，但尾调是龙涎香和香辛料的芳香）。西普型一直都很优雅，尽管洋溢着青春的些许肆意，比方说爱马仕1961年的**驿马车**（*Calèche*，中调为茉莉花香的西普花香

---

① 理查德·斯塔梅尔曼（Richard Stamelman），《香水：快乐、丑闻、罪恶——1750年至今的香水文化和历史》（*Perfume: Joy, Scandal, Sin. A Cultural History of Fragrance from 1750 to the Present*），纽约，里佐利出版社（Rizzoli），2005年，第234页（TdA.）。
② 古埃及传说中的巫师的名字，以起死回生之术闻名。娇兰的这支香水是一支兼有皮革调、西普调、木质香和动物性香调的东方型香水。——译注

调)、莫林诺克斯(Molyneux)[①]的**节日**(*Fête*,西普果调)以及卡布奇(Capucchi)[②]的**涂鸦**(*Graffiti*,一支西普绿调、带有动物性香料和香辛料的香水,尾调是珍贵的木质精油、玫瑰净油、茉莉花净油和橡木苔及龙涎香完美地融合在一起)。

迪奥之魅(*Diorling*)是迪奥香水的两位创始人过世后,迪奥香水研发出的第一支香水。这支香水的创作委托给保尔·瓦谢(Paul Vasser),是调制出了著名的"迪奥小姐"的调香师。"迪奥之魅"是一支非常有个性的香水,它的皮革香让它变得阳刚十足,尽管皮革香的热烈源于佛手柑的清新和玫瑰、茉莉及风信子的妩媚。尾调中香气精致细腻的香根草和麝香突出了西普调的瑰丽多彩。犹似备受克里斯汀·迪奥和塞尔日·埃弗特勒-路易什赏识的西普型香水的一声回响,"迪奥之魅"是迪奥品牌的第一支西普型皮革调香水。媒体把它描述成"洒脱自在、自然大方",因而能博得"淑女们和某些崇拜者"的欢心[③]。从具有男性气质的香根草中衍生出来的"迪奥之魅",拥有皮革之香,这不仅让停留在肌肤之上的雌雄同体(桦木精油和麝香)的香氛得以延展,还充分显示出了这一香水的阴阳两性。"迪奥之魅"秉承的是马克·博昂(Marc Bohan)[④]于1961年春夏发起的"纤细之风"(slim look)的设计理念;在他的想象之中,女性的着装舒适自在,裙子变短了,时装设计师引领纤细的运动型身形。20世纪70年代,插画大师勒内·格吕奥为"迪奥之魅"这支淡香水画了一位年轻的金发女子:她秀发迎风飘扬,嘴里衔着一朵雏菊,神情活泼、轻快。

今天,皮革型香水相对来说减少了,这与我们如今喜欢干净的味道,提防与动物有关的性感香调相吻合。2005年,娇兰推出了**白色皮革**(*Cuir beluga*)。这支皮革型的香水很"适度",它令人想起的并不是野兽

---

① 英国顶级时装设计师爱德华·莫林诺克斯的同名品牌。——译注
② 意大利"时尚之父"罗伯特·卡布奇(Roberto Capucci)的同名品牌。——译注
③ 《选票》(*Suffrages*),1963年12月,第6期。
④ 1960年开始担任迪奥的艺术总监,职掌该品牌的时装设计长达三十年。——译注

的皮革味，而是光滑、优雅的鹿皮味，而这源于一种美妙的合成香氛：Sudéral。此外，爱马仕的**凯莉马车**（*Kelly calèche*）把玩的也是花香的皮革调，充满优雅，远非桀骜不驯的女孩生活中的炙热。

8．醛 香

在香水发展的黄金时期，1921 年，一支香水不仅革新了它那一时代的香调，也在诸多方面成为一股新潮流的领头羊——激发出女人身上的香痕的醛香。"醛"并不是一种富有诗意的表达，指的是一组来自于自然界，或从碳氢化合物中衍生出来的强大分子。这类化合物是一些延展性很强的物质，如果被分离出来，气味生硬且人工合成的味道也比较强烈，因此调香师们往往不是忽略它们，就是对它们嗤之以鼻。不过，"香奈儿 5 号"在启动香水制造业黄金时代的同时，改写了这一局面。这一香水的独树一帜体现在它的四种基本品质上，而这些品质也正是当时那些傲睨自若的香水的特征：它的余香浓郁持久、与众不同；它易于识别，精神和感官都不会觉得乏味无聊；它的美现代而富有创造性；最后，它欢乐的一面不容否认，而这源于把它和大众联系在一起的情感强度，既妥帖又深切。一切就像蒙娜丽莎的微笑，谜一般的香调激起人们的好奇心，吸引人们的注意力，并不断地令全世界为之倾倒。正是出于这些原因，"香奈儿 5 号"在香水市场上一直保有一席之地。

"香奈儿 5 号"香水的结构简约、优雅，它新奇、纯粹、香调平衡，有着源于上等原材料的品质。

"香奈儿 5 号"是加布里埃尔·香奈儿和恩尼斯·鲍一次会面的成果。恩尼斯·鲍宣称："时尚，应该由调香师来决定，而非被它牵制。"作为知名的调香师，他寻找全新的调香之路：把化学发明和珍贵精美的天然精油结合在一起。自从爱人卡佩尔（Boy Capel）1919 年因车祸过世之后，香奈儿一直无法走出悲伤。她的朋友米希亚和若塞·玛丽亚·塞特（Misia José Maria Sert）夫妇让她在意大利的一次长途旅行中，重新找到了欢乐。重新寻回生活的热情之后，1920年香奈儿结识了沙皇尼古拉二世的堂弟迪米特里·巴普洛维奇大公（grand-duc Dimitri Pavlovitch）。同年夏天，在蒙特卡洛的巴黎公馆中，在大公和塞特夫妇的陪伴下，香奈儿产生了把礼裙和香水结合在一起的想法。于是，在这一疯狂年代的早期，在迪米特里大公的建议之下，她同意会见恩尼斯·鲍，当时最著名的调香师之一，同样是从他的国家逃亡到巴黎的俄国人。恩尼斯·鲍曾经是退位的沙皇的宫廷调香师，那时候正负责管理拉雷香水厂在拉波卡（La Bocca）的一间实验室（在戛纳附近）。这一时期，他的实验室因为现代性和庞大的肥皂制造装置而闻名，常有各大品牌的客人带着好奇前来参观。

在香水研发实验室里，在无数的珍稀精油瓶之间，恩尼斯·鲍不仅向香奈儿传授了香水的知识，还向她解释他是如何以那些精油为基础，实现了混合液的和谐组合。被征服和迷住的香奈儿，委托恩尼斯·鲍调制"一支难以捉摸、独一无二、奢华的香水"。"我希望创作出一支无与伦比的香水，一支似乎从来没有打造过的香水、一支充满女人味的女士香水。"这一言语大胆前卫，那一时期的女人只涂抹一些清淡的香氛。而香奈儿寻求的却是某一挥之不去的香氛，某一粘附在肌肤上却并不黏腻的香氛，犹如她的礼服一样，既新奇飘逸，又普世通用。"这很矛盾，女人身上自带的香气闻起来像是人为的。也许，天然的香气就应该用人工合成的方法调制出来。"她还说道："我热爱女人……我想送给她们一种香氛，不过是一种人工合成的香氛，我说人工合成，是因为就像一条裙子一样，也就是说是制造出来的。我是一名裁缝艺人。我不想要玫瑰，也不想要铃兰，我想要一种人工合成的香氛。"

香奈儿的这支香水，当时面向的是那些独立自主的女性，她们终于可以跳舞、可以爱、可以享受生活，就像维克多·玛格丽特笔下的"独立的女生"一样。（玛格丽特由于描绘了一个女孩自由、解放的生活方式，在许多年间受到了人们的排斥。）香奈儿推动了美好年代"鲜花一样的女人"自由绽放，无须有所舍弃。不过，这样的女人身上散发出鸢尾花、玫瑰和西普的香味，或者某种矫揉造作的东方香调（时人把这种香调归入女人的世界之中）。肌肤上的这些过于厚重的香气，往往是为了让它们保持足够长的时间，以遮掩由于缺乏卫生而造成的味道。香奈儿在她卑微的起步阶段，经常指出那些上流社会的女人身上的这种不洁之味。

她忘不了那些美丽的交际花身上散发出的干净的香皂味，譬如艾米莲娜·达郎松（Émilienne d'Alençon）身上的香气。她是在初入社交圈期间，在皇家地城堡（Royallieu）认识她们的。她想研发出一支稳定的香水，以便能确定使用量；但她也想要一支活泼并像一圈光环一样围绕着女人起舞的香水。凭着信念和直觉，香奈儿偶然间改变了涂抹香水的行为。恩尼斯·鲍了解这位女子的大胆和果敢，向她介绍了两个系列的香水样本：第一系列的编号是 1 至 5；第二系列的编号是 20 至 24。她一件一件地闻着每个样本，进行比较，有点迟疑，最后在闻到第 5 号样本的时候停了下来。这一样本的香氛极其新颖，除了茉莉花，配方里还用了大约八十种成分，并且首次"明目张胆地"利用了合成的醛类物质。香奈儿当时问恩尼斯·鲍这一香水是否容易被抄袭。后者回答：尽管香水的配方是保密的，但不能保证其他调香师不会模仿出一些平庸之作。这一说法让香奈儿感到惊恐，于是她要求恩尼斯·鲍加大配方中成本最高的成分——茉莉花净油的比例。恩尼斯·鲍便加大了剂量，但是香水的红色变得十分的深暗，以至于他不得不使用更优质的茉莉花净油。然而，茉莉花的这一超大剂量让香水变得过于发甜，而这又让它失去了个性。为了重建和谐的香调，如何弥补这一问题呢？恩尼斯·鲍想到了加大其他三种味道浓郁的成分中的一种。摆在他面前的三种可能性是：增加橡木苔的比例，但有可能使香水带上土味；增加香荚兰的比例，又有可能让香水有了"甜点"的味道；或者增加其中的三种醛类化合物的比例，而这也是他最终的决定，从而让醛的比例几近混合液的 1%。加入的醛同时又提升了配方中的其他成分。这一超剂量的醛类化合物不仅成为香水

香奈儿委托恩尼斯·鲍,这位沙皇的宫廷调香师,调制一支"难以捉摸、独一无二、奢华的香水"。想了解"香奈儿5号"这支香水的前卫和大胆,必须感受一下与之同一时期的香氛,它革命性地使用了醛香

史上的重大事件，也赋予"香奈儿5号"一种创新性的香味，以及香奈儿力图找到的奢华、神秘和个性。

对于恩尼斯·鲍提出的问题"您想给它起什么名字？"，香奈儿答道："我的礼裙在5月5日，一年当中的第五个月的第五天，举行发布会，所以我们还是以这个数字给它命名，这个数字会给它带来运气的。"[①]在香水推广期间，5，这个和香奈儿的名字联系在一起的生硬数字，飞起在橱窗上，仿佛一道御旨——"跳动的5"，让过往的行人似乎身处魔法的力量之下。语言的习惯和传统被打破了。

要理解"香奈儿5号"的前卫和大胆，就必须感受一下那一时期的香氛。当时的香水几乎总有厚重且令人不舒服的香味，这样的味道掩盖住了其中的鲜花组成。此外，它们的香气很不稳定，并且很快就消失了。沉闷的香气，散发出的余香很单薄，然而却有着令人恼火的名声：遮掩臭味！当时，上流社会的人士为了确保整个晚上从头至尾都香气迷人，会一而再再而三地坚持喷洒香水。想象一下那些喷洒了过多香水的贵妇淑女吧，这让人觉得不可思议。香奈儿接触这些女士的机会比较多，因此她希望有一支人们可以定量使用的香水，而且这支香水纯粹、明亮。她以满园清新的花香、以一种幻想出来的花香释放出了香水的余香。"香奈儿5号"的强大力量正是从这一反差、这一前卫大胆当中迸发出来的。此外，如果我们把醛在香水中的使用和针织布在香奈儿的时装设计中的应用对比一下，就会觉得很有趣。被当时的设计师认为丑陋而用于缝制男性内衣裤的针织布，却被香奈儿革命性地用于改变女性的身材，使之变得灵活、舒展。至于醛类化合物，调香师们则认为它们的味道过于浓烈和普通，而把它们弃于一旁。然而，香奈儿不仅通过它们革命性地改变了女人的气息，赋予她们存在的气场，而且她还推动了某一全新的香调的诞生。"香奈儿5号"是一支复合香型的香水，完全没有主导性的香

[①] 埃德蒙德·夏尔-鲁（Edmonde Charles-Roux），《我的香奈儿之路》（*Mon itinéraire Chanel*），巴黎，格拉塞出版社（Grasset），1978年。

味，因此在形式各异的肌肤上，它的表现也不同，它开创了女人的未来，也就是说她自己的香痕。

"香奈儿5号"的代言女星。"香奈儿5号"的广告女星，加强了这支香水对于女性产生的心理作用。这支香水最早的广告始于1921年，是可可·香奈儿的朋友、著名的插画师和漫画家塞恩（Sem）创作的一幅石版画。画中描绘的是一个短发女子，她的脸部和双臂伸向高处富有魔力的香水瓶。这幅画暗示了这支香水推出之际的象征意义，表达的是极富女性气质的新式女性，朝向"香奈儿5号"香水，希望香水赋予她梦想，并给她许下允诺。接下来，1937年，香奈儿亲自出场，为这支香水代言。科拉（Kollar）镜头下的香奈儿，手臂搭在她在丽兹饭店的房间——也就是她所说的她的阁楼——里的壁炉上。后来，从香奈儿手里接过广告火炬的，都是一些美丽优雅的女星，都是由雅克·赫勒（Jacques Helleu）的专业眼光挑选出来的，这位香奈儿的艺术总监总希望由世界上最美的女人来代言它。此外，为了让同一广告中的香水瓶和赞美它的脸孔保持一致，他还请来了声名卓著的摄影家和导演。他的灵感总是来源于他喜欢的电影，来源于他想讲述的真实的故事，这些故事里有女人、香水以及男人等角色，或者至少有爱的允诺。

1952年，玛丽莲·梦露不仅爱上"香奈儿5号"，还吐露："离开它，我就闻不到香味了。"因她迷人性感的双唇而停止的全世界，拜服在那句著名的问答之下："您早上穿什么？有人问道——一件宽松的短袖衫和一条短裙，她回答。——那么夜里呢？——几滴'香奈儿5号'。"这一免费的广告引起了轰动。香奈儿欣赏玛丽莲·梦露这一迷人的俏皮话，甚至觉得有趣。她知道对于男人而言，她们两人都象征着完美和性感。玛丽莲·梦露发自内心的宣言人尽皆知，就像那些她把"香奈儿5号"香水瓶环抱在胸前的照片一样。性感、优雅、奇妙，犹似"香奈儿5号"带给女人的印象：心灵的附属物。

"香奈儿5号"成为香水里的领头羊之后，调香师们在它的启发之下，把醛的力度和强度运用到其创作中。美妙的香水一支接着一支创作了出来。1927 年，有科蒂的**琶音**（*Arpège*）[1]和**爱人**（*L'Aimant*）；1929 年，有雅克·娇兰调配的**柳儿**（*Liu*）。不过，到了 20 世纪 30 年代，伴随着经济危机，醛香的潮流逐渐消失。

与此同时，更深邃也更私密的西普型香水里也加入了乙醛。让·德斯普雷凭着为米洛品牌创作的"双绉"，成为第一位大胆试验，把这两种成分结合在一起的调香师。正如埃德蒙·鲁德尼茨卡后来说到的一样："厚重的乙醛步入一个对它们尤其充满敌意的领域，引起了一片喧哗。"之后出现的乙醛香水，尽管并不多，但是就如花香型香水一样著名，如维尔（Weil）1928 年的**紫貂**（*Zibeline*）、雷维庸公司（Révillon）1937 年的**舞会名录**（*Carnet de bal*）、鲁宾的**珑骧之夜**（*Nuit de Longchamp*）。不过，这一时期只有一支香水勉强抵住了时间的考验，那便是让·卡尔（Jean Carles）1946 年为卡纷（Carven）[2]创作的**我的风格**（*Ma griffe*）。

20 世纪 60 年代，又重新出现了花香乙醛味的香水，譬如罗莎 1960 年的"罗莎夫人"、爱马仕 1961 年的"驿马车"、兰蔻 1967 年的**幻境**（*Climat*）、帕科·拉巴纳 1969 年的"散热器"、伊夫·圣罗兰 1971 年的**左岸**（*Rive gauche*）。最后一支香水表现了穿着西式套裙装的职业女性。乙醛赋予了这支香水现代和前调香气四溢的特征。伊夫·圣罗兰是第一位敢于在巴黎左岸——一个代表着巴黎左岸知识分子的街区——落户的服装设计师。"左岸"这支香水象征的是独立自由的女性，和巴黎右岸富裕阶层循规蹈矩的风格截然不同。

9. 绿调（清香调）香水

揉碎的叶子的味道、割下来的青草的味道、树汁和树脂的味道……

---

[1] 这里应该是作者的笔误，在下文的介绍中，可以看到"琶音"这支香水其实是调香师安德烈·弗雷斯和保尔·瓦谢为浪凡品牌打造的一支香水。——译注
[2] 卡纷夫人于 1945 年创立的同名时尚品牌。——译注

绿调不仅是多样的，而且也许还有点腥涩。1945年解放后出现的绿调香水，反映了人们在战争、贫困和艰苦的斗争（女人们也参加了战斗）之后，恢复青春活力的渴望。带着春天和草地的味道的绿调，象征的是新生和复苏的大自然的气息。此外，它的腥绿透出来的是活力、意志和自由等概念。因此，1968年的"五月风暴"之后，绿调香水的回归也就不令人惊奇了。

对于调香师而言，绿调吸纳了许多表达方式：有暗绿，比如割下来的青草的味道；有油绿，比如柠檬叶子的味道；有青绿，比如柿子椒的味道；有浓绿，比如树脂的味道；最后还有嫩绿，比如风信子的味道。

波斯树脂。制香业中自古以来就使用的波斯树脂，是一种黏稠、像蜡一样可以延展、半透明的发亮物质。古罗马植物学家迪奥科里斯告诉我们，产波斯树脂的阿魏属树木生长于阿拉伯、叙利亚、波斯以及非洲的许多国家，尤其是毛里塔尼亚。调香师们往往用波斯树脂来提升混合液中的花香，让它们变得光彩夺目。产波斯树脂的树木是一种伞形科的高大植物，它的树脂经过蒸馏可以获得一种精油，经过萃取则可获得某种香脂。波斯树脂尤其应用于绿调、西普调以及草本调的香水中，比方说巴尔曼1945年的"清风"、卡纷1946年的"我的风格"，迪奥1947年的"迪奥小姐"，香奈儿1970年的"香奈儿19号"。波斯树脂有着绿色植物的腥绿和土味，让人想起小豌豆和常春藤的气味，这使它长时间里在香水的调制中局限于次要的角色，尽管它尤其能提升花香耀眼的光彩。20世纪下半叶，众多所谓的"绿调"香水就源于它们含有的波斯树脂。为了传达出新女性固有的活力和朝气，富有才气的女调香师杰曼·塞利尔，像一位野兽派画家一样，把波斯树脂用到了她的创作之上。

清风。巴尔曼的这支花香型绿调香水，是杰曼·塞利尔在第二次世界大战刚结束不久创作出来的。它有着传奇般的肆意和活力，其中的波斯树脂精油刚开始的时候高达8%。除了青草清新、腥绿的味道，还有风信子的青嫩和铃兰、玫瑰、天竺葵的妩媚。这支绿意十足且又极其别致的香水,在它曳拉出的味道里有着几位著名的女子的踪影,譬如作家科莱特。一直以来,它都是绿调香水中无可争议的领头羊。

我的风格。1947 年,卡纷女士推出了"我的风格"这支香水。她在她的首场时装发布会上,展出了一组绿色(她最喜欢的颜色)和白色的时装。她想送给寻常年轻女性一支香水。莫里斯·皮诺(Maurice Pinot)想出的口号"'我的风格',富有青春气息的香水",开启了女生香水的概念。"我的风格"是由鲁尔公司的首席调香师让·卡尔创作的。它秉承了米洛 1925 年推出的"双绉"——一支西普型乙醛味香水——的风格。此外,它首次大量引入了存在于栀子花净油中的乙酸苏合香脂(20 世纪 40 年代早期人工合成)。因此,它有着栀子花苞在绽放时分的清香。这一香味又和香茅醛、安息香结合在一起,带给人某种热烈的清凉感,这在当时还不常见。最初的香水瓶、瓶盖以及香水盒的风格,都完全像那条绿白条纹的裙子[①]一样清新怡人。它们是塔尔贝(Tarbès)和卡纷女士的朋友诺瓦耶公爵夫人(la duchesse de Noailles),本着古希腊建筑中的黄金法则设计出来的。

另外,"我的风格"这支香水的营销还是一次非常新颖的广告策划。首先,1946 年春的新品推广活动轰动一时。一架飞行在巴黎上空的小飞机从特洛卡代罗广场(Trocadéro)上方撒下成千上万只小小的降落伞,每只小伞里都装着一小瓶的香水。卡纷是第一个非常大方地派发 5 毫升及以上的香水小样的品牌,第一个在飞机航线上销售香水的品牌,第一个赞助体育赛事的品牌,第一个设立文学奖项的品牌……[②]

迪奥小姐。"迪奥小姐"于 1947 年面世,它的清新离不开由波斯树脂和栀子花(确切说来,是乙醛苏合香脂)组成的绿调。这支香水有着生冷和青绿的一面,前调是波斯树脂几乎带着土味的、冲鼻的腥绿、快乐鼠尾草和栀子花。中调的花香有玫瑰、茉莉、水仙、铃兰、石竹和橙

---

① 卡纷 1945 年时装发布会上的标志性裙子。
② 和卡纷女士的访谈,2005 年 1 月。

花。这一片花香最后消失在深幽的石竹和加了皮革的橡木苔中。

斐济。20 世纪 60 年代末期,随着婴儿潮出生的一代带来的新兴价值观的强势上升,绿调香水又重新流行起来。人们把绿调视为恢复青春活力的气息,一种接近大自然的清新气息,一种新生的源泉,乃至恣肆的生命力。1966 年,姬龙雪(Guy Laroche)[①]推出的"斐济",绽放在它飞扬的清新花香之中。这支香水由约瑟芬·卡塔帕诺(Josephine Catapano)创作,波斯树脂和鸢尾花构成的绿调裹在木香、麝香和广藿香之中。为了呈现出"快乐小岛"[②]不同以往的异域风情,它必须给人一股从鲜花上拂过的凉爽和风的感觉。居伊·拉罗什介绍,在构思"斐济"这支香水时,他脑海里的形象是犹如夏娃般纯真的棕肤色女子。后来,当他"像人们放飞鸽子一样推出他的香水"时,他愉快地认识到女人身上的这支香水和他想象中的完全不一样,"她们从我身边走过,冷漠、陌生。在划出熟悉的味道和陌生的味道之间的距离时,她们突显了自身的存在",这说明了女人们懂得把这支香水化为自身的一部分[③]。

怦然心动(Chamade)[④]。让-保罗·娇兰 1969 年研发的这一作品,是一支有着香荚兰气息的花香果味绿调香水。它的特点是使用了茶藨子的花蕾。罗贝尔·格拉奈设计的香水瓶,让人想起亚当乐园里的一片葡萄叶,或者波提切利的画作"维纳斯的诞生"中的装饰性贝壳。"怦然心动"这支香水无疑是一支属于新一代夏娃的香水。在 60 年代反叛运动风起云涌的十年里,1969 年是革新的一年。而在 60 年代新奇的伦敦街头装束(swinging London)的影响之下,禁忌一个接一个地轰然倒下:玛

---

① 法国设计师居伊·拉罗什(Guy Laroche)创立的同名品牌,又译为姬龙雪。——译注
② 姬龙雪的创始人曾经在斐济的一个小岛上度假,"斐济"这支香水的灵感便由此而来。——译注
③ 《香痕:关于香水的文字和诗歌》(Sillages. Textes et poèmes sur le parfum),居伊·拉罗什选编,让·科克多(Jean Cocteau)负责插画,巴黎,圣·日耳曼出版社(Saint-Germain-des-près),1983 年。
④ 又译为爱之鼓。——译注

丽·关（Mary Quant）①的迷你裙、库雷热（Courrèges）的月亮女孩超短裙②、发型设计大师维达·沙宣（Vidal Sassoon）去繁从简犹如雕刻艺术一般的发型、帕科·拉巴纳的金属片服装——例如弗朗索瓦丝·阿尔蒂（Françoise Hardy）③在其演唱会上所穿的服装。

散热器。被加布里埃尔·香奈儿称为"冶金者"的帕科·拉巴纳，想要一支革命性的香水。由米歇尔·伊（Michel Hy）打造的这支香水的名字并不柔媚。玫瑰（玫瑰的氧化物）绿调的它，尾调是二羟基二甲基苯甲酸甲酯（évernyl）④——1898年在橡木苔中发现的分子——的味道，比较生涩，令人想起金属片的裙子。帕科·拉巴纳认为该香水的终极目标是男欢女爱：独立自由的女性可以在她们的车中——而非小卧室里——沉湎于欢爱之中。他的想法很明确：打造出春天芳香的空气、速度、皮座椅和海边的气息。调香师米歇尔·伊的脑海里于是出现了绿调和木质香；此外，他还力图呈现出皮革香的感觉。调香师马塞尔·卡尔（Marcel Carles）很欣赏这件新奇的作品："米歇尔·伊把一件一开始就是很疯狂的事，变成了一支闻起来非常棒的现代香水。"⑤

香奈儿19号。"散热器"推出一年之后的1970年，"香奈儿19号"面世了。它是调香师亨利·罗伯特在香奈儿女士生前创作的最后一支香水。当时，后者想为新一代的年轻女性打造一款富有活力、青春飞扬的香水。她意识到她的"香奈儿5号"——一支声称是自我解放的香水——自从1921年以来，变得越来越资产阶级化和平庸化！因此，必须要为那些穿迷你裙的年轻女子打造一支洒脱率性的香水。"香奈儿19号"

---

① 英国著名时装设计师，20世纪60年代的"迷你裙之母"。——译注
② 库雷热将街头元素与高级女装技术完美结合的服饰，引发了后来的"迷你风貌"（Mini look）。——译注
③ 法国20世纪60年代红极一时、享有国际声誉的歌星。——译注
④ 二羟基二甲基苯甲酸甲酯发现于1898年，但是直到1968年才由保尔·特塞尔（Paul Teisseire）人工合成。这一合成物在工业化生产之前，曾经被介绍给鲁尔公司的调香师。
⑤ 见迈克尔·埃德伍兹的作品《香水传奇》，第143页。

是在白色和绿色的橙花与波斯树脂组成的谐调上创作出来的,这一热情洋溢的谐调又由鸢尾花、水仙和五月玫瑰组成的饱满的粉调加以点缀。而尾调里的雪松、愈疮木和香根草则突出这一独特香水的神秘感。

昔日重现。1965 年至 1970 年,淡香水的销量开始超越香精。因此,有传言说最新的时尚是重新用从药品店买来的香精油调配个人的香水。这一时期,流行的是外国商店里售卖的广藿香、香荚兰或者龙涎香精油。这一趋势和当时回归自然的潮流——诸如伊夫·罗谢(Yves Rocher)[①]之类的品牌深受影响——相吻合。对于一种全新的异国情调的追求,启发了像昔日重现(Réminiscence)这样的品牌。该品牌推出的**广藿香**(*Patchouli*)和**麝香**(*Musc*)等,女人们争相抢购。1970 年,在蓝色海岸的胡安莱潘(Juan-les-Pins),佐埃·科斯特(Zoé Coste)和尼诺·阿玛黛欧(Nino Amaddeo)分别开设了他们的第一家店铺。这一时期,正是印度和东方点燃知名设计师的想象力的时期。陶醉在异国的香氛和闪耀的色彩之中,佐埃·科斯特创作了他的第一批香水:"广藿香""龙涎香"和"麝香",犹似许多前往遥远的国度的邀约。

生活风格。雅诗兰黛 1972 年推出的**合金**(*Alliage*),毋庸置疑地成为纽约当时新出现的职业女性的香水。雅诗·兰黛夫人想重建一大片从棕榈滩(Palm Beach)带回来的绿叶的香气。她想,那些精力充沛、活动丰富的女性也许渴望在去健身或者打网球时,身上有着这样的香气,而且她们应该厌倦了母亲身上的脂粉香。与此同时,雅诗·兰黛夫人也察觉到女人们希望购买一种能反映她们新的生活方式而不是她们的社会地位的香水。由弗朗西斯·卡玛耶(Francis Camail)创作的"合金"大约由三百多种原材料构成,迸发出热烈、活泼的芳香。"合金"能完美搭配一条牛仔裤或一套网球服。这一西普型香水一展开,就能让人立刻感受到乙醛和香辛料糅合在一起的绿色植物的清新和酸涩,以及由波斯树

[①] 伊夫·罗谢(又译为伊夫·梨雪)1959 年创立的同名化妆品牌,产品以从植物中提取的精华闻名。——译注。

脂烘托出的风信子和木犀草。几年之后，CK 推出的"魅惑"就从这支香水里得到很大的启发[1]。

1973 年，美国品牌露华浓（Revlon）本着和雅诗·兰黛夫人一样的理念，推出了同样由弗朗西斯·卡玛耶创作的**查理**（*Charlie*）女士香水。这是第一支美式香调的香水：清晰、简单、馥郁。但是，它开启的尤其是一种关于香水的全新观念——"生活风格"（Sociostyle）；香水应该反映的是生活的方式，而非个人的内心。这一类香水，专门献给"美国那些外向、自由、富有活力的现代职业女性，她们能从身上的香水传递出来的形象中，看到自身"。"查理"这支香水是成批成批销售的，价格低于那些著名品牌的香水。这是一支献给职业女性的香水，她们给自己买香水，而无须等待男人送给她们。"斐济"，一支花香绿调果味的香水，它的创作曾经受到 1966 年推出的一支香水的启发。一支简单、随和的香水，适于喷洒，它在营销时采用了一个全新的概念——"享受一下给自己买香水的快乐吧"，并因此很快成为全球最畅销的香水之一。

10．香水产品的演变

研究女人如何赢得她们的自由、争取她们在社会中的权益——有时候她们会借用男士服饰的元素，譬如长裤、无尾长礼服、狭边草帽——是一件很有趣的事。从她们被排斥在外的男性领域中，受到启发而开发出来的皮革型香水，便是她们像战旗一样披在肌肤之上的衣饰。根据保尔·瓦雷里（Paul Valéry）[2]的观点："一位不懂得正确使用香水的女人没有未来。"实际上，一个没有香气的女人，离开后不会留下痕迹。香痕这一无形的力量，会让她的生命超越她的存在。

---

[1] 雅诗·兰黛，《雅诗：成功的故事》（*Estée. A Success Story*），纽约，兰登书屋（Random House），1985 年，第 90 页。
[2] 20 世纪法国著名象征派诗人。——译注

一直以来，香水都是一件令人生畏的魅惑武器。与此同时，它又是一个自我掌控的符号，这体现在某些透露内心的、明确的姿态或者仪态之上。女人对于她的那些小伎俩很用心：用精油轻抹肌肤，往散开的秀发上喷洒香水，在耳后、手腕脉搏处、膝部凹处涂抹几滴香水。这些习惯性的动作不仅依然有着神圣的痕迹，而且似乎还让男人和女人陷入迷狂之中。香奈儿就建议女人们，在所有她们希望被亲吻的部位涂抹香水。

　　19世纪和20世纪，女人们不再和香水保持稳固的关系。对于香水，她们变得随意、大胆，也不再一定要寻求身份认同。现在，香水毋庸置疑地打上了消费至上的文化印迹，并且总是反映了对于某种享乐主义和个人主义的追求。首先，人们想要一种属于自己的香味；其次，为了强调人生不同时刻下，个人固有个性的不同层面，人们又允许自己变换香味。"在当今的社会里，女人们占据了所有的职业领域，以及一切级别的工作。这一极其女性化的现实对于她们来说，不仅犹似某种理想的状态——可以和她们众多的日常责任相协调——而且还向她们映射出自身令人愉快的形象。不过，她们拒绝那种犹似赏玩之物的女性美。本着这一理念，为了诱惑而涂抹某种香水现今看来很庸俗。"哲学家和社会学家吉儿·利波维斯基如此解释到。女性观念的这一演变催生出了新的香水产品，以及香氛制品。

　　在女人的气质中，有某种魅力。这种魅力远非某种粗鲁而生硬的展示，而是悄悄绽放。譬如，那是某个女人以为身旁无人时做出的一个细微的动作：天生的优雅从她的一点头或一抬手中流露出来；或者是某种幽雅的风姿，犹似波段一样在半暗半明间扩散开来。

　　喷雾器。随着复辟时代香水喷雾器的发明，人们可以在喷洒香水的时候，姿势更潇洒大方。在那之前，英国人在17世纪就已经使用喷壶（casting bottles）。法国人把喷雾器的发明归功于著名的美食作家布里亚-萨瓦兰（Brillat-Savarin）。"对我而言，记忆中最为珍贵的一天，是我把我的喷雾器，介绍给民族工业促进协会理事会的那一天。我发明的这一器具不是别的东西，而是一个适于往室内喷洒香水的压缩水阀。当时我的口袋里装着我带来的装满液体的装置；我把水阀的阀门打开，伴随着嘶嘶声，里面冒出一股芳香的雾气，这股雾气直喷到天花板上，随后以小水滴的形式落在人们的身上和纸张上。正是在这一时刻，我愉快地看到巴黎最博学多闻的脑袋在我的喷雾器下面垂了下来。这一快乐无以言喻。此外，我还欣喜若狂地注意到：头发湿得越多的人士，也是越高兴的人士。"[1] 布里亚-萨瓦兰发明了喷雾器。随之而来的是，女性世界里喷洒香水时销魂的快乐和潇洒大方。

梳妆台前的女人。19世纪末以后，香水广告开始展示女人在梳妆台前涂抹或喷洒香水的场景。睡衣往往和她们的这个动作联系在一起，香水因而成为点缀。这一取自于现实的场面——女性生活的片段——呈现了当时上层社会的女性形象，这可以从她们的服饰和身旁的贴身侍女看出来[2]。从画面中，人们能感受到涂抹或喷洒香水的喜悦和快乐。古龙水不再只用于护理，也变成了带来快乐的东西。1902年，鲁宾公司就在它著名的**古龙水**（*Eau*）广告里，展示出了香水带来的性感、销魂的快乐。"往您的浴缸里倒入一小瓶鲁宾的'古龙水'，您将感受到某种快乐，美妙迷人；柔和甜美的香氛将浸透您的整个身心；您拥有的靓丽肌肤也将更加细嫩、更加美白。"这一广告文字配的插画是，一位穿着浴衣的女子正滑入浴缸中[3]。

尽管香水的宣传口号促使人们有意识地强调涂抹或喷洒香水的身姿，但是香水广告还是习惯于描述产品的特征。因此，在产品的宣传说明书里，香味"持久""绵长"等术语往往反复出现。广告标语则提到一些新的萃取和制造工艺，因为它们不仅能带来更优质、更纯净的精油，

---

[1] 安泰尔姆·布里亚-萨瓦兰（Anthelme Brillat-Savarin），《味觉生理学》（*Physiologie du goût*），由J.-F.雷维尔（J.-F. Revel）作序，弗拉马里翁出版社，"田野丛书"，1982年。

[2] 斯科特香水厂（Parfumerie Scott），古龙水"4711"，索沃-拉加尔德街（Rue Chauveau-Lagarde），巴黎，1911年7月15日，BHVP，序列号620；勒格朗香水厂（Parfumerie L. Legrand），铜版画，1905年，小海报，米诺印刷厂（imprimerie Minot）版权所有。

[3] 佛尔内图书馆，《宣传手册》（*Livres publicitaires*），鲁宾公司，1909年。1978年，浪凡为了宣传它的**新古龙水**（*Eau neuve*），用的插画竟是一些全裸的女性！

还能赋予香水更绵长稳定的气息①。不过，香水广告同时也间接地承认，使用人工合成物来加强香水的这一持久性和稳定性。余香的概念出现了，尽管表述的方式依然平淡、朴实："一滴香水足矣。"②

不同的女人，不同的香水。 19世纪末期，香水制造商开始传播个性香水的概念。香水也许不会改变女人，但会显示出她的个性："女人最心爱的香味就像她自身的光芒一样。"通过引申出无形中的存在——迈向魅惑的第一步——的概念，犹似某种蛊惑的香水进入了情感的领域。

20世纪初，正如其他调香师一样，弗朗索瓦·科蒂认为女人应该找到某种不仅能突出她的魅力和美，还能提升个人气质的味道。此外，他还属于香水领域里开拓进取的人士之一，他们已经开始思考如何在女性的身边打造一种香氛，一种看不见的光环。1924年，执着于信念的他，出版了《女性指南》（*Guide de la femme*）："如何以科蒂的香水来表明自己的个性呢？尽管不无优雅、温柔，每一个女人还是有必要根据她的类型、她的环境，让自己拥有某种香气，因为那是她固有气质的显现。每个女人都应该找到表达她的精神气质、她的感性、她的深层愿望以及她的外表的方式。科蒂的香水必须成为女人内心的一种表现。"就像每个女人都是独一无二的，科蒂的每一支香水也宣称与众不同。弗朗索瓦·科蒂每推出一支香水，都会附有一幅想象中的女人的招贴画，而这支香水就是献给这样的女人的。当时，有深肤色的女性香水和浅肤色的女性香水之分，皆因为一套建立在肤色使香水发生变化之上的理论。许多香水制造商都为他们的香水确定了同样的划分。在"蓝调时光"的产品目录和广告中，它宣称是一支献给"白净肌肤的女性"的香水；而"一千零一夜"则面向深肤色的女性。

---

① 皮诺香水公司，*Comme toi*，具体日期不详，1910年左右，BHVP，序列号120；皮诺香水公司，*la Corrida*，留香超持久的香水，*Lectures pour tous*，具体日期不详，1905年左右，BHVP，序列号120。

② 奥丽莎香水厂（Parfumerie Oriza），*Stilli-Flore*香水广告，插画报，1910年，BHVP，序列号120。

根据科蒂的观点，女人不能只满足于拥有香味，她必须全身都拥有某种和谐的香氛，她的每一种梳洗产品和化妆品都必须拥有相同的香气。围绕着同一香味，衍生出了一系列护理用品和美妆用品：精油、淡香水、古龙水、香粉、润发油、润肤水、香皂、香囊；某些香水和化妆品制造商甚至推出了芳香的信笺。这一香气成为女人的"招牌"："为了在身后留下令人难以忘怀的记忆，女人的整个身体都裹在一种令人浮想联翩的味道里。"如此一来，涂香抹粉的艺术也许必须经过一定的训练，以便获得某种妥帖的香味，这种味道又和现代女性前所未有的感性相吻合。

适宜的香水，适宜的剂量。1920 年以后，开始出现浓度不同的香水。在香水产品的衍生和普及上，时装设计师涉足香水制造无疑起到了一定的作用。他们知道女人一天之中的穿着打扮会有所变化。那时候，淑女贵妇们一天依然必须更换三次衣饰：早上、中午、晚上。同样，口红的颜色也随着衣饰发生变化：艳丽的红色留给晚装，玫瑰红和橙红色的口红则用于白天。习惯的做法是，白天低调含蓄，夜晚妖娆迷人。自然，涂抹香水也一样。香精往往用于重要的时刻，譬如高雅的晚会或者情人的约会。

因此，对于活动丰富的现代女性，必须想出一些衍生产品，适于日间使用。这也就是为什么从 1925 年开始，极其前卫的"香奈儿 5 号"推出了浓度更低的淡香水。20 世纪 20 年代，独立自由的新女性渴望一整天都香气迷人，但又不过于庄重。低浓度的淡香水和她们的生活方式正好契合。与此同时，推出低浓度的香水也是普及香水的一种方式，因为淡香水的价格比香精的价格要低得多。此外，1947 年，随着迪奥"新样式"女士时装——和战时经济压力下的服装式样正相反——的风行，一种全新的女性美学也诞生了。然而，尤其需要指出的是，20 世纪 50 年代，女性的服装风格尽管依然十分统一，但是在一段欣欣向荣的时间里，却变得非常优雅，几乎难以媲美。每一天的不同时刻、不同场合，都对应着一套相应的、多姿多彩的衣饰：早上的套裙装，配以搭配的小外套、手套、手袋和细跟鞋，以及出门时必戴的帽子；下午则是饰有珠宝的长裙、腰带以及根据时节而需的皮毛饰物；鸡尾酒会时的连身短裙，胸口开得非常低；晚宴时雅致的礼裙；用料繁多得令人惊奇的晚礼服，缀有刺绣、花边和羽饰。而早在1947年和1949年，克里斯汀·迪奥就已经为了点缀他的"迪奥小姐"系列礼服和"迪奥蕾拉"系列礼服，推出了一些雅致、精美的香水。这些香水和他华美绚丽的礼裙完美搭配。

1953年，在**清香水**（*Eau fraîche*）的研发阶段，克里斯汀·迪奥想发掘一种香水，可以在闲暇的时刻、在露天、在乡间、在运动、在打猎或者远足狩猎时涂抹或喷洒。事实是，以一个时装设计师的精准，他寻找的是一种有味道的棉织品，一种香气迷人的细软布料——肌肤之上裹着的第一层既舒适又轻薄的衣物。

1954年，法国销量最大的香水依次为卡纷1946年的"我的风格"，浪凡1927年的"琶音"以及香奈儿1921年的"香奈儿5号"。不过，人们心目中最为尊贵的香水却是娇兰1925年的"一千零一夜"[①]。到了60年代早期，法国女人有了"俏佳人"[②]的风姿。她们喷洒各式各样的香水，但是和之前相比，使用的量却少了，原因是为了家务活动而放弃涂香抹粉的快乐！事实是，当时出现的新兴消费产品（收音机、冰箱、洗衣机或者电视机）影响了香精的销售。

香调清淡幽雅的淡香水，又称为"没有香精"的香水，于是流行了起来。根据某一品牌的历史，或者"该品牌的香水比它的时装更具有轰动效应"，品牌的忠诚度往往会摇摆不定。香水比任何时候都意味着迈向奢华和高端的第一步，它成为品牌的形象大使。它并非只停留在一件简单的时尚饰物之上，它代表的是某种生活的艺术、某种魅惑的语言。

1973年之后，随着露华浓的"查理"女士淡香水的推出，香水进入了越来越多女人的日常生活里，因为低浓度的淡香水无论是在价格方面，还是香味方面，都易于被接受。渐渐地，同一香水的不同浓度的版本同时

[①] 1954年的消费者调查，迪奥香水的内部资料。
[②] "俏佳人"，这一表达取自巴尔曼1953年研发的一支香水的名字。

出现了,女人使用香水的方式也随着同一香水的不同版本发生改变。多种因素影响着女人对于香水的感受。一般而言,香精的稳定性更好,层次感也更美妙,与此同时它的香味也更精微、更接近调香师想象中的香氛。香精,包含着最大信息量的魅惑武器:女人们往往在手腕或肘关节处、在耳后、在脖颈上或在乳沟涂抹几滴。相对而言,淡香水的香气不够持久,一般适于白天的任一时刻。女人们往往把它喷洒在肌肤、衣服和秀发之上。

80年代,淡香精[①]出现了。尽管它重新引入了香水业中的奢华概念,但它适用于日常的生活。至于伴随着第二个千禧年而诞生的清淡的香水,则是那些被认为香气过于厚重的香水(譬如娇兰的"一千零一夜"和伊夫·圣罗兰的"鸦片")重新推出的版本,它们面向的是年轻女孩。这些清淡版的香水,表明了人们对于纯粹和快乐的渴望。选择不同浓度的香水会影响人们对于香水的感受,而这又会造成同一香水有不同的涂抹或喷洒方式。2009年,就整个法国女性香水市场的销量而言,淡香水占50%,淡香精占45%,香精占2.5%,古龙水占1%。

同一时期,女性的世界里还吹起了一股柔和幽雅的魅惑之风:"俏佳人"的风姿一如既往,和邋遢或俗丽截然对立,女人的身影变得更加靓丽。女性的这一气质让我们想起香水艺术的起源。照吉儿·利波维斯基看来:"女人深谙昔日的标准,她们并没有抛弃这些标准。她们在保持自身独立自主的同时,对传统的女性准则加以重新利用。"

捕捉到女性的神秘揭去面纱的瞬间,是调香师长期以来向自己发起的挑战。如何诠释这一转瞬即逝的时刻?雅克·波巨说道,香水的艺术犹如某一静悄悄的语言,"我们可以用香水来表达我们不能言传的东西"。对于塞尔日·芦丹氏而言:"女人味难以捉摸,它不能量化,也不能仅限于一些陈词滥调之上,它不是一个静止不动的概念。"在调香师看来,象征令人惊叹的神秘感——女人的自我认同或幻梦——的香水也亦然。

[①] 香水根据浓度的不同,有不同的级别,一般分为香精(parfum)、淡香精或香水(eau de parfum)、淡香水(eau de toilette)、古龙水(eau de cologne)。——译注

第五章

男性香水

Chapitre 5. Au masculin

文学作品中并不缺乏和男性香水相关的描述。《圣经》给男人们的建议是，用芳香的精油涂抹身体，并在心爱的女人的陪伴下享受生活[①]。此外，从印度传至伊朗的故事集《一千零一夜》、莎士比亚的戏剧（描绘了身上涂有麝猫香的男

---

① "爱上了乌利亚（Urie le Hittite）的妻子拔示巴（Bethsabée）的大卫王，派遣乌利亚去参加激烈的战斗，致其死亡。大卫王和拔示巴通奸所生的第一个儿子受到了上帝的诅咒。尽管大卫王跪地祈祷，但孩子还是在出生后的第七天夭折了。'于是，大卫王从地上爬起来，沐浴香身，更换衣饰，前往耶和华的住处跪拜忏悔。'然后，他去安慰拔示巴。拔示巴后来又怀了一个孩子并把他带到了世上，这个孩子的名字就叫所罗门。所罗门是一个多情、虔诚、声名显赫的国王，他迷恋各种香氛制品，后来娶了埃及法老的女儿为妻。他的声名远播阿拉伯半岛，引起了示巴女王的好奇。为了用谜团考验所罗门的智慧，示巴女王前来耶路撒冷拜会。示巴女王给他带来了黄金、珠宝以及大量的香料和香氛制品。所罗门的宫殿散发出檀香和松香，他本人则涂有海索草和松木精油。他有很多妻子，《雅歌》赞美他的爱情。"见让·普拉多《香水的阿里阿德涅之线》中的引文，第70—75页。

人)、路易十四和摄政时期宫廷风俗的忠实观察者圣·西门公爵的回忆录……所有这些作品对于男性使用香氛制品——有时候甚至是滥用——都有所述及。

1. 破除神秘

考古学家证实,克罗马侬人[①]用薄荷叶和柠檬叶擦拭身子。这是为了驱蚊还是为了吸引心上人,我们不得而知。但我们知道古罗马皇帝尼禄热衷于玫瑰花,在他举行的宴会上,到处都撒满了玫瑰。大卫王则习惯于把他的衣服浸润在芦荟和金合欢的液体里。古时候,人们用不同的精油按摩角斗士的各个身体部位。公元前650年至公元前300年,第一个香料市场就开立在巴比伦。古雅典"名列前十名的运动员",用墨角兰涂抹他们的头发和眉毛,用薄荷精油涂抹手臂,用棕榈叶精油和紫罗兰涂抹胸膛,用百里香涂抹膝盖,用没药涂抹大腿和脚掌。后来,整个希腊世界的运动员继承了这一"涂香抹油"的仪式。

伴随着亚历山大大帝的征服,动物性香料在地中海盆地传播开来[②]。龙涎香,来自抹香鲸的肠道分泌物,公元前325年由亚历山大大帝的部队从印度洋带回。麝香,从喜马拉雅香獐体内提取的分泌物,是在和中国人的一次作战中发现的,很快就以其令人心醉神迷的香味而众所周知。

据说,亚历山大的老师雷奥尼达(Léonidas),看见还是孩子的亚历山大双手都抓满了被视为阿拉伯黄金的乳香和没药,他本应训斥他的学生,但他却建议后者去征服出产香料的国家,以便能够尽情地享受乳香。公元前332年11月,在占领加沙期间,亚历山大大帝派人给他严格的老师雷奥尼达送去了五百塔兰的乳香和一百塔兰的没药,并捎话给他:"我

[①] 距今约三万年欧洲大陆上出现的智人。——译注
[②] 菲利普·吉罗姆(Philippe Guilhaume),《亚历山大大帝》(*Alexandre le Grand*),法国-帝国出版社(France-Empire),1993年。

派人给你送去大量的乳香和没药,希望你祭拜神灵时不要再小气了。"[1]亚历山大大帝的征服,是不是解释了他对于香料显而易见的热情,以及香料在他统治时期在宗教、情术、医疗和经济领域的大量应用?某些香料,比如藏红花,在当时成为用于交换的货币。在他的征服活动中,亚历山大大帝带回了许许多多的香料,其中包括香橼。他建立的城市则开辟出了新的香料之路,既有陆路,也有海路。

如此一来,香料和香氛制品随着希腊文明的发展,逐渐占据了极其重要的地位。亚历山大大帝远征的主要目标之一是,自亚洲阳光普照的地区带回最好的香料品种。随从他远征的有学者、植物学家、医学家、地理学家和哲学家。出征活动带回了阿拉伯半岛和印度的香料。泰奥弗拉斯托斯一一列举了所有适于制造香水和香膏的原料,但他明确地写道:"所有这些香味,除了鸢尾花的香味之外,没有任何一种存在于希腊世界。"老普林尼则提到,亚历山大大帝在波斯攻占大流士三世[2]的营地期间,"在所有的皇家器具中,一把抓住了一个香料盒"。同样,根据普鲁塔克,那些香气弥漫的卧室和浴室让亚历山大大帝震惊不已;他一边畅吸着美妙的香氛,一边大声说道:"所以,当国王就是这般的了!"[3]这位四处征战的皇帝带回了不计其数的黄金、香料、香氛制品以及不知名的植物品种。梦想拥有不朽之身的他,希望香气能让他获得神明才享有的这种特权。

男人使用香氛制品的传统一般建立在对于永生的渴望、力量和权力等主题之上。让·季奥诺(Jean Giono)在他的作品《论香氛制品》(*De certains parfums*)中,追述了英雄和武士的史诗故事,他们往往在勇猛作战之后,亲自调制香氛用品。第二次世界大战末期,太平洋上的日本神风特攻队队员,就自己调制个人的香水,因为这符合他们的"本性"。

---

[1] 普鲁塔克,25,6—8;国王和皇帝的箴言,179E;普林尼,XII,62。见保罗·福尔在《古代的香水和香料》中的引文,第187页。
[2] 古波斯帝国的末代君主。——译注
[3] 普鲁塔克,25,6—8;国王和皇帝的箴言,179E,见保罗·福尔《古代的香水和香料》。

季奥诺还提到公元1000年,藤原氏宫中武士们的个性化香水以及猎户们的香水。为了迷惑他们的猎物,猎人把香水当成一件无形的盔甲使用。"香水可以迎战——常常能破解——最令人毛骨悚然的神秘事物。"①

奇怪的是,虽然历史上男人一直以来都有使用香氛制品,但事实是,香水和化妆品行业一开始的时候就把他们遗忘了。19世纪时,出于习俗,调香师们主要面向女性消费者。第一支男士香水,是卡隆的**男士**(*Pour un homme*),于1934年面世。然后,必须等到20世纪60年代,才出现男性香水市场,并在随后的几十年间呈爆发式增长。不过,香水起初的时候并没有性别之分。无论是作为手工作坊里的产品,还是作为艺术之作,它面向的是一个单独的、没有性别之分的个体。随着1860年左右欧洲香水业的诞生,人们决定划分出女士香水和男士香水。

我们还是回溯一下这一演变的重要发展阶段。最初的时候,香水主要用于祛除引起疾病的瘴气。古希腊医学家希波克拉底就建议把它当成药物,他把最初用于宗教仪式的香氛改用于杀菌消毒。中世纪,香氛产品既面向男人,也面向女人,为了防止黑死病和其他传染病,人们佩戴香球、涂抹香膏、饮用香料制成的酏剂。16世纪,法国御医安布鲁瓦兹·帕雷下令关闭成为人们寻欢作乐之地的公共浴室,原来用于洗浴的水于是由香氛产品取代,其中包括香醋。直到17世纪,古代的调香师往往又是药剂师,他们向男男女女推荐一些万灵药,譬如匈牙利皇后水(1937年)和古龙水(1695年)。古龙水的成功使得它在进入到工业化生产之后,马上扩展到社会各阶层的日常生活里。

文艺复兴时代。曾经有一段时间,男人就像女人一样穿着打扮而无须担心有损于他的阳刚之气。文艺复兴时代,人们爱奢华、讲排场。他们建造富丽堂皇的宫殿,穿戴华美的服饰,吹起一股来自意大利的生活的艺术之风。威尼斯、佛罗伦萨、米兰、热那亚出口它们的锦缎、拉绒

---

① 让·季奥诺,《论香氛制品,1970年8月29日》(«De certains parfumes, 29 août 1970»),见《随笔集》(*Récits et Essais*),巴黎,加利玛出版社,"七星文库",1995年。

织物、缎纹织物和丝绸。雷奥纳多·达·芬奇、拉斐尔和米开朗琪罗在他们的作品中，都画过一个肩膀宽阔、强壮而坚毅的男人[①]。然而，文艺复兴时期的男人也使用扇子、帽子、手帕、刺绣的手套，并佩戴和衣服搭配的珠宝。他们的胡子一般经过精心的修饰，几近雕刻品。弗朗索瓦一世也许是这一时期最有代表性的君主，他常常光彩照人。身为画家、建筑师和雕刻家的朋友的他，命人在卢瓦尔河谷建造了一些辉煌的宫殿。他身材高大，将近两米，是一个优雅、健壮的男人，有着骑士般的意志，但他同时也喜欢精美的事物和女人。

到了亨利三世的时代，某一特殊的习惯逐渐普及开来：男人们日常里不仅喜欢牛奶香身浴，还让人给他们刮除体毛、用浮石磨细他们身上粗糙的皮肤并用精油给他们按摩。他们佩戴珠宝首饰，胡子也越来越精美，修成尖细的倒三角——一种抑制体毛（动物的显著特征）的方式。亨利三世这位法国国王不仅极其优雅，而且毫无顾忌地和他那些"小可爱"男宠们招摇过市。阿格里帕·欧比涅（Agrippa D'Aubigné）在其作品《悲歌集》（*Les Tragiques*）里，把他描述成为一个娇媚的国王：脸上抹着胭脂和白粉，头发上则敷着紫粉，大摇大摆地走在巴黎的街上。

亨利四世。然而，这许许多多优美精致的打扮却和当时无处不在的恶臭形成鲜明对比。蒙田，出色的观察家，给我们留下了一些关于大城市中的空气或者刺鼻的味道的文字。譬如，威尼斯弥漫着一股沼泽地的味道，巴黎则是烂泥浆的味道。当时，流经城市的沟渠里都是家家户户倾倒出来的脏水。而遮除恶臭并不是说去污洁身，因为身体卫生已经不再通过水洗来保持。在教会医生的规定之下，洗澡被禁止了。16世纪，男人和女人一样，梳洗变成了没有水的干抹。汗水由"芳香的织物"吸收，更换贴身衣物变成了洁净的符号。

1589年，当纳瓦尔的国王亨利四世成为法国国王之时，他的装束并不优雅精致。实际上，他还保留着他在纳瓦尔王宫里的某种土气和粗犷，

---

① 下文的弗朗索瓦一世。——译注

那是亨利三世和他的那些男宠们所唾弃的。根据法国诗人塔勒芒·德莱奥（Tallement Des Réaux），亨利四世自己说道："像我父亲一样，我有狐臭。"[1] 平常，他身上的味道是，蒜味中混合着某种非常独特的体味，即从他的双脚和腋窝下散发出来的气味。随从他出征作战的阿格里帕·欧比涅，在塑造《佛内斯特男爵历险记》（Les Aventures du baron de Fæneste）中的人物雷纳尔迪耶尔（Renardière）时，就从这位法国国王的身上得到了灵感。书中的贵族主人公在闻到和看到"酸臭的腋窝和冒气的双脚"[2]时，就会想到自己。

亨利四世身上这股浓烈的味道，伴随着他对于女人的征服。他的第一个妻子，瓦卢瓦的玛格丽特（Marguerite de Valois），喜欢沐浴和香氛制品，但也不讨厌刺激情趣的野性的味道。但亨利四世温柔甜美、肌肤白净的情妇加布里埃尔·德·埃斯特蕾（Gabrielle d'Estrées）则相反。她同样热爱洗浴和香氛制品，并且拥有"比象牙还要洁白的胸脯"[3]。当散发出羊奶干酪般刺鼻味道的国王最初向她献殷勤的时候，她有点嫌恶。她也许怀念疯疯癫癫的亨利三世身上的龙涎香和紫罗兰香。她出入过亨利三世的宫廷，有人甚至声称她也出入过国王的寝室。至于韦尔讷伊夫人（Mme de Verneuil），亨利四世的众多情妇之一，则说到他"闻起来有如一块腐肉的味道"[4]。当玛丽·德·美第奇为了嫁给亨利四世而来到法国的时候，她随身携带有托斯卡纳地区最为精美的

---

[1] 《塔勒芒·德莱奥记录的逸闻趣事：17世纪的历史》（Les Historiettes de Tallement des Réaux. Mémoires pour server à l'histoire du XVIIe siècle），未发表的私人手稿，巴黎阿尔丰斯·勒瓦瑟尔出版社（Alphonse Levavasseur），1834—1835年。

[2] 详见安德烈·索维埃尔（André Chauvière）在《17世纪的香氛制品和香料：从宫廷日常的香氛产品和香味中探索太阳王的时代》（Parfums et senteurs du Grand Siècle. Découverte enivrante du sicèle du Roi-Soleil à travers les parfums de la cour et les odeurs de la vie quotidienne）中的引文，洛桑、巴黎，法弗尔出版社（Favre），1999年，第20页。

[3] 加布里埃尔·德·埃斯特蕾的美貌，参见卢浮宫藏画《埃斯特蕾姐妹》（Portrait présumé de Gabrielle d'Estrées et de sa sœur la duchesse de Villars），约1594年，枫丹白露画派。

[4] 见《塔勒芒·德莱奥记录的逸闻趣事：17世纪的历史》，第9—11页。

香水，这既是出于个人的喜好，也是出于谨慎，因为她未来的夫君的体味众所周知。在他们的新婚之夜，国王身上散发出来的犹如公羊般的味道，还是让玛丽·德·美第奇备感不适。在他的作品《逸闻趣事》中，塔勒芒·德莱奥写道："当玛丽·德·美第奇第一次和他同床共寝时，她并没有涂抹过量的香水，尽管她备有丰富的、来自家乡的香精油。"然而，亨利四世在她的母亲让娜·达布雷特（Jeanne d'Albert）的影响下，熟悉温泉洗浴带来的快乐和惬意。艾克斯莱班（Aix-les-Bains）地区的温泉浴室就在他的推动下，达到了优越的水准。在香料和香氛制品方面，这位波旁王朝的创立者拥有的还是文艺复兴时期的趣味，他喜欢龙涎香和麝香等动物性香气，因为它们能烘托出塞浦路斯香粉和紫罗兰香粉的微妙气息。与此同时，亨利四世，这位精力充沛、喜欢向女人献殷勤的国王，也喜欢毛皮的味道，譬如麝香的皮革紧身短上衣和龙涎香的手套。他钟爱麝猫香，他涂抹的便是麝猫香。随着年岁渐老，这位挚爱女性的国王明白，清新怡人的味道不会有损于他的男性魅力。他开始涂抹香氛制品并追求优雅的服饰，譬如佩戴散发出紫罗兰香粉的皱领，或者佛朗德地区缝有龙涎香和塞浦路斯香粉的大翻领。当时的紫罗兰香粉由鸢尾草根、玫瑰干花、檀香木、柏木、安息香、墨角兰、苏合香、菖蒲、丁香、龙涎香、芫荽和薰衣草组成。此外，由鲜花、香辛料、香木和动物性香料构成的香味不仅增强男人的魅力，而且又无损于他们的阳刚之气。

路易十三。1610 年，九岁的路易十三成为法国国王。他接触香料或香氛制品，要归功于他的母亲玛丽·德·美第奇——她在他的房间里铺洒一片片龙涎香和橙花——不过，也要归功于他眷恋的卢瓦卢的玛格丽特，他父亲的第一个妻子，同样使用大量的香料和香氛制品，譬如龙涎香、麝香、茉莉花，她的信笺甚至也香气扑鼻。卢瓦卢的玛格丽特的这一习惯又源于她的母亲凯瑟琳娜·德·美第奇。如此一来，我们也就能理解路易十三对于香味的嗅觉是如何形成的，以及明白为什么不同于他的父亲，年幼的国王喜欢沐浴净身。他在卢浮宫里开辟了一间浴室，无论是否有贴身侍从在旁边服侍，他都在里面清洗他的长发，并往上面敷粉。他重启了往头发上敷粉和佩戴假发的时尚①。路易十三并没有往身上涂香抹油的习惯，但是他却在他的假发上使用大量的香氛，并佩戴麝香或者杏仁奶油香味的手套。塞浦路斯香粉、佛罗伦萨的鸢尾花粉以及1631年出现的元帅夫人香粉②，构成了路易十三的个人香味。最后一种香粉的配方，出自法国王室，获得了很人的成功，一直风行到19世纪。不过，自从亨利四世时代以来，男人化妆打扮的习俗逐渐消失。为了取悦国王，行政官员们得到的建议是不要使用香氛制品，也不要美饰胡子。此外，不仅用于脸上化妆的白粉被通告废除，而且各级主教会议也禁止教士使用脂粉和香水。路易十三喜欢野外、打猎以及大自然里的各种香气。他的服饰很朴素，他偏好的是口齿间的美味：果酱、煎蛋卷和杏仁奶。不过，他那个时代的男人依然穿戴散发出香气的皮制紧身上衣和帽子。贵族青年被时人称为"麝香花花公子"，原因就是他们身上的麝香味。他们佩戴的皮革领子里，缝有麝香味的紫罗兰香囊，形成一股既轻盈又持久的香氛。路易十三时代以及奥地利的安妮（Anne d'Autriche）③摄政时期，法国人大量使用脂粉是为了遮除身体上的缺陷或者天花。莫里哀很快就在他的戏剧作品中嘲讽这种对于脂粉的滥用。17世纪，文艺复兴时代的香氛产品继续流行，譬如天使水、塞浦路斯香粉和鸢尾花香粉，以及含有龙涎香和麝香的旧皮革。人们在房间里一如既往地使用意

---

① 详见安德烈·索维埃尔在《17世纪的香氛制品和香料：从宫廷日常的香氛产品和香味中探索太阳王的时代》中的引文，第48页。
② 这一香粉名称里的"元帅夫人"源于一位非常靓丽的少妇弗朗索瓦丝·巴布·德·拉布尔代西耶尔（Françoise Babou de La Bourdaisière），在嫁给她的第二任丈夫让·多蒙（Jean VI d'Aumont）元帅之前，她曾是弗朗索瓦一世时代的某位法国大使的夫人。在陪同她的第一任丈夫出使的过程中，她接触到了瓦卢瓦王朝的龙涎香和玫瑰、美第奇王朝里的鸢尾和橙花、西班牙王室的皮革香。像她那一时代的贵夫人一样，她让人给她调制她的个人香氛：把比例精确的普罗万玫瑰、橙花、薰衣草花以及芫荽和丁香等香辛料均匀地调配在一起。洛林王朝的药剂-调香师负责保管配方，因为这一家族和多蒙家族有着良好的关系。
③ 路易十三的王后和路易十四的母亲。——译注

大利风格的香炉，佛罗伦萨的鸢尾花香粉成为皇家香粉。这一时期的男人们佩戴手套，尤其是佩戴既柔软又芳香的西班牙皮革手套。从西班牙精美的手套上，还衍生出了"犹如手套般柔软"这样的用语。许多城市，比方说布卢瓦、格勒诺布尔、因斯布鲁克、巴黎、罗马、旺多姆，都想在手套工艺上一争高下。当时有句俗话说：一副完美的手套是西班牙的皮革，在巴黎剪裁，并在英国缝制。

路易十四。路易·迪厄多内（Louis Dieudonné）出生于1638年。他充满男子气概，他发动的战争和他对于女人的征服都说明了他的雄健。不过，他穿红色的高跟鞋、饰花的衣服、刺绣的蚕丝袜。他是在母亲吃的巧克力的香味，以及宰相马扎然（Mazarin）[1]让意大利的僧侣调配的香粉味中长大的。他也很喜欢朝臣身上涂抹的香氛制品的香味，而那些美丽的贵夫人——他爱看她们的美貌——身上散发出来的香气则让他陶醉不已。不过，他也喜爱马厩里的粪便的味道。

在路易十四的统治之下，有财政大臣科尔贝尔出口法国优质制造品的草案，调香和化妆品制作在获得越来越多的优惠政策的同时，慢慢变成了一个技术行业。调香工匠被视为懂得把某一人物、某一时刻和某种香气协调起来的艺匠。这一时期，人们目睹了"定制香水师"的起步。他进入到凡尔赛宫里调香。宰相马扎然出于对小饰物和香氛制品的兴趣，把手套制作商和调香师马尔夏勒（Martial）引荐到了路易十四的宫里。以天使水和手套染香技术出名的马尔夏勒，从1652年起，兼任路易十四的调香师和贴身侍卫。正是他让法国的君主有了"最芳香迷人的国王"[2]的称号。这既是赞美，也是天授神权的证明：国王散发出的只能是一种精美的香气，就像奥林匹斯山上的神明一样。路易十四陛下喜欢看马尔勒夏为他调制各种香水，这些香水就涂抹在他神圣的身躯之上。马尔勒夏当时也出售大量的龙涎香、麝香、肉豆蔻等香料，以及天使水和橙花

---

[1] 法国17世纪著名的外交家、政治家，辅佐年幼的路易十四的宰相。——译注
[2] 安德烈·索维埃尔，《17世纪的香氛制品和香料：从宫廷日常的香氛产品和香味中探索太阳王的时代》。

水[1]。与此同时，路易十四还涂抹麝猫香、茉莉花香和海狸香。(当时，罗讷河河岸布满了海狸，药剂师们常常把海狸的液囊卖为药用。) 宫里的朝臣也模仿国王，譬如孔代亲王 (le prince de Condé) 让人往他的烟草里加香料。从宰相马扎然处获得一份可观年金的编年史作家洛雷 (Loret)，不仅综合介绍了凡尔赛宫里的这一情况，还以诗文的形式讲述了调香师的新产品。此外，还有莫里哀的诗句以及他的作品《艾斯卡巴雅伯爵夫人》(*La Comtesse d'Escarbagnas*) 里的张冠李戴："什么！马尔夏勒作诗！我以为他只做手套！"

从中世纪"浴室掌柜"传下来的洗浴习俗，仿效的是东方的土耳其浴室和古罗马浴场。不过，17世纪的时候，沐浴一如既往地失去其重要性。即便在那些最为奢华的住宅里，也没有浴室。人们往往去剃须匠—搓澡工的家里洗澡。路易十四爱上拉瓦利耶夫人 (La Vallière) 的时候，就由一位名唤拉维恩 (La Vienne) 的仆役给他搓澡、清洗身子和去除体毛。后来，在蒙特斯潘夫人 (La Montespan) 成为路易十四的情妇期间，拉维恩晋升为第一贴身侍卫，因为蒙特斯潘要求国王在宠幸之前要稍微清洁一下身子[2]。路易十四在凡尔赛宫里有一个洗浴的套房就位于一楼的西北角，在国王的大套房下。国王和他的情妇们在其中寻欢作乐，这个套房有五个房间，其中的天花板墙面和大理石地面富丽堂皇。这一无比奢华的大套房附属于蒙特斯潘夫人在凡尔赛宫内的地盘。在她失宠之后，该套房被拆除并改造成为她的儿子图卢兹伯爵的套房，后来又转到了路易十五的女儿们的名下[3]。

在涂抹香水或为房间、舞厅及剧场熏香时，19世纪的法国人并不惧

---

[1] 根据编年史作者洛雷的资料，1652年11月。
[2] 奥克塔夫·乌萨恩 (Octave Uzanne)，《不同时代的香水和脂粉》(*Les Parfums et les fards à travers les âges*)，日内瓦，夏尔·布朗出版社 (Charles Blanc)，1927年，第29—30页。
[3] 菲利普·达努瓦 (Philippe Dasnoy)，蒂埃里·博斯盖 (Thierry Bosquet)，《消失的凡尔赛：一个有争议的观点》(*Versailles disparu. Une vision argumentée*)，洛桑，阿卡托出版社 (Acatos)，2001年。

于使用浓烈的香味或者味道最为"厚重"的香料——用于遮除令人不快的恶臭。在凡尔赛宫举行隆重的庆典和节庆期间，譬如在 1664 年的魔岛嬉游会（Plaisr de l'île enchantée）期间，小舞步曲、芭蕾舞曲、灯饰、烟花在一个天然的奢华剧场轮番上演，宾客们沉浸在花香和马尔夏勒的产品的香味之中。1682 年，大凡尔赛宫的工程告终，人们可以闻到餐厅入口处临时安设的小喷泉或喷水池喷出的清香水汽。宰相马扎然把年轻的路易十四对于男性气概的热情，转化成了对于小饰物、脂粉和香水等化妆品的热爱。然而，路易十四在他统治的末期，放弃了浓厚的香水，转用舒缓牙痛的橙花水，并在他的首席御医法贡（Fagon）建议下沐浴净身。此外，在曼特侬夫人（Mme de Maintenon）的影响下，他也喜欢呼吸教堂里的乳香。总之，我们知道，晚年的他再也受不了香水的味道，正如意大利历史学家让·保罗·马拉纳（Jean Paul Marana）在描述 1684 年左右巴黎的空气时说到的一样："外国人在巴黎能享受一切带来感官快乐的乐趣，除了嗅觉上的愉快之外。因为国王不喜欢香气，因此所有人都必须讨厌香气。"[1] 同样，圣西门也证实，路易十四由于年轻时代滥用香水，以至于再也不能忍受香水的味道，甚至到了避免带有任何香气的东西出现在他的面前，除了被称为"国王的橙花"的橙花香味之外。这一来自罗马和普罗旺斯的香味，1680 年左右在法国风靡一时。至于梳洗，路易十四保留下来的习惯是，只使用在混有酒精的水里浸泡过的软海绵。就餐的时候，即便是在"重要的宴饮"期间，唯一摆放的也只是装有橙花水的水罐。

男女同妆。路易十五成年前的摄政时代末期，对于男人来说，重要的是闻起来令人舒服，而非浓郁的袭人香气，是遮掩自然体味的同时又让它似有似无。男人身上散发出幽微的气息。当时，浓厚的动物性香气逐渐消失，代之以挥发性的香脂气味。人们的嗅觉，在 18 世纪初从英国

---

[1] 让·保罗·马拉纳，《基督教王宫中的偷窥者》（«L'espion du grand seigneur dans les cours des princes chrétiens»），见安德烈·索维埃尔在《17 世纪的香氛制品和香料》中的引文，第 140 页。

新吹来的卫生洁净之风的熏染之下，也接受了更加纤微精美的香气。调香师们致力于赞美的香水的印象是，不再浓厚，也不再性感撩人，而是转瞬即逝并令人浮想联翩。尽管17世纪的时候，涂抹香水并不出现在夏尔·索莱尔（Charles Sorel）1644年撰写的《礼仪法则》（*Lois de la galanterie*）里，然而它在后来的男性装扮中却占有重要的一席之地。男人的装扮不再进一步地女性化，或者说男人装扮上的女性倾向是如此的普遍，以至于不再有人对此冷嘲热讽。上流社会的人士学会了保持令人舒适的味道，因为这有利于社会交往：必须避免让他人承受恶臭。18世纪，抹除男女表面界限的衣着打扮上的"跨性别"之风不仅达到了顶点，而且对香水和化妆品也产生了影响。无论是男人还是女人，他们就像"一些花枝招展的昆虫，抖动着它们上了粉的翅膀"[①]。当时，被人们称为"纨绔子弟"的一类人，为这一"男女同妆"的现象提供了一幅画面。性别的差异消失了：举止都围绕着同一基准进行，某一性别的机理也成为另一性别的机理。"您请看一下阿尔吉尼骑士吧，八十岁的老人，身穿饰花的服饰，脸抹红色的脂粉，假发涂有发蜡，眉毛描画成棕色，身上涂有龙涎香，嘴里则是一口闪闪发亮的假牙。"[②]这一群"两性动物"的领导者是当时时髦的小教士。他们头发鬈曲，涂有麝香的身体极其干净整洁，手臂上戴着漂亮的袖套，手指上也戴着戒指。另外，他们身穿丝质的衣服，而且有时候为了让唇色显得红润，嘴唇上还蓄有胡须。

这一时期男人装扮女性化的另一特征，可见于奥尔良公爵和蒙特松夫人秘密结婚的时候：礼节要求瓦朗塞侯爵把新婚之夜穿的长袖衣呈给公爵，公爵于是"脱下他白天穿的衬衣，直脱到腰际，让所有在场的人士都看到了他的体毛剃除得一干二净的上身，而这遵循的是当时最为引

[①] 条文"纨绔子弟"（Petit-maître），见狄德罗和达朗贝尔编著的《百科全书》（*Encyclopédie, ou Dictionnaire raisonné des sciences, des arts et des métiers*），巴黎，布里亚松出版社（Briasson）。

[②] 雅克·卡萨诺瓦·德·塞恩加尔（Jacques Casanova de Seingalt），《回忆录：我的一生》（*Mémoires, ou Histoire de ma vie*），巴黎，罗贝尔·拉丰出版社，"旧书丛书"，2002年。

人注目的绅士标准"[①]。

2. 洁净卫生的时代

19世纪资产阶级崭新的社会,不仅摒弃了旧时代人们滥用香氛产品的习惯,还排斥贵族子弟身上过量的麝香味以及其他浓烈的动物性香味。对于香水和化妆品的使用,一切都随着拿破仑一世发生改变。皇帝只接受古龙水,他在令人沉醉的香气中闻到的是奢靡的因子,因为这会令人想起大革命前香气靡靡的王宫。

洁净卫生的时代开启了,这一主导男性香水和化妆品的时代一直持续到20世纪60年代。对于19世纪的资产阶级而言,洁净卫生是从属于富裕的管理阶层的符号。身体的干净又和精神齐头并进。旧制度下的贵族以香水来掩饰身体的恶臭,而19世纪的雇主则散发出香皂干净的气息,他们无须借助于香水。尽管标准会发生变化,但是男人身上的香气一直是社会差异的一种表现形式:富裕阶层的男士以适中的古龙水和香皂的香气来消除工作时出的汗味,从而和劳动人民区别开来。

摩登男子。对于男人而言,有关香氛制品的问题更多涉及干净卫生,而非魅力。当然,喜欢"扮靓"的摩登男子(Dandy)除外。事实是,正如吉拉尔丹夫人(Mme de Girardin)在《巴黎人的信笺》(*Lettres parisiennes*)里写到的一样,讲究衣着打扮的摩登男子每天不仅多次更换衣服,而且往往花许多时间在梳洗打扮上。自然,这样的男人热衷于香水和化妆品。他穿戴时髦,妆容香气四溢。"衣着讲究的摩登男子"这一英语术语大约出现在1830年,字面上的意思是衣着打扮"光彩夺目",指的是那些非常讲究衣着打扮的优雅男士,他们通过自身的方式来表达

[①] 让-路易·苏拉维(Jean-Louis Soulavie),《路易十五统治下的历史和政治纪实》(*Mémoires historiques et politiques du règne de Louis XV*),巴黎,特罗泰尔和伍尔茨出版社(Treuttel et Würtz),1801年。

他们精神上的独立。那是男人的一种生活方式，从属于精英阶层。"摩登"（dandy）这个修饰语只能用于男性，和19世纪初的英国社会密切联系。乔治·布鲁梅尔（George Brummell）是这一时尚运动的领军人物。"衣着讲究的摩登男子"在强调他自身的现代性和前卫的同时，不免和他生活的时代相脱节。此外，时装样式和衣饰也属于某种可以解读的语言。奥诺雷·德·巴尔扎克在他的《人间喜剧》里就生动刻画了一位讲究衣着打扮的时髦绅士：亨利·德·玛赛（Henri de Marsay）的一个外省朋友，雄健威武，惊讶地看到他花费许多时间在梳妆打扮上，禁不住对他说道："你在上面都花了快两个小时了。""不！"亨利说道，"两个半小时。"①

根据波德莱尔，摩登男子是一位自由自在、感情炙热、兴趣坚定的男人，有着"标新立异的强烈愿望"，而这不仅使他迷人而富于蛊惑力，也使他成为18世纪享乐至上的风流荡子的传人。在路易十四时代的公子王孙（petits marquis）、摄政时代摄政王身边的混世魔王（roués）、路易十五时代的花花太岁（petits maîtres）、路易十六时代的花花公子（mirliflores）、热月时代的纨绔子弟（muscadins）之后，便是第二帝国时代讲究衣着打扮的年轻男子（gandins）②。

不过，从艺术家和作家的观点看来，讲究衣着打扮，除了是一种时尚之外，还是一种实实在在的生活方式。摩登男子是这样一种人，他把其存在方式定义成"一种长期的反叛、一种拒绝从众的表示、一首关于个人的赞歌、一种持之不懈的抗争"③。因此，这一孤独的唯美主义者渴望把道德和美学结合在一起。

---

① 奥诺雷·德·巴尔扎克，《人间喜剧》，《十三人故事》（*Histoire des treize*），第三部，《金色眼睛的女孩》（*La Fille aux yeux d'or*），巴黎，加利玛出版社，"七星文库"，第十一册，1935—1960年。
② 让-路易·博里（Jean-Louis Bory），《欧仁·苏：摩登的社会主义者》（*Eugène Sue. Dandy mais socialiste*），巴黎，阿歇特出版社（Hachette），1962年。
③ 米歇尔·翁弗雷（Michel Onfray），《成为一座火山的渴望：享乐主义者的日记》（*Le Désir d'être un volcan. Journal hédoniste*），巴黎，格拉塞出版社，1996年。

皮埃尔·弗朗索瓦·帕斯卡尔·娇兰。 19世纪，吸引时髦绅士的香氛产品供应商是皮埃尔·弗朗索瓦·帕斯卡尔·娇兰。他1828年在巴黎开店营业，随后成为整个追求时尚打扮的上流社会的"香水定制师"。他以擅于为个人调制适宜的香水而闻名，得到了当时鼎鼎有名的西摩爵士（lord Seymour）的大力推荐。身兼调香师和药剂师的娇兰，把店铺设在巴黎莫里斯酒店（hôtel Meurice）的一楼。莫里斯酒店是来自世界各地的名流的下榻之地。正如他拥有的商业判断力，以及把个人信仰变为成功的事业的魄力一样，他在调香上有着敏锐的嗅觉。1798年，娇兰出生于阿布维尔（Abbeville），父亲是一名家用锡器商和香料商。十九岁的时候，他成为一些著名的香水商号的"商品采办员"，奔波在法国和欧洲其他各地。1826年，他在伦敦成立了一家商业公司，把法国的商品输入到英国，包括他的师父让－玛丽·法里纳调制的古龙水。在伦敦的时候，他对深受法国人迷恋的英国产品有了认识。事实是，在他回到巴黎之后，英伦时尚一如既往地受到人们的热烈追捧。他开设在里沃利大街[①]的店铺，很快就有花花公子或者时髦绅士上门，向他购买从英国进口的著名产品高兰润肤水（lotion Gowland），以及他为客人定制的第一批个人香氛产品。从那以后，这位才华受到众口交赞的香水界新人，开始为戏剧院、歌剧院、舞场以及来自各国的名流提供香氛制品。西摩爵士，时尚评论家，自称是他的保护人。如期而至的成功促使娇兰将店址迁往他处。1840年，他把生意搬到了时人称为"和平街"——"巴黎路面最糟糕的马路"——边上的一个作坊里。像往常一样具有远见卓识的娇兰，正式把他的香水工厂设在了当时依然是"乡下之地"的凯旋门的旁边。1853年，由于他为拿破仑三世的妻子欧也妮成功地打造了"帝王之水"，因而成为皇家许可的御用香水供应商，他显赫的声名也达到了顶点。"帝王之水"的瓶身上饰有六十九只蜜蜂，属于半手工制品，在当时是一项创举，也是向帝国的一次献礼。

---

① 莫里斯酒店所在地。——译注

19世纪，资本主义下发财致富的时髦绅士同时也是资本主义理念的支持者，他们停止涂香抹粉。他们的身上往往只散发出一股干净怡人的气息，不然至多是一股烟草的味道，也就是象征着成功的雪茄的味道。七月王朝之后，资产阶级的服饰体系确立下来；正如上个世纪贵族们穿戴的花边、颜色艳丽的衣料和丝质的短袜一样，香水受到习俗的摒弃。从此以后，男性的魅力在别处，在他的一家之主的作用之上：男人养活家人并负责家人的教育。他在社会中扮演着重要角色，因此他的生活态度必须严肃，并达到他树立起来的高度。当时，对于男人的这一介于外形和道德、内在和外在之间的定义，是和资产阶级完美的行为准则联系在一起的。对于男性魅力的新标准而言，各种各样的香味失去了它们的位置；男人们唯一的想法是，身上没有浓烈的味道是品位优雅的标准，因为这说明了对于个人卫生的重视。干净的味道既象征又定义了身上没有异味的资产阶级，他们不再需要遮掩身上的恶臭。

如此一来，19世纪的香氛产品制造商不再重视男性消费者。然而，在其产品目录里，还是可以看到一些针对男性的产品。供男士使用的香氛用品有增加颊髯和胡子的光泽，或者给它们定型的软膏，黑色的染胡剂。出现在许多产品目录中的匈牙利软膏是用来给胡子定型的。诸如洗发膏和洗发油之类的护发产品不仅用于护理头发，也用作生发剂。事实是，尽管法国大革命废除了男人们佩戴假发的习俗，但是在复辟时代，男人留长发的时尚又重新回归。此外，香氛产品制造商在他们的产品目录中，一如既往地推出一系列名目繁多的梳洗用具：海绵、发刷、梳子、软毛刷以及带有香味的皮革手套。最后一种产品直到第二帝国末期，在男士购买的香氛用品中还一直占据着重要的位置[①]。

这一时期，娇兰生产的"塞浦路斯香水"不仅能消除刮胡后的灼热感，还能增加皮肤的弹性[②]。与此同时，男人们在沐浴和按摩时，也使用

---

① 鲁宾公司内部资料。
② 娇兰，《商品时价目录》，1880年。

大量的古龙水。另外，一些不同的香调也引入到男性香氛用品中，譬如散发出皮革味的"俄式"香调，以及东方香调。1798年调制出的"鲁宾香水"，是男士香水中的另一款佼佼者。无论是在提振精神还是在舒缓精神上，它都是一款优质的酏剂，而且它还拥有杀菌消毒、有利于健康的功效。它的用途很多：用于按摩或洗浴，也用于防晒黑、除雀斑、防蚊虫叮咬、祛痘，以及用作须后水等。督政府时期，鲁宾公司在拿破仑远征埃及期间研制出的这一香水，输入到了欧洲的各个皇宫之中。它拥有清新的柑橘味前调，中调辛辣，尾调则是脂香（妥鲁香脂和秘鲁香脂）。它的组成里含有天然的香脂、芳香植物和鲜花精油。

蕨香。蕨香（Fougère）是现代香水业催生出的一种全新的香型。它不仅立刻受到时髦绅士们的欢迎，而且也成为男士香水中的一种神秘香型。1882年，霍比格恩特公司利用有机化学在香水制造上的第一批应用，开发出了**皇家蕨香**（*Fougère royale*，又译"皇家凤尾草"）。这一新奇的香水名称和凤尾草或蕨类的香气并没有关联，但它还是让人想起了一些灌木丛的气息，而这样的气息又建立在薰衣草、香木、橡木苔、香豆素、佛手柑、天竺葵等组成的谐调之上。正如同一时期的大多数香水一样，由霍比格恩特公司的调香师保罗·巴尔奎研制出的这一香水，最初是献给女性的。但它混有薰衣草和天竺葵的干草味，使之成为一款深受优雅男士喜爱的香水。他们从中闻到了熟悉的香味：木质香和剃须用的薰衣草味。莫泊桑是这支香水最热忱的拥趸之一。

"皇家蕨香"这一事例大概让人想到，嗅觉上存在着某种和性别有关的决定性因素。就像男孩和女孩有他们各具特色的游戏一样，男人和女人在香味上也似乎各有一些确定的属地，他们自然而然地转向属于他们的领地。蕨香成为男人专有的香型[①]。娇兰的"姬琪"证实了这一推断。由艾米·娇兰创作的这支女士香水引起了混乱：女人们为之困惑不已，男人

[①] 丹娜（Dana）品牌1935年推出的**轻舟**（*Canoë*），是唯一的一款蕨香女士香水，有着浓厚的脂香味，含有薰衣草、依兰和香豆素。

们，至少是那些时髦的绅士在找不到合适的男士香水的情况下，则欣然接受。他们喜欢"姬琪"的清新（佛手柑、柠檬、玫瑰木）中夹有的薰衣草和草本香（罗勒、迷迭香），也喜欢其中的东方香调（香豆素、愈伤草、香兰素）和动物性香气（海狸香）。艾米·娇兰在创作这一香水时，把人工合成的香氛和天然的元素结合在一起，开创了香水调制的新工艺。1903年，娇兰世家推出了男士香水"先生的手帕"，一支东方型柑橘调的香水，让男人们想起了昔日流行的往小手绢上喷洒香水的习惯，以及加了龙涎香和香辛料的古龙水的柔和甜美。后来，"姬琪"更换了香水瓶，而娇兰的香水目录对这支香水的标注则一直是女用香水，但"也适于男士"[①]。

3. 现代香水

第一批男士香水出现在20世纪30年代。华尔街1929年的黑色星期四之后，人们在商业领域的信心大幅崩塌，许多富裕的家庭也在股票暴跌后破产了。优雅于是回归传统、正派的准则。因而，30年代至50年代的男士香水广告一直非常传统，几近简单扼要。方形的香水瓶通常直立在广告画面的中心，并配有一些关于实用性的说明文字。不然，最好的画面便是一个穿着西服的男人，往往是他的背影，以便可以识别他的身份。卡隆的"男士"香水广告，尤其令人难以忘怀。该广告把香水和大理石的古代英雄塑像联系在一起，让人联想起某些征战故事，从而联想到勇气和力量。

古龙水是干净的符号，而且涂抹古龙水的潇洒动作又代表着某种阳刚之气。男人于是长期以来只能使用古龙水。因此，他们享有的总是一些柑橘调的产品[②]，尽管这些产品的独创性逐渐凸显出来。1905年推出

[①] 西尔维·娇兰（Sylvie Guerlain）私人文献，1920年产品目录。
[②] 在调香界，"古龙"代表着一种香型，一般以柑橘类的香气配以橙花、薰衣草和迷迭香。——译注

的科蒂古龙水（*Eau de Coty*）——1932年重新推出后变成"绿带"——深受男士们的欢心。1933年推出的**浪凡古龙水**（*Eau de Lanvin*）是第一支地道的男性淡香水；它强调的是清新的绿调和蕨香。1934年，卡隆的"男士"则是一款献给男人的既健康、又性感的香水。当时，男人们能接受的几乎只有薰衣草香精。具有杀菌和愈合功效的薰衣草，和剃须匠店里的味道正好吻合。因此，阿特金森1910年推出的**英格兰薰衣草**（*English Lavender*），以及雅德利（Yardeley）1913年推出的**古式英格兰薰衣草**（*Old English lavender*），便是男人们在浴室中使用的香水。

男士。正如它的名字指出的一样，卡隆的"男士"是第一支真正意义上的男士香水。如今，它依然是一款经典的男士香水。20世纪30年代，卡隆公司的成功接踵而来。继1919年和1930年分别推出了"金色烟草"和**飞行**（*En avion*）——两款几乎触及男性世界的女士香水——之后，该香水品牌决定向男士香水市场进军。卡隆公司的创始人欧内斯特·达尔特罗夫和他的合作者米歇尔·莫塞缇（两人从1919年起就开始合作），也希望能填补男士香水这一空白。他们一起打造了一款"充满青春活力和魅力"的香水，正如"男士"的香水广告里所介绍的一样。

如何打造这一飞扬的香水呢？它应该属于男性的世界，并且必须和剃须的习惯联系在一起。因此，要有薰衣草，不过也要有独特的创造性以及一丝的叛逆。开启之后，随着香水一起飞逸出来的是龙涎和香荚兰的味道。所以，一开始带来清凉之感的薰衣草变得性感而柔和，炙热而充满活力。香水瓶纯粹、传统，表面平滑优美，配以黑色的瓶盖。香水瓶上纵向的标签简洁、素朴。"男士"一经推出，就大获成功；卡隆公司向男人们抛出一款香水，他们立马接住，就像是他们期待已久的东西。在洁净卫生的功效之上，男士用香氛第一次添上了诱惑之功效。卡隆的"男士"以一种巧妙的方式，在把男人引向香水的另一个领域的同时，又不会惊吓到他们。

"男士"成为"优雅男人的晚间香水"。女人们也喜欢人们为他们的

正如其名,"男士"是第一支真正意义上的男士香水,其广告把香水和大理石的古代英雄塑像联系在一起,让人联想起某些征战故事,并从而联想到勇气和力量

男人树立起的这一完美而优雅的形象。从那以后，这支香水的魔力经久不衰，因为在卡隆香水的总销量中它占了40%。一支青春常驻的香水！

"先生"们。1936年，英国品牌登喜路（Dunhill）和英国设计师爱德华·莫利诺克斯（Edward Molyneux）在巴黎的同名时装屋，分别推出了**登喜路男士**（*Dunhill for men*）和**联盟**（*Alliance*）。意大利品牌夏帕瑞丽（Shiaparelli）[①]则于1938年推出**鼻烟**（*Snuff*），一款装在烟斗状的瓶中的男士香水。1947年，雅克·法斯（Jacques Fath）[②]大力推广**绿水**（*Green Water*），一支由文森·鲁贝尔（Vincent Roubert）研制的柑橘调男士香水。到了20世纪50年代和60年代，欧洲深受美国时尚的影响，其男性香水市场同样受益于这一影响。美国的香水品牌在销售男士淡香水时，往往会随售一些刮胡用的洁肤产品。雅克·法斯公司的"绿水"深受美国男士的喜欢，当时好莱坞著名的影星尤尔·伯连纳（Yul Brynner）毫不掩饰他大量喷洒这一香水的习惯。在法国，罗莎1948年推出了**胡须**（*Moustache*）。这一饰有香木、橡木苔和珍稀果类精油的蕨香香水，是第一支高端男士香水。"胡须"是一支优雅的淡香水，闻起来干净清新，和20世纪50年代男性的完美形象相吻合。这支香水似乎也启发了让·帕图1956年推出的**干净的先生**（*Monsieur Net*）的创作。

50年代的法国社会保守、正统，总统是严父和保护的化身。勒内·科蒂（René Coty）是法国共和国的第十八任总统（1953—1958年），在爱丽舍宫官方的照片中，他看上去日渐苍老的夫人正在为他盛汤。1958年10月4日，法国第五共和国宣布成立，戴高乐将军身旁的伊冯娜·德·戴高乐（Yvonne de Gaule）代表的也是一个传统的法国。当时的法国总统体现出来的，不是男性的诱惑，而是传统的男性世界和保护者的

[①] 两次世界大战期间，意大利著名女时尚设计师艾尔莎·夏帕瑞丽（Alsa Schiaparelli）创立的同名品牌。——译注

[②] 法国第二次世界大战后，与克里斯汀·迪奥、皮埃尔·巴尔曼齐名的时装设计大师。——译注

角色，尽管不无高贵和优雅。正是在这一时代，香水界推出了许许多多冠名为"先生"的产品。香奈儿 1955 年研制出的**先生**（*Pour monsieur*）是一支高雅的淡香水，属于西普香型。它成功地把柑橘味的清新、木质香的幽深和香辛料的干燥热烈结合在一起。男士香水追求的主要是高贵、优雅和风度。60 年代，人们记忆犹新的男士香水有**巴尔曼先生**（*Monsieur Balmain*）和纪梵希的**先生**（*Monsieur*），两支香水都是柑橘调的淡香水，但又各自有其独特之处；不然，还有**浪凡先生**（*Monsieur Lanvin*）、**沃斯先生**（*Monsieur Worth*）[①]，以及蕨香调的**罗莎先生**（*Monsieur Rochas*）……这些香水的意义在于，对它们的目标消费者的定位毫不含糊。

木质香。20 世纪 50 年代，出现了木质香这一体现男性力量和特征的香型。"我想要前人的符号和历史的印迹"，克里斯汀·迪奥如此宣布。这一宣言和木质香这一大概是香水制造中最古老的语言完美贴合：我们已经知道，原始人燃烧混有树脂的木头，以祭拜神灵。因此，香水制造业中的木香让人联想起力量和永恒等概念。木质香这一家族的香水，主要由诸如檀香和广藿香之类炙热而饱满的木质精油构成；不然，便是由诸如雪松和香根草之类干燥而优雅的木质精油组成。这些香调又往往配以柑橘香，它们显示出的是某种阳刚之气和坚定。

男人身上的木质香让人联想起扎根于大地和征服。而这又让人想到香根草炙热、强劲的烟熏味和辛辣味：这样的味道代表了男性香水的趋势。1957 年，卡纷推出的**香根草**（*Vetiver*），是第一支木质香调的香水。该品牌的创始人卡纷夫人，非常喜欢香根草这一草本植物强劲的香气，所以她不仅想要推出一支有香根草的香水，而且也亲自涂抹。但是，当事关把这支香水投放市场的时候，卡纷公司的管理者则倾向于把它摆放在男士香水的柜台里。1958 年，雅克·娇兰委托他的孙子让-保罗·娇兰，为南美市场开发一支男性香水。年轻的调香师从他的园艺师身上散

---

① 法国著名高级定制时装设计师夏尔·弗雷德里克·沃斯（Charles Frédéric Worth）创立于 20 世纪 50 年代的同名品牌推出的香水。——译注

发出的味道中，汲取了创作灵感，那是一种混合着泥土和烟草的气息。他围绕着香根草的香气打造他的香水，并在混着烟草的泥土味、檀香木和香豆构成的尾调上，加入香辛料和柑橘。1959年，纪梵希也推出了它名下的香根草香水。

4．男性香水的爆发式增长

20世纪是男性香水业循序渐进发展的时期。不过，男性香水市场在60年代才真正成长起来。在香水的使用上，一些社会因素把男人排斥在外，或者更确切地说，把他们限定在一些狭小的产品范围之内，要打破的禁忌很大，因为，从前人们认为涂抹或喷洒香水的男人娘娘腔。长期以来，男人们担心他对于衣着打扮、头发和面部的清洁或呵护会对他们的性别和身份造成混乱。尽管薛西斯一世（古波斯国王）、居鲁士大帝、尤利乌斯·恺撒、汉尼拔、马克·安东尼、路易十四以及拿破仑一世都使用香水，但根深蒂固的观念是，男人在洗浴或露天的活动之后搽一下古龙水就足矣。在香水制造业中，男性香水在过去代表着令人极度恐惧的东西，必须避免鼓吹它的优点。因此，昔日的男人们即使在提到香水的使用时，也必须小心翼翼，因为难为情的他们，不敢承认他们的不足，以及希望改善自身体味的想法。他们也不敢去女士香水柜台挑选也许适合于他们的香水。长久以来，男用香水都受制于一些标准或范式：提振精神的柑橘调令人想起古龙水；木质或苔藓的基调则令人想起男人的世界和生活，一种向外部世界征服的生活。昔日的男士香水没有花香、龙涎香和麝香，因为这些香调过于性感撩人。此外，也没有珍贵的、私密的香精，有的只是淡香水或者适于早上梳洗用的爽肤水，以及某一典型的男性姿势——水花溅落在身上。这一大方、活泼的动作是男士在涂抹了香皂之后，用水浇洗的仪式，常见于广告画面。因此，男性香水的历史一如既往地建立在干净、力量和对于永恒的追求之上。而男士香水的名称也必然会提及英雄的历史：香奈儿的**安泰俄斯**（*Antaeus*，又译**力度**)①、伊夫·圣罗兰的**古希腊青年**(*Kouros*,又译**科诺特**)、纪梵希的**谢利乌斯**(*Xeryus*),以及其他只会强化男人的雄姿的杰出榜样。此外,男士香水的名称也借用来自男性世界的词汇,譬如罗贝尔·皮盖的**马鞭**(*Cravache*)、丹娜的**普尔门式车厢**(*Pullman*)、兰蔻的**面部刀痕**(*Balafre*)、娇兰的**骑士红燕尾服**(*Habit rouge*,又译**满堂红**)、爱马仕的**马具**(*Équipage*),它们把打猎和探险的世界引入到浴室之中。20世纪,有一个巨大的市场有待征服:被剥夺了香水,却暗中渴望拥有香水的男性市场。这一市场需要历经几十年的时间,才能打破某些禁忌。

60年代,男性香水市场呈爆炸式增长。而这建立在代表雄健之风的香调标准之上,即和柑橘香或木质香联系在一起的清新、干净、阳刚、活力,人们认为柑橘和木质香调在运动过后或洗浴后使人振奋。这一时期,圣日耳曼德佩地区的酒吧、摇滚乐和新浪潮运动不仅推翻了50年代的正统观念和社会,还宣告了一个新时代的到来。

当时,科技领域涌现出了许多新发现。随着经济的增长以及充分就业,整个年轻化的世界需要一种崭新的政治力量。与此同时,人们的生活条件也得到了改善。美国1966年发动对于越南的战争。正是在这一充满矛盾的背景下,男性时尚和标准受到了实实在在的冲击,男性形象也发生变化。在意大利时装设计师的影响下,男士服装变得更生动、更精美。至于皮尔·卡丹,在男士服装的裁剪上,则采用某种更加务实的方式:选用一些诸如弹性织物之类的布料或材质②。面对年轻一代的价值观的强势上升,以及摆在传统社会面前的质疑,香水制造业对于那一时代的年轻人也做出了形式各异的回应。一方面,香水品牌在女士香水——人们认为它们更具创新性,并且值得精雕细琢——上建立起了美誉度,另一方面男士香水市场也处于上升阶段。不仅可供选择的产品多种多样,还出现了男性香水。这是一类特殊的香水,主要面向男性。此外,为了

---

① 安泰俄斯是古希腊神话中的巨人。——译注
② 科林·麦克道威尔(Colin McDowell),《男性时尚史》(*Histoire de la mode masculine*),巴黎,拉马尔蒂埃尔出版社(Éditions de la Martinière),1997年。

促进和提升男性香水这一新出现的市场,香水零售商也开始考虑设立专门的男性香水柜台和橱窗的必要性。

1964 年,法贝热(Fabergé)的**男香**(*brut for men*)是一款给人留下深刻印象的香水。当时,男性香水市场依然还很小,法贝热的"男香"在花了上百万法郎的广告费之后,终于让法国男性接受了喷洒香水的观念[①]。继卡隆著名的"男士"(饰有香荚兰的薰衣草)和罗莎的"胡须"(橡木苔和香橼)之后,法贝热的"男香"带来了它的蕨香东方花香调,与帕雷拉(Parera)1924 年推出的**凡伦公子**(*Varon dandy*)属于同一系列。它的名字和它黑色的香水瓶显然属于男人的世界,而这只会加强男人对于他们的阳刚之气的信心。

1965 年,娇兰的"骑士红燕尾服",东方调香水"一千零一夜"的系列产品,把性感这一概念引入了男性香水市场。让-保罗·娇兰在他的祖父过世之后,成为娇兰香水世家的新一代调香师。"骑士红燕尾服"并不是他研发的第一支香水,然而正是通过这支香水,让-保罗·娇兰向世人展示了他作为调香师的精湛技艺。他为男士创作了一支辛辣的木质香东方调香水,性感、炙热,且优雅。"这支香水,是最强烈的记忆。"他如此说道。它是红衣骑士经过之后的香气,充满了秋天的深林的味道,其中夹杂着欧石南和潮湿的苔藓的香味,随后而来的皮革香和马匹的湿气又赋予它某种性感撩人的气息。同时也是一名优秀骑手的让-保罗·娇兰,非常熟悉这些嗅觉印象。早上,他常常骑马漫步于朗布依埃森林(forêt de Rambouillet)[②],他喜欢在这一过程中闻到的辛热的木质香和皮革香。让-保罗·娇兰十分重视天然原料的质量,因此在调配香水时,他会亲自挑选原料。

雅男士。雅诗兰黛的"雅男士"(*Aramis*)香水在温斯顿·丘吉尔

---

① 20 世纪 50 年代,相对于整个香水市场的总销售额,男性香水的贸易量不超过 25%。[《法国香水辞典》(*Dictionnaire des parfums de France*),第 26 版,1955 年]。
② 位于巴黎西南部四五十公里处,法国 15、16 世纪时的皇家猎场,如今为了保持生态平衡,依然维持一定的狩猎活动。——译注

逝世的 1965 年推出，是一支皮革香西普调的男士香水，由伯纳德·尚（Bernard Chant）创作，与皮盖的"盗匪"和葛蕾的"倔强如你"这两支女士香水属于同一个系列。因此，它的诞生受到了女士香水的启发。不过，它的前调是非常大胆的菠萝味果调，在男士香水领域意味着某种创新。在回忆录中，雅诗·兰黛夫人阐述了 20 世纪 60 年代的男人，是多么担心香氛产品的使用会有损于他们的阳刚之气[①]。此外，当时美国的市面上也几乎没有新奇的或高质量的男士洗浴用品。因此，必须说服那些"真汉子"使用香氛产品。与此同时，雅诗·兰黛夫人还想打破男士香氛产品缺乏创新性和含有过多的化学成分的局面。"雅男士"系列，既有香水，又有古龙水和须后水，经过较长时间才获得市场认可。1965 年，它以新包装重新推出：崭新的包装盒进一步加强了男士护理的概念。雅诗·兰黛夫人由衷地相信"雅男士"是一款成功的香水，不应该"让它消失"；她的坚持不无道理，"雅男士"成为男性香水中的佼佼者，启发了后来众多香水的创作。

旷野。"旷野"是第一支深受女人追捧的男士香水。20 世纪 60 年代，有些女人喜欢喷洒充满力量的香水。不过，男人们对此并不担心；正相反，他们一如既往地在镜子前、在浴室里，刮胡除须，正如勒内·格吕奥在他的插画中表现出来的一样。克里斯汀·迪奥非常喜欢弗朗索瓦·科蒂 1909 年研发出的古龙水"绿带"。由埃德蒙·鲁德尼茨卡创作的"旷野"是迪奥香水推出的第一支男性香水。它为香水制造史带来了翻天覆地的变化——开始出现了中性香水。这一淡香水一经推出就受到女性的青睐，因为它清新、纯粹的香调赋予它淡雅却又弥漫持久的特点。它由花香和希蒂莺组成。希蒂莺是一种人工合成物，气味犹如新鲜的茉莉花。第一次被当成主调的希蒂莺在"旷野"里形成了一股轻盈的雾气，飘荡在喷洒了这支香水的人身后。"旷野"的前调是清新的柑橘香，糅合了由罗勒和迷迭香烘托出的酸橙和柠檬精油；中调是茉

---

① 雅诗·兰黛，见《雅诗：成功的故事》。

莉、玫瑰、鸢尾花和石竹构成的花香——男士香水中的新事物；最后，尾调的橡木苔、香根草和麝香让整体变得热烈迷人。"旷野"是一支经典、优雅的运动香水，它延续了1953年"清新之水"（迪奥的第一支中性香水）开启的运动装备（Sportswear）的理念。20世纪60年代，出现在香水广告中的男人活跃、爱好体育运动，传达出了令人神清气爽的气氛。

60年代在"铺路砖之下是沙滩"（Sous les pavés, la plage）[①]的口号中，降下了帷幕。如果说某些法国人在塞巴斯托波大街（Sébastopo）和圣米歇尔大街（Boul' Mich）之间搭起街垒，其他一些人则在德里尼浴场（la piscine de Deligny）的浮桥上晒日光浴！1968年5月，在学生和维持秩序的部队在拉丁区的街垒对抗中过去了。共和国保安部队的调动、学生的抗议活动以及催泪弹的烟雾，都是五月风暴中的景象。作为对于学生的示威活动的回应，时任法国文化部长的安德烈·马尔罗和经济及财政部长米歇尔·德布雷（Michel Debré），5月29日走在了反学生示威运动的游行队伍的前列，支持戴高乐主义。游行的队伍行进到位于凯旋门的无名烈士墓才宣告结束。与此同时，整个世界的局势也动荡不安：1968年，马丁·路德·金和肯尼迪先后遇刺身亡。尼克松当选为美国总统。不过，在香水业，1968年对于男士香水而言是平静的一年：在已有的男士香水之外，又出现了几支男士淡香水，人们期待崭新的时尚的到来。西班牙品牌普依格（Puig）在这一年推出的**雄健之水**（*Acqua Brava*），是一支带有松柏木香的柑橘调男性香水，与维克多（Victor）品牌1949年推出的**森林之水**（*Aqua di Selva*）同属于一个系列。同一年，帕图的**鳄鱼运动香水**（*Eau de sport Lacoste*）也推出了，这一香水起源于法国网球名将勒内·拉科斯特（René Lacoste）和时任帕图品牌总裁的雷蒙·巴尔巴（Raymond Barbas）之间的一段友谊。他们两人有一个

[①] 法国1968年五月风暴时的口号，实指在现代文明之下的是自由，意在号召大家掀掉现代文明的虚伪外衣，寻找真正的自由。——译注

共同的想法：打造一支以运动为主题的既清爽、又提振精神的香水。帕图的调香师让·盖尔雷奥（Jean Kerléo）于是构思了两款香氛。一款便是后来的**运动香水**（*L'eau de sport*）：一支木香柑橘调的男士香水，逐渐散发出一股辛辣的气息（生姜、刺柏）；它有着绿色的瓶身和包装盒。另一款是柑橘味和花香的西普调香水，瓶身为红色，虽然被归为男士香水，但实际上可以说是一款中性香水。这两款香水大约在1981—1982年之间，在拉科斯特品牌（又称鳄鱼品牌）的男士淡香水**鳄鱼男士香水**（*Lacoste pour homme*）——依然由帕图的调香师让·盖尔雷奥创作，并且一如既往地和鳄鱼的品牌精神保持一致——于1984年推出之前，就退出了市场。

5．充满力量的男士香水

20世纪70年代，年轻一代切断了与上代人的传统服饰之间的联系。当时，投身于反越战的美国年轻人遵循的是和平、爱的自由以及由麻醉剂带来的快感等标志性准则。服饰成为他们众多诉求的表达方式之一。有史以来，时尚标准首次由街头的服饰概念决定。男人们穿的牛仔裤要么是饰有刺绣品的嬉皮士风格，要么是带着闪光丝绣亮片的迪斯科或乡土爵士乐风格。为了宣扬性别平等，这一时代的年轻男性甚至穿上丝绒的喇叭裤和松糕鞋，还留着一头长发。唯一的男性特征或符号是又长又厚的胡子。此外，还是在美国，黑人权利运动崛起，外在表现之一是穿黑色的皮夹克，以及尊崇身体的阳刚之美。英国著名摇滚乐歌手大卫·鲍威（David Bowie）是这一时代的偶像，他混杂了嬉皮士、迪斯科和爵士风格的雌雄同体的造型，成为美国70年代新式男人的符号。然而，在欧洲，与克劳德·弗朗索瓦（Claude François）等歌星所采纳的迪斯科风格相比，嬉皮士风格的突破较小。这一时期的欧洲依然继承60年代的时尚，注重优雅。此外，正如皮尔·卡丹一样，意大利的时装设计师声名鹊起。法国香水业独领风骚。

70 年代的男士香水完全不受到当时的嬉皮士风尚的影响。(女士香水领域则并非如此,这一领域不仅鼓吹一种新的异国风情,并且流行喷洒某些纯原料的香水,譬如广藿香。)香水品牌强调的是男士的优雅,尤其是在法国、意大利和英国。香水的推出和营销不仅越来越多,也越来越有规律。香调上的优雅往往由西普香传递出来,就像纪梵希 1974 年推出的**绅士**(*Gentleman*)。而皮革香则深入男人的内心,譬如古驰 1976 年推出的**男香**(*Pour homme*)和罗莎 1980 年推出的**黑檀**(*Macassar*)。这两种香型往往又饰以男人们非常期待的柑橘味的清新。这一时期,又出现了一些男性的,甚至是野性的原料,比方说青苔或有着皮革和焦油味的异丁基喹啉。男人们保持着他们的"品味"和阳刚之气。

　　创新。1973 年推出的**帕科·拉巴纳男香**(*Paco Rabanne pour homme*),是 70 年代最具创新精神的时装设计师之一帕科·拉巴纳打造的香水。他不仅在世界各地举行讲座,还参与众多电影、戏剧和芭蕾舞作品的布景制作。自从 1969 年的"散热器"面世以来,他也成为一名著名的调香师。由奇华顿香精公司的让·马尔泰勒(Jean Martel)调制出的"帕科·拉巴纳男香",是一款蕨香香水,糅合了百里香、迷迭香、龙蒿、薰衣草、广藿香、香根草、檀香木和刺柏精油。皮埃尔·迪南(Pierre Dinand)设计的厚实的绿色香水瓶,贴合于帕科·拉巴纳的世界。这一充满野性的香水,甜蜜迷人,为当时的男性香水增添了一抹前所未有的性感。为了改变男性香水的世界和形象,《时尚·男士》(*Lui*)参与了这一香水的市场推广活动。

　　1978 年推出的**阿莎罗男香**(*Azzaro pour homme*),加入了蕨香和后来几十年间调香业都运用到的芳香族元素。前调是充满阳刚之气的须后水的味道,尾调是木香(香根草、橡木苔、檀香木),其中的薰衣草则不仅"饰有罗勒,并染上了天竺葵的绿意,还具有佛手柑的清新"。此外,"阿莎罗男香"在蕨香里引入了甜美的东方调,这在当时的香水业中属于首创。这支香水流传了下来。

　　灰色法兰绒。1976 年,在纽约落户的美国著名时装设计师杰弗里·比尼（Geoffrey Beene）推出了"灰色法兰绒"（*Grey flannel*）。正如他的服装一样，设计师使用了上好的材质，并以英式优雅作为参照。香水的名称是对法兰绒这一传统男性服装中经常使用的面料的一次致敬。而名称里的灰色不仅象征了品牌的严肃性，并且与广告画面相吻合：一个身穿灰色法兰绒西服的男人的背影。广告打出了"优雅是一种仪式"的标语。从香调角度而言，这支由鲁尔香精公司研发出来的香水，嘲讽了一把当时的香水业，因为后者鼓吹的是使用具有男性特征的原料。事实是，"灰色法兰绒"甜美、优雅，而这源于两种鲜花：浪漫的玫瑰花和散发出叶香的低调的紫罗兰。矛盾的是，这支香水在纽约大获成功，当时的纽约却沉浸在摒弃所有传统符号的嬉皮士浪潮之中。它和花香联系在一起的两重性，则颠覆了当时香水制造业中的性别准则。这支香水后来不仅成为男士香水中的佼佼者，并且直到今天还拥有一批忠实的信徒。

6. 运动香水

20世纪80年代伴随着始于英国的朋克浪潮开启了。朋克是一种对任何形式的政治都不感兴趣的文化运动，其中又夹杂着虚无主义。这一运动众所周知的口号是："未来不存在！"朋克迷往往脚穿马汀博士（Doc Martens）工装靴，佩戴军装配饰，并搭配以短款的皮夹克。与此同时，美国也对这一时代的男性时尚起到了一定的影响作用，引入运动领域的元素，比如跑步服、滑雪衫以及弹性面料（莱卡面料）[①]。男人们撑起宽松的衣服，因为这样的服饰成为男子汉的标志。美国品牌拉夫·劳伦（Ralph Lauren）和汤米·希尔费格（Tommy Hilfiger）出色地

[①] 伯恩哈德·鲁特泽尔（Bernhard Roetzl），《永恒的绅士：必备的男性时尚》（*L'Éternel masculin. Les incontournable de la mode masculine*），科隆，科恩曼出版社（Könemann），1999年。

演绎了这一全新的潮流。至于欧洲的时装设计师,则把这一股运动时尚导向出行和休闲领域。1983 年,凯卓品牌推出了它的第一个男装系列,优雅,且自然流畅、活泼自如。

80 年代的香水时尚将跟随服装领域的这两股运动和休闲的浪潮。时尚品牌在概念上和广告上都力求前后一致。它们把运动时尚应用到香水的打造之上,把"休闲"的时尚放在广告宣传之中。这一时期,美国的香水市场不同于欧洲的香水市场。80 年代,配以高浓度的薰衣草、芫荽和青苔的蕨香,深受男士的青睐。后来,蕨香又渐渐地饰以水生调[①]。总之,它成为代表新式的阳刚之气的香型。宣扬这一阳刚之气的诸多品牌,譬如卡尔文·克莱恩、大卫杜夫、雨果博斯(Hugo boss)或者鳄鱼(Lacoste),都强调运动、休闲,或者从更广的意义上说,都强调休闲娱乐的世界。这一时期的男士香水有鳄鱼 1984 年的**原香**(*Original*,蕨香)、雨果博斯 1985 年的**一号男香**(*Number one*)、大卫杜夫 1988 年的**冷水**(*Cold water*,蕨香果味)、伊夫·圣罗兰的**爵士**(*Jazz*,蕨香)、CK1989 年的**永恒**(*Eternity*,蕨香果味)。

黑色龙头船(Drakkar,又音译为**黑色达卡**)自姬龙雪 1982 年推出以来,不仅一直都是"最畅销"的男士香水之一,也是 80 年代的"男香标记"。这支香水的广告令人印象深刻:男人刚劲有力的手臂挥起黑色的香水瓶,女人涂有指甲油的纤纤玉手则握在他的手腕上。当时,在许多男人身上,都能闻到这一富有活力、热烈的香水。它拥有耀眼的薰衣草香,因为这由人工合成的二氢月桂烯醇(某种薰衣草的化合物)突显出来——该化合物带来一阵清香。其中的罗勒和迷迭香饰以柠檬和马鞭草的味道。尾调的橡木苔、广藿香和香根草则赋予这支香水充满阳刚之气的、强有力的木质香。"黑色龙头船"发布的年代与大众的小钢炮(高尔夫 GTI)推出的年代相同。男人的这两个身份标志被联系在一起,并且

[①] 水生调:闻起来像海风、湿润的空气,或者水生植物,给人清新怡人的感觉。有着其他香调不可比拟的优势,淡雅、清新、空灵,并且有着一种极简的现代感。

各自都取得了极大的成功。我们可以调侃地说：80年代年轻的管理层男士，开着他帅气的小钢炮，身上散发出"黑色龙头船"劲烈的香气！

爱马仕1986年推出的**漂亮朋友**（*Bel ami*）与"黑色龙头船"的香型正好相反。那是一支由让-路易·苏萨克（Jean-Louis Sieuzac）创作的优雅的皮革香西普调香水。它的名称借用了莫泊桑小说人物的名字。而它的广告则采纳了奥地利著名象征主义画家克里姆特（Klimt）的一幅画作，作品呈现了一个赤裸的女子。这一广告同样让大众印象深刻。

迪奥的**华氏温度**（*Fahrenheit*）在男香的休闲时尚中，扮演着某一微妙的、与众不同的角色。这支香水的理念建立在冷—热的反差和发现新的地平线之上。此外，它的瓶身和名字也采纳了这一反差：瓶身显示出了红蓝的色差，且有异于"旷野"和**儒勒**（*Jules*）[①]的瓶身，它不再采取宽阔、坚挺的轴肩，而是逐渐成流线型延伸，几近纤巧；香水的名称是对创立了温度计量的德国物理学家的一次致敬。香水的广告画面展现了暖色调的夕阳下，一个站立在浮桥尽头的男人，凝视着远方的地平线。"华氏温度"是一支有着木香、花香和香脂味的香水，远远不同于寻常刻板的男士香调。让-路易·苏萨克和米歇尔·阿尔梅拉克（Michel Almairac）共同创作的这支香水，和迪奥香水的历史高度契合：本着双重性的理念创作男士香水。这一男香的香水也包含了以紫罗兰为代表的女性香调。从紫罗兰的叶子中散发出的女香突显了男人的感性，但同时又不会忽略他的阳刚之气。"华氏温度"的前调是清新的柑橘香，尾调是皮革香。中调炙热和高贵的木香则阳刚而热烈。这一香水推出之际，取得的成功不如"旷野"，然而选择它的人很快就为之沉迷。它的香氛既温和甜美又强劲有力，不仅深受寻求与众不同的男士的欢迎，而且也赢得了女性的欢心。

20世纪80年代末，人们眼中的男性形象不再单一刻板，第一批对孩子体贴入微的父亲出现了。从此以后，男女之间的新分工也将引起男

[①] 迪奥1980年推出的一支男士香水。——译注

迪奥的"华氏温度"不再采取宽阔坚挺的轴肩,而是逐渐成流线型延伸。这一男香的香水也包含了以紫罗兰为代表的女性香调。从紫罗兰的叶子中散发出的女香突显了男人的感性,但同时又不会忽略其阳刚之气女香型的重新配置。

7. 以香传情

20世纪90年代，男性香水越来越普及。相对于80年代，每年推出的香水数量增加了两倍。经历了80年代的物质追求和享乐之后，男男女女都追求一个更纯粹的世界。本着共享的理念，香水在他们之间不再有绝对的界限，可以交换使用。因此，90年代新出现的香水时尚是雌雄同体，譬如CK引入市场的同性香水。从此以后，为了自身的魅力，男人喷洒香水，并呵护身体。为了取悦他人（男性或女性），男士们也采纳女性的一些习惯：刮除体毛，加强肌肉，塑身健体。这一时期，不仅出现了第一批男性美容院，还出现了法国力奇（Nickel）品牌[①]的第一批男性护肤品。黑色重新回归，成为主流颜色，但这不是妥协，而是低调和优雅的宣示。意大利时装设计师阿玛尼这一时期推出的黑礼服，优雅高贵，是对意大利传统时尚的默契表达。这一时代的男士服装更紧身，突显出男性的身形。

蕨香——典型的男香，并因而成为市面上易为男士接受的香型——在香水业里一如既往地体现出洁净的概念，尤其是伴随着和海洋调联系在一起的二氢月桂烯醇在调香业中的大量应用。譬如，1990年的**切瑞蒂**[②]**1881**（*Cerruti 1881*，蕨香）；1993年帕科·拉巴纳的 **XS男香**（*XS pour homme*）；雨果博斯1995年发布的一款果味蕨香或者阿莎罗的**铬元素**（*Chrome*），后一款香水强调的是柑橘调的蕨香，而且尾调里含有人工合成的白麝香。上述香水中，最具有挑战性的一款，也许是帕科·拉巴纳的"XS男香"，因为它使人联想起的是拉丁民族男人浑身散发出的

[①] 自1996年研发出一系列专门针对男性的护肤产品以来，迅速成长为男性护肤产品的重要品牌之一。——译注

[②] 意大利著名时尚品牌。——译注

极致性感。这支香水以"情色"为基调,它的世界是质感的世界。它结合了木香和化学香。洒有"XS男香"的肌肤还会散发出花香。这一香水的瓶身是由皮埃尔·迪南设计的,非常时尚,外形采用了男子汉的符号——"点火"用的芝宝(Zippo)打火机。

裸男。1995 年,让·保罗·戈蒂埃,时尚界令人惊骇的宠儿,推出他旗下的男士香水"裸男"(*Le Mâle*),发出他的"男权宣言"。让·保罗·戈蒂埃品牌下的所有香水不仅可以诠释为如下的口号——"提防表象",同时又希望带来一项社会使命,挑战规则,并把水手衫和短裙用在男人身上。他的信息很明确:"身为男人是一件有价值的事,而这一价值应该和每个个体共享,而无论个体的性别。"最初的时候,"裸男"是一支专门为同性恋群体打造的香水,不过它也深受一般男性的喜欢。事实是,"裸男"是一支根植于剃须传统的香水,保留了男性香氛产品中关于洁净的印迹。它的现代性表现在对于男性魅惑权利的诉求之上。它不仅要表现出男人的个性,还要热烈、果敢、幽默地传达出摆脱传统习俗的信念。时任资生堂国际香水部门总监的尚塔尔·罗斯一手促成了这支香水的创作和推出。对于当时的男士香水市场,甚至是设计师让·保罗·戈蒂埃本人的理念而言,该香水都是一个转折点。尚塔尔·罗斯是一些大获成功的香水的背后推手。譬如,70 年代在她职业生涯的起步阶段,当她还在伊夫·圣罗兰营销部门工作的时候,"鸦片"和"巴黎"两支女士香水就由她一手策划推广。运作"裸男"这支香水的时候,在她看来,要有所突破,就必须信任一位年轻的调香师弗朗西斯·库尔吉安[①],后者当时还没有显示出他的才气,而她想给他一次机会。弗朗西斯·库尔吉安离经叛道的、全新的嗅觉观,不仅和让·保罗·戈蒂埃的理念高度吻合,而且也得到了同样在国际探索(Quest international,一家香氛研发院)任职的克里斯托夫·谢爵克的支持。两位调香师并肩协作,

---

[①] 法国顶级调香师,2001 年获得香水界的"奥斯卡"弗朗索瓦·科蒂大奖,也是当代第一位设立香水定制工作室的调香师。——译注。

重新开发蕨香，把"裸男"打造成一支蕨香东方调的香水。蕨香这一奇特的香调，源自霍比格恩特的"皇家凤尾草"，由柑橘味、薰衣草、木质香和香豆素构成。一种令让·保罗·戈蒂埃想到传统的刮胡皂以及相关的香氛产品的香调。不过，此香调在温和甜美的尾调和香荚兰的作用下，逐渐延展为东方的脂粉香。

"裸男"的香水瓶是一尊优美的男性躯干，刺有花纹，裹在蓝色的水兵棉衫内。包装的外观是一个简单的罐头盒：一个充满意义的物品，后来成为让·保罗·戈蒂埃的一个强有力的标志。广告画面中，为了冲缓这一香水所宣示的男性魅惑和感性的戏剧效果，围绕着"裸男"的诙谐是必需的。"裸男"在20世纪90年代中期带来了深刻的影响。在男性香水世界中形成一种割裂的同时，它听起来又犹似一种宣誓。因此，它所宣称的男同准则，也将影响到直男对他们的感性和魅力的认识。

当时，还出现了一些新的男士香调，譬如性感的东方调，而传统的木质香又赋予这一性感雄健之风，"裸男"便属于此类香水之一。香奈儿1990年推出的"自我"男香，中调是鲜明的东方香，饰有土耳其玫瑰和辛香的芫荽，尾调则是慵懒华丽的檀香和甜美的香荚兰构成的木质香，绚丽耀眼。时任香奈儿首席调香师的雅克·波巨在这支香水中，把男性的力量和甜美以及精致的香调完美地结合在一起。至于香奈儿1996年推出的**魅力男士**（*Allure homme*），在尾调的蕨香之上，同样饰以性感迷人的东方香调。20世纪20年代推出的木香东方调男士香水还有：穆勒1996年的**天使男士**（*A men*），罗莎1999年的**罗莎男士**（*Rochas man*），纪梵希1998年的**圆周率**（*Pi*）。迪奥则于1997年推出一支绿香东方调的男士香水：**沙丘男士**（*Dune pour homme*）。

这一时期还出现了一些清爽的水生调香水，这样的香调一方面表明了古龙水的回归，另一方面又向男性展示了另一种清新洁净的概念——不同于剃须产品中的薰衣草。譬如，阿玛尼1996年推出的"寄情水"和三宅一生1992年推出的**一生之水男士**（*L'Eau d'Issey pour homme*）就给人一种真实的水生的印象。此外，许多运动香水，比如香奈儿的**魅力运**

动（*Allure sport*），也具有水生调怡人的清新。

8. 21世纪的男士香水

21世纪的男人发生了彻底的变化。为了描绘都市里的时尚达人，"都市型男"一词被创造了出来。他们介于二十岁至四十五岁之间，优雅时髦，注重外表，热衷于时尚和品牌，以及新兴的科技。"摩登"（dandy）一词又重新被用来描述优美、新奇和精致的高雅外形。2000年7月起担任迪奥男装艺术总监的艾迪·斯里曼（Hedi Slimane）一手造就了这一全新的花美男的形象。这样的男子既优雅又桀骜不驯，身穿紧身的或者至少是窄瘦的衣物，喜欢混淆不同的风格。艾迪·斯里曼启发了非主流文化的发展，他穿行于巴黎和柏林之间，打造极简的黑白色系或者繁复的色彩。摩登的传统也逐渐现代化，衣物变得休闲、率性随意，衬衣的扣子解开，不再塞进裤子里或者从羊毛套衫中露出来。男人注重自身的打扮，不仅是为了优雅，更是为了保持阳刚之气。从此以后，所有的化妆品牌都开始开发男性产品。男士美妆护肤产品市场以每年平均7%的速度增长，这是男士注重外表的新符号。

21世纪的前十年推出了大量的男士香水。譬如，2007年发布的男士香水便占了这一年香氛新品的三分之一。调香师们一如既往地把蕨香视为经典的、毋庸置疑的男香标准，同时又对它加以拓展，他们不断地重新定义蕨香的各个层面。2004年，纪梵希推出了**牛仔绅士**（*Blue label*），一支木质调的蕨香香水，酷似于大卫杜夫的**深泉**（*Cool water deep*）。2005年，雨果博斯发布**劲能**（*Hugo energise*）男士香水，一支柑橘调的蕨香香水；阿莎罗也发布了**银黑**（*Silver black*），一支芳香调的蕨香香水。而博柏利（巴宝莉）2006年推出的**伦敦男士**（*Burberry London for men*）则糅合了绿调和金合欢的香味，从而达到脂粉香的效果：这支绿调的蕨香香水的独特之处在于加入了金合欢花。不过，它是一支蕨香香水吗？它有着木质香的结构（广藿香、愈疮木和灌木丛的香味），并饰以辛热（黑胡椒和桂叶）的东方调（红没药和香荚兰）。2008年的**普拉达男士**（*Prada homme*）香水，既复古又现代，并融合多种调性，归为辛热的东方调蕨香香水。清新的柑橘前调，与香豆、香荚兰、广藿香及劳丹脂构成的皮革尾调形成反差。中调的蕨香提升了其中的刮胡皂的香味，而这一香味又和一种新的合成麝香、诺瓦内酯（Nivanolide）结合在一起。"普拉达男士"把弄的是反差的效果，建立在某一双重的对立之上：与前调古龙水（佛手柑、橙花油、柑橘）的清新对立的是东方调（香荚兰、香豆、劳丹脂、广藿香）的炙热；与干净的蕨香（合成麝香、没药属植物）相撞的是鹿皮的皮革调（藏红花，檀香木）。从香调的这种对立上看来，"普拉达男士"类似于倩碧1971年推出的女士香水"芳香精粹"（广藿香和玫瑰的对比）。

正如阴阳之间的调和一样，21世纪的男人完全接受了鲜花的香味。随着2005年**迪奥桀骜男士**（*Dior Homme*）的推出，男士香水有了鸢尾花的气息。这支融合了传统与现代的经典香水装在墨水瓶状的瓶中。此外，这支带着脂粉味的木质花香香水呈现出新古典风格的鸢尾花香（缀有香根草和广藿香、龙涎香和可可），这似乎是为了让人联想起大革命前男人们的假发上涂抹的脂粉香。让·保罗·戈蒂埃的**雄性之花**（*Fleur du Mâle*）[①]——香水名称诙谐地借用了波德莱尔诗集的名字[②]——尽管也同属于花香型，但它献给男人的是"一支极其热烈、浓郁而醇厚的花香香水"。这支香水面向的是内心不再反叛、归于平静的男人。它的香气围绕着橙花展开，却性感撩人，而非纯粹的娇媚。弗朗西斯·库尔吉安打造的这支香水的尾调虽说是蕨香，但他却用橙花和橙叶取代了传统的薰衣草和天竺葵。"雄性之花"的香水瓶兼具阳刚之气和柔媚之美，瓶身明亮的乳白色犹如包装盒一样洁白无瑕。

男性香水中的柑橘调在这一时期继续发挥出积极的意义。迪奥2001

[①] 又译为**纯白**（因为瓶身的乳白色）或**花男人**。——译注

[②] 《恶之花》（*Fleur du mal*），这里指的是相同的发音。——译注

年的**超越**（*higher*）和拉夫劳伦 2002 年的**蓝色马球**（*Polo blue*）依然收获了一批忠实的顾客。迪奥 2009 年的**迪奥桀骜男士运动**（*Dior homme sport*）香水，赋予柑橘调所具有的永不过时的清新——男士香水中的重要主题——一副全新的面孔。"一成不变的古龙水在香水业中保持它作为某一简洁的范式的同时，还是可以有所演变的。"香水的创作者弗朗索瓦·德玛什如此说道。具体的创见是，为了营造出清凉之感，以及赋予柑橘调热烈而持久的效果，这一香水由辛辣的香气来开启。具有特殊品质的生姜（缀有柚子和佛手柑）便发挥出了这一作用。生姜的热烈又由木质的香调来加以中和，这让该香水牢固地树立起了雄性的魅力。

市场上，木质香的男性香水也越来越多。檀香和广藿香炙热、饱满的香气，或者雪松和香根草干燥的香气，出现了一些毫无禁忌的变化。此外，伊夫·圣罗兰 2002 年推出的 **M7**，第一次在男性香水中引入了乌木，也就是沉香。这一犹如黄金般珍贵的香料，既古老又传奇，在东方备受赏识。它显示出的是某种撩人的热情。时任伊夫·圣罗兰香水部门艺术总监的汤姆·福特，希望在强调男人的性感的同时，赋予"M7"这支香水东方的情调（以香根草、龙涎香和麝香为点缀）。广告中全身赤裸的男人一览无遗地展示出了该香水的理念。2010 年，在迪奥推出的**华式极限**（*Fahrenheit absolute*）中，和没药及乳香糅合在一起的沉香翩然而至。

21 世纪头十年结束之际，男士香水的特点是越来越浓郁。2009 年，在法国的男性香水市场中，淡香水（浓度约为 7%—12%）的占有率为 90%，须后水为 5%。当时已经存在浓缩的淡香水，比如迪奥的**旷野极致版**（*Eau sauvage extrême*），但是还没有一般意义上的香水（eau de parfum，浓度约为 12%—18%）。不过，到了 2010 年，男士香精（extrait，浓度约为 18%—25%）出现了，而这让人想到男人使用香水的方式或许也在发生改变。

总之，2010 年，男士香水的浓度升高了；男人们除了散发出雄性气息的淡香水外，多了某种选择。譬如，爱马仕的**大地**（*Terre*）香精版，

"阿莎罗男士"精粹，**娇兰男士**（*Guerlain homme*）香水。这些新出现的高浓度香水，改变了男人们使用香水的方式：调香师们建议他们在耳后，在脉搏跳动之处，或者在任何他们希望被拥吻的地方，细心地抹上一滴香水。与此同时，从出现在男性香水广告中的男人身上，我们也能发现这种姿态上的变化。

伴随着男性香水市场的发展，20世纪80年代之后，广告的作用变得越来越重要。为了让男人能够认同自我，图像不得不取代香水本身。广告画面中的男性形象随着时尚不断演变。经常出现在画面中的厚实的方形香水瓶，让位于一具不断发展变化的身躯：广告呈现出来的要么是处于本真状态下的男人，要么是社交状态中的男人。

渐渐地，男人的特质在广告画面和与香水的关系中确认了下来。此外，为了呈现出产品在嗅觉上的概念，男人传统的角色和集体形象不仅得到了充分的挖掘，而且和香水的外观、色彩、名字以及瓶身保持一致。男人使用香水的姿态变文雅了，犹如女性一般。正如男士香水变得越来越热烈一样，男士香水的浓度也越来越高。男人于是有了直到当时还是专属于女性的香精或精粹。这些贵重的新品要求男士们在往身上抹香水时，动作要精微，远非惯常早上盥洗时的那种擦拭。关于香水，男性的世界越来越接近于女性的世界，以至于在某种程度上出现了质疑传统标准的第三类香水。让·保罗·戈蒂埃声称："男人应该像女人一样，有同样多的选择和自由。"①

9. 暧昧的两性香水

随着男性香水的发展，香水的类型出现了混同，以至于人们开始思考是否真的存在男士香水和女士香水的区分。雌雄难辨的摩登男子；反射和对应原则之下，性别的混乱或模糊成为可能。那么，男女的界限到

---

① 让·保罗·戈蒂埃，香水**花美男**（*Fleur du mâle*）发布会上的演讲，2007年。

底在哪儿?

正如上文所述，香水起初并没有性别之分。以前，为某位知名人士"量身"定制的香水，并非总是很分明。香水中的东方调和西普调，都来自于男女通用的传统香调。

当然，自从娇兰的女士香水"姬琪"造成的混乱和引起的不安以来——女人们对于蕨香这一奇怪的香味感到困惑，当时的摩登男士却为之着迷并欣然接受——蕨香确切说来属于男士香调。娇兰1919年研发出的"蝴蝶夫人"也引起了同样的反映：某些男士，比如卓别林、佳吉列夫和舞蹈家尼金斯基等著名艺术家，都涂抹这支香水。雅克·娇兰创作出了这支有着灌木丛气息的西普调香水，他在其中还加入了具有桃味的γ-十一烷酸内酯（aldéhyde C14）①。这支令人困惑的香水起初是献给那些独立自由的假小子的，但它似乎也深受男人喜爱。它浪漫的名字，源于克劳德·法雷尔的小说《战争》（*Bataille*）中女主人公的名字。(Mitsouko在日语里代表的是"秘密、神秘"②。故事的背景是1905年的日俄战争，我们在书中读到的是Mitsouko这位日本海军上将的妻子，与英国大使馆的一位随员之间触不可及的爱恋。)

1919年受到男性香调启发而创作出来的"金色烟草"，以及1928年香奈儿的"俄罗斯皮革"（重新演绎了俄罗斯军官用来护理他们的皮靴的香膏的味道），也是献给假小子的：20世纪20年代，独立自由、个性和形象都神似男孩的女生。同样，男人们也涂抹这两支香水，因为他们从中辨认出了他们的世界，更不用说他们当时几乎还没有可供使用的香水。"俄罗斯皮革"中男女香型的混合，是通过把香脂、安息香、松木、桦木和鲜花（玫瑰、茉莉、依兰）糅合在一起而形成的。这支香水和让·科克托（Jean Cocteau）在香榭丽舍剧院上演，由加布里埃尔·香奈儿设计演出服装的剧作《蓝火车》所呈现出来的现代主义的世界相吻合。

---

① γ-十一烷酸内酯：又名桃醛，无色至浅黄液体，具有桃子的香气。
② 文中沿用了传统的译名"蝴蝶夫人"，尽管是翻译上的一个美丽的误会。——译注

香型的这种结合是由于男女互相借用香氛而形成的，一方面男人们在女香中找到他们的快乐，另一方面女人们憧憬某些把她们引向男人领域的香味。男人们悄悄地借用女香，而女人却像奖杯一样挥舞起男香。

午夜飞行。20 世纪 20 年代，娇兰香水在它的产品目录中标出了一类新品："能够取悦男性的女性香水！"①本着同一精神，雅克·娇兰在创作女性香水"午夜飞行"（*Vol de nuit*）时，使用了男性气质十足的木香。他创作的这支充满花香和皮革香的东方调香水，是向飞行家和作家安托万·德·圣埃克苏佩里（Antoine de Saint-Exupéry）的一次致敬②。圣埃克苏佩里声称："飞行和写作对于我而言，是一个整体。"1931 年，他发表《夜航》，并于同一年获得费米娜文学奖。文学杂志《甘果瓦》（*Gringoire*）曾经刊出一幅趣味横生的漫画：画中，一位有着一对翅膀的飞行员，正受到费米娜奖女评委们③的侵犯！确实，安托万·德·圣埃克苏佩里成为那些女评委的宠儿，她们只谈论他和他的朋友梅尔莫兹（Mermoz）在飞行上的辉煌成就，她们被这些迎击并战胜了他们的命运的男人迷住了。当时，这些英雄、这些开拓者、这些天空中了不起的骑士，书写了航空邮运的传奇。女性们梦想探索遥远的地带，科技则为她们提供了触摸太空史诗的方式。因此，"午夜飞行"这一作品是行动中的女人，是喜爱运动的女人，是具有冒险精神的女人，也是憧憬男性世界的女人的香水。它的广告画面是苍穹背景下的一只机翼④。

男人、女人、运动。让·帕图 30 年代的一则广告宣称，"运动是一个男女平等的领域"。这则广告的画面是一位身穿高尔夫服装的女子。这

---

① 《娇兰产品目录》，1920 年，西尔维·娇兰的私人文档。
② 香水名称来自于安托万·德·圣埃克苏佩里的法语同名小说（*Vol de nuit*），不过香水和小说的中文译名分别为"午夜飞行"和《夜航》。——译注
③ 费米娜文学奖的评审委员会全部由女性组成。——译注
④ "午夜飞行"的香水瓶，据说"光彩夺目"，弓形的边角加上瓶身上的螺旋饰，成为远行和自我超越（也是圣埃克苏佩里在小说所鼓动的）的诱惑。这一香水瓶的外包装是一个条纹盒子，呈现出了人们在午夜的飞机上看到的异域风景。1936 年，以某一星座的名字命名的香水**天琴座**（*Véga*），让娇兰香水的天空星光闪烁。该香水不仅让人想起星辰，并且拥抱了人们想邀游于星辰之间的梦想！

一时代，运动调和了性别的不同。迪奥 1966 年推出了香水"旷野"，喜欢它的女性和男性的人数不相上下，尽管这一香水起初是献给男性的。当让·帕图把第一批鳄鱼运动香水投放市场之时，他分别设计了一版女香和一版男香：绿色版的香水（柑橘香和趋于辛辣的木质香）是献给男性的；红色版的香水（花香和西普香）则是献给女性的。这两版香水的瓶子一模一样，犹似一件绣有鳄鱼——拉科斯特品牌 1927 年以来的标志——的拉科斯特衬衣。从那以后，许多所谓的"运动"香水要么是中性的，要么分为相应的女版或男版；**鳄鱼香水**（*Eau de Lacoste*）是一款男女皆适用的香水。这一理念启发了阿玛尼的**他**（*Il*）和**她**（*Elle*），但它们并不是中性香水，而是分别对应了一款男香和一款女香。男香是索菲·拉贝（Sophie Labbé）的作品，一款围绕着香根草打造的木香绿调香水，性感迷人；女香则出自达尼埃拉·罗什（Daniela Roche）之手，一支饰有天芥菜花的东方调香水。这两款香水装在两个可以连在一起的金属喷雾器中。

CK *one*。1994 年，随着卡尔文·克莱恩推出的"CK *one*"，中性香水面世了。两年之前宝格丽的"绿茶香水"（男女通用的古龙水）就已经引入了这一概念。不过，这一次，"CK *one*"的理念是打造一款清新明快、令人感到亲切的香水，两性可以亲密共享。另外，第一批黑白色调的广告宣传表现出的是两性间的友好和互补。广告的寓意重点放在男女同体、性别平等，以及对于一切形式的性别特征的接受之上。外表无论是美丽还是丑陋，都是次要的，重要的是尽管大家各有所异，但构成一个整体：对于所有喜欢抱团生活的年轻人而言，这是一个强有力的、充满希望的概念，一个实实在在的团结互助的符号。20 世纪 90 年代中期，人们在对于第二个千禧年即将结束和对于艾滋病的恐惧之下，焦躁不已。时人称为具有革命意义的"CK *one*"，从它极简主义的香调而言，令人感到非常的亲切。由哈利·弗雷蒙（Harry Frémont）和阿尔贝多·莫利拉（Alberto Morillas）共同打造的这支中性香水，主要面向那些疏离现实的年轻人：穿着由牛仔裤和 T 恤衫构成的中性服装的短发女孩和长发男孩。

1994年，卡尔文·克莱恩推出了"CK one"，中性香水面世了。它有着极简主义的香调，还成为一种身份的标识。"CK one"不断打破销售纪录，一如既往地受到年轻人的喜欢

"CK one"香调清新干净，前调由佛手柑、小豆蔻、香蕉、菠萝、木瓜组成，中调是茉莉花、紫罗兰和玫瑰花的花香，尾调则是以绿茶调为主的麝香和龙涎香。这一香水的瓶身有着磨砂玻璃罐的外形，类似药水瓶。瓶盖是一个简单的铝合金盖子。瓶身和瓶盖完全契合极简主义的时尚。"没有黏合剂"、可以回收的外包装纸盒鼓吹的是环保的准则。同时在全美 2200 个销售网点上市的"CK one"，在短短的时间里，销售额就翻了三倍。它不仅仅是一支香水，还成为一种身份的标识。它不断打破销售纪录，并且一如既往地受到年轻人的喜欢。他们要么独自喷洒，要么和情侣分享。卡尔文·克莱恩不仅擅于让他的香水世界和他的品牌保持一致，也擅于让他的产品包装和他的品牌形象保持一致：所有的一切都是对一个尽可能中性的、简单的世界的尊重。2000 年，蒂埃里·穆勒推出的"古龙水"，广告宣传同样围绕一个雌雄同体的生命展开：那是从无人之境诞生的生命，犹如神话里的生物。

中性香水。第三类香水是沙龙品牌所标榜的香水。这些小众的实验性香水品牌出现于 20 世纪 90 年代。它们远离一切市场营销和理念，希望在创作香水时摆脱一切参数，包括香味上的性别之分。这也就是为什么塞尔日·芦丹氏认为，正如不存在专门针对男性或女性的画作和音乐一样，作为艺术品的香水应该是男女通用的。1992 年，在推出的"林之妩媚"中，他以雪松的木质香诠释出女性的魅力。至于 1993 年的**苏丹龙涎香**（*Ambre sultan*），他则宣称"这并不是一支献给男人的男性香水"，尽管他把它描述成一支献给君王的香水，一支加入了岩蔷薇、辛香叶瓣，以及牛至、桃金娘月桂叶香气的东方调香水，其中的麝香使之圆润饱满。这支香水再现了嗅觉上的震撼，那是塞尔日·芦丹氏一跨入马拉喀什集市时感受到的，当时他闻到了一小块香气绝妙的合成龙涎香。总之，那些中性或者男女通用的香水开辟出了全新的香调。

日本设计师川久保玲的品牌"像男孩一样"（Comme les garçons）推出了一些打破常规、令人目瞪口呆的香水，譬如反香水的 **53 号气味**和 **71 号气味**（*Odeur 53 et 71*），两支香调玄而又玄的香水，建立在"对于现代生活里的无机原料气味的克隆"之上（灼热的灯泡、焊接的铝、矿煤、氦气……）。不然，便是**游击队 1** 和**游击队 2**（*Guerrilla 1 et 2*），在辛辣的木香绿调中加入一些不谐调的原料组合（黄兰花／胡椒、晚香玉／覆盆子……），挑战人们敏感的嗅觉。

  2008 年，法国笑脸（Smiley）[①]构思了一款快乐理念的抗抑郁香水，它同时面向男人和女人。这一香水的调香师想到了那些能激起并留住好心情的原料。他往前调里调入了阳光的柑橘味，中调里加入了热乎乎的、抚慰人心的巧克力美食味，尾调里则引入了安神的麝香。这一有着柑橘和脂粉味的美食调香水闻起来有着维生素的味道，而它黄白色的香水瓶看起来就像鼻炎滴剂的药水瓶！

  沙龙品牌探索香调体系的极限，把男人从某些香味的枷锁里解放出来。如果我们以调香大师雅克·卡瓦利耶的观点来看，那么"香味是没有性别之分的，香水里可以含有任何味道，只要它能带来快乐"。这一语录不仅把我们引向香水感性的一面，也意味着香水主观的一面。

  玫瑰的性别。在西方，玫瑰和女性紧密联系；但在东方，男人也喷洒玫瑰香味的香水。在西方，玫瑰和爱相关联，与象征爱情的女神维纳斯或者阿弗洛狄忒联系在一起。随着维纳斯在海浪的泡沫中冉冉升起，第一株玫瑰也破土而出：诸神浇灌在这株小灌木上的一滴琼浆孕育出了玫瑰花。女神阿弗洛狄忒被一株白玫瑰的刺划伤了脚，脚上流出的血滴把白玫瑰花染成了红玫瑰。白色代表洁净、纯真和圣洁。红色则代表与性的欢乐联系在一起的生命力、繁殖力和生育力。

  和玫瑰联系在一起的符号多种多样。11 世纪以后，在欧洲，人们用玫瑰敬献圣母玛利亚，而非阿弗洛狄忒（基督教时代早期，人们想抹去她的印迹）。代表纯洁的白玫瑰常常和殉道的童贞圣女或者和圣母玛利亚联系在一起。玫瑰从圣母走过的地方长出来。红玫瑰象征了基督流的血。由一条线串起来的 150 片干玫瑰（150 篇圣咏）组成了一部玫

[①] 创立于 1974 年，一个以传播快乐为宗旨的国际品牌。——译注

瑰经。玫瑰是一种充满矛盾的花朵，人们往往把它的许多迷人之处比喻成女人的魅力。它的花瓣犹如柔软的丝绒，但它的枝干上却长满了花刺。

在东方，玫瑰可以被视为伊斯兰国家的国花。它的香气一直是人们唯一可以沉浸于其中的快乐，因为它象征着幸福和完美。古代东方国家的花园，主要以华丽的玫瑰花为主，比如说在古波斯，它常年开放。它是古波斯诗人最喜爱的花朵，他们在专门吟咏爱情的抒情诗（ghazels）中，颂扬玫瑰花神奇的力量。玫瑰花还是许多比喻的对象，而且由于它的色彩和它令人沉醉的香气，它还常常和葡萄酒联系在一起。酒杯里的红酒就被形容为没有花刺的玫瑰。摩尔人占领西班牙期间，他们是种植玫瑰花（譬如麝香味的玫瑰花）的能工巧匠。阿拉伯的植物学家拥有种植反季节玫瑰花的技术。公元 1000 年，阿拉伯人不仅最终用蒸馏法萃取出了玫瑰精油，而且还调制出了玫瑰水。（他们把玫瑰水用于净化圣所或者清真寺。）长久以来，阿拉伯人一直都消耗大量的玫瑰水和玫瑰精油。穆罕默德喜欢香水，他要求人们在上清真寺之前，喷洒玫瑰水或者橙花水。此外，当时的传统是，当宾客光临时，主人便往他们的头发、面庞、脖子和双手上喷洒玫瑰水；而宾客也会在为东道主准备的礼物上洒上几滴玫瑰水。尽管伊斯兰教禁止清真寺里使用任何和玫瑰花相关的香氛，但是穆斯林对玫瑰花的崇拜是无法消除的。1157 年，阿拉伯名将萨拉丁在攻入耶路撒冷之后，命人用玫瑰水清洗奥马尔清真寺（la mosquée d'Omar）的墙壁。1453 年，君士坦丁堡沦陷期间，在圣索菲亚大教堂被改成清真寺之前，同样被人用玫瑰水清洗过。穆斯林在玫瑰花上看到的形象是战栗的信仰之心，以及真主转瞬即逝的影子。"唯有娇弱的玫瑰才能传达出永恒。"保罗·克洛岱尔（Paul Claudel）[①]总结道。伊斯兰教的苏菲派教徒在玫瑰上看到的另一个世界的影像：这一花卉象征的是，宗教追求中的超越以及和真主之间的连接。它优雅的外形折射出的正是造

---

① 法国著名诗人、剧作家、外交官。——译注

物主的体态。一朵玫瑰花的美丽甚至也成为真主的光辉的体现。出于上述这些基本的缘由，阿拉伯国家的男人涂抹大量含有玫瑰的香氛产品。

小众香水品牌克利安（By Kilian）2010 年推出了**天方夜谭-沉香**（Arabian nightset *Pure oud*）系列香水，第一个致力于具有强烈象征意义的香料的香水系列——譬如沉香，当然也有玫瑰，但还有乳香、龙涎香和麝香——也是第一个同时献给东方男人和西方男人、东方女人和西方女人的香水系列。这一系列的香水跨越了香调的类别，形成某种令人瞩目的、沟通文明的方式。

第六章

香水的情与色

Chapitre 6. Une érotique du parfum

尼采曾感叹："我全部的天才都在我的鼻孔内。"直觉可以说成"嗅觉灵敏""鼻子灵通"。关于嗅觉特有的力量，有很多通俗的表达：嗤之以鼻或者臭不可闻。另外，随着文明的发展，嗅觉对于人体的排泄物和体味的排斥越来越明显，似乎文明趋于无菌化，或者本能逐渐减弱。孩子受到他自身的臭味的吸引，但长大成人后必须弃绝这一味道，不然会被视为邋遢龌龊。然而，气味在人类记忆和情感的构建上，以及在自我和他者的构成中，作用是显而易见的[①]。而且，无论气味是诱人的还是令人反感的，在情色魅惑上都能施展出毋庸置疑的力量。

[①] 尚塔尔·雅盖（Chantal Jacquet），《嗅觉的哲学》（*Philosophie de l'odorat*），巴黎，法国大学出版社（PUF），2010年。

1. 费洛蒙[①]

整个人类都臣服于嗅觉：我们可以闭上双眼、堵住耳朵、避免身体的接触，但是我们不能不呼吸，所以我们无时无刻不在气味的包围之中。嗅觉是一种"违背自由意志的感官，因为我们不能摆脱它"。康德告诉我们：人处在嗅觉的淫威之下。

格雷诺耶，聚斯金德小说里的主人公，梦想通过掌握气味来控制他人："因为气味和呼吸相连。它随着呼吸进入人们的体内。如果人们想活下去，他们就不能不受到气味的影响。气味在他们的体内长驱直入，直抵他们的内心。它让内心断然决定是倾慕还是蔑视，是嫌恶还是渴望，是喜欢还是憎恨。哪一个人掌握了气味，他就能控制人们的内心。"[②] 格雷诺耶，这个野兽一般、无气无味的怪人，清楚地知道气味的力量中包含着各式各样的魅惑。

18世纪的时候，人们认为体味也许是人与人之间吸引或排斥的原因。学者们把性欲归于作用在神经纤维上的震颤。同样在这一时代，在香水的作用下，某一被称为初级感官的原始本能，变成了某种既精微又典雅的感知，而这种感知又将启发思维。在《爱弥儿》中，让-雅克·卢梭划定了原发性的嗅觉和受过教化的嗅觉之间的差异。第一种嗅觉和生命力相关联，第二种则和想象力相连接。从香味的感受中滋生出来的快乐，是闲雅的情趣所特有的，也是孤独的漫游者的特点。

术语"费洛蒙"（phéromone）由希腊语里的 *pherein*（意即输送）和 *hormon*（意即兴奋）组合而成。这一表达大概在1959年由德国化学家、"避孕丸之父"阿道尔夫·布特南特（Adolf Butenandt），他的弟子彼特·卡森（Peter Karlson）以及瑞士动物学家马丁·卢彻（Martin

---

[①] 又称为香偶素、性外激素、性气味信号，是从动物体内分泌到体外的挥发性化学分子，能够使同种物种的其他个体通过嗅觉器官捕捉到，并表现出行为或生理上的变化。——译注

[②] 帕特里克·聚斯金德，《香水》，巴黎，法雅出版社（Fayard），1986年。

Lüscher）提出。对性激素感兴趣的布特南特，为了理解雌蝴蝶在夜里是如何吸引雄性蝴蝶的，自 20 世纪 30 年代起便着手观察蝴蝶：是不是雌蝴蝶体内散发出了一些性激素，并在外部产生作用？事实是，雄性蝴蝶在达到其交配的目的上，的确受到了雌蝴蝶的性气味的引导。在海洋动物、牛、猪以及所有的哺乳动物中，人们也观察到同样的现象。性气味一直传送到雄性动物的受体，它里面包含的激素便是发情和交配的根源。费洛蒙这种由动物体内分泌，并散发到体外的化学分子，不仅适用于繁殖，同时又是动物在其身后留下的"香味名片"。如此一来，动物的费洛蒙构成了一种化学语言，而生物学家最终也学会了破译这一语言。动物的性气味化学分子划出一定的属地，指出可以尾随的方向，发出警报或者吹响集合的号子[①]。

后来，科学家们也研究了存在于人类身上的这种气味信号。从性的角度而言，是否应该相信某些味道会轻而易举地让人屈服，而完全不受到理智的干预？卡萨诺瓦，流连于女色的风流浪子，在他的自传作品《我的一生》里讲述：他的情妇们的汗味越重，他就越觉得她们甜美迷人。这种情爱关系上迷恋味道的习性，同样见于亨利四世，体现在当他去拜访他的情妇加布里埃尔·德·埃斯特蕾的时候。19 世纪，身兼生理学家和心理学家的阿尔弗雷德·比奈（Alfred Binet）断言："造成有学识的男人和他们的下人，即家里的女佣媾和的主要因素，正是人体的味道"。[②] 对于于斯曼而言，女人的腋下散发出一种"神奇的、美妙的香气"[③]。最后，便是让巴黎医学研究院的医生加洛潘（Galopin）发出感叹的一些癖性："泛滥的香气引发和激起了精神和身体上的多少兴奋和欢

[①] 汉斯·哈特和雷吉恩·迪，《爱的化学反应》，第 95—152 页。
[②] 阿尔弗雷德·比奈，《情爱中的恋物癖》（«Le fétichisme dans l'amour»），见《实验心理学研究》(*Études de psychologie exprérimentale*)，巴黎，多安出版社（Doin），1888 年，第 26 页。
[③] 乔里-卡尔·于斯曼，《腋香》（*Le Gousset*），见《于斯曼全集》，第八卷，1880 年，第 134 页。

乐啊！"[1]

睾酮[2]。如今，对于人类身上的费洛蒙，我们掌握的知识微乎其微，因此对于与这一课题相关的一切科学报告，我们还是尽量地谨慎对待。某种味道也许会激发欲望，那是因为它和一段打上了欢乐印记的回忆息息相关。对于睾酮——最为人所知的男性"潜在的费洛蒙"——所做的第一个实验，是在一间候诊室里进行的。研究人员先在一些椅子上喷洒睾酮，然后，他们观察到女人选择那些洒有睾酮的椅子就座，而男人却不加选择。人们在其他场所，包括公共场所，重新进行这一实验，也观察到同样的反应[3]。因此，2007 年，报刊大肆报道："男人的香汗使女人快乐。"

然而，科学界依然在探索人类的大脑是如何捕捉到费洛蒙，又是如何处理这些性气味信号的。他们认为，如今的人类身上散发出费洛蒙，但是人们并不真正地利用这些气味分子。从机理上而言，不存在任何和性刺激相联系的东西。国家科学研究中心（CNRS）的研究员迪迪耶·特洛蒂耶（Didier Trotier）博士认为，我们分泌出的性外激素并不像动物分泌出的性外激素一样有效，因为我们身上的这些气味分子不像动物一样，产生直接作用于性的力量。对于动物而言，性气味分子是由某一个体发出的荷尔蒙，并由同一物种的另一个体接收。蝴蝶发出的性气味信号由另一只蝴蝶接收。昆虫和哺乳动物日常都利用这样的分子传递信息，它们的气味能在数公里之外引起交配的兴奋。

在安德烈·欧列（André Holley）看来，人类身上接收费洛蒙的嗅觉器官，又称为梨鼻器，已经大幅退化。这让人觉得，人类在接收费洛蒙

---

[1] 奥古斯丹·加洛潘，《爱情中的女人香和嗅觉》（*Le parfum de la femme...*），1886 年。
[2] 睾酮：又称睾丸素，是一种类固醇荷尔蒙，由男性的睾丸或女性的卵巢分泌，肾上腺亦分泌少量睾酮，具有维持肌肉强度及质量、维持骨质密度及强度、提神及提升体能等作用。——编注
[3] 汉斯·哈特和雷吉恩·迪，《爱的化学反应》，第 121 页。

时，并不需要梨鼻器的运作[1]。此外，我们已经过于开化，无须依赖梨鼻器。尽管在人类的性行为上，气味总是很重要，但是它对于这一活动已经不再起支配作用了。它只是一张名片、"一个领地的标记"，以及两个人之间众多引起性欲的因素之一。

肌肤，香水撩人的载体。如今的男人沐浴净身、去污除垢、去除体毛，因此他们不再散发出干浴时代的那种气味。干浴时代，人们的性器官分泌出来的气味，经过体毛和长长的头发挥发出来，既传达信息，又刺激性欲。于是，他们的鼻腔会触发某种生理反应。由于体毛能传导费洛蒙，因此在刮除了体毛的皮肤上，分泌出的费洛蒙就不会大量扩散。1992 年，美国教授大卫·白林纳（David Berliner）宣称：分离出的人体性外激素，能被放置于鼻中隔的另一梨鼻器捕捉到，并进而影响我们的性行为。之后，他有了成立 Erox 公司的创意，在网上出售催情香水；即便是极其性冷淡的人，也能被它激起性欲。而早在 1980 年，当美国人玛丽莲·米格琳（Marilyn Miglin）把一支香水命名为**费洛蒙**（*Pheromone*）时，就已经许下了同样的诺言！

如今，伴侣的味道在性吸引上一如既往地发挥着作用，但人们变得更理性，人类的性爱方式少了盲目。不过，气味一直是造成亲近或者嫌恶的因素。此外，心爱的人身上的香水味令人浮想联翩。

香氛不再传播性的信息，但也许会增强性的欲望，因此并非香氛让女人（或肌肤）性感撩人，而是女人（或肌肤）让香氛有了撩人的魅力。此外，某些香水比其他香水更性感撩人。譬如东方型香水激发梦幻，令人兴奋。所有含有麝香、龙涎香、香荚兰的香水都性感迷人。动物性香气里含有费洛蒙。白色的花卉则含有吲哚[2]：存在于土壤中的热烈的催情

---

[1] 安德烈·欧列，《香味和感官快乐的生理根源》（«Les fragraces et l'enracinement biologique du plaisir sensoriel»），见若埃尔·坎多（Joël Candau）、玛丽－克里斯汀·格拉斯（Marie-Christine Grasse）和安德烈·欧列主编的《香氛：从欲望到快乐》（*Fragrances, du désir au plaisir*），马赛，让娜·拉菲特出版社（Jeanne Laffitte），2002 年，第 17—23 页。

[2] 吲哚：天然存在于茉莉油、橙花油等 24 种以上精油中，有很强烈的令人不愉快的粪便臭味，但经高度稀释后则有茉莉花香。——编注

分子。因此，在东方型香水饱满、炙热、柔滑圆润的香调里，充满动物性香气。

2．香氛：情爱的介质

香氛，情爱的信使，能美化想掩盖自身体味的人类的情感生活。在古埃及，香氛制品在男女关系中发挥着重要作用，正如贤人普塔霍特普（Ptah Hotep）所强调的一样："如果你是一位通情达理、无懈可击的男人，那么真诚地热爱你的女人，对她保持忠贞不渝。让她有食物可吃，有衣服可穿，并要知道香氛制品对于她的身体，是最好的呵护品。"①

从诸神的享乐到情爱的欢愉，香氛把古时候人神的那种连接转移到了人世间。香氛根本的象征意义在于灵魂和血液，即灵魂和生命的汁液之间的同源同系之上。灵魂和鲜血紧密联系，正如古代社会宰杀动物祭祀神灵所证明的一样。血被看成是生命的本源。失去了鲜血，生命也就无法存活。同理，树木、植物或树脂中的汁液便构成了它们的本质和生命。如此一来，便形成了香氛、灵魂和血液之间的符号体系。而正是因为内在的鲜血是心爱的身体的香氛，所以爱人的整个身心（灵魂）都呈现在她／他的香气之中。夏尔·波德莱尔在《恶之花》中，也向我们证实了这一关系："俯身向你，我热爱的女王／我仿佛嗅到了你血液里泛出的香氛。"

根据奥维德的讲述，太阳神赫利俄斯爱上了香料之国波斯国王俄耳卡摩斯的女儿琉柯托厄。为了挽救被生父活埋的年轻女孩，他离开了他的四匹火马正在吃草的西方日落之处。然而，他赶到得太晚了，他已经没法恢复僵硬的尸体的热量，只能一边痛哭，一边用甘美的琼浆玉液浇

---

① 见开罗埃及博物馆馆长阿姆杜·埃尔-达马提（Mamdouh El-Damaty），在《古埃及的香水和化妆品》（*Parfums et cosmétique dans l'Étypte ancienne*）中的引文，展览目录，开罗、巴黎、马赛，2002 年。

润女孩的尸身："无论如何，你将升天。"女孩的身体消失在一片清香的烟雾之中，幻化成一株乳香树。人间的情爱便是在这一芳香和甜美中升华、神化了。

《阿多尼斯花园》。古希腊的阿多尼斯节①追忆的是一个既富有魅力又不幸的生命。这一生命香气四溢，其追随者也因而芳香迷人。在三伏天，当暑气泛出植被的清香，人们的情欲被撩起的时候，古希腊人便开始庆祝阿多尼斯节。节日期间，女人和她们的心上人一起，用花草和香料制作盆花，或者在屋顶上栽种一些小盆景；而当他们沉浸在爱河里时，这些盆花和小盆景就在热浪的裹袭之下。此外，人们畅饮美酒，纵情欢爱。盆栽盛放之后，很快便会枯死；因此阿多尼斯花园②里的花草枯萎之后，就会被古希腊人扔到泉水或大海里。历史学家马塞尔·德蒂安在他的作品《阿多尼斯花园》里，讲述了古希腊阿多尼斯节庆期间的这些活动。这部专著不仅研究了阿多尼斯的神话故事以及香料的使用，还强调了古希腊对于香氛含糊的态度。阿多尼斯，这个从香料树、没药树里诞生的宠儿，是败常乱俗的性爱乱伦后的产物。当他还是一个婴儿的时候，就受到两位女神的宠爱，她们甚至为他争风吃醋。后来，他才刚成年就死去了，原因是他过早地沉湎于感官快乐之中。

根据马塞尔·德蒂安的观点，在古希腊，不腐之物——香料是用于搭建尘世和诸神世界之间的桥梁，而不应用在魅惑之上。为了令心上人神魂颠倒而使用香料的女人，便犯下了欺骗的行为：在模仿诸神令人炫目的光彩之时，她们不仅改变了香料的基本功用，而且也耗尽了她们的伴侣的精气。犹如阿多尼斯一样，使用种种香料的名妓、宠妾或者普通的妓女，往往都没有生殖力。此外，马塞尔·德蒂安还指出，被一头野猪刺死的阿多尼斯，他流出的鲜血染红了的银莲花，是一种没有香气的花卉……

---

① 古希腊每年4月至5月间，各个地方纪念植物之神阿多尼斯的一个女性节日。——译注
② 古希腊人在庆祝阿多尼斯节时，在屋顶竖起阿多尼斯的雕像，并在四周栽种绿苗的土钵即小盆景。——译注

因此，用于诱惑的香氛——阿多尼斯之香——自西方文化诞生之时，便有了这一层负面的内涵。古希腊人对于这种魅惑把戏的提防，一直延续至今。古希腊的柏拉图，严禁使用香氛制品和香料，因为他认为它们过于撩情乱性，使人堕落。抹粉涂香的女人正是那些为了诱惑她们的情人的妓女。在基督教时代的早期，尽管《雅歌》颂赞香气弥漫之下的男欢女爱，但是出于同样的原因，香氛制品一样被禁用。1770年，英国议会的一道法令宣布："自该法令颁布之日起，任何女人通过香氛制品欺骗、诱使陛下的臣民或将其卷入婚姻之中……将受到针对妖术的现行法律的惩罚。"

亚洲。在东方和远东，香氛总是被纳入到情爱的仪式之中。在中国的古代，生活中的所有行为，甚至性关系，都归入礼教体系；而被礼教隔开的男女，在他们的结合中，香氛一直保留着它的功能。古时候的中国，在成亲之前或者婚姻之外，男女授受不亲。中国女性，从儿时起，身上就配有一个专有的小香囊。在这一具有个人特色的小香囊里，往往混有一些圣洁的植物，包括艾蒿和代表婚约的兰花。丈夫和妻子会面时也伴以香氛。妻子前去见她的夫君前，要节食、漱口、更衣、梳头盘发，特别是要记得在腰间戴上她的香囊。总共有六种象征寓意的香氛：宁静、归隐、奢华、和谐、优雅、高贵，每一种香气又与不同的花卉联系在一起①。

在印度，香氛的地位一直非常重要。首先，和神灵以及神灵信仰紧密联系的香氛，在世俗的生活里占据着重要的位置。香气既撩情动性又舒缓身心的力量，使它深入到情爱的世界中。在婆蹉衍那（Vâtsyâyâna）所著的《欲经》（*Kâmâ Sûtra*）——古印度关于性爱、房中术的经典书籍（公元4世纪末）——里，读者可以看到印度贵族需要掌握六十四艺，其

---

① 乔治·梅达耶（Georges Métailié），《香在古代中国》（«Fragrances dans la Chine Médiévale»），第120页；达妮埃尔·埃利塞弗（Danielle Elisseeff），《香在中国》（«Le parfum en Chine»），第282—284页；见《香水通史》。

中就包括准备香氛和调制香氛产品[1]。莫卧儿王朝的后宫，嫔妃众多，皇帝以香氛作为评判的标准，选取其中的一位与其共度良宵。宫女每天把众嫔妃调制的香精油（装在盖有她们印章的小玻璃瓶中）呈给皇帝陛下。陛下先缓缓地嗅闻每一小瓶里的香气，然后选出一瓶，这样一来他便决定了当天晚上为他侍寝的幸运儿。而这也就是为什么在莫卧儿时代的后宫中，众多佳丽日日夜夜专注于调制催情的香水[2]。根据阿克巴（Akbar，1556—1605 年）[3]的宫廷史官阿布尔·法兹尔（Abu'l Fazl）的记载："在皇帝接见文武百官的宫殿里，总是弥漫着花香、龙涎香、芦荟香，以及根据旧时的配方或者皇帝本人发明的配方调制出来的香氛。在形状各异的纯金香炉和纯银香炉中，则天天都燃着香。"[4]

在印度的传统中，出嫁的女孩在举行婚礼前，要先在香气四溢的澡盆里慢慢地净身。然后，人们点燃圣洁的火焰，并把香油浇洒在年轻夫妻的身上。19 世纪，印度出现了涂香人。在婚礼当天的清晨，他来到新人的家中，用薄荷香精涂抹新郎的喉结、肚脐和腋窝，因为印度的女人在性爱的时候，喜欢用鼻子磨蹭这些部位。

阿拉伯。阿拉伯被认为是著名的香料之地，自上古时代就对世界产生了巨大的吸引力。关于香水的文化在阿拉伯一直都很活跃，而嗅觉在阿拉伯也一如既往地受到各种香气的撩拨。新人举行婚礼时，香氛保护他们免受妖魔邪怪缠身，整个婚礼期间处处可见芳香的液体、玫瑰水和香炉。此外，新娘的头上往往戴着由橙花和茉莉花编成的花环。在葬礼期间，尸身则用玫瑰水和乳香来烟熏消毒。香氛的这一保护和净化的符号在阿拉伯人的日常生活里也随处可见：往衣物上喷洒芳香的液体，女

---

[1] 阿米娜·奥卡达（Amina Okada），《16 至 19 世纪印度莫卧儿时代的香水》（«L'inde et le parfum à l'époque moghole，XVIe-XIXe»），见《香水通史》。
[2] 东印度公司在大莫卧儿皇帝宫中的代理弗朗西斯科·佩尔萨特（Francisco Pelsaert）的记载，见阿米娜·奥卡达的《16 至 19 世纪印度莫卧儿时代的香水》。
[3] 莫卧儿帝国的第三任皇帝，被认为是帝国真正的奠基人和最伟大的统治者，在他的统治之下，帝国的文化和艺术达到顶峰。——译注
[4] 见《16 至 19 世纪印度莫卧儿时代的香水》。

人在香炉上烘干秀发,每一间新房都经过了清洁消毒,食物和饮料中都加有香料等。在阿拉伯,香氛是既能美颜又能魅惑他人的材质的共同园地。它也是爱的记忆。只需言及心爱的人,就能重新唤起嗅觉上的印象,并有助于重建心上人这一独特的个体。犹如带领人们走出迷宫的"阿里阿德涅之线"一样,香氛也有助于把分离的恋人连接在一起,"曾经心灰意冷,但在她身上散发出的香味的引领下,我终得见她"[1];"我喜欢交谈时人们提到我的心上人,这时的我便陶醉在她身上散发出的迷人麝香里"[2]。

东方的智慧教导人们倾听心绪。另外,阿拉伯人还听任想象力以及他们深远的历史和伟大的文明的引导。一直以来,"撩情的或美味的"香气备受他们的喜欢,因为这样的香气能把他们带入到《一千零一夜》的氛围里:茉莉、雪松、檀香、干枣和无花果干,饰有香荚兰和桂皮的茴香、龙涎香、玫瑰、麝香、依兰,以及具有甜美饱满香气的香料。香料的味道令人浮想联翩,阿拉伯人的感性受到了它们的力量的滋养。早在蒙昧时代,阿拉伯人就已经有了一套象征性的花语,恋人间的悄悄话就借助于它。在《香氛产品手册》里,尤金·芮谜援引了一封古代土耳其情书,其中的花语由蒙塔古夫人(Lady Montagu,英国作家,1716 年追随出任英国驻奥斯曼帝国大使的丈夫前往伊斯坦布尔)做出了解译。"石竹:我长久地爱着你。/ 黄水仙:怜惜一下我的爱恋吧。/ 稿纸:我要晕眩了。/ 香皂:我为爱凋零。/ 玫瑰:让我来承受你的痛苦吧。/ 胡椒:给我一个答复。"(在土耳其语里,每一句韵文的第一个字都和象征物押韵:石竹和长久,黄水仙和爱恋,等等。)

西方长期以来一直把香水斥为诱惑的武器,而这个武器又被人们视

---

[1] 亨利·佩雷斯(Henri Pérès),《11 世纪安德鲁西亚的古阿拉伯语诗歌》(*La Poésie andalouse en arabe classique au XIe siècle*),巴黎,梅宗纳夫出版社(A. Maisonneuve),1953 年。

[2] 伊本·哈兹姆(Ibn Hazm),《鸽子的项圈》(*Le Collier de la colombe*),阿尔勒(Arles),南方文献出版社(Actes Sud),2009 年。

为来自魔鬼的、可怕的罪恶。这也就是为什么前文已经提到的传说讲述到，由一名天使带来的匈牙利皇后水（1370年），主要是用来治病的，却同时让年老的皇后变得性感迷人，获得了年轻的波兰国王的爱情。拉伯雷的笔下，在德兼美修道院里，一些效力于修士们的调香师去拜访修女们，"每天早上，调香师供应给修女们玫瑰水、橙花水以及天使水（香桃木、鸢尾花）"。在《庞大固埃》专门描写修道院的章节中，拉伯雷则孜孜不倦地描述了文艺复兴时代和古典时期极具特色的香精，特别是用来熏染君士坦丁堡皮革的香桃木精油，以及阿尔罕布拉宫的花园。

风流浪子。18世纪，香水服从于新的社会准则。它不再是疫气的对应物。人们出于它的纤美而选择它，而它在增强费洛蒙的作用的同时，不仅成为个人和自身身体之间某种私密的符号，也成为一个人对另一个人的呼唤和诱惑。这一时代，浓烈的香味逐渐受到人们的冷落。如果说时人还使用诸如龙涎香和麝香之类香气馥郁的香料，那么它们的剂量是越来越精微，从而避免熏晕某些贵夫人。

至于这一时代的浪荡子，他们追求所有肉体上的享乐，而香水能增强这种享乐的程度。卢梭曾说："性爱离不开征服。"风流浪子们嘲笑一切习俗，热衷于各种各样的享乐，譬如美食带来的享乐，但他们尤其喜欢的是情爱的欢愉以及情爱上的征服带来的愉悦。在他们看来，应该推崇和一切陈规旧俗截然对立的享乐。他们把自身的放荡打造成一种艺术，追求别样的爱情规则，并且以新的规则重新划定了爱情王国的版图。在这一王国里，男人和女人不仅以相同的武器嬉戏调情，而且追求同等权利的享乐。某些香氛制品尤其受到风流浪子们的青睐，譬如塞浦路斯香粉——由鸢尾草根、麝香、麝猫香调制而成，其中还加入了令人迷醉的、有着强烈的性色彩的龙涎香和安息香。

潇洒的黎塞留公爵迷恋纯麝香，因为这一材质能突出身体的气息。他命人用西班牙的皮革为他裁制短裤，并往其中加入纯麝香。如此一来，他身上的香味是如此的浓烈，以至于他离开后都能为人所知。他的一个情妇大概对他说过："先生，请离开这个房间，您身上的这些味道！"那时候巴黎流传着一句笑谈:"当黎塞留出现在一间房子里的时候,大家要保护好心脏,也要堵上鼻子。"①

摄政时期,狂欢的节庆上散发出的龙涎香和麝香,既是淫秽堕落的气息的同义词,也是恣情纵欲的符号。荒淫无度的享乐,以及不断增加的破坏传统习俗的迹象,模糊了社会等级,而这实际上和香粉制品的大量使用相呼应。风流浪子们,涂有龙涎香的公子王孙、敷有塞浦路斯香粉的花花太岁、抹有麝香的粗俗官员——一整群发出撩人香味、气味相投的家伙——受到了伦理学家和哲人们的一致声讨。某些伦理学家或哲人为了表达他们的不满,现身时浑身恶臭。当时的社会,人们滥用香水以及膏泽脂香,香氛是这个给人造成错觉的社会的嗅觉面具。油头粉面的浪子们沉湎于香氛带来的兴奋和使用香氛的快乐之中。

在当时那个自恋、虚幻、风流多情的世界里,心上人碰过的或者珍爱的物件有了生命。香水瓶成为爱的信使。在激发出新的渴望和乐趣的同时,它就像吉祥物一般,传达出爱意、守护和忠贞。诸如丘比特和巴克斯、丑角和巨人之类的香水瓶,往往附有由金色字体写就的情意款款的信息:"我将忠贞不渝","爱情不再,友爱长存","我一片真心","我为我的爱而骄傲"。某些香水瓶的趣味则更放荡,比方说某个形如女人双腿状的香水瓶,袜带处有着一只小虫,瓶上的字体是:"它的运气,我羡慕!"不然,还有那个淫荡的修士模样的香水瓶,他的背上搁着一束金色的花束,从花束里露出的是女人的脚跟!这一时期的调香师售卖的脂粉,也有它们的语言和含义。而那些用塔夫绸做成的不同形状的黑痣(共有九种),也同样如此,除了贴在脸上时有固定的位置之外,它们还有特定的名字:女窝主、贵夫人、水性杨花、俏女孩、情爱高手、低调含蓄、妩媚妖艳、文雅端庄、浪漫多情。香水瓶便是当时这一纵情欢乐的轻浮生活的见证。情爱成为个性绽放的因素,成为一种自由以及一种高级生活的艺术,而这种自由和艺术又促成了对于情爱关系的开放理念

---

① 无名诗,1734年。

和冒险精神。如此一来，幸福和功成名就体现在对于陈旧的礼教的破除之上。当时，对于肉欲的追求离不开人们在情爱上的自由观以及成见的减退。18世纪"人生得意须尽欢"（原文为拉丁语 carpe diem）自有它的味道和符号，并且一直延伸到清教徒气息浓厚的19世纪，尽管后来影响的社会群体很小众。

纪尧姆·阿波利奈儿（Guillaume Apollinaire）在他为法国作家安德烈-罗贝尔·安德列阿·德·内尔西亚（André-Robert Andréa de Nerciat）的小说《费利西娅和我声色犬马的生活》（Félicia ou Mes fredaines）撰写的前言里，描述了一座点缀着橙花、茉莉花和忍冬的情欲迷宫，他不仅对意大利文艺复兴时代的爱欲花园加以赞美，而且还指出嗅觉记忆是情爱游戏中的一部分。香氛在引诱男人时必不可少，因为它能激起随时转化为行动的无意识记忆。在促发往昔的快乐的同时，香氛让人神思恍惚、心神迷乱。此外，它还会引发嗅觉方面的病态癖好，但这受到了19世纪这个资产阶级上升和统治的时代的声讨，因为这一时代尊崇和寻求的是端庄得体。

情爱的味道。某些香气，比如"东方型"的龙涎香，尤其能激发梦幻，进而令人兴奋迷狂。一切含有麝香、龙涎香和香荚兰的香水都性感撩人。就魅惑而言，一些给人带来强烈感官享受、撩拨情欲的香水受到人们的青睐。而其中的理念是，某种把人融合在一起的香水，它讲述爱的味道，以及身体和肌肤相亲时的味道。不再惧怕对方的体味，并在情爱关系中接受或寻求这一味道，但又不会因为它的野性而受到惊吓，这便是人们新出现的意愿。在小说《香水》里，格雷诺耶为了调制出一支让人春心荡漾、爱欲迸发的万能香水，进行了令人惊心动魄的探索。当他最后把那支从邪恶中诞生出来的香水喷洒在身上的时候，前来围观他行刑的群众先是惊呆了，接着膜拜他，最后在某种突发的、难以抗拒的冲动的裹挟之下，陷入了一场声势浩大的乱性狂欢之中。

情爱的味道是没有范畴的，正如首先是创作、是灵感的香水一样，摆脱一切陈规旧俗，无拘无束，自由自在，处于邂逅的震撼、生命的激情、鱼水相欢之中。因此，一支情爱的香水的调性往往建立在尤其能激发性爱的原材料之上：龙涎香和麝香一直以来不仅是香水的基本成分，也是香甜的肌肤的密友。如今，调香师致力于阐释这些充满肉欲的香调，方法是回到它们的动物性上去，同时又去除它们的腥骚。根据《圣经》，香氛是亚当和夏娃被逐出伊甸园的证物，为了记住他们水乳交融的永恒之爱，他们携带着香氛离开。

动物性香料。情爱的味道或者性的味道，长期以来就包含在动物性香气里。这样的香气散发出天然的费洛蒙。动物性香气令人想起身体的气息，让我们进入到情欲的氛围里。就像麝猫香和海狸香一样，龙涎香和麝香一般作为定香剂[①]，用来加强香水的弥漫性。

在对东方世界的征服过程中，亚历山大大帝在公元前330年左右，接触到了动物性香料。西方的调香师于是马上频繁地使用这些原料，因为和其他任何香料相比，它们更不易消散。调香师们往往在香水中加入小剂量的动物性香料，这是为了让香味——甚至是最精微的香味——均匀挥发，以及增强香水的柔和甜美，却又不会让人察觉到动物性香气的存在。在所有的香料中，人们尤其认为麝香的香气是最浓烈的，留香也是最持久的。

麝猫香是生活在非洲和印度等地的夜行性猫科动物麝猫的腺分泌物。人们把这一动物关在笼子里，每星期两至三次用刮刀从它们的香腺中刮取分泌物。天然的麝猫香经过溶剂萃取的方式提炼后，往往再加以泡制。然而，这一香料逐渐被人工合成物替代。长久以来，兼有尿骚味、动物味和鲜花气息的浓郁的麝猫香，一直都是提升花香的上等原料。

海狸香来自海狸。在阿拉斯加、加拿大、西伯利亚，不仅有野生的海狸，也有人工饲养的海狸。海狸香是海狸位于尾巴下面、肛门近处的

[①] 定香剂：在香精中的作用是使香精中的某些容易挥发的成分减慢其挥发速度，从而使整个香精的挥发期限较不加入该定香剂者有所延长；或者是使整个香精的挥发过程中带有某一种香气。——编注

性腺（香囊）分泌出来的物质。这一分泌物既让海狸划定它的地盘，也让它的皮毛保持气密性。从海狸身上摘取的香囊一般用挥发性溶剂进行处理，以提取出树脂状物质和净油。自古以来——直到 18 世纪——海狸香的应用很常见。它是众多疾病（比如癫痫）的治疗药物之一；此外，它也被人们当成春药或壮阳剂。它的味道类似于皮革、动物油脂和皮毛。它的材质有点黏稠，非常醇厚，有时候由于海狸的进食而略有颜色。海狸香主要用于调制琥珀香型（东方香型）的香水和男士香水——尤其是西普调、东方调、皮革调或木质调的名贵香水。不过，这一原料在香水业中的应用日渐减少，因为它的摘取以捕杀海狸为必要前提。如今，在有机化学的发展背景之下，合成某种类似于海狸香的物质成为可能，尽管这样的合成物不一定拥有海狸香所具有的一切精妙的特质，但它们避免了杀戮。

过去，龙涎香让一支香水变得神秘、美妙、性感。18 世纪，比起麝香，龙涎香更受人们的喜爱；当时，如果说某个男人"像龙涎香一般细腻"，这意味着他是一位好情人。一个像龙涎香一样美妙的女人则"机灵风趣"！长期以来，龙涎香都是作家们探讨的对象，但在它的来源问题上，他们无法达成共识。13 世纪，马可·波罗在马达加斯加的一次旅行期间，当他观看当地人采集鲸蜡时，了解到了龙涎香的真正来源。

龙涎香一般以块状物的形式出现在海边。这是一种灰色、黏稠、不透明、比重轻的物质，上面布有白色的小点。这种物质散发出香气，而且当它和少量的其他香料混合在一起时，它的香气会变得更加美妙。让-路易·法尔荣曾经指出："龙涎香本身散发出一种土质的味道，但把它加入香水中之后，它赋予香水某种轻盈、迷人的气息。"[①] 1785 年，加入了法籍的斯韦迪欧尔（Swediaur）医生，一位研究性病的专家，发掘龙涎香并把它带回了欧洲。他声称，龙涎香是头部巨大的抹香鲸在其庞

[①] 让-路易·法尔荣，《调香师的工艺》，1801 年。

大的肋部形成的一种物质,而这又源于某种疾病[①]。有时候,抹香鲸会排出这一病体而恢复健康;有时候,它则死于这一疾病。从抹香鲸体内排出来的这一蜡状物质有两种情况,要么漂浮在海上,要么由海浪冲刷到岸上。在格陵兰岛、巴西、中国和日本,人们都发现了龙涎香。优质的龙涎香燃烧后化为树脂状的金黄色液体,这也是它的名字"琥珀"[②]的来源,因为这一颜色让人想起了树脂的颜色。18世纪的调香师充分利用龙涎香,在把它和少量的麝香、麝猫香糅合在一起,或者用香荚兰加以点缀之后,它的香气会变得更加讨人喜欢。而这都是18世纪的让-路易·法尔荣的见解。

3. 麝 香

麝香是一种分泌物,它不仅带来肌肤的质感,还会留下爱欲的痕迹,馥郁、炙热、甜美。新鲜的麝香有着蜂蜜一般的稠度,以及棕红的颜色。干燥后,它会变硬变脆,呈粒状,发出浓郁、刺鼻、特殊的味道(微量的麝香就比较讨人喜欢)。麝香一般存积于雄性麝鹿(或幼狍)腹部下的袋囊里。麝鹿生活在中国(譬如西藏)和越南北部等地的高原上。它是一种大小及体型都类似于黄鹿的动物。唯有雄性的麝鹿才分泌这一珍贵的香料。雄麝鹿位于肚皮底下犹如小橙子般大小的腺囊,在发情期会分泌出麝香。品质最好的麝香来自越南的北部和印度的阿萨姆。19世纪最著名的麝香则产自北越、云南和孟加拉。西伯利亚一带的山坡上的麝鹿产的麝香,质量偏次,因为一般麝鹿生活的海拔越高,它分泌出的麝香的品质就越上乘。

最早认识并重视麝香的是古代的中国人。当时中国西北部的高原省

---

① 尤金·芮谜,《香氛产品手册》(1870年第一版),阿尔丰斯·卡尔作序,1985年版,第384页。
② 龙涎香在西方称为灰琥珀。——译注

份出产大量的麝香。他们不仅迷恋麝香的香气,而且赋予麝香大量的药用属性,譬如用麝香治疗头痛。19 世纪的调香师尤金·芮谜在《香水的历史》(*Histoire du parfum*) 中这么讲述道:"他们的某位医生在开处方时,就确实把它作为某种治疗蛇咬伤的解毒药。这位医生声称,当人们在山里行走时,必须在脚趾甲的下面携有一小粒麝香丸,因为麝鹿以爬蛇为食,而这一香料的气味足以让爬蛇远离。"[①]

产自亚洲的麝香早早就引入了欧洲,但由于价格高昂,所以往往是一些赝品。有两种形式的麝香:麝香囊("毛香")和麝香仁("散香")——从干燥后的香囊里挖取出的麝香颗粒。麝香溶于水和酒精。过去,它用于治病疗伤,比如用作解痉药剂、兴奋药和痛经药[②]。让·巴蒂斯特·塔凡尼埃(Jean-Baptiste Tavernier),法国 17 世纪与印度从事贸易的开拓者,是第一位提及这一香料的欧洲旅行家。他讲述在某次旅途中,他购买了 7673 个麝香囊。他还提到了猎捕麝鹿的活动。这样的活动一般在 2 月和 3 月进行,也就是饥肠辘辘的麝鹿离开冰雪覆盖的巢穴,前往庄稼地觅食的时节。他描述下的麝香是一种稠腻的物质,呈红棕色,暴露在空气中之后会变黑。依据法国 17 世纪作家、旅行家、研究东方国家的权威让·夏尔丹(Jean Chardins)的说法,麝香的气味十分浓烈,因此捕杀麝鹿的猎人在准备切取麝鹿的香囊时,往往用一块布小心翼翼地围住鼻子和嘴巴,防止馥郁的香气可能造成的出血。事实是,麝香是如此的浓烈,以至于过去在欧洲的大都市和印度之间进行贸易的公司,被禁止在同一条船上同时运输麝香和茶叶,皆因人们担心麝香的味道会渗入到茶叶中。巴尔布先生(Sieur Barbe)在他的著作的卷首插图页上,写下了一段奇异的描述:"麝香是一种名叫麝的动物的血,这种动物生活在气候暖和的地区;人们一般活捉麝,并用尖物刺扎它的全身,让它的身上冒出许许多多的血滴,随后人们把麝赶到阳光下,这样一来血滴就会

[①] 尤金·芮谜,《香氛产品手册》(1870 年第一版),阿尔丰斯·卡尔作序,1985 年版,第 383 页。

[②] 这一药物能疏通或调节经血。

第六章　香水的情与色

凝结、变干。"[①]19 世纪，人们把麝香描述成某种让人想起女性阴道分泌物的气味，或者性爱时肌肤散发出的味道。

从麝香囊中掏取出来的麝香颗粒这一物质，氨味浓烈，令人透不过气来，而它的质地就像研磨过的咖啡。随着时间的推移，麝香的气味会变得曼妙优雅，呈现出动物香气的特点：甜美中略带腥臊，香气经久不散，尤其能赋予香水性感撩人的质感。

形式各异的麝香。在传统的香水调制中，为了保持香水的持久度，也为了让它的气味分子附着在肌肤之上，麝香是必不可少的。它起到定香剂的作用。麝香这一不可或缺的动物香气经过打造，可以变得精美曼妙，并去除其粗野的一面。此外，据说香水中含有麝香，能增加肌肤的热度。过去，人们就已经知道某些诸如西貓（其背部皮下有一分泌腺液的袋囊）、麝鼠和獾一类的动物，体内也含有麝香。与此同时，一些植物也含有麝香的香气，比如麝香锦葵、五福花（矮小草本植物）和某种紫菀。这一类的麝香，经济实惠，因而受到昔日的调香师的重用——它们的效果和产自麝鹿的麝香相同。

尽管在调香业里，麝香是必要的原料，然而关于麝香，却有着一些禁忌。传统上，它一般与肌肤和性联系在一起。自古以来，人们就有使用麝香的习惯，因为和其他香气糅合在一起时，它具有撩情动性的特点。在某些阿拉伯国家，男人会携带一个装有液态麝香的小金盒以及一支浸泡过咖啡的小针头。这些撩情的秘密武器也许能让上了年纪的男人吸引年轻女性的注意力并满足她们。与此同时，麝香也作为一种圣洁的香料，加入到某些清真寺研磨香料的乳钵里，而这是为了让它散发出甜美的香气。然而，在西方，麝香是一种受到圣师之一的哲罗姆（Jérôme）强烈谴责的香料，公元 4 世纪末，他劝告基督徒不要模仿异教徒往身上涂抹"少妇的麝香"。

18 世纪中叶，麝香在西方受到医学的质疑，人们声称它浓烈的香

---

① 巴尔布，《法国香水师》（*Le parfumeur français*），1693 年。

气会扰乱敏感的神经（我们可以在 1765 年的百科全书里读到）。德让（Dejean）在他的《论香味》（*Traité des odeurs*）里宣称："为了和当今的见解保持一致，应该全面取消麝香，而且只需涂抹几滴龙涎香精油"。[①]而动物性香料，在接下来的几十年时间里，都被视为有害身心的物质，因此到了 19 世纪，西方的医学家们普遍弃用动物性香料。

麝香的禁用。人们对于动物性香料给使用者的心理或精神造成的破坏的恐惧，随着精神病学的发展而加深。"香氛产品的滥用"会导致各种神经官能症，特别是歇斯底里和神经衰弱。对于香氛产品的迷恋，对于"低级趣味"的感官快乐的追求，是某种奢侈逸乐、散漫放纵的生活的符号，不仅有可能加重神经紧张和躁烦，也可能会导致女性化，并可能引起堕落。那些"迷恋香膏脂粉"的人被人们当成可怜的反常之人。

正如阿兰·科尔班所分析的一样，随着资产阶级道德准则的严格，麝香受到人们的谴责："逐渐消散、挥发的麝香，象征的是浪费。转瞬即逝的东西不能积少成多。损失是无法补救的……总的说来，人们希望麝香失去其动物性的标志，也就是失去它和生殖本能联系在一起的、撩情动性的特点。"然而，与此同时，在 19 世纪调香师的调味板上，麝香依然存在。事实是，塞普蒂缪斯·皮埃斯在他 1857 年撰写的论文《被遗忘的香水艺术》（*L'Art oublié du parfum*）中，就指出含有麝香的香氛产品总是受到顾客的青睐，前提是销售商记得保证产品不含麝香！许许多多的洗浴产品里都加入了麝香，譬如香皂里点缀着数月前就已经加工好的麝香粉末。1851 年创立于纽约的科颜氏（Kiehl's），就有一款以麝香为基本成分的精油制品，这一当时名为"爱之油"的创新产品在 20 世纪 20 年代获得了巨大的成功。50 年代，它逐渐销声匿迹，但到了 60 年代，它又重新以香水的形式出现在该品牌的产品目录里。

[①] 德让，《论香味：论蒸馏之续篇》（*Traité des odeurs, suite du Traité de la distillation*），巴黎，尼庸出版社（Nyon），1764 年；《关于蒸馏的论说：蒸馏原理和简述》（附附一篇香味专论）（*Traité raisonné de la distillation, ou la Distillation réduite en principe, avec un traité des odeurs*），巴黎，尼庸出版社，1753 年。

1979 年，当麝鹿作为濒危物种成为野生动植物国际贸易公约（CITES）的保护动物之后，天然麝香被禁止使用。实际上，对麝香的追求造成了残忍的捕杀，猎人为捕麝而设下陷阱，然后用剑射杀，或用木棍打死麝鹿。过去，为了避免杀麝取香，猎人们试着在捕获麝鹿期间割取麝香囊，但是麝鹿之后就不会再散发出费洛蒙了。其他的做法是，在它发情期间，在其广袤的自然栖息地内进行诱捕，之后对它施以全身麻醉，排空香囊并将它放生。这一做法似乎令人满意，而且不会破坏对该物种的保护。但是自从这一物种濒临灭绝以来，它们受到了大力的保护，一些针对走私和偷猎麝鹿——这样的行为继续捕杀该物种——的严厉措施也得以实施。

新型麝香的发明。麝香有着性感、骚臭的动物气味。出于上述已经提到的原因，人们也在不断寻找能够取代它的合成品。19 世纪末期，通过异丙基间甲酚（麝香草酚）的硝化反应，人们发明了合成麝香。人造麝香的气味比天然麝香还要浓烈。1888 年至 1891 年间，鲍尔麝香和葵子麝香相继合成出来。天然麝香里含有的麝香酮分子是人工合成的基础。1888 年，德国化学家阿尔伯特·鲍尔（Albert Baur）在研究炸药时，合成出了第一款硝基麝香（上述的鲍尔麝香）——首款应用于香氛产品制造业中带有麝香气味的化合物。1894 年，鲍尔又合成出了酮麝香，这一合成麝香由于它持久、稳定的香气，直到 20 世纪 90 年代还被广泛应用。如今，由于它的毒副作用，它的使用受到了限制。1925 年至 1929 年间合成出来的自然界中存在的大环麝香（当归内酯、麝香酮、环十五酮），成为硝基麝香的替代物。这一类合成物初闻之下，有着橙花的清新香气。而不饱和大环麝香（环十五烯内酯、麝香烯酮、环十五酮）的发现，则让 1993 年研发出的某些麝香的香调更加馥郁，接近硝基麝香的效果。让·保罗·戈蒂埃的"经典"和 CK 的"真理"两款香水，都使用了不饱和大环麝香。1995 年，还出现了一些同时兼具麝香和果香的合成麝香（海佛麝香、罗曼麝香）。它们最大的优点在于香气持久。

佳乐麝香是一种花香味的多环麝香，几乎没有动物的气味；它的香气丰富、持久。它是销量最大、最常见的合成麝香，常见于洗衣粉中，这也是它"白麝香"之名的由来。它柔和、干净，会散发出蘑菇、红果，甚至是木质的香气，是清新的美式麝香。它成为洁净的代名词。然而，由于和清香的身体联系在一起，白麝香又让人想起肌肤，并突显出诱惑的欲望。尽管麝香的香气不明亮，但是它在香水中的作用非常大，而且在给皮肤带来舒适感上也必不可少。如今，在干净的魅力的观念下，合成麝香深受欢迎。

尽管天然麝香已经从调味板上抹去了，一些调香师还是把麝香打造成香水的主调。1998 年资生堂皇家宫殿会馆推出的**忽必烈麝香**（*musk Koublaï Klan*），便是这样一支以骚臭的麝香为标准、主打动物性香气的香水。塞尔日·芦丹氏为他创作的这支香水取了这个名字，是因为他想到了威尼斯商人马可·波罗在中国旅行期间就麝香所作的描述。这支香水混合了缀有黄葵粉末的摩洛哥玫瑰、大量的麝猫香、海狸香、闭鞘姜①和龙涎香。一支糅合了"老公山羊"的味道的香水，在香荚兰、岩蔷薇、广藿香的修饰之下，变得炙热、性感、撩人。

弗雷德里克·马勒香水发行公司推出的**旷野麝香**（*Musc ravageur*）——莫里斯·鲁塞尔（Maurice Roucel）的作品——属于传统的麝香。它让人想起猛兽，然而不是兽笼中的猛兽，而是古希腊神话中酒神狄俄尼索斯骑坐的豹子。"对于任何女性肌肤，都有一种能提升它的气息的香调。一种兼具美味和香味的甜美香调，快感也因而从一片肌肤源源不绝地传递到另一片肌肤之上。"莫里斯·鲁塞尔如此说道。麝香大概属于女人诱惑男人的介质之一。古希腊戏剧作家阿里斯托芬就把当时的名妓称为豹子——唯一一种以其曼妙的气味迷惑猎物的动物。

如今，在香氛产品制造业中，天然麝香已销声匿迹，然而它所象征的亚洲的味道和炙热的肌肤，它在提升香味上的优越品质，它包含的禁

---

① 闭鞘姜：俗称"白头到老"，主要指其开花时每次从下向上只开放两朵白花，直开到顶端花谢为止，主要作鲜切花、干花和庭院绿化、入药等用途。——编注

忌，以及喜欢传统香味的人士对它的怀念，都让它一如既往地萦绕在人们的心头。此外，它还代表着调香工艺上的两极分化：一方面，当它指的是天然麝香时，那是性感的动物香气，甚至腥骚刺鼻；另一方面，当它是人们所说的加入洗衣粉中的合成麝香时，则是干净的衣物清爽、洁净的味道。

广藿香也是一种和情爱以及诱惑联系在一起的令人上瘾的香气。这种源自于印度尼西亚的香料，是一种含有精油的小叶子，呈绿色或棕红色，割下来后，很快便枯萎。它散发出一股强劲的、有点类似于樟脑的味道，迷人而持久。广藿香最初是为18、19世纪的交际花而引进法国的，这些名流富贾的情妇们毫不顾忌地使用这一和欢爱的味道，甚至是卧室的味道联系在一起的香料。因此，明媒正娶的夫人们——她们的嫁妆通常被丈夫用来包养情妇——认为广藿香的香气很"可憎"，"离地狱仅有一步之遥"！这大概便是"这闻起来像交际花的味道"，以及"这有广藿香的味道"的说法的由来，而这两种贬义的表达指的是某一香水的质量乏善可陈，或者香味过于厚重……

20世纪60年代，广藿香成为与性自由，及禁止一切禁止（l'interdiction d'interdire）①联系在一起的"权利归花儿"运动（Flower Power）的符号。广藿香代表了当时对于异国文化的全新兴趣，而这一兴趣又源自于东方的影响以及西方新出现的一种精神理念——由1969年把和平和音乐结合在一起的伍德斯托克音乐节（le festival de Woodstock）高高举起。70年代，伍德斯托克这一嬉皮士文化盛会的举办之地成为热门的旅游目的地，广藿香精油也成为这一时代的标志性香味。

源自于印度的沉香木很少被人视为性感而神秘。然而，它精微的脂香，近乎神秘，令人神魂颠倒，充满了诱惑。2003年，伊夫·圣罗兰品牌旗下的两位调香师把沉香木打造成他们的作品"M7"（男性香水）的主调。

香荚兰（香草）。魅惑还包含着令人馋涎欲滴的概念。调制美味是

---

① 法国1968年五月花运动时的口号。——译注

为了一饱口福。香甜可口的味道（瓜果、香荚兰、巧克力）也是诱惑人的味道。这样的味道能引发欲望，因为它往往和一段愉快的回忆联系在一起。可口的香味反射出的是对于母亲的渴望，以及一个安心舒适的时刻。美食调香水成了禁果，让人在一股充满爱意的柔情中有了吃下对方的想法。虽说在如今的香水业中，过于甜腻的香调似乎是艺术创作上的一种退步，但现今的香水往往由糖类和可食香料构成，是一些名副其实的"美味的甜点"——尽管它们是一个富有含义的象征体系的组成部分。事实是，往身上喷洒人们喜欢品尝的可口香味，尤其是童年时代的糖果的味道，并不具有某种高度发展的美学观念；相反，这充分地暴露出了某种倒退的姿态和一个寻求安全感的社会。

不过，一直以来，人们都觉得和动物性香调糅合在一起的香荚兰性感妩媚，甚至撩人情欲。调香师们认识中的香荚兰属于兰科植物，是原产于墨西哥的一种藤本植物的荚果，后来引入留尼汪岛（l'île de La Réunion）[①]种植。1520年，在墨西哥建立了西班牙殖民地的征服者科尔特斯（Cortés）发现了这一植物。当时，香荚兰在欧洲的贸易受到管制；路易十四时代，皇家花房里引进了香荚兰的种植。不过，这一引种的植物却不结果实，人们百思不得其解。对香荚兰的性别感兴趣的植物学家发现，它是雌雄同株的植物，但不能自我授粉。一层内膜阻止其花粉进入子房里。因此，必须用一支小针刺破内膜。一经人工授粉之后，香荚兰的子房很快就会发育成长。不过，从授粉到果实成熟要等上九个月，而且还要再经过九个月荚果才会散发出它全部的香气。尽管香荚兰的价格一直以来都居高不下，但它千姿百媚的香气一如既往地受到调香师们的喜爱：它炙热、迷人，是肌肤的密友，可以用来点缀各种香调，赋予它们某种既甜美又野性的妖娆气息。

19世纪末，香兰素开始取代天然的香荚兰。尽管前者的香气更干净，并且甜美怡人，然而它并不完全具备香荚兰的精妙。化学分析表明，

---

① 印度洋西部马斯克林群岛中的火山岛，现为法国的海外省之一。——译注

羊水和母乳里都含有微量的香荚兰和麝香。这无疑解释了为什么这两种香料普遍受到人们的喜爱。

4. 著名的情爱香水

任何香水都可以被视为情爱香水，前提是它和一段甜美的记忆相联系。一些使用或者大量使用了麝香和动物性香料以及可食香料的香水，尤其性感撩人。不过，1920年之后，这类香水时尚逐渐被香水名称和与之相关的口号——属于魅惑的语义学范畴——所取代。后者许诺给女人和男人的是一种改变。名号成为诱惑、欲望、感官快乐的保证。许许多多令人想起情爱的词语，性质发生了改变；香水允诺的不再是爱，而是某种情感（"欢愉"），某种感受（**巅峰时刻**[①]），某种氛围（**魔魅**[②]）。爱的诺言变化多样，而且变得更具诱导性；香水名称则表现出一股邪恶或罪恶的气息：譬如让·保罗·戈蒂埃的**丑闻**（*Scandal*）、浪凡的**我的"罪"**（*My sin*）、艾尔莎·夏帕瑞丽的**震骇**（*Shocking*）、丹娜的"禁忌"。1920年，菲奥雷香水公司（Parfums Fioret）把他们的香水大胆命名为**快感**（*Jouir*）[③]！还要指出的是，20世纪30年代，神秘、充满诱惑力的艳妇形象开始出现在电影屏幕上。夏帕瑞丽的香水"震骇"的瓶身，便以美国女演员梅·韦斯特性感撩人的身姿为模型。20世纪70年代之后，随着姬龙雪的**我勇于**（*J'ai osé*）、伊夫·圣罗兰的"鸦片"和迪奥的"毒药"等香水的出现，通过香水名称所传达出的诱惑变得更加惊世骇俗，它们面向独立自由并在情场上勇往直前的女性。

一千零一夜。一千零一夜（Shalimar）在梵文里意指"爱的圣殿"……娇兰这一由八个字母组成的香水名称是对永恒爱情的礼赞，它

[①] 法语名为 *Moment suprême*，让·帕图品牌1929年推出的一款东方花香调的女士香水。——译注
[②] 法语名为 *Sortilège*，是 Le Galion 品牌最广为流传的一支香水。——译注
[③] 佛尔内图书馆，保留资料，宣传画册，《菲奥雷香水公司》，1920年。

具有东方情调的"一千零一夜"。在雅克·娇兰的想象中,"一千零一夜"是皇帝沙贾汗在夏利玛尔花园充满异国情调的芬芳中,为心上人打造出的至高无上的礼物。香水瓶身的灵感,来自印度莫卧儿帝国时代的代表性艺术:一种展示盛满鲜花和瓜果的碗盏;蓝宝石颜色的扇形瓶盖,则受到娇兰家族所拥有的一件银器的启发让我们沉浸在某种也许可以被视为完美的爱之香的氛围之中。"一千零一夜"的构思始于1921年。这时的巴黎在查尔斯顿舞狂热的节奏之下,兴奋狂乱。新时代的缔造者从世界各地汇聚而来,国际精英们在其中各放异彩。人们迷恋东方以及一般意义上的异国情调,达到了惊人的地步。雅克·娇兰在这样的氛围下,开始构思一款浮荡着自由和激情的香水。雅克·娇兰和雷蒙·娇兰听说了莫卧儿帝国的皇帝沙贾汗(Chah Djahan)和他深受宠爱的妻子穆塔兹·玛哈尔(Mumtaz Mahal)之间的爱情故事,泰姬陵和夏利玛尔花园便是这一爱情故事的永恒记载。雅克·娇兰的想法是,"一千零一夜"是皇帝沙贾汗在夏利玛尔花园充满异国情调的芬芳中,为他的心上人打造出的至高无上的礼物。东方风情和浪漫的爱情故事交织在这一香水里:雅克·娇兰开拓性的想象力让这一东方的情爱故事变成了有史以来最曼妙迷人的香水之一。

"一千零一夜"的基调瞬间就出现了:雅克·娇兰往一瓶"姬琪"香水中倒入了大剂量的乙基香兰素——一种新的化合物,有着浓郁的香荚兰的香气,醇厚而香甜,让香水具有了某种不可思议的性感。"犹如一件完全袒胸露肩的晚礼服",娇兰公司如此说道!它的前调在柑橘的气息和佛手柑精油的力量之下,清新淡雅。中调鸢尾迷人的粉质香气则让它饱满丰盈,而这预示着由香荚兰和香脂渲染出来的性感尾调。这一香水希望在短短几秒的时间里,书写出纷繁、热烈、妩媚的东方风情。最美的赞誉之词之一,来自恩尼斯·鲍("香奈儿5号"的调香师):"如果我用了这么多的香荚兰,我大概只能调制出一支香草冰糕或一份香草蛋奶酱,而他(雅克·娇兰)却创作出了一支杰作——'一千零一夜'!"他惊叹地说道。

雷蒙·娇兰为这支令人赞叹的香水量身制作了一件超越时空的奢华礼裙。香水瓶身外形的灵感,来自于印度莫卧儿帝国时代的代表性艺术:一种展示盛满鲜花和瓜果的碗盏,往往镌刻在石块上,或者织绣在地毯上。蓝宝石颜色的扇形瓶盖,则受到娇兰家族所拥有的一件银器的启发。对于收藏家而言,由顶级水晶品牌巴卡拉打造出的这一奢华香水瓶，一直以来都是一件艺术品。

罗莎女士，正如马塞尔·罗莎喜欢说的一样，是女人的一支性感的"序曲"。这一散发出李子香的西普调香水，成为法国影星阿尔莱蒂（Arletty）、达妮埃尔·达里欧（Danièle Darrieux）、米歇尔·摩根（Michelle Morgan）以及温莎公爵夫人等著名女性喜欢喷洒的香水。它犹如女性臀部的瓶身受到了梅·韦斯特性感臀部的启发。前调的饱满浓郁由佛手柑，以及一种出自孜然热辣而性感的气息呈现出来。而前调中桃李的香味则和中调的玫瑰与茉莉，消融在由橡木苔、广藿香、檀香木以及龙涎香等动物性香料构成的西普香调里。"罗莎女士"是马塞尔·罗莎这位热恋中的男人，渴望为他未来的妻子打造的一支香水，尽管当时面临着严格的定量配给措施。他同时又希望拥有一支标志着法国高级时装回归的香水，埃德蒙·鲁德尼茨卡于是创作出了"罗莎女士"，这支香水的诱惑力源于橡木苔和桃香润饰之下的李子香，而李子这一香气在此之前还从未用于香水的调配。总之，"罗莎女士"的惊人力量在于它的香气能填满一间屋子，让人产生某种奇特的存在感。如此一来，马塞尔·罗莎，这位 1943 年设计出了抹胸裙，1946 年发明了紧身胸衣的著名时装设计师，为他美丽的妻子伊莲娜·罗莎（Hélène Rochas），也为所有的女性，打造了一份奇妙的爱的礼物——一支永恒的香水，更是一曲壮丽辉煌的情爱颂歌。

比翼双飞（L'Air du temps），是尼娜·里奇（Nina Ricci）品牌 1948 年推出的香水。罗伯特·里奇（Robert Ricci）曾说过："一直以来，我的目标是赋予现实梦幻的色彩。"他的这一想法体现在礼裙和香水的创作之上。对于罗伯特·里奇而言，香水的创作是某种真实的或幻想中的情爱行为。"比翼双飞"这支香水，理智畅所欲言的同时又倾听内心的声音，捕捉到了爱的本质，而这便是为什么一代又一代的女性为之着迷。与此同时，里奇还希望男人们在男欢女爱的时候，忘记战争的想法。因此，"比翼双飞"又是一支象征和平与爱情的香水，而这体现在某种十分辛辣的花香之中。

"比翼双飞"香水，20世纪80年代每五秒钟就卖出一瓶，这支代表"和平与爱情"的香水，成功地赋予了现实"梦幻的色彩"

这支香水不仅赢得了普遍的好评，而且被认为是 20 世纪一支引人注目的香水。它启发了后来众多香水的创作。它激起的迷恋在于它一开始呈现出的极简香味——建立在天然原料之上——最后变得异彩纷呈。著名调香师弗朗西斯·法布隆（Francis Fabron）这一富有创造性的尝试，表现在辛辣的康乃馨和甜美的栀子花构成的奇特香调，以及天然的玫瑰与茉莉精油形成的精妙花香之上。罗伯特·里奇是这么描述的："曼妙、年轻、浪漫、妩媚，'比翼双飞'是一支充满生命力的香水，从前调直到它迷人的尾调，都非常的和谐、统一。'比翼双飞'散发出一股神奇的魅惑力。"

　　浪漫优雅的香水瓶，饰有两只象征爱情、和平和永恒的青春的鸽子。鸽子洁白无瑕，温柔地缠绕在一起，似乎把瓶身优雅地裹在它们的翅膀里。很快，白鸽香水瓶展翅飞往世界各地，整个世界都沉醉在"比翼双飞"的芬芳之中。1953 年，这一香水的销量开始腾飞；从那以后直到 20 世纪 80 年代，大概每五秒钟全球就售出一瓶。"比翼双飞"变成了一种追求：和平和爱战胜战争，天真纯洁战胜罪恶和仇恨。梦想和希望一如既往地受到保护。

　　深闺密语（*Boudoir*）。英国时装设计师维维安·韦斯特伍德，时装界的"朋克之母"，1998 年推出了调香师马丁·格拉（Martin Gras）的作品"深闺密语"。这支香水不仅受到了著名画家布朗索瓦·布歇（François Boucher）的画作《小莫尔菲》（*La Petite Morphée*）的启发，还参考了法国 18 世纪闺房里的世界：静谧柔和又充满情欲。独特的东方花香调由铁线莲[①]、英国玫瑰、佛罗伦萨鸢尾花、龙涎香和香草巧妙组合而成。香水瓶盖是一个象征君王的十字圣球。2000 年，维维安·韦斯特伍德接着推出了**浪荡**（*Libertine*），一支广受好评的花香西普调香水……

　　如今，香水业中关于情爱的概念变得更有分寸。尽管迪奥 2002 年

[①] 铁线莲：别名铁线牡丹、番莲，享有"藤本花卉皇后"之美称，花期 6—9 月，花色一般为白色，花有芳香气味，可用于攀援常绿或落叶乔灌木上，可用作地被。

推出的**沉迷**（*Dior Addict*，又译"魅惑"），以其非常甜美的东方花香调和高雅的情色（porno-chic）风格的广告，许诺为一支关于情爱的升级版香水，但是梦幻并未能把我们引向非常遥远的境地。2006年，凯卓的**千里之爱**（*Amour*），让我们开启的是一次耀眼、温柔的东方之旅。没有了迷狂，也没有了晕眩，有的只是某种平和的性感和生命的快乐。香水瓶让人想起一支色彩斑斓的小鸟展翅飞翔，象征奔放的爱情、自由以及女性的曲线。香水性感、迷人、令人愉悦，散发出中国白茶、乳香、大米和缅甸香楝木的香气。一支柔和精美、令人惬意的香水。

5."邪恶"的香水

催情药会导致死亡，而香水同样会变得邪恶、危险。人们认为香水邪恶、可怕的观点源自于美狄亚的传说。古希腊以来，美狄亚的故事出现了许多版本。美狄亚，科尔喀斯（Colchide）国王埃厄忒斯（太阳神和珀耳塞之子，喀尔刻之兄）和伊底伊亚（忒提斯和海洋之神最小的女儿）的女儿——有时也被视为女神赫卡特的女儿和喀尔刻的姐姐——是赫卡特的女司祭，拥有魔法。她谙熟药草、春药、迷药，甚至是咒语。正如太阳神的所有后代一样，她的眼睛发出耀眼的光芒。另外，她美艳动人。这位具有神奇本领的女司祭调制出的一款芳香药剂，不仅让国王埃宋起死回生，还能让人返老还童、恢复青春和活力。与此同时，她又能把芳香的液体变成致命的毒药，以除去她的敌人。从那以后，人们便认为香水里暗藏毒药。

投毒的美人。凯瑟琳娜·德·美第奇，法国国王亨利二世的妻子，与一段阴险的传说联系在一起。由于她在宗教战争尤其是在圣巴托洛谬大屠杀（la Saint-Barthélemy）中扮演的角色饱受争议，因此在众人的记忆里，这位16世纪的著名人物成为阴险恶毒、不择手段的化身。据传，她专横暴虐的秘密很可能就藏在布卢瓦城堡的毒药柜中。而一段流传已久的传闻则让人相信，她用一副带有毒药的手套毒死了纳瓦尔的女王、亨利四世的母亲让娜·德·阿尔布雷（Jeanne d'Albret）。文艺复兴时期，相传若有人用戴着手套和戒指的手为你倒酒，那要避免喝它，因为香水戒指中可能会藏有威力足以致死的毒药。

路易十四统治时代，1679年至1682年间，发生了一系列和下毒联系在一起的丑闻，震动了巴黎和凡尔赛宫。几位著名的贵族人物卷入这一"毒药事件"。在一片群情鼎沸中，人们渴望"赶走巫婆"以及王国里的投毒者，比如布兰维利耶侯爵夫人（la marquise de Brinvilliers）、女巫拉·弗瓦辛（La Voisin），甚至是备受国王宠爱的蒙特斯潘侯爵夫人（la marquise de Montespan）。后者不仅为了弄到一些个人专有的香料和粉末以重新赢得国王的宠爱，而与拉·弗瓦辛有牵连，而且大概也参与了一些巫术活动。然而，并没有证据表明蒙特斯潘夫人参加了"黑弥撒"，或者策划了毒杀她的情敌——路易十四疯狂地迷恋上的玛丽-安吉丽克·德·枫丹日（Marie-Angélique de Fontanges）——的罪行。当时，人们认为年轻貌美的玛丽-安吉丽克之死古怪异常，便把这归咎于蒙特斯潘夫人使用的某种神奇的香水或媚药。侯爵夫人其实被冤枉了，因为人们后来认识到德·枫丹日小姐死于胸膜炎。尽管路易十四把蒙特斯潘夫人从牢里放了出来，但是疑云一直笼罩在她使用的香水之上，人们怀疑那都是一些毒药。

使用邪恶香水下毒的美女的传说便是这么产生的，这些故事让我们重新想起了《圣经》里关于诱惑的符号，想起禁果以及失乐园。这些魅惑人心的女人使用一些邪恶的花朵，以及一些令人上头而受到禁止的卑劣原料。恶毒的花束呼出危险的气息；某些花儿则保持着介于纯真的表象和野性的诱惑间的双重性。它们的香气是如此的弥久不散，以至于令人不舒服，这便是百合花和曼陀罗（风流浪子之花）的情形。此类花卉的特点是含有某种被称为吲哚的妖冶香气，一种存在于所有的白色花卉里的分子。这样的分子让花香变得非常的热辣，似乎里面蕴含了丁香和辣椒。每一种花卉都多多少少带有妖娆、邪恶的一面，尽管比较隐晦。塞尔日·芦丹氏曾坦言："我喜欢白花的幽暗以及它们酱紫色的汁液。"

亡魂游荡其上的晚香玉，散发出一股腐肉的味道，令人昏昏欲睡。水仙花，娇嫩欲滴，却令人昏昏沉沉，因为它充满野性的香气里有着某种生涩，犹如烟草一般。曼陀罗长形的花朵，由五个相合的白花瓣组成；从它渐渐扩展成的喇叭形花冠中，发出一股令人神思恍惚的香气。这几种危险的、邪恶的花朵，是黑暗的诱惑者。"黄昏降临时分，这些花就从它们的唇瓣里呼出令人沉醉的气息。"塞尔日·芦丹氏说道。这也就是为什么，年轻女孩晚上应该避免在茉莉花或晚香玉（著名的催情花）的园地里漫步，因为它们的香气会让闻到的人迷醉晕眩。

谢丽。关于香气的这种道德学的观点，在19世纪的时候，得到了实验心理学的支持。据说，对于香气的迷恋，会导致人们追求不可告人的感官享受，加深人们对于放荡行为的兴趣，折射出某种萎靡不振的精神，并引发最可怕的灾难——女性化！医学上的这番论调又得到了整个文学界的支持——谴责香水造成的危害。香水制造中的蒸馏活动被冠以"令人恶心"的修饰语。而抹香搽粉的习惯则被认为会令人上瘾、欲罢不能，犹如毒品一般，令女人、即便是最端庄正派的女人，陷入毒害身心的春梦之中。埃德蒙·德·龚古尔在其小说《谢丽》里，这般描写了女主人公的嗅觉感受："一闻在这些香水里浸泡过的手帕，谢丽就体验到带着某种轻微的痉挛的愉悦。这一感觉让她的神经放松，让她的自我缓缓地消散，那是一种类似于挠痒痒的快乐，身体陷入某种快感般的如痴如醉或昏睡时的麻木之中。这时，她常常忘记了身边的人的存在。""谢丽站起来，上半身后倾，脑袋向后微仰，用鼻子又深深地吸了一下手帕的香气，双眼因感到的快意而合上。"[①]

和嗅觉印象联系在一起的这种愉悦、生命的欲望、快乐和幸福的感受，与灌输给妇女、特别是年轻女孩的羞耻心完全不符。因此，香水由于对女性心理产生的影响，以及对于神经的稳定性产生的冲击，受到了伦理学的谴责。对于香气的过度迷恋，尤其是对于麝香的迷恋，让谢丽

---

① 埃德蒙·德·龚古尔，《谢丽》，第299页。

陷入了某种迷狂的愉悦之中:"最后,她又睡着了,睡梦中她感受到一阵快感;有点神志迷离,又有点窒息的感觉。"[1]没有找到婚嫁的人,谢丽唯有孤独地体验这种感官上的迷狂,在香气带来的销魂之乐的损害之下,她的健康以及神经的稳定性日渐恶化。十九岁的谢丽死于爱欲的饥渴之中。这一可怕的文学形象让女性远离香氛制品。

在左拉的小说《穆雷神父的过错》中,阿尔宾娜(Albine)死于"鲜花引起的气嗝"[2]。花园里袭人的香气让她陷入思春的痛苦之中。冬天来临之际,阿尔宾娜采摘了一些花束,装点她阴森清冷的房间,而这是为了最后一次体验那致命的快感。"当风信子和晚香玉吐出的气息、特别是最后一口气息——这一长叹是如此的强烈,甚至盖住了玫瑰花的合唱——将她拥入怀中的时候,她寻找那定会让她窒息的一吻。"[3]为了撰写这部小说,左拉阅读了勒杜尔诺医生(docteur Letourneau)的《情欲生理学》(*Physiologie des passions*)和本内迪克特·奥古斯特·莫雷尔医生(docteur Benedict Auguste Morel)的《论人类体质、智力及精神的衰退与引起这些形式各异的病弱的原因》[4]。左拉在嗅觉上的感受是如此的敏锐,以至于这成为一部医学博士论文的主题[5]。

蛊惑人心的鲜花。正如19世纪小说中的女主人公的不幸所传达的一样,文学让女性提防香氛,因为它会麻痹嗅觉,使身体变得软弱无力。然而,所有这些针对香氛的悲惨故事却丰富了调香师的创作园地。题材

---

[1] 埃德蒙·德·龚古尔,《谢丽》,第302页。

[2] 爱弥儿·左拉,《穆雷神父的过错》,详见《卢贡-马卡家族:第二帝国时代一个家族的自然史和社会史》(*Les Rougon-Macquart. Histoire naturelle et sociale d'une famille sous le Second Empire*),第1516页。

[3] 同上。

[4] 本内迪克特·奥古斯特·莫雷尔,《论人类体质、智力及精神的衰退与引起这些形式各异的病弱的原因》(*Traité des dégénerescences physiques, intellectuelles et morales de l'espèce humaine et des causes qui produisent ces variétés maladives*),巴黎,巴耶尔出版社(J.-B. Baillière),1857年。

[5] 列奥波尔·贝尔纳(Léopold Bernard),《左拉小说中的气味》(*Des odeurs dans les romans de Zola*),蒙彼利埃,医学院文档,1889年。

越是隐秘，它就越充满蛊惑力。调香师为他们的调味板择取危险的素材。例如，保罗·波烈创立的香水品牌"玫瑰心"1914推出了**禁果**（*Le fruit défendu*）。亨利·阿尔梅拉调制的这支香水充溢着伊甸园的美味，它的球形瓶身则形似苹果。1911年，卡隆香水的创始人欧内斯特·达尔特罗夫推出了他的**黑水仙**（*Narcisse noir*），一种自然界中不存在的香氛，源自于他关于母亲的一段神秘而不安的回忆。他用希腊神话故事中的美少年那喀索斯——以其美貌和自恋而出名——死后变成的水仙花，追述这一香氛。

在希腊语中，水仙花（narké）意指"睡眠"，并衍生出了"令人昏昏欲睡的"（narcotique）一词。那喀索斯（narkissos）和睡眠（narké）有了关联，古希腊人也就屈从了民间词源的力量。不过，人们认为水仙具有催眠助睡的功效，也许并不正确。此外，人们还声称从水仙花中萃取出的某些药物能舒缓神经，而另外一些则引发偏头痛和恶心。欧内斯特·达尔特罗夫把他的"黑水仙"打造成檀香和香根草的性感联合体，形成某种浓郁而炙热的木香。这一香水一直和葛洛丽亚·斯旺森（Gloria Swanson）联系在一起，因为这位著名的美国女演员在她主演的电影《日落大道》（*Sunset Boulevard*）中，把它紧紧地攥在手里。

邪恶的晚香玉成就了几款著名的香水，皮盖1948年推出的**喧嚣**（*Fracas*）就属于其中之一。这支以单一花香为主体香调的香水，是专门献给女演员艾薇琪·弗伊勒（Edwidge Feuillière）的。如今，它仍然一如既往地受到一代又一代美国明星们的喜爱，麦当娜、金·贝辛格（Kin Basinger）、卡罗琳娜·海莱拉（Carolina Herrera）……她们喜欢这支香水由橙花、铃兰、天竺葵和洋甘菊带来的甜香，以及它新鲜的油脂香。前调的桃子和佛手柑呈现出甜美的一面。中调饰有石竹的黄水仙净油和茉莉花净油提升了白花的风姿。而粉质的鸢尾花、木香及动物性香调则赋予这支香水性感撩人的一面。1975年，卡尔·拉格斐尔推出的**寇依**（*Chloé*）[①]同样

[①] 著名设计师卡尔·拉格斐尔职掌寇依品牌时推出的同名香水。——译注

采用了晚香玉的主题,丰盈饱满,带有土味,美艳的白花和绿调中又有果香的甜美。

经过了多年清爽、自然、淡雅的香味之后,20世纪70年代末期,独立、自主和自信的女性决定回归香水的本源。她们拥护时代的创新,甚至渴望重新变得性感撩人,不过形式不同以往,多了妖冶、惊世骇俗的成分。她们对于自身的能力有了更清晰的认识,因此对于自身的欲求,甚至是在香氛产品上的欲求,变得更加的苛刻。她们在职场中赢得了属于她们的地位;经过了十年绿调和花香调的清新淡雅之后,年轻的职业女性并没有忘记女人味的内涵。

1961年加入迪奥公司的马克·博昂(Marc Bohan)——接任伊夫·圣罗兰艺术总监的职位——决定以开创某种适合于"活跃、积极进取的女性"[1]的服装,为迪奥品牌打上他个人的烙印。服饰发挥了布料流畅、轻透的特点。女人们穿上宽松的长裤或短裤。束缚自由的胸罩被抛弃了。她们苗条的身躯,以某种令人浮想联翩的性感和挑逗的方式表达出美感。

服装业的这种创新在这些年里影响了迪奥的香氛哲学。"迪奥精华"(Dioressence)——迪奥公司1970年大力推广的香氛沐浴油,便勾画出了一个崭新的概念和一个全新的香身方式——"整个身子都裹上一层香氛"[2]。极富创新精神的概念决定了香氛的特点,一种使人同时想到"自由和欲望"的香氛,并希望把性感和品质结合在一起,以及让女人最终在披上衣物之前就已经裹上了一层薄雾。"迪奥精华"这一为美国市场和德国市场打造的芳香沐浴精油,比起后来诞生的70年代末期的香水时尚(香气更加弥久、更加浓郁),早了好些年。它的构成在当时非常前卫果敢:草本原料、果香以及温热的花香(连翘、水仙、茉莉)结合

---

[1] 《迪奥:马克·博昂的年代,1961—1989——三十年的设计和明星》(*Dior, les années Bohan, 1961-1989. Trois décennies de styles et de stars*),格兰维尔克里斯汀·迪奥博物馆展览目录,凡尔赛,阿尔蒂里出版社,2009年。

[2] 出自"迪奥精华"沐浴系列媒体宣传文章中的一句表达,约1973年。

在一起。其中的地衣植物和珍贵香木则赋予它某种高雅的格调。"迪奥精华"芳香沐浴油是如此的馥郁，以至于浴缸、浴室和身体在浴后都久久地弥漫着一股芳香。它并非没有让人想起著名的"青春朝露"，雅诗兰黛1953年推出的、被誉为"有史以来最性感的香水"。雅诗兰黛这支沐浴的芳香精油同时也是一支辛辣、温热而性感的香水：含有像甜烧酒一样的广藿香点缀下的丁香，龙涎香的尾调散发出香脂味，以及由香辛料、香荚兰、没药、愈伤草、麝香、岩蔷薇和安息香等构成的某种热乎乎的面包香。

鸦片。20世纪70年代的女性，诉求的是某种更震撼的感官冲击、更充满肉感的炙热以及更强烈的迷狂和晕眩感。因此，伊夫·圣罗兰1977年10月推出的"鸦片"，不仅引发了香水业回归美艳性感的浪潮，而且再一次掀起了东方香型香水的潮流。"鸦片"，一个邪恶的名词，意味着香水业中的革命，开启了另一条通往奢华和性感的道路，一种在香水、名字、瓶身、价格和广告的通力合作之下，迸发出来的奢华和性感。"鸦片"向女性展示的是东方极致的奢华富丽。女性重新发现了东方型香水的绚丽多姿，而这已经被遗忘多年；要敢于采纳这"许许多多、热情似火的花朵"，以及东方极其丰富的红色、紫色和金色。一支神秘的香水散发出惊世骇俗的气息，它的创作也成为一次实实在在的历险故事。

一切始于1972年，伊夫·圣罗兰本能地感受到当时的年轻女性渴望拥有馥郁、饱满的香氛，因为这让她们憧憬或逃逸到另一个世界中，一个人为的、但又无可指摘的天堂。因此，伊夫·圣罗兰说道："如果说我把'鸦片'选为香水的名字，那是因为我强烈地希望它能够通过它灼热的力量，彻底释放出神秘的气息、磁力波和魅惑力，从而激发出男人和女人之间的那种一见倾心、如痴如狂的激情。"当时，唯有伊夫·圣罗兰才有胆魄为一支香水取名为"鸦片"，并使之成为时尚界的奇观。这位前卫的时装设计师的名声正如日中天，但是他还是要提防反毒品联盟的指控。这一香水名字代表了伊夫·圣罗兰创作中的一个符号，据说他当时也许经历了可怕的炼狱才达成这一创举。事实是，该香水将引发一场

1977年10月,伊夫·圣罗兰推出的香水"鸦片",不仅引发了香水业回归美艳性感的浪潮,而且再一次掀起了东方香型香水的潮流。法国的淡香水浓度介于4%—6%,而"鸦片"的浓度高达30%。瓶身的样式受到了日本印笼的启发属于它的革命。被打造成一款前卫作品的"鸦片",它必须在给人现代、优雅、迷狂、繁复和时尚的印象的同时,征服位于大西洋两岸的欧美世界。总之,一支浓郁的现代香水,但又没有遗忘法式的优雅。由鲁尔香精学院(l'école de Roure)调制出的这支香水,从一些著名的经典作品中汲取创作的灵感,譬如夏帕瑞丽的"震骇"(1937年)和丹娜的"禁忌"(1931年)——除了同属于广藿香和石竹构成的谐调之外,它们同样拥有一个惊世骇俗的名字。

"鸦片"首先散发出来的是饰有东方风情的辛辣花香。它对于中国的诠释停留在辛热的复合花香与某一既清幽又温热的香调的完美结合之上。对于这一由对比的香调形成的卓凡组合,伊夫·圣罗兰这么描述道:"'鸦片',一支性感、令人晕眩的神秘香水,是一支糅合了香木、热辣的香辛料、幽微柔和的鲜花及没药的东方型香水。"这支东方花香调的香水,体现了伊夫·圣罗兰对于东方的迷恋,"'鸦片'是妖艳性感的女人,是佛塔,是灯笼",经过了20世纪70年代的中性香水时尚之后,它迷住了整整一代的女性,她们渴望重新释放出女人令人销魂但又率性而恣意的魅惑力。

这支香水的变革还在于把浓度提高到了法国高端香水——异于香气持续一整天的美国香水——前所未有的水平。70年代,法国淡香水的浓度介于4%—6%,"鸦片"的浓度创造了一个纪录。香精版的"鸦片",浓度高达30%。法国女性惊奇于它的浓烈,觉得它充满了力量,并把它视为伊夫·圣罗兰的另一伟大创举。

至于这一香水的瓶身,皮埃尔·迪南开创性地把塑料和玻璃两种材质结为一体。瓶身的式样则受到了日本印笼的启发:一种可携带的小木漆盒子,一般分成几格,以存放药草、香料、珍稀物品或用于止疼的鸦片。古时候,日本武士用一条丝质的细绳把印笼系在和服下面。真漆的价格也许过于昂贵,瓶体的漆面最后重新改用聚酰胺树脂来制作。伊夫·圣罗兰还让人在瓶盖处和瓶底分别添加了一条细绳和一条黑色的流苏。

1977年,"鸦片"在法国隆重上市,随后风靡整个欧洲。该香水的销售成为一桩盛事,尽管它价位高昂、定位高端——比肩于史上的名贵香水,譬如帕图的"欢愉"和让·德斯普雷的"凡尔赛宫舞会"——但人们还是争相购买,柜台被洗劫一空,运送存货的卡车也遭到盗抢。在美国,"鸦片"1978年9月的媒体发布会流光溢彩。一次令人记忆犹新的晚会,在曼哈顿下城南街海港码头的"北京号"帆船上举行:酱紫的丝质燕尾旗、洁白的兰花、中国的灯笼、厚实的垫子、流淌的香槟、迪斯科音乐下奢华丰富的自助餐、东方和中国的芭蕾舞表演。当时,反毒品联盟的激进分子以"鸦片"为讨伐对象,组织了一场声势浩大的抗议活动。

　　此外,这支香水的广告图片也像它的名字一样备受争议。伊夫·圣罗兰位于巴黎巴比伦街(rue Babylone)的寓所内,有一个挂满镜子的佛厅,著名时尚摄影师赫尔穆特·牛顿(Helmut Newton)就在里面拍摄了香水的广告图片。拍摄时,圣罗兰也在场,并且亲自调整了模特手腕上戴的镯子。这次拍摄选定的模特,美国超模和演员瑞丽·霍尔(Jerry Hall)化身为20世纪70年代的具有争议的女性形象:挑逗、性感,摆出一副放任不羁、无所禁忌的神情。图片中,坐着的她背对观众,笼罩在身上的金属丝裙,以及从身旁的青铜花瓶中溢泻出来的白百合营造出来的迷离梦幻中[①]。她的头上方,是贴着的标语:"'鸦片',献给倾心于伊夫·圣罗兰的女性。"女人和这支香水相依相生的弦外之音激起了人们的极大热情。

　　"鸦片"不仅引起了香水界的一场震动,使得当时的香水相形见绌、黯然失色,并且引发了对于当时流行香调的反击,而这意味着一种全新的类型,以及面向一些无所羁绊和禁忌的女性消费者。1977年,姬龙雪推出女士香水"我勇于",这支充满木香、龙涎香和东方香料的香水,犹

---

① 艾丽西亚·德拉克(Alicia Drake),《杰出人士圣罗兰和拉格斐:时尚的辉煌和悲哀》(*Beautiful People. Saint Laurent, Lagerfeld. Splendeurs et misères de la mode*),巴黎,加利玛出版社,弗里奥丛书,2010年,第372—377页。

如一个女人的故事，而这个女人懂得挖掘她的身份，标榜她的选择，提升她的品位。1978 年，兰蔻的**黑色梦幻**（*Magie noire*）再次采纳了香水这一既邪恶又诡异的内涵。从它带有木香和花香的东方型香气里，散逸出来的是一股密教般的神秘性感。

精华之韵。1979 年，当泰恩（Tyen）倾其横溢的才情开始打造迪奥的彩妆时，迪奥公司希望推出一款和它的彩妆产品完美搭配的香水。这支香水甚至是一件武器，能让女人宣示她的个性和魅力。这一年推出的"精华之韵"（*Dioressence*）便是迪奥和调香师居伊·罗贝尔（Guy Robert）合作的成果。迪奥公司想要一支"充满原始力量或野性的香水"（parfum barbare），但同时又要十分的繁复，就像东方炙热的梦幻，散发出肉桂、广藿香、香根草以及热烈的天竺葵的气息。迪奥公司这支香水的创新在于，对比香调的出色结合：清新和性感。而它的现代感则通过前调的玫瑰、茉莉和紫罗兰组成的花香表现出来。它的中调由奇异、优雅、干燥且清新的天竺葵开启，和光彩四溢的尾调形成鲜明的对比。在印度尼西亚的广藿香浓烈得近乎巧克力味的木质香和肉桂的热辣组成的热烈二重唱中，撩人或醉人的性感喷涌而出。一支以其绿调和大胆的辛辣而与众不同的东方型香水，它的清新又让它在同一时代炙热的香水中独树一帜。迪奥公司内部 1979 年的一份技术档案，提到了"'精华之韵'极其简洁有力"。在一份商品销售说明书中对它的介绍是"一支浓烈、深厚、饱满而又弥漫持久的香水。木质香和香辛料的主调热烈温暖"。所有的这些用语不仅在当时的香水词汇中令人耳目一新，而且指出了女人们寻求的香水品性。

米歇尔·马特伊（Michèle Matéi）为 1979 年"精华之韵"的广告宣传，构想出了"充满原始力量或野性的香水"的口号。在迪奥香水部门人士的眼里，一支"充满原始力量或野性的香水"代表着"简洁、素朴，醇厚而非纤弱"[①]。"原始的或野蛮的"（barbare）这一形容词，是古罗马

---

① 迪奥香水的内部资料。

人用来修饰一切不属于罗马帝国的民族的词语。迪奥重新启用这一术语是为了指出一个开启了的新周期。当时,迪奥香水解释道,存在着某种原始的风格和某种古典的,或颓废派的风格,尤其是在香水行业。不同于颓废派的风格,原始或野性的风格有趣、新颖,从而意味着不会使人疲倦。那时候,女性消费者对市场上优雅、古典、柔和、甜美的香水感到了厌倦,她们寻找某种带来感官震动、充满原始力量的香水,某种炙热性感、令人意乱情迷的香水。正因为如此,迪奥的广告宣传围绕着一些和"精华之韵"联系在一起的形容词展开:"原始、奇特的感官震撼,野性的本能和自由。"

与此同时,"精华之韵"的广告形象也必须朝这一方向拓展。最初的时候,迪奥邀请了摄影大师居伊·布尔丹(Guy Bourdin)[1]打造该香水的广告图片。然而,这位才华横溢的摄影师对女性怀着疯狂的激情,他也许会经受不住一些粗俗的诱惑。图片是在协和广场克利翁酒店的一间奢美的套房里拍摄的。在这间铺着厚厚的地毯的房间里,一个高贵的深发美女,身穿暗色晚礼服,倚在一个高端大气的壁炉上。她的头后仰,似乎处于眩晕迷醉之中,人们可以看到男人的双脚从她的礼裙里露出来,而这让人对她的娇软无力和快意浮想联翩。所有的陈规旧俗都被打破了!这引起了一阵哗然。勒内·格吕奥被喊来救场:创作和这一新香水相匹配的插画。于是,格吕奥画了一个摆出莎拉·伯恩哈特(Sarah Bernhardt)的神情的深发美女,慵懒地躺在一张吊床上,周围是美好年代的装饰,令人想起乔治·克莱安(Georges Clairin)[2]描绘的上流社会的画作。她身穿一件红色的长裙,裹在五颜六色的、厚厚的垫子之中。内景中枝叶繁茂的绿色植物簇拥在她的身旁。随着这个女人长长拖曳的裙尾,她散发出来的灼人性感,以及她身上带有的显而易见的活力,人们思绪飘浮。

---

[1] 又译为盖·伯丁,法国20世纪最有影响力的摄影师。——译注
[2] 法国19世纪下半叶、20世纪初期画家,以描绘东方风情和女子,尤其以他为莎拉·伯恩哈特创作的一系列肖像画而出名。——译注

毒药：带来强烈冲击的香水。1985年，在时任香水总监莫里斯·罗杰的带领下，迪奥以一支浓烈、醇厚、别出心裁的前卫香水，在东方型香水的道路上一往无前。那便是"毒药"。莫里斯·罗杰的表达本能而率性；他觉得20世纪80年代的女人渴望拥有一支充满神秘力量的现代香水。于是，他大力宣传一支"带来强烈冲击的"香水，而这又以香水的名字为起点。"毒药"这一名字受到了著名诗人保尔·瓦莱里（Paul Valéry）的诗句的启发："香水是心灵之毒药。"这一香水名称一下子就树立起它神秘、奇特的一面。它把玩的是一些双重性：活泼又深奥，轻快又性感，令人惊愕又抚慰人心。最终，莫里斯·罗杰选定鲁尔香精公司的埃杜瓦尔·弗雷什耶（Édouard Fléchier）来调制这支香水，他向后者是这么描述的："浓郁的麝香和香辛料、木香糅合在一起，并在此基础上构建鲜花和瓜果的印象。花香必须是一些天然的、香气馥郁的鲜花，譬如晚香玉、茉莉和玫瑰，并以淡粉的突厥酮（damascone）[①]和果香加以突显。"从此以后，"毒药"便以极其浓烈的花香、辛香、果香、麝香开启了新的嗅觉形式。它的瓶身由擅长于吹制玻璃工艺的前卫艺术家维多妮可·莫诺（Véronique Mond）设计。她从20世纪20年代玻璃艺术大师莫里斯·马里诺（Maurice Marinot）的作品中得到启发，创作出了一个带有条痕的深紫色苹果型瓶身。包装盒的翡翠绿和瓶身的紫水晶的结合，则受到了某位著名珠宝艺术家制作的一款项链的启发。厚实的玻璃瓶身看上去似乎是手工打造出来的，给香水带来奢华的一面。1985年9月，"毒药"在著名的沃子爵城堡（Château Vaux-le-Vicomte）举行隆重的媒体发布会，它的代言人是当时如日中天的法国女演员、美艳的伊莎贝尔·阿佳妮（Isabelle Adjani）。一次奇妙的盛会，花费超过四千万美元，不仅打破了当时的媒体宣传支出纪录，并且开启了一次长达十八个月的媒体攻势。"毒药"象征的是炙热灼人、与时代同步的女性，并且对

[①] 一种天然存在的物质，存在于茶叶的香气中，具有果香、浆果、木香、花香等香气特征。——译注

"毒药",一支充满神秘力量的现代香水,以极其浓烈的花香、辛香、果香、麝香开启了新的嗅觉形式

于她的魅惑力充满自信。这个性感妖娆的女人，有点蛊惑人心，她的神秘和独特让男人神魂颠倒。"毒药"，一支浓郁的香水，对于禁忌充满兴趣：一支大胆又性感的香水。

"毒药"大获成功的同时也受到了抨击，人们甚至可以看到，美国的一些餐馆出于担心它的香气让某些顾客感到不舒服，在入口处放置了"拒绝毒药"（No poison）的木牌。香水评论家卢卡·图林（Luca Turin）[①]建议人们出门前，避免涂抹或喷洒这一高浓度的香水，因为他认为它粗俗平庸，犹如"脚蹬高跟鞋，脸上浓妆艳抹，身上戴着花花绿绿的便宜货，站在彩绘大玻璃射下一缕光线中的舞台上"[②]一样。与此同时，"毒药"还受到了来自美国的夹击：CK的"沉迷"女士香水，由奇华顿-鲁尔香精公司（Givaudan-Roure）的鲍勃·斯莱特里（Bob Slattery）创作。"我想展现一个激情四溢的女性的性感和热情。"卡尔文·克莱恩这么表述道。"沉迷"诉说的是女人身上最深不可测的隐秘：她的情欲。它是一支有着浓烈花香和热辣的香辛料的东方调香水。前调是柑橘、佛手柑的清香和植物的绿调；中调是花香茉莉、橙花和香辛料芫荽、罗勒。随之而来的檀香、龙涎香、香根草、麝香和乳香则赋予它木香的东方尾调。它的瓶身，出自皮埃尔·迪南工作室，受到了卡尔文·克莱恩的一件珍稀藏品的启发：从南美带回来的一块印第安人的祈祷石。至于这支香水的目标，它别出心裁的广告宣传直指极致的魅惑。

调香师既喜欢开创前卫出格的香水艺术，也喜欢玩火，游离于纯真和妖冶之间。邪恶的香水以旗帜鲜明的名字再次回归：**高级应召女**（*Putain des palaces*）、**解毒药**（*Antidote*）、**流言**（*Rumeur*）、**天使抑或魔鬼**（*Ange ou démon*）、**中毒**（*Intoxication*）、**午夜兰花**（*Black orchid*）、**欲望之花**（*Carnal flower*）、"游击队1"。社会学家吉尔·利波维斯基解

[①] 意大利生物物理学家，嗅觉科学领域学者，以其对嗅觉的研究和对香水艺术的兴趣结合而著名。——译注
[②] 卢卡·图林，《香水指南》（*Parfums. Le guide*），巴黎，埃尔梅出版社（Éditions Hermé），1994年。

释道:"在一个平等的、远离传统宗教文化的社会中,原罪的概念消失了,人们也许会怀念荡妇的原始意象。这大概便是时尚从这一意象中汲取创作灵感、援引这一意象或以它为乐的原因,不过这并不是一种社会现实。"[1]然而,事实是,尽管香水名称和广告攻势喜欢在惊世骇俗的挑逗性上做文章,但是上述的香水和 20 世纪 80 年代给人带来强烈嗅觉冲击的浓郁香水已经截然不同。如今,为了让一支香水变得冷艳幽暗,调香师们总是会使用一些香辛料,但同时也用乳香、干草、丁香、广藿香、黄兰花以及其他令人想起夜间的迷荡和沉沦的原料,譬如皮革、烟草和酒精。

创作了令人惊愕的**罪恶的晚香玉**(*Tubéreuse criminelle*)的塞尔日·芦丹氏曾吐露:"我喜欢白花的幽暗,以及它们酱紫色的汁液。晚香玉、某些茉莉花、扎人的玫瑰,会散发出一些犹似真实的,且无论如何都要加以避免的危险气息。"调香师们陈旧的釜锅里的古老配方,特别强调每一种原料幽暗、邪恶的一面,以恢复巫师蛊惑人心的传统。塞尔日·芦丹氏狡黠地宣称:"当然,恶之花是某一精神上的概念。但是唯有那些高贵的坏女人才有权利涂抹我创作的香水,她们蔑视谴责激情犯罪的法官和陪审团。"

---

[1] 吉尔·利波维斯基,《似是而非的快乐:论过度消费化的社会》(*Le Bonheur paradoxal. Essai sur la société d'hyperconsommation*),巴黎,加利玛出版社,2006 年。

第七章

奢华的香水

Chapitre 7. Le luxe en parfumerie

1. 神明的特权和君王的奢侈品

在人类文明的开端，香氛是诸神专有的奢侈品。在古埃及的神庙里，唯有法老——太阳神和光明之神荷鲁斯在人间的代表——才能接触到香料和香氛制品。因此，奢华或奢侈这一概念最初是与光明（拉丁语 *lux*）和尊贵联系在一起的。此外，它还有一个拉丁语的词源（*luxus*），这一词源又把它和过多（过甚）、脱离甚至偏离社会标准联系在一起。

后来，香氛成为君权神授的帝王的奢侈品。享受供奉于诸神的香氛，既是一种僭越，又是一种奢华，唯有权重望崇的帝王才能拥有这一权利。在古代的近东，芳香的精油是专门供奉给神明的祭品，但也用于国王、王后和王公贵胄的身体护理。对于这一社会阶层，当时的老百姓并不质疑他们的权力。在古希腊，和信仰连在一起的香料和香氛制品，成为酒神节（庆祝狄俄尼索斯的节庆）和苏格拉底的思想（把英雄的壮举和声名与焚香礼拜等同起来）之间的纽带。此外，调香师的作坊在古希腊是一个尊贵的会面场所。在古罗马——在其征服活动中，它不仅吞并了古希腊，并且吸收了古希腊的传统和习俗——香水或香氛制品的价格非常高昂。（我们可以从老普林尼的撰述以及关于庞贝古城的文献中，了解到这一信息。）价格最贵的是犹地亚香脂（le baume de Judée），因为人们必须花上至少一年的时间，才能调制出半升的这一制品[①]。古罗马皇帝尼禄下令在他的第二任妻子波比亚（Poppée）的葬礼上焚烧的香的价值，则相当于烧掉了一年多的收成！这样的奢侈和挥霍，唯有君王才能这么做。在古巴比伦的花园里，为了种植名花贵木，总共动用了十万名奴隶。古叙利亚塞琉西王朝的安条克大帝（Antiochus），有一天突然想举办一场香水庆典，于是组织了一支临时的游行队伍。队伍由两百名女子打头，她们手里捧着由细金打造的喷壶，向过往的路人浇洒芳香的液体。跟在她们后面的是一些帅气的小伙子，端着盛满金块、没药、乳香和藏红花的盘子。最后则是由奴隶们抬着的两个巨大的香炉。所有参加这一庆典的客人，都收到一个装满香料的金壶——安条克大帝富足的符号。

手套制作商兼调香师的同业公会。 公元1190年10月，法国国王菲利浦·奥古斯特（Philippe Auguste）为手套制作商兼调香师的第一个工商业组织颁布了章程[②]。这部章程规定，在获得师傅的身份之前，必须完成四年的学徒期以及满师后仍为师傅工作的三年伙计期。1387年12月20日，法国国王约翰二世（Jean le Bon）进一步核准了先前授予该组织的特许待遇；关于它的徽章，说明如下："天蓝色的底色，一只有着金黄

[①] 保罗·福尔，《古代的香水和香料》，第251页。
[②] 狄德罗和达朗贝尔（Diderot et d'Alembert），《百科全书，或科学、艺术和手工艺分类词典》（*Encyclopédie, ou Dictionnaire raisonné des sicences, des arts et des métiers*），巴黎，1751—1772年，28卷；第十一卷，第941—942页，见词条"调香师"（«Parfumeur»）；第二十五卷，第1048—1049页，见词条"香料和香氛制品工艺"（«Parfums et parfumerie»）。

色流苏的手套竖立中间,两边是银色的圆形图案。"这一行会的总部设在圣婴教堂(église des Innocents),圣母玛丽亚之母圣安妮(Saint Anne)被选定为它的守护神①。在查理七世统治的动乱时期,同时自称为法国国王的英国国王亨利六世,于 1426 年 7 月 20 日在巴黎颁布诏书,设立手套生产商及调香师这一行业。1582 年,法国国王亨利三世为这一行业制定了一部基本法规。路易十四后来不仅恢复这一法规,而且加以扩充。当时,根据财政大臣科尔贝尔出口法国具有悠久传统的著名手工艺品的构想,1656 年的法案——又称为若库尔通告(notice de Jaucourt)——永久地设立起了调香师行业。之前的法规作为该行业在过去一个多世纪里运转的必要基础,在 1656 年的这一法案里得到了进一步的核实和增补,面目焕然一新。"制作手套的调香师"(maître gantier parfumeur)的名号也因而出现了。他们有权售卖各种各样的皮手套,包括露指的手套。正如调香师一样,他们可以用各种各样的香氛来熏制手套,譬如麝香、龙涎香、狸猫香和其他味道浓郁的香氛。另外,他们还可以零售各种皮革,以及用于制作手套的皮革(包括漂洗过或香熏过的皮革)。但是,他们不能"售卖不是他们自己调制的香水或化妆品,也不能在他们的店铺之外出售这类产品"②。根据相关的章程,任何人在得到"手套生产商兼调香师"的称号之前,都必须完成四年的学徒期和三年的伙计资格。他最后还必须向他的同行展示一份个人的代表作③。(不过,制作手套的调香师

---

① 见勒内·德·列斯皮纳斯(René Lespinasse)的《巴黎历史:手工艺行业和同业公会》(*Histoire de Paris, Les Métiers et Corporations*),第三册;《巴黎市镇和郊区手套制作商、药粉商及香水和化妆品制作商组织条例》(*Statuts de la communauté des marchands gantiers poudriers parfumeur de la ville, faubourgs et banlieue de Paris*),巴黎,瓦拉德印刷厂(Valade),1772 年。
② 雅克·萨瓦利·德·布吕隆(Jacques Savary des Brûlons),《商业、自然史、艺术和手工艺行业通用词典》(*Dictionnaire universel du commerce, d'histoire naturelle, d'arts et métiers*),四卷,哥本哈根,菲利贝尔兄弟出版社(Frères Philibert),1762 年(雅克·萨瓦利·德·布吕隆离世后遗留下的作品,由他的兄弟路易·萨瓦利司铎续写),"香水和化妆品"条目,第 58 页;巴黎议会 1594 年的判决,1656 年的科尔贝尔法令加以核准。
③ 见《巴黎市镇和郊区手套制作商、药粉商及香水和化妆品制作商组织条例》第 8 条。志于成为手套制作师傅及调香师的学徒在完成学艺期之后,便是为师傅工作的三年店员期。他必须完成一件代表作品,这意味着他要按照"规定的格式"裁制……

第七章 奢华的香水 349

的子女则可以免除这些步骤。他们只需完成一次简单的测试,就能被接纳①。)在他的代表作被通过之后,志于成为制作手套的调香师的匠人就被"带到皇家检察官的官邸,检察官以匠师的身份接待他,并让他宣誓"(第8条)。手套制作商兼调香师这一职业,要求的素养是干净利落和细致入微,而非气力,因此这一职业也向女性开放,而从事这一行业的女性往往本身又是裁缝。

意大利的优雅。 长期以来,手套制作商兼调香师为客户提供"定制"服务。1553年,凯瑟琳娜·德·美第奇和她的私人调香师,既会调香又会调毒的佛罗伦萨人勒内(René le Florentin),从意大利来到法国。勒内在巴黎的兑换桥(le pont au Change)开了一家时尚店,名流显贵们接踵而至。于是,人们对这一佩戴香薰手套和涂香抹粉的活动——在当时的法国依然相对粗浅——逐渐讲究了起来。正如佛罗伦萨人勒内的店铺一样,调香师的店铺成为时尚之地。当然,自从1190年以后,法国的调香师就已经形成了行会同盟,但是他们很可能对于制香并非很专业。在科西莫·德·美第奇(Cosme de Médicis)的支持之下,勒内曾在佛罗伦萨的香水学校接受过专业学习,因此在制香这一技艺上表现卓越,而这又多亏了当时的著名探险家,譬如瓦斯柯·达·伽马、麦哲伦和马可·波罗等带回来的新奇的香氛制品。

英法百年战争结束之后,香水工艺在意大利的一些城市发展了起来。这些城市长久以来一直都是东方香料的进口之地。佛罗伦萨的银行家和威尼斯的船主们通过进口龙涎香、肉桂、芦荟树脂、樟脑、肉豆蔻、檀香等,积累起大量的财富。因此,东方的香水正是通过威尼斯引入欧洲的。

一些修道院里的僧侣,比如佛罗伦萨新圣母教会里的修士,利用他们的知识和专长,调制精油。15世纪是香水和化妆品制造的一个黄

---

① 测试包括自主裁制两副手套(《巴黎市镇和郊区手套制作商、药粉商及香水和化妆品制作商组织条例》第12条)。

金时代。此外,出自一位炼丹师之手的欧洲第一篇关于制香工艺的论述——法语译名为《皮埃蒙特的大师阿列克西的秘方》(Secrets de maître Alexis le Piémontais)——以及瑞士博物学家康拉德·格斯纳(Conrad Gessener)1554年在慕尼黑出版的关于蒸馏的著述,自然都是在威尼斯写就的。与此同时,大量关于香水和化妆品的论述也逐一出版,其中有诺查丹玛斯(Nostradamus)1556年出版的作品。他的著述列举了一些让半老徐娘焕发童颜的香水妙方。

在凯瑟琳娜·德·美第奇的影响下,香手套的时尚在法国传播开来。在香手套这一制作工艺上,格拉斯也成为首屈一指的城市。法国先后从东方国家、被阿拉伯人占领后的西班牙[①]和意大利(因为意大利和东方的黎凡特有着频繁的贸易往来)进口香料。在芳香的液体里浸泡过的西班牙皮革甚至远销英国。西班牙人师从阿拉伯调香师,学到了有关香水、化妆品和皮革处理的秘诀。

美第奇家族的到来[②],对法国的艺术和时尚产生了深远的影响。17世纪,格拉斯成为一座皮革商的城市。这座同样致力于花卉种植和加工的城市[③],18世纪达到了空前的繁荣。著名的五月玫瑰和晚香玉,尤其是阿拉伯人于1560年左右引入欧洲的茉莉花(格拉斯盛产的小花植物之一),都是格拉斯的特产。伴随着意大利战争的爆发[④],"香皮革"(peaux de senteur)出现了。这种皮革能长久地保有香气。当时,最负盛名的手套生产城市是旺多姆(Vendôme)[⑤]:自从文艺复兴时期以来,旺多姆便以柔软的小山羊皮为原料制成的皮革而声名远播——这种皮革是

---

① 指公元711年阿拉伯人(摩尔人)入侵伊比利亚半岛,随后开始了在西班牙长达800年的伊斯兰统治。——译注
② 即先后嫁入法国王室,并成为法国王后的凯瑟琳娜·德·美第奇和玛丽·德·美第奇。——译注
③ 当时,为了去除皮革上的异味,人们在当地栽培鲜花制作香水。——译注
④ 1494年至1559年间一系列战争的总称,战事牵涉了当时大多数的意大利城邦、教宗国、其他西欧国家以及奥斯曼土耳其帝国。——译注
⑤ 法国卢瓦-谢尔省的一个城市。——译注

如此的轻薄，以至于皮革工人能把整张皮革塞进一个胡桃壳里。格勒诺布尔（Grenoble）、尼奥尔（Niort）、阿维尼翁（Avignoin）、蒙彼利埃、格拉斯和布卢瓦（Blois）等城市，也以它们出色的皮革工艺而闻名。不过，树立起皮革裁制工艺声名的，则是巴黎。蒙田从不会不戴手套就出门，他对于手套的迷恋就如他的衬衫一般。悲剧女王玛丽·斯图亚特（Marie Stuart）在她行刑的那天早上，把她的刺绣白皮手套送给了刽子手。亨利三世则佩戴两副手套，即在一副手套之上再套上第二副，其中的一副不仅散发出香气，还加了肉色的缎纹衬里。夜里，他用美肤的手套——在两份猪油加一份白蜡组成的混合物中浸泡过——呵护他的双手。香手套是如此的流行，以至于服饰用品商和手套商互相争夺售卖手套的资格。从12世纪起就已经在巴黎成立了同业行会的手套商在17世纪的时候，取得了这一深受调香师觊觎的身份。那时候销售的商贩一般都走街串巷。在意大利，这些挨门逐户兜售的商贩往往都带着一只逗乐取闹的小猴子，他们高声吆喝，吸引人们的注意力。因此，人们把他们称为"charlatans"（这一法语单词源自意大利语 ciarlare，意即大声喧哗、喋喋不休）。

一方面由于爱美的心理，另一方面又出于对社会地位的考量，贵族阶层的绅士和淑女不得不佩戴手套，避免像农民一样晒的黑黝黝的皮肤。此外，手套还能预防疾病，因为它能避免直接触摸那些人们担心受到其传染的人士。正如标明身份的香水一样，它有助于和他人保持距离。弗朗索瓦一世曾经送给英国国王亨利八世一些香手套，皆因他忠心耿耿的"贴身侍从兼调香师"——出生于瓦朗斯（Valence）[①]的弗朗索瓦·埃斯科巴尔（François Escobart），在巴黎圣-奥诺雷街开店——专门为他制作散发出龙涎香的手套和球形的塞浦路斯香囊。

香水的回归。文艺复兴时期，在公共节假日期间，人们往喷水池里喷洒香水。此外，时人也往诸如扇子、面具、珠宝首饰之类的物件

---

① 法国东南部城市。——译注

以及类似珍禽和小狗等动物上,喷洒香水。上文提到的亨利四世的情妇加布里埃尔·埃斯特蕾,不仅拥有两串香链子、六个装满香料的金扣子和钻石扣子,一个散发出多种香气的金镯子,一个芳香的梨形物,还有一支饰金的香手杖。那时候,贵族、宫里的达官显贵和高级教士们佩戴在腰间或指上的香球饰(镶金或缀有珍珠及宝石),是一些非常昂贵的饰物。亨利三世时代,香水和香料的滥用又重新招致了宗教人士的抨击。尼古拉·德·蒙托(Nicolas de Montaut)就对女人们使用各种浓郁的香氛——比如麝猫香、麝香、沁人心脾的龙涎香和其他昂贵的芳香剂——熏香她们的衣服、织物甚至身体,而加以斥责。当时,人们还习惯在居所内燃烧香料或芳香的植物,穷人家里往往会燃烧松枝。另外,人们还会往客人身上浇洒玫瑰水,并启动风箱,让空气充满香味。

同样,英国女王伊丽莎白一世也使用大量的香水和香氛制品。牛津伯爵1560年前后从意大利回来后,曾向她进贡了一副香手套。她非常高兴,命人为她画了一幅画像,以炫示她戴着手套的双手。

制香:和宫廷生活紧密联系的一项活动。路易十四时代,香水作为皇家的专属品或者朝臣专享的奢侈品而成为宫中之物。国王的贴身侍从马夏尔同时又是药剂师兼调香师。路易十四统治时期,巴尔布先生编纂了一部题为《法国调香师》(Le Parfumeur françois)的著名专著。在财政大臣科尔贝尔旨在保护和发展法国的手工艺行业、加大出口并为国家带来外汇收入的重商主义的政策之下,调香师行业获得了大量特许的待遇和优惠。不过,这些特权的获得,是以"创新和才艺卓杰"作为责任的。

到了路易十五时代,皇宫被称为"香宫"(cour parfumée)。当时,每天都必须炫示不同的香水。因而,相对于手套制作,调香师的技能和手艺更胜一筹。18世纪,对于调香师的定义是:"商人和制造者同为一体,除了调制、销售并利用各种香水之外,他还制作并出售敷发粉、小香皂、手霜、香锭、花露水、精油、香手套、小香囊、百花罐、片剂以及其他美容必需品……"① 这一定义表明,自君主专制时代以来,制香行业的产品一直多种多样,并不仅仅局限于调制香水。在版画家拉梅辛(Larmessin)的画作里,调香师的衣饰由他制作的形式各异的产品组成(花露水、百花香香水、天使水、科尔多瓦水、糖锭或燃烧的香锭、罗马香膏或佛罗伦萨香膏,以及杯装的红烟草等),他的一只手托着法国布洛涅(Boulogne)香皂——或者更可能是意大利波伦亚(Bologne)香皂——另一只手则拿着西班牙皮革。他的头上顶着一个香炉,犹如帽子;两个肩膀上则各自插着两把扇子②。

这些丰富多彩的产品满足了路易十五宫廷的需求,这让人对调香师备加敬重。当时,在一天中的不同时刻喷洒或涂抹不同的香氛,是一件时髦优雅之事,因而贵族们订购大量的香水和化妆品,尽管他们并非总会付款③……深受路易十五宠爱的蓬巴杜夫人,每年花费在喷洒香水上的费用为一百古斤的银!因此,当时的调香业一片繁荣。于1713 年推广使用模制小香皂的调香师贝利(Bailly),在巴黎就拥有一家盈利丰厚的店面。这家店生意十分兴隆,是当时最赚钱的商业之一。1768 年,某位热衷于上流社会生活的编年史作家路易-安托万·卡拉乔利(Louis-Antoine Caraccioli)写道:"从护墙板到思想,所有美好的事物都洒上了香氛。"这同样指出了调香师在巴黎是收入最高的职业之一。

18 世纪以后,手套生产商兼调香师的人数大幅增加,当时的同业公会和手套生产商兼调香师的数量分别达到了 124 和 250④。不过,在

---

① 雅克·萨瓦利·德·布吕隆,《商业、自然史、艺术和手工艺行业通用词典》。
② 这幅归属于杰利特·瓦尔克(Gerrit Valck)的版画由尼古拉·德·拉梅辛(Nicolas de Larmessin)1697 年刻印,是专门呈现巴黎各行各业的版画系列中的一幅。
③ 吉斯莱纳·菲利戊(Ghislaine Pillivuyt),《魅惑的香水:18 世纪的香水艺术》(*Les Flacons de la seduction. L'art du parfum au 18ème siècle*),巴黎,艺术书社(Bibliothèque des arts),1985 年。
④ 雅克·萨瓦利·德·布吕隆,见《商业、自然史、艺术和手工艺行业通用词典》中的词条"同业公会"(«Communautés»)。当时,手套生产商兼调香师的人数几乎和糕点师的人数持平。

调香师的店铺里，售卖的手套却越来越少。相对于香氛制品的存货，手套制品的存货比例下降到14%[1]。尽管如1777年起就在巴黎的圣－奥诺雷市郊路（rue du faubourg Saint-Honoré）[2]开店的霍比格恩特，在他名为花篮（À la corbeillle de fleurs）的店内仍然为时尚人士提供两个商品橱窗，一个是香水和化妆品的橱窗，另一个是手套制品橱窗[3]；但和手套制作商相比，调香师的经营范围占了上风。譬如，在上述的店铺里，圣埃米纳伯爵夫人（la comtesse de Saint-Hermine）喜欢购买的是香袜带，而不是手套；而修道院院长奥斯蒙（abbé d'Osmond）则喜欢购买紫罗兰香粉。

同样，由调香师销售的美容产品和胭脂的使用，也逐渐普及开来。随着往头发上敷粉的习惯的风行，1689年最高法院做出一项裁决，授予手套制作商兼调香师独家出售或零售敷发粉的权利。然而，手套生产商由于不再研制香氛产品接二连三地倒闭，从而让位于调香师。剧作家哥尔多尼（Goldoni）[4]在他的《回忆录》中追述道："巴黎是一个无奇不有的世界。那儿的一切都很奇特：千般堕落和万种美好。无论是去看戏，是出去走走，还是上风月场所，到处都人满为患。"[5]

1750年之后，带有精心制作的标签的香水牌子出现了，比如"夜美人香水"（Eau à la belle de nuit），"俏美人香水"（Eau à la coquette flatteuse）。著名的版画家巴比庸（Papillon），在1760年便为某些著名的调香师刻印了

---

[1] 见雷吉恩·布瓦塞尔（Régine Boissaire）在《论香手套的重要性》（«De l'importance des gants pafumés»）中的引文，《历史》（*Historia*），第392期，1979年7月。
[2] 世界上最时尚的街道之一，长久以来这条街一直汇聚着全球的主要时尚品牌。——译注
[3] 国家档案馆（Archives nationales），编目Y（registre Y），(1775年1月1日至1777年9月27日入选巴黎行会师傅身份的调香师)«Parfumeurs admis à la maîtrise à Paris entre le 1er janvier 1775 et le 27 septempre 1777»，让-弗朗索瓦·霍比格恩特（Jean-François Houbigant）1777年7月4日入选。
[4] 意大利剧作家，现代喜剧的创始人。代表作有《一仆二主》《女店主》和《老顽固》等。——译注
[5] 卡洛·哥尔多尼（Carlo Goldoni），《回忆录》（*Mémoires de M. Goldoni*），巴黎，杜谢恩遗孀印刷社（Veuve Duchesne），1787年。

一些商标图画①。而画家普吕东（Prhd'hon）则在1795年的时候，绘制了一些充满寓意的香水商标图案。

18世纪的时候，香水瓶和香水依然是两个独立的存在。不过，两者的结合是不可避免的，尽管这从未约定俗成。最初的时候，装在简单的小玻璃瓶中的香水往往用纸张简单包扎一下就出售了；后来，香水装在一些真正的艺术品中出售，光彩亮丽：镶金的水晶玻璃瓶、玛瑙瓶、陶瓷瓶、有大理石花纹的搪瓷瓶、饰金的石瓶、香水匣、铜制的香盒等。香水因而被人们视为奢华的商品。

17世纪以后，格拉斯开始成为调香师的城市。该城市自从中世纪以来就存在的皮革商，它与意大利及其他欧洲地区的贸易往来，以及当地适于酸橙大批量种植的气候，都促进了调香师经营活动的发展。随着18世纪香手套时尚的衰落，生产香手套的调香师逐渐从皮革商的身份中剥离出来，并于1729年获得了普罗旺斯议会（le parlement de Provence）授予的独立地位。这一时期，已经有了如下一批独立运作的调香师：东巴雷利（Tombarelli）、法尔荣、弗拉戈纳（Fragonard）②——画家弗拉戈纳的父亲以及埃斯科菲耶（Escoffier）③。

1791年3月，巴黎手套制作商及调香师同业公会解散④，自由经营制度得以确立。因此，法国大革命结束后不久，调香师们便可以自主开业。大批全新的香水屋开门营业，并于19世纪达到顶峰。

---

① "格拉斯香水屋的商标图画和地址"（«Vignette-adresse de parfumeurs grassois»），让·米歇尔·巴比庸（Jean Michel Papillon）的版画，1760年，国立图书馆（Bibliothèque nationales），版画（Estampes）。
② 著名香水品牌花宫娜的前身的创始人。——译注
③ 埃尔维·德·丰米歇尔（Hervé de Fontmichel），《格拉斯》（Le Pays de Grasse），巴黎，格拉塞出版社（Grasset），1963年。
④ 国家档案馆（Archives nationales），D.Q. 101437, 文档2350（Dossier 2350）：《手套商、皮革制造商和香氛制造商同业公会的解散》(Dissolution de la communauté des gantiers boursiers, ceinturiers, parfumeurs de Paris)。

2. 调香师：19 世纪的名流实业家

自从香水业在法国及法国社会确立以来，这一行业即便在法国大革命以后，也像其他奢侈品行业一样，一直是注重传统及身份符号的贵族阶层和各国大资产阶级对话的对象。当时，具有企业家的果敢和创新精神的调香师，在他们丰富的经验和开创性的努力之下，逐渐把香水这一主观范畴上的卫生保健品，这一隐匿在名媛淑女的盥洗间内的芳香之物，打造成卓越的礼物——迈向源源不断生产出来的奢侈品的第一步。这一行业不仅名人辈出，而且技术也越来越精进；而专业技能和知识传播相结合，则更好地满足需求和激发梦想。从某种意义上说，香水工业和艺术的结合，是为了把香水打造成某种具有杰出商业成效的非物质实体。

行会的传统赋予这一职业精益求精、追求品质和尊贵的精神：使用贵重的原材料，诉之于工匠的精工细作和艺术创作，培训高质量的技术工人，购置昂贵的设备，应用让这一行业立足于发展的前沿科学、技术和机械装置。调香师们对于这一精神的坚持，让他们获得了极高的声誉。而作为追求进步的人士，在精益求精、追求完美和尊贵的精神的指引之下，他们又从手工制作走向产业化发展。1828 年创立了娇兰品牌的皮埃尔·弗朗索瓦·帕斯卡尔·娇兰，座右铭是"绝不在质量上让步"。

和君主专制时代相关的另一延续是：香氛产品在成为城市生活的一种现象的同时，依然是宫廷生活的一种现象。19 世纪，香氛产品制造商一如既往地和王室及贵族保持紧密联系。而这一时期融入贵族阶层的大资产阶级，也是他们的主要客户。此外，成为皇家御用的香水供应商也一直备受赏识：这一头衔在价目表和商品标签上往往作为标识加以突出。著名的调香师让-玛丽·法里纳是法国王室、英国王室、普鲁士王室、比利时王室和德国各个王室的特许供应商。而霍比格恩特分别于 1829 年、1838 年和 1890 年，被任命为奥尔良公主阿黛拉伊德（la princesse Adélaïde）、英国女王和俄罗斯王室的御用调香师。皮维香水屋

(La maison L.T. Piver)则自1858年起,被选定为拿破仑三世的供应商。此外,娇兰则因为他的"帝王之水"而于1853年获得了皇室的授权书,成为拿破仑三世的皇后欧也妮委任的供应商。

第二帝国时代,香水制造商的这一王室背景继续存在,各个制造商彼此争夺皇家供应商的头衔。不过,后来对于香水业产生影响的,则是来自商业领域的富裕"大家族"。1880年左右,香水商不仅成为拥有大量资产的佼佼者,并且在打理财富上非常精明能干。他们构成了一个富裕的有产阶层。对于他们而言,带来荣誉的奖赏意义重大,譬如在万国博览会(世博会)上获得的奖章[1]。19世纪的香水制造商,作为君主专制时代的调香师的继承人——无论是在精神上还是在产品上——将从从事商业活动的手工匠人演变为实业家。与此同时,为了在香水业中建立起高端奢华的形象,他们还努力调和这两种身份。这一调和里既有承继于18世纪的精湛工艺、优雅和低调,又受到了工业机器的支撑。尽管随着产业化的发展,传承逐渐弱化,但是在推动这个行业前进的人士身上,这种精神依然存在。

赢得的地位。1800年至1830年间,英国香水制造商趁着法国内战的混乱,抓住时机,以优惠的条件获取原材料,进而主宰了国际市场。而法国资产阶级革命期间逃亡国外的法国贵族,也成为英国香水制造商的一个极好的销售对象。1830年左右,法国终于决定反击,重振香水制造业,这一产业因而发展迅猛[2]。

在各届万国博览会期间,法国香水制造业赢得了它的声名以及在国际上至高无上的地位。自从1862年伦敦的万国博览会以来,法国香水令人瞩目。在这一届博览会上,皮维香水第二次获得了展会奖章(Prize

---

[1] 罗欣·勒罗-伊卡尔,见《1860年至1910年间的香氛美肤产品生产商:在巴黎注册的品牌、图案和式样》中第129—132页的"宽裕或富足"(Aisance comfortable ou richesse)。

[2] 贸易、工业和邮电部,《1900年巴黎世博会主委会的报告》,第90类香水和化妆品制造业,皮维先生的报告。

medal)[1]。从此以后，外国的香水制造商开始效仿法国的品牌。1900年的巴黎万国博览会是香水业的一个重要里程碑。著名的香水品牌在这一届博览会上构成了一个特殊的类别，它们获得的奖牌让人对法国香水至高无上的地位坚信不疑。法国总共摘取了十七枚大奖牌中的十枚、二十七枚金牌中的十六枚、三十五枚银牌中的十九枚，相当于奖牌总数的一半。法国香水产业并不惧怕来自国外的竞争，媒体颂扬了法国香水制造中的艺术品位："无论是在哪一个市场，凡是质量上乘的优质产品，都来自法国；法国的产品没有竞争对手。"[2]某位评论家如此说道。此外，通过一些产业数据，人们可以绘制出一份关于当时产业形势的图表，而这又是香水业飞速发展的依据。因此，对于创业而言，香水制造在19世纪意味着一个十分诱人的领域。

当时的香水制造商都有着巴尔扎克笔下的人物塞沙·皮罗多[3]的风采。尽管他们的社会和职业出身各有所异，但他们是巴黎名流的象征，并且代表了社会地位和功成名就。他们也许是成立于君主专制时代的家族企业的后人，比如霍比格恩特家族或诗丽斯家族的后人。他们的战略有赖于产品调制的秘方和家族事业的传承。譬如，诗丽斯家族前进的规律就像一个王朝：权力由父亲传给长子。为了尽可能长久地指导儿子，父亲会一直工作到高龄。而在财富的增加上，联姻则发挥着重要作用，比如和大地主、企业家、银行家和商业家的家族联姻。至于事务的打理，东家是唯一的舵手：他了解他的每一个工人，每天早上比任何人都更早到达工作场所。他指导他的工人，倾听他们的意见，但也对他们加以斥

---

[1] 马克西姆·沃维尔（Maxime Vauvert），《著名的法国产业：香水制造商皮维》（«Grandes industries françaises：la parfumerie L. T. Piver»），见《世界画报》（Le Monde illustré），1862年。

[2] 贸易、工业和邮电部，《1900年巴黎世博会：国际评委会的报告，第90类香水和化妆品制造业，皮维先生的报告》，第104页。

[3] 奥诺雷·德·巴尔扎克，《塞沙·皮罗多兴衰记》（Grandeur et decadence de César Birotteau），见《人间喜剧》，第十卷，巴黎，出版人：弗恩（Furne），丢波谢（Dubochet），海泽尔（Hetzel）和波林（Paulin），1844年。

责。格拉斯的香水制造商是当地著名的显贵。如同在公众生活中一样，他们在地方经济上也发挥重要作用。这一在香水制造领域常见的策略，曾经是他们取得辉煌成就的关键。

娇兰世家。香水制造商也可能由原来的店员变身为香水屋老板。譬如皮维香水屋的例子。路易·图桑·皮维（Louis Toussaint Piver）作为伙计，加入到调香师皮埃尔·纪尧姆·狄塞（Pierre Guillaume Dissey）的店里工作[1]。后者的香水屋成立于1774年。鲁宾香水也呈现出相同的轮廓：由皮埃尔-弗朗索瓦·鲁宾（Pierre-François Lubin）1798年成立的香水屋，后来由十二岁就作为学徒进入店里工作的菲利克斯·普罗（Félix Prot）接手。娇兰世家则是另一种情形，它是一家1828年在巴黎新成立的香水屋。皮埃尔·弗朗索瓦·帕斯卡尔·娇兰，出身于皮卡第某个相对富裕的手工业家庭，1817年以店员的身份加入布利亚尔香水店（Parfumerie Briard）工作。1820年，在辞去这份工作之后，他成为狄塞和皮维合伙公司的采购员。后来，为了了解更多关于香氛的秘密，他前往英国学习。在英国的时候，他一边在香皂厂当工人，一边把诸如让-玛丽·法里纳的"古龙水"之类的法国产品进口到英国。从英国回到法国之后，拥有医师和药剂师文凭的他，1828年在莫里斯酒店的一楼开店营业。当时刚开门迎客的莫里斯酒店，既是来自世界各地的王孙贵戚在巴黎的下榻之地，又是诸如大名鼎鼎的摩登男子西摩爵士（lord Seymour）之类的时尚人士齐聚一堂的地方。西摩爵士对于皮埃尔·弗朗索瓦·帕斯卡尔·娇兰的声名鹊起功不可没[2]。与此同时，后者的成功也与他自身丰富、强烈的个性有关。当时，对于娇兰香水的迷恋很快就风行起来。1840年，娇兰香水屋搬到和平街15号（15, rue de la Paix）。在这里，娇兰迎来的客人有拿破仑三世的情妇卡斯蒂利欧伯爵夫人（la Comtesse de Castiglione）、奥地利的梅特涅公主（la princess de

---

[1] 皮维自1809年起受雇于狄塞的香水屋；1813年，两人成立合伙公司；1823年，狄塞过世之后，合伙公司更名为皮维香水至今。——译注

[2] 《费尔曼·迪多商业年鉴》（*Annuaire du commerce Firmin-Didot*），1828年。

Metternich)[1]、英国王储威尔士亲王（le Prince de Galles）、保加利亚的费尔迪南一世（le tsar Ferdinand de Bulgarie）。根据18世纪的传统，娇兰为他们打造一些"定制"香水。1853年，由于他精心为拿破仑三世之妻欧也妮皇后调制的"帝王之水"，他获得皇家供应商的证书，他的声誉达到了顶点。1864年，在他过世之际，娇兰香水的管理依然是家族式的，他的两个儿子接着承继了家业，根据他们的能力和领域，分别负责产品开发和企业管理的工作[2]。于是，后来便有了创作出"姬琪"的大哥艾米·娇兰（1830—1910年）——1890年他成立香水协会——以及把娇兰的店面设在香榭丽舍大街的小弟加布里埃尔（Gabriel）[3]。加布里埃尔接掌了家族事业的管理工作，而艾米则坐在调香台前专注于香水的创作。为了学习技艺，两个人自1861年起就已经跟随在他们的父亲身边。在培训完成之后，娇兰家族的成员便立即拥有了采购原材料和创作香水的特权。这种根据每个子孙的才干和能力进行的分工，后来不仅成为家族的传统，而且很快转变为商业手段。1845年之后，娇兰的一份广告就宣称："所有使用到的材料的处理和加工都经由品牌创始人亲自过目。"[4]娇兰世家的第三代传人，生于1874年的雅克，显示出了丰富的创作力，他是娇兰许多著名的经典之作的创作者："蝴蝶夫人"、"一千零一夜"、"蓝调时光"、**在风中**（*Sous le vent*）、"午夜飞行"、"阵雨过后"。至于皮埃尔·娇兰（1872—1961年），他不仅创立了娇兰美容院，还创作出了**和平街**（*Rue de la Paix*）[5]。

塞沙·皮罗多。19世纪的香水制造商就像巴尔扎克笔下的人物塞

---

[1] 自1821年起担任奥地利帝国首相的梅特涅亲王的外孙女，法国第二帝国时期以其在巴黎的沙龙而闻名。——译注
[2] 娇兰公司，《娇兰世家发展史》（*Historique de la Maison Guerlain*），打字稿，1948年（CEP）。
[3] 罗欣·维达尔（Rosine Vidard），《香水的战争》（*La Guerre des parfums*），巴黎，康迪达出版社（Kandida），1962年。
[4] 见娇兰品牌1848年为庆祝成立120周年而出版的宣传册中的引文，BHVP，序列号13。
[5] 娇兰文献（Archives Guerlain）。

沙·皮罗多。巴尔扎克希望借助这部小说，讲述巴黎小店主的习性，并刻画从小商贩发家的富裕阶层[1]。后来成为塞沙·皮罗多的女婿的店员小波比诺（le petit Popinot）实现了人生的转变：波比诺通过销售"头油"的方案，表现出某种创新的思维，而这又预示着19世纪60年代新一代香水制造商的到来。波比诺，皮罗多眼里的"天生的商人"，以科学为生产的依据，并如此构建他的商业理念："我认为，轻薄且含有隐藏信息的说明书的时代已经过去了，我们已进入科学的时代。为了让大众敬服，必须拥有一种博学的神态、一种权威的语气。"[2]后来，尽管塞沙·皮罗多由于一些倒霉的地产投资活动迅速陨落，但是波比诺不仅继续了他的香水和化妆品制造事业，并且青出于蓝而胜于蓝，代表了把调香师引入到某一更高范畴的新气象：从普通的小店主和手工匠人，变身为企业家。

随着香水业的演变，原先事业的开拓者逐渐让位于精明的商人。由于香水制造看起来是一桩盈利丰厚的生意，所以1860年以后投资人开始关注这一产业。尽管投资人一般来自于香水业之外的其他领域，但是他们常常不是从事和时尚相关的行业——这样的行业不仅追求同样的客户，而且同样满足人们对于外观的诉求，譬如皮诺（Pinaud）和布尔乔瓦（Bourjois）[3]从事的化妆品业——就是来自于大宗商品买卖领域（比方说像罗杰和格雷一样的外省商人或者巴黎的实业家）。1860年，投身于香水和化妆品制造也成为一项真正意义上的产业活动，而这一活动的经济收益前景诱人，前提是要采取正确的策略。开拓进取的精神，伴之以在社会上获得成功的梦想，成为第二帝国时代香水和化妆品行业的特征。当时，某些香水品牌欣欣向荣，另外一些则倒闭破产，引起一阵哗然。1862年，既是表兄弟又是连襟的夏尔·阿尔芒·罗杰和夏尔·马尔

---

[1] 奥诺雷·德·巴尔扎克，《塞沙·皮罗多兴衰记》，第57页。
[2] 同上书，第183页。
[3] 1868年，他买下了戏剧演员耶瑟夫·阿尔贝尔·彭桑（Joseph-Albert Ponsin）制作和销售脂粉等化妆品的店铺，从而创立了妙巴黎。——译注

谢尔·格雷一起买下雷昂斯·科拉的香水屋,创立了香榭格蕾品牌。在进行收购之前,阿尔芒·罗杰打听关于香水屋的情况,香水屋的生意在他看来不仅运转良好,而且前景美好[1]。香水屋的营业额诱人,租金又便宜,因此很容易就能实现收益。事实是,阿尔芒·罗杰曾指出"古龙水每升的零售价和收益分别为 12 法郎和 2.90 法郎,每升的批发价和收益则分别为 8 法郎和 2.40 法郎"。

香水制造商形成了一个杰出公民的群体,他们既注重社会地位,又认真扮演在公众生活中的角色。他们担任劳资委员会的委员、参议员、市议员甚至是市长。他们当中的大多数人不仅因为忠于职守而获得荣誉军团勋章(Légion d'Honneur)[2],并且由于成为上层社会的杰出人物而载入了《巴黎名流年鉴》(Tout-Paris)[3]。1828 年,阿尔丰斯·奥诺雷·皮维获得荣誉军团军官勋章;1892 年,艾米·娇兰获得荣誉军团骑士勋章[4]。1900 年,艾米·娇兰还成为游艇协会(Yacht Club)[5]和共和党人大俱乐部(Grand Cercle républicain)[6]的成员。而加布里埃尔·娇兰则加入了汽车协会(Automobile Club)。正如路易·丢蒙泰伊(Louis Dumonteil)笔下的"调香师富豪"阿尔芒·岱里(Armand Dailly)一样,他们体现了通过企业和商业活动发家的富有阶层引人注目的成功[7]。

低调而奢华的高品质香水瓶。香水制造商和玻璃器皿制造商的合作,在我们今天看来是不言而喻的,然而这样的合作却姗姗来迟,直到

---

[1] 罗欣·勒罗-伊卡尔,《1860 年至 1910 年间的香氛美肤产品生产商:在巴黎注册的品牌、图案和式样》,我们在这里简扼复述了作品第 21—24 页详细介绍的内容。
[2] 法国政府为在军事或其他领域做出杰出贡献的人士颁发的最高荣誉,从低至高共分为骑士(Chevalier)、军官(Officier)、司令官(Commandant)、高级军官(Grand Officier)和大十字骑士(Chevalier Grand Croix)五个级别。——译注
[3] 《巴黎名流年鉴》(Tout-Paris. Annuaire de la société parisienne),巴黎,拉法尔出版社(La Fare),1885—1939 年。
[4] 国家档案馆,LH214043(阿尔丰斯·奥诺雷·皮维)和 LH1222026(艾米·娇兰)。
[5] 1867 年在拿破仑三世的支持下成立的航海俱乐部。——译注
[6] 成立于 1898 年的法国政治团体。——译注
[7] 路易·丢蒙泰耶,《调香师富豪》(Le parfumeur millionnaire),巴黎,萨尔里出版社(Sarlit),1860 年。

19 世纪才出现。随着工业化的发展和人们对于优质产品的需求的增长，名牌的香水瓶出现了。"方形的瓶子形状新颖。至于我的方案，我曾想过把我们的香水瓶打造成三角形的；但是经过了一番深思熟虑之后，我更倾向于一些套有芦竹瓶套、细长的小玻璃瓶，它们看起来神秘莫测，消费者喜欢一切让他们感到好奇的东西。"①正如塞沙·皮罗多一样，香水制造商开始为他们的香水瓶选定某一形状，从而和其他品牌的香水区别开来。如此一来，不仅玻璃制造商开始打造更加精美的香水瓶，而且香水瓶上标签的装饰图案也更加讲究。与此同时，香水盒也面世了。1853 年，娇兰为他的"帝王之水"，向久负盛名的玻璃器皿制造商波谢定制了富有象征意义的、著名的"蜜蜂瓶"。玻璃瓶的底部有时会饰有一颗切磨出来的星星，譬如在巴卡拉 1860 年的产品纪念册中，就有过这样一款名为"香水瓶"（Flacon pour parfumeur）的产品。由于香水瓶的需求不断增加，巴卡拉这家法国知名的晶质玻璃制品生产商，便于 1898 年开辟了一条玻璃加工的副线，专门打造这一类的瓶子②。从那以后一直到 1914 年，来自不同香水品牌的众多香水瓶，都有巴卡拉这一非常特殊的身影的存在。此外，随着玻璃器皿制造商产业化的发展以及取得的技术进步，高端香水瓶往往出现一些不同的版本。

巴卡拉和圣伯朗（Val Saint-Lambert）③成为著名的玻璃制品生产商。1846 年泰奥菲尔·科农（Théophile Coenon）成立了一家专门制造香水瓶的企业。1888 年他的女婿康斯坦·戴比诺瓦（Constant Dépinoix）接手企业的管理之后，这家企业迅速发展壮大，业务延伸到世界各地，生产出了一万多种不同形状的香水瓶④。

---

① 奥诺雷·德·巴尔扎克，《塞沙·皮罗多兴衰记》，第 90 页。
② 《巴卡拉：香水瓶》（*Baccarat. Les Flacons à parfum*），由伊冯娜·布吕纳梅（Yvonne Brunhammer）作序，巴黎，巴卡拉晶质玻璃制品公司（Companie des cristalleries de Baccarat），阿多尔合伙人出版社（Addor et associés），1986 年。
③ 自 1826 年创立至今，比利时举世闻名的高端定制水晶、玻璃制品品牌。——译注
④ 《玻璃瓶制造工艺》（«La verrerie du flaconnage»），见《香氛制品品牌和香皂品牌回顾》（*Revue des marques de la parfumerie et de la savonnerie*），1925 年，第 437 页。

在圣路易①的玻璃器皿制造工坊（les cristalleries de Saint-Louis），第一批真正意义上的香水瓶于19世纪30年代出现。1767年，在洛林公爵旧时的领地比奇（Bitche），圣路易这家皇家玻璃厂成立了。而自16世纪以来，这块土地上不仅有玻璃器皿制造业，而且还有来自穆拉诺岛（Murano）②和波西米亚的玻璃工匠。圣路易玻璃厂成立之后，引入了英国晶质玻璃（或水晶玻璃）的制造技术③。随着1837年玻璃丝细工和玻璃染色新技术的开发，玻璃瓷在路易-菲利浦（Louis-Philippe）④统治时代出现了。因此，1848年至1850年间，法国制造出了一些令人惊叹的玻璃瓶。玻璃瓷可以经过多道色彩的加工，获得闪色的效果。此外，在第二帝国时代⑤，法国还开发出了雕有平棱纹的玻璃瓶。而1870年左右的蚀刻工艺则使得开发镀金玻璃成为可能，而这也是圣路易玻璃和水晶厂的一项专长。

不过，名牌的香水瓶依然处于时尚的边沿。相对于富裕阶层家里众多的香水装饰物——譬如带格的香水匣或者形式各异的香水盒——高端香水瓶并不常见。香炉也是一种装饰物，材质有玻璃、水晶和金属等。而在香炉制作上，能手和大师是比昂内（Biennais）。时尚权威布里亚-萨瓦兰则于1870年左右发明了香水喷雾器。随着香水喷雾器的引入，出现一种完全不同的涂抹香水的姿势，即更洒脱大方，而且带有身后留香的概念。然而，直到19世纪末和20世纪初，香水瓶的样式依然很传统，各个品牌的香水瓶也大同小异。它们往往很简单，外形上接近于药瓶。尽管19世纪风起云涌的工业化发展带来许许多多的社会变化，但富有的

---

① 世界上最古老的玻璃、水晶工厂之一，1995年作为法国传统工艺的代表，加入爱马仕集团。——译注
② 位于意大利威尼斯北部的一座岛屿，曾经是欧洲的玻璃器皿制造中心。——译注
③ 当时，英格兰垄断了欧洲的水晶制作工艺，欧洲皇室餐桌上的水晶器皿都是来自英国的产品。——译注
④ 法国国王，1830年法国七月革命之后，被资产阶级自由派拥上王位，成为历史上的"七月王朝"的君主，在位时间为1830—1848年。——译注
⑤ 法国历史上最后一个君主专制政权，始于1852年12月，终于1870年9月。——译注

有产阶层还是转向了某种令人感到舒适的、统一的审美观，而这自然会抑制香水业的创新。

优雅的贵客。对于19世纪聚敛钱财的资产阶级来说，消散的香水代表着某种悖论。相信财富无惧于蒸发并非易事……选择个人香水是高贵典雅的上层社会保持的一项智力活动，尤其是在第二帝国时代。香水在当时既是富裕的符号，也是识别社会地位的一种因素。巴尔扎克在勾画香水和从属的社会阶层的关系上，不无正确。香水符号能让人分辨出昂坦街区（la chausée d'Antin）的女市民和圣－日耳曼市郊（faubourg Saint-Germain）的贵夫人。法国大革命过后，人们在穿着打扮上的区别很快变得模糊不清：服饰不再清楚地表明个体。因而，必须通过一些更精微的细节加以识别，往往只有内行人士才有这一辨别力。新兴的资产阶级懂得区分普通的古龙水和娇兰的香水，后者价格高昂，是"有钱人"或富人的专属物。

柔和与淡雅是严格遵循的标准，所有的香水制造商在他们的产品样册里都有同样的表述，让人产生某种整齐划一的印象①。随第二帝国而来的——尤其是在欧也妮皇后的影响之下——是香水业带来的一股新鲜气息：明亮典雅的皇宫、奢华的排场、万国博览会、首批开门营业的大型百货公司，都将为香水制造带来全新的前景。

典雅的香水沙龙。巴黎，雍容华贵的首府，成为香水业的舞台。为了吸引巴黎的顾客，并销售产业化之下生产出来的大批产品，一些华丽的商店开门营业。犹似贵妇的沙龙的香水屋，成为尊贵的场所。香水商力求在这样一个典雅、奢华的环境下服务客人。他们让人在他们的产品样册中不断更新店铺里里外外的图片。1860年，香水屋的外观采用更加明艳的色调，里面的货架和橱窗摆设则透出新奇和创意。在香水屋正面的门楣上，悬挂着粗体字写就的创始人的名字和他的商标。这样的招牌令人想起一些深幽、华贵的店铺。而香水屋店外的人行道上，蜂拥而来

---

① 巴黎市立历史图书馆（BHVP），商业文档查目，序列号120，"香水、化妆品和日化用品"。

的是第二帝国时代的名流显贵。这些与富裕的贵族和资产阶级联系在一起的画面，点缀着香水制造商的商品样册。香水沙龙富丽堂皇的布置和装饰，令它们的奢华声名散发出耀眼的光芒。

"过往的行人再也看不到店员贴标签、整理袋子、收拢瓶子、盖上瓶塞……我们的店铺必须像上层人物家中的会客厅一样豪华贵气。"这便是塞沙·皮罗多扩建店铺的想法。1860年左右，在名为"花篮"（la corbeille fleurie）的皮诺香水店里，产品开始陈列在贴墙放的玻璃橱柜的货架上。客人付款购买之后，一名女店员会马上把商品包装好。男店员们负责开发票记账，而另一名女店员则负责收款[1]。店内饰有水晶吊灯和细木护壁板，不过人们从外面看不到其中展示的商品[2]。

1841年，娇兰把他的店铺设在和平街15号。对于这一家专门从事零售的店铺而言，这一地址尊贵显耀。在店内，人们可以看到第二帝国时代的室内布置，奢华、厚重、深暗，不仅有充当陈列橱窗的高高的乌木柜或红木柜，还有镶边的帷幔以及繁复而笨重的瓦斯吊灯。在拐角处有一柜台，站立在那的女店员负责迎接客人。在娇兰的这家店里，产品销售和介绍受到同样的重视——"娇兰先生的香水屋位于巴黎最繁华街区的中心地带，无论在视觉上还是嗅觉上，都令人着迷。"[3]

1869年，薇欧蕾品牌（la Maison Violet）[4]在卡布辛大道（boulevard des Capucines）开设了一家名为"蜂后之家"（La reine des abeilles）的香水屋，从而开启了关于香水店的一种全新的观念："蜂后之家"不仅

---

[1] 《皮诺和梅耶先生的著名香水店：斯特拉斯堡大街的商铺内景》（«Grande maision de parfumerie de MM. Pinaud et Meyer: boulevard de Strasbourg, vue intérieur des magasins»），详见《法国画报》的图片，约1870年，第361页，《世界画报》（Le Monde illustré），1870年5月7日。

[2] 《皮维的香水屋：店铺图片》（«Les Établissement L. T. Piver, vue du magasin de vente»），版画，《世界画报》中的插图，1863年10月17日，第252页。

[3] 阿尔弗雷德·达塞尔（Alfred Darcel），《伦敦万国博览会：香水、化妆品行业》（«À travers l'Exposition de Londres：la parfumerie»），《法国画报》，1862年。

[4] 1827年成立于巴黎的一家香水公司，曾经是香氛制品行业最大的公司之一，1953年后停止营业。2017年，三名香水高等院校的学生决定重新启动这一品牌。——译注

成为一个售卖香水和化妆品的时尚优雅之地，而且也成为一个美颜的专属地[①]。这一十分现代的理念便是在销售美颜护肤产品的同时，销售梦想。《法国画报》中关于薇欧蕾香水店的描述如下："有两个厅值得说一说。其中的一个，是鲜花飘香的花圃，也是花园，是阿尔米达[②]的花园（jardin d'Armide）。这个厅繁花盛开、花香醉人。它的名字叫'花厅'。另一个，是魔厅，一间令人惊奇的房间。您还可以观赏第三个厅，它比前面的两个还要美妙；出于这一原因，我们称之为青春之厅。"[③]顾客前来购买产品，采集意见，或漫步其中。

本着同样的想法，香水制造商在巴黎最高档最优雅的街区选址开店。1860年，半数以上的香水店分散在巴黎市中心的一区到四区。1885年，在奥斯曼男爵（baron Hausseman）领导的巴黎城市改建工程完成之后，部分香水店迁往八区、九区和十区。这三个区的香水店共占总数的三分之一。

国际香水业。为了确保商品买卖，法国香水制造商很快就在全法国构筑起了销售网络：面向批发商或代理商的推销代表，前者用现款买下商品并转手销售。某些香水屋不在外省设立分支机构，但给当地的一些居民——当然是可靠的客户——寄送产品样册。石板印刷的产品样册精美绝伦，是香水制造商的一扇橱窗。产品样册不仅强调在万国博览会上获得的奖牌，还展示蒸汽工厂和香水零售店。

1880年前后，在当时兴起的大型百货公司的新品展销货架上，开始出现诸如香榭格蕾、皮诺和鲁宾等香水品牌的产品。大型百货商场这一

---

① 《薇欧蕾香氛制品公司：香水沙龙的内景》(«Parfumerie Violet: vue intérieure des salons»)，版画，"蜂后之家"(«À la reine des abeilles»)，《世界画报》，1869年，第253页。

② 意大利文艺复兴时期著名诗人塔索《被解放的耶路撒冷》里的穆斯林女主人公，为了魅惑她爱上的基督教战士达尔多，她把后者带到了她鲜花遍地的魔幻小岛上。——译注

③ 马克·马尔丹（Marc Martin），《法国三百年间的广告》(Trois siècles de publicité en France)，巴黎，奥迪尔·雅各布出版社，1992年，第62页。一则"巴黎纪要"(«Fait-Paris»)的摘录，或一则伪装成通稿的广告——价格高于传统的广告；可以说，这是社论式广告的前身。

销售渠道，让香水制造商得以接触到一批中等收入的客户。他们以前也许从来不敢步入一间奢华的香水店。品位高雅、兴趣广泛、时尚且往往又尊贵的顾客，一如既往地在类似于娇兰品牌的高端香水店中购买香水和化妆品——娇兰就自称为"香水制造商中的贵族"。而体面的中产阶级常常光顾香榭格蕾、鲁宾、皮诺或皮维的香水屋。普通的小资则上婕洛芙或妙巴黎选购商品。与此同时，日化用品集市也吸引着后一批消费者。这样的集市上不仅有同类产品出售——但价格上一般会有大幅折扣——也有其他廉价的滞销货品。

当时，在法国本土，尽管有来自国外的竞争，但依然微弱。1870年，尤金·芮谜在巴黎和伦敦建造了两个重要的生产中心。德国、俄罗斯、西班牙和美国的香水和化妆品工厂则满足于生产一些平庸的产品，并把大量的伪造品投放市场[①]。18世纪，英国的理发匠调制出清新淡雅但留香持久的香氛，为英国的香水和化妆品行业赢得了极高的声誉。这样一来，他们赋予英国香氛产品的风格是：清爽柔和，留香持久。那时候，除了薰衣草和薄荷之外，英国并不出产原料。不过，英国的香氛制品行业却举足轻重，而这多亏了它众多的海外销售市场。这些市场为它提供了贸易关系。1860年前后，伦敦大约有六十家香氛制品生产商，而其中的一些只生产优质的香皂。英国香氛制品生产商的产品主要出口加拿大、开普敦、印度、中国、澳大利亚以及"所有飘扬着英国国旗的国家和地区"[②]。

香水和化妆品制造商芮谜毫不犹豫地在他的《商品时价目录》中写道："英国的香氛制造业达到了领先于其他国家的顶尖程度。让人想起春天怡人的和风的香水，泡沫浓厚丰富的香皂，神奇的美容护肤品（让英伦岛上的美人们长久保持她们传奇的青春），这些产品的秘方都掌握在英国香氛产品制造商的手中。因此，他们赢得了优雅时尚的上层人士的青睐。"[③]这

[①] 尤金·芮谜，《香氛产品手册》，第364页。
[②] 同上，第367页。
[③] 芮谜化妆品公司，《实价目录表》，1881年，巴黎市立历史图书馆（BHVP），时事新闻，序列120。

位英籍法裔的调香师，同时又是伦敦艺术协会、滨海阿尔卑斯省文学及科学和艺术协会、伦敦和尼斯的园艺协会的成员。在他的零售产品样册中，他亲自介绍了他获得成功的王牌：井然有序的规模化生产及与世界各地的贸易往来使其在欧洲的主要首府和其他城市开设店铺成为可能。他精美雅致的香水和香氛制品，他的著作《香氛产品手册或香氛产品通史》(*Le Livre des parfums ou l'histoire des parfumes dans tous les temps et chez tous les peuples*)的出版，不仅为他的声名保驾护航，还让他拥有了一批富有的客户。

来自西班牙梅诺卡岛的青年胡安·法姆尼阿斯·弗罗瑞斯，是第一位前来英国落户（1730年）的调香师。他在伦敦繁华的中心地带、圣詹姆斯区一家理发店的里间开张营业①。他打造的香氛清新怡人：茉莉花香露、甜橙香露，以及著名的**薰衣草香水**（*Lavander*）。他总共调制出七十五种香氛，使他成为伦敦名流显贵的调香师。

另一位理发匠人，威廉·亨利·潘海利根（William Henry Penhaligon）②，1870年也在圣詹姆斯区开了一家理发店。1872年，他为光顾他店铺旁边土耳其浴室的绅士们，调制出**土耳其浴花香水**（*Hammam bouquet*），一支含有玫瑰、茉莉花和檀香的香水。后来，他成为深受罗斯柴尔德家族喜爱的调香师，并进而成为伦敦整个富有阶层青睐的香水供应商。他推出了一些精美的香水，譬如散发出地衣和木香的**英伦蕨香**（*English fern*）③。

英国香氛制品的香调源于理发界④：清新的香调，轻盈且持久（薰衣草和薄荷）。从刮胡皂到香皂，只需要跨越一步的距离。此外，就香氛制品行业而言，英国拥有两张毋庸置疑的王牌：它的殖民统治和它的贸

---

① 伊丽莎白·巴利耶和凯瑟琳·拉洛兹，《香水的圣经》，第62页。
② 英国皇室御用香水品牌潘海利根的创始人。——译注
③ 潘海利根纪事简册（Brochure historique Penhaligon），《125周年：1870—1995》（*125th Anniversary: 1870-1995*）。
④ 在古代欧洲，不同于如今的理发师或发型师，理发匠人同时也是剃须匠，所以他们也制作刮胡皂或须后水等香氛产品。——译注

易传统。

19世纪，在香水制造方面，德国只生产古龙水，而且质量也次于法国的产品。在尤金·芮谜看来，德国以其仿制品出名——仿造法国和英国的产品标签。1862年，仿制品的总金额相当于法国的出口额，即两千万法郎。德国是伪劣香氛制品的主要生产国，譬如生产贴有"巴黎皮维"商标的香皂。在时人的观点里，德国的香皂质量低劣：它们往往由椰子油加工而成，尽管表面如大理石般光滑，并且产生的泡沫也很丰富，却会在皮肤上留下一股难闻的味道。此外，虽说它们的价格是其他香皂的一半，但是它们不耐用，很快就会用完！不过，正如芮谜写下的一样，德国在1867年的英国万国博览会上，还是竭力推销它的香氛制品行业[1]。在普鲁士分馆的中心，竖立起了一些专门展示古龙水的隔间，代表了人们对于香水、美容护肤和日化用品日益增长的兴趣。德国人对于这一类产品的展室总是精心呵护。然而，尽管当时的德国对香氛制品业深感兴趣，但对于法国而言，它并不是一个真正的竞争对手。

俄国的香水制造商由定居在当地的法国调香师组成。阿尔丰斯·拉雷（Alphonse Rallet）是第一个于1842年在俄国设立香水屋的法国调香师。他的小店铺在19世纪末和20世纪初，不仅发展成为一个拥有一千五百名员工的企业，而且还拥有当时最先进的装置和一套工艺设备。此外，他的香氛产品还出口到亚洲及欧洲[2]。他生产的拳头产品为**俄罗斯古龙水**（*Eau de Colonge russe*），主要是为了赢得沙俄时代富有的贵族客户。

另一个法国人亨利·布洛卡（Henri Brocard）也加入到了同一创业活动中。1864年，他在莫斯科成立了一家小小的香氛制品工厂[3]。与两

---

[1] 尤金·芮谜，《万国博览会回忆录》（*Souvenirs de L'Exposition universelle*），巴黎，宕丢出版社（E. Dendu），1868年，第402页。
[2] 珍妮·蒙詹（Jeannine Mongin），《来自寒极的调香师》（«*Le parfumeur qui venait du froid*»），见《香水博物馆简报》（*Les Nouvelles de l'osmothèque*），1995年4月，第8期。
[3] 珍妮·蒙詹，《新扎里亚：俄罗斯的一家香水公司》（«*Novaya Zarya, une parfumerie russe*»），见《香水博物馆简报》，1996年4月，第11期。

个合伙人一起，他生产出一些物美价廉的亲民产品：香皂、护肤霜（譬如"百姓香膏"）、香粉和**布洛卡古龙水**（*Eau de Cologne Brocard*）。他的第一家店铺于 1872 年开业，第二家则于 1878 年开业。渐渐地，布洛卡投入到高端香水的生产上，并且在管理他的品牌的同时，完成了新产品的开发。1889 年，在巴黎的万国博览会上，他凭借他制造的香水**波斯丁香**（*Persidskaya Siren*）获得了金奖。对于他的小企业而言，这是一次巨大的成功。

19 世纪，美国在纽约、芝加哥、布法罗（Buffalo）[①]和辛辛那提[②]都拥有一些著名的化妆品制造厂。在芝加哥，化妆品制造厂从属于动物屠宰和肉制品公司。这些工厂用动物油脂生产香皂。除了薄荷精油之外，美国本土几乎不出产精油。那一时代，佛罗里达州曾经尝试种植花卉，但没有成功，原因是人工成本过于高昂。不过，美国人在蒸馏技术上取得了进步，在某一法律的保护之下生产香水和化妆品，避免了来自格拉斯的竞争。

对于法国人而言，辉煌的出口成绩，来自于一项精明的商业策略。在彼此争夺成为欧洲各个皇室的宠儿的同时——这能为他们在国外的宫廷里赢得一批客户——法国的香水制造商纷纷在这些国家设立分店。皮诺香水屋自 1850 年起，就先后在伦敦、维也纳和布鲁塞尔开设了分店，它自称"闻名于世，不仅在世界各地有一名商务联系人，而且在所有的市场中枢都有销售代表"[③]。皮维香水屋则早在 1846 年，就已经在伦敦和布鲁塞尔开门营业。而娇兰世家从 19 世纪末开始，产品出口整个欧洲，甚至远销美国，他们在价格目录中介绍了出口产品的战略："根据各种气候条件调整生产。"

香水制造商派遣推销员前往他们感兴趣的国家和地区。如果他们

---

① 又译为水牛城，是美国纽约州的第二大城市。——译注
② 美国中部俄亥俄州西南端的工商业城市。——译注
③ 保罗·法维（Paul Favier），《皮诺和梅耶的香水店：花篮香水店》（«La Corbeille fleurie：Maison Pinaud et Meyer»），见《法国画报》，1870 年第一季度，第 362 页。

在当地没有分支机构，他们便求助于代理商。尽管他们的顾客依然只是一小批"富贾名流"，然而在 20 世纪的前十年，香氛制品行业的基础已经奠定，这一行业将成为一个竞争激烈的产业，并且大量出口产品。早在 19 世纪，诸如鲁宾香水公司的菲利克斯·普罗[①]之类的企业家，毫不犹豫地越过大西洋，向美国出口产品。与此同时，香榭格蕾公司的阿尔芒·罗杰和夏尔·格雷则受益于他们商品采购的经验，在南美建起了分支机构。因此，早在 20 世纪来临之前，法国的香水制造商已经在欧洲以及更远的地区开设了子公司。一切都在萌芽之中，从而为香水这一奢侈品带来崭新的一面。

万国博览会举办期间，法国香水界萌生了联合在一起的想法，并最终于 1890 年促成了法国香水协会的诞生。艾米·娇兰是协会的第一届主席。由一批渴望成功并坚决倡导品质的企业家组成的这一团体，不断加强香水业的凝聚力。声名卓著的品牌的领导人，肩负起了香水业的发展和未来。除了关注行业的一般性问题之外，香水协会还努力行动，克服一项税则带来的困难，皆因这一税则对于香水业是一项沉重的负担。入会则本着严苛的精英理念，而这意味着产业组织的密集化。因此，未能继续遵循行业新标准的小型手工艺作坊，逐渐消失。到了 20 世纪初，香水业隶属于奢侈品行业，而这一地位随着时间的推移，又将得到进一步的认可。

3. 香水业的黄金时代（1904—1945 年）

20 世纪上半叶，香水业不仅历经深刻变革，还涌现出大量著名的新面孔。香水成为享乐之物，而且是迈向奢华的第一步。对于擅长制造和销售香水的人士而言，它是带来丰厚利润的奢侈品。在捍卫和奢

[①] 菲利克斯·普罗曾是鲁宾香水公司的创始人皮埃尔-弗朗索瓦·鲁宾的学徒，1844 年由于后者没有男性子嗣，接手了企业的管理。——译注

侈品联系在一起的苛刻的品质标准，并反对随大流、平庸、粗俗时，让·帕图曾说："不制作恶俗的产品，就会有人买你的东西。"苛刻的标准不仅见于研制，也见于生产过程——在这一过程中，一切都严格按照要求进行。

这一时期，香水业逐渐整齐划一，并且变得越来越密集。然而，一些小企业依然存在，这可以从某些广告资料或商业资料中看到[①]。香水业依旧是一个零散、分化的领域，其中既有调制淡香水、香粉和牙膏的药剂师、外科医生和牙医，也有理发师或者假发商、化学家、服饰用品商、裁缝师、女性服饰或者衬裙的制造商——有些就从女性服饰制造商跨入调香师的职业，譬如保尔·德·普吕曼（Paul de Plument），这位衬裙制造商调制出了**后妃古龙水**（*Eau de Cologne des sultanes*），这一香水的瓶身形如一尊穿着紧身衣的女人半身像。此外，还有少数制作和销售精油与芳香液体的食品商、蒸馏产品商以及香料商。与此同时，还要把20世纪初大量兴起的美容机构包括在内，因为它们自称既属于医学行业，也属于香氛制品行业。

在这一多样性中，我们再次注意到两个截然不同的专业的存在，香水制造商要么出自这两个专业，要么根据传统和这两个专业结合在一起：时装领域（服饰用品商、女性服饰制造商、服装设计师）和科学领域（医生、药剂师和化学家）。只有一些新加入香水业的人士除外。

1904年4月，达尔特罗夫家的两兄弟欧内斯特（Ernest）和拉乌尔（Raoul）联手购买了位于罗西尼街（Rue Rossini）的卡隆化妆品店，卡隆香水从此诞生了[②]。他们出于自身的考虑，首先投身于香粉的买卖。同年7月，他们把公司迁到和平街（rue de la Paix）一处简陋的处所里，并在阿涅勒（Asnières）创办了一家香水实验室。除了摆弄小玻璃瓶的欧内

[①] 巴黎市立历史图书馆（BHVP），序列号120，"香氛产品行业"（«Parfumerie»）。
[②] 卡隆香水（Parfums Caron），《一家商业咨询机构关于欧内斯特·达尔特罗夫的材料》（*Fiches d'uen agence de renseignements commerciaux pour Ernest Daltroff*），1904年6月，法国香水协会档案（archives SFP）。

斯特·达尔特罗夫（身上常常围着园艺师的工作罩衫）之外，实验室里还有几名工人。欧内斯特为这家实验室申请并获得了一笔小额的创业贷款，关于这一贷款的注解如下："他的实验室新近才安置下来，他的买卖仍然微不足道，然而他的商业理念令人满意；迄今为止，他的账户从未有过任何不良报告。"[①] 1905 年，卡隆公司的名字开始出现在《电话年鉴》（*Bottin*）中。1909 年，《年鉴》上提到该公司在贝康-雷-布吕耶尔（Bécon-les-Bruyères）有一家"专门生产香粉"的工厂。1911 年，它成为香水零售制造商之一。

欧内斯特·达尔特罗夫是现代香水业的奠基人之一。他力求通过独特的香调、广告语言和巴卡拉水晶瓶身诱惑大众，因为那不仅营造出一种气氛，而且有助于树立起所谓的"卡隆风格"。1906 年，卡隆的第一支香水**雄鸡**（*Chantecler*）面世了。这一香水的名称受到了埃德蒙·罗斯丹（Edmond Rostand）的一出戏剧的启发，而它的瓶身的外套则由一名女裁缝师制作[②]。然而，让卡隆香水声名远扬的，主要还是 1911 年的"黑水仙"，一支糅合了木质香（檀香和香根草）的单一花香水。"一支温暖、热烈、性感"的香水，源自于欧内斯特对于出门前涂香抹粉的母亲的记忆，以及对于那些他声称对他们的体香和香水充满了激情的人士的记忆。这一新产品成为卡隆香水中的佼佼者：香味醉人、热辣，与皮草及珍贵的衣料完美搭配——一支晚间的香水。1919 年，达尔特罗夫创作出了有革新意义的"金色烟草"，第一支有着淡淡的鸦片味的皮革调女士香水，一支献给现代女性的香水，即献给吸烟的女性的香水。被打造成高端产品的卡隆香水，属于建立起现代香水业的新一代产品[③]。

---

① 卡隆香水，《一家商业咨询机构关于欧内斯特·达尔特罗夫的材料》。
② 蒂埃里·卡尔多（Thierry Cardot），《卡隆香水：画作》（*Parfums Caron. L'œuvre peint*），巴黎，EPA，1988 年。
③ 格雷戈瓦·科拉尔（Grégoire Colard），《一家香水品牌的神秘魅力》（*Le Charme secret d'une maison parfumée*），巴黎，让-克劳德·拉岱出版社（Jean-Claude Lattès），1984 年。

第七章　奢华的香水

科蒂。幼年时便失去双亲的科西嘉人弗朗索瓦·科蒂，身上完全没有以后将从事香水制造业的迹象。弗朗索瓦·约瑟夫·玛丽·斯波丢尔诺（François Joseph Marie Spoturno）1874年5月3日出生于科西嘉的首府阿雅克肖（Ajaccio）[①]，他的父亲让·巴蒂斯特（Jean Baptiste）是一名地主，母亲玛丽·科蒂（Marie Coty）则只生下他这么一个孩子。七岁时，他成为孤儿。十三岁时，他不得不放弃学业。在1933年写下的一篇日记中，他记叙了个人的成长历程："我开始了学业，成绩十分出色。但是经过几年卓有成效的学习生活之后，我必须辍学，原因是好心资助我学习的祖母，再也不能像我其他同学的家庭一样，做出同样的牺牲了……但多亏了一些热心的朋友的支持，我在一张办公桌旁找到了我的容身之处。从那以后，我再也没有停止过工作。我学会了一些关于文书和财会的初级概念。我没有放弃学习，在我这个真正的老百姓家的孩子的整个人生里，我孜孜不倦地工作，并抓住一切自学的机会。"[②]这一段阐述类似于"自我奋斗而成功的人"（self-made-man）的定义。对于这类人士而言，实践、聪明才智、商业意识、好的时机都是成功的条件。当时有一名记者，记录下了科蒂犹如美国实业家一般的举止、简洁明快的语调以及天生的威望。一名深色皮肤的人物，"非常呵护自身形象的小个子男人，脸上没有夸张的表情，但是眼睛充满了智慧"[③]，他的狂妄自大表现成某种原动力。1900年，他来到巴黎，成为他在军队里结识的政治人物埃马纽埃尔·阿列恩（Emmanuel Arène）的秘书[④]。与此

[①] 科蒂1934年7月24日在他位于路维西恩（Louveciennes）的城堡里过世。路维西恩市立档案馆（Archives municipals de Louveciennes），1934年7月24日死亡证明。
[②] 让－雅克·维诺（Jean-Jacques Vignautlt），《伟大的香水制造商弗朗索瓦·科蒂》（*Un grand parfumeur. François Coty*），在法国调香师技术协会（STPF）举行的讲座，1983年2月17日，后来重新发表在《香水、化妆品和香氛》（*Parfums, cosmétiques et arômes*）杂志上，1983年12月，第54期。
[③] 同上。
[④] 1900年，同样出生于科西嘉的埃马纽埃尔·阿列恩获派出任巴黎的指挥官，他邀请当时仍用父亲姓氏斯波丢尔诺的科蒂，作为他的随从一同前往巴黎。——译注

同时，他还从事推销时尚小饰物的工作①。同一年，他迎娶了某位曾获得罗马大奖的版画家的女儿伊冯娜·勒·巴隆（Yvonne le Baron）为妻。当年，在巴黎举行的世博会正达到高潮。也许正是在去拜访他的朋友雷蒙·戈利（Raymond Goery）的路上——他这位年轻的药剂师朋友就在当时新兴的街区、战神广场上的埃菲尔铁塔的脚下开店营业——他去参观了博览会上的香氛制品系列展。弗朗索瓦·科蒂没有任何化学或香水专业的知识，但他喜欢在这位药剂师的朋友家里打发他的闲暇时光。雷蒙·戈利调制出了一款粗陋的古龙水，类似于《药典》（*Codex*）里给出的配方。科蒂觉得这支古龙水和当时的普通香水差不多：暗淡无光、陈旧过时、缺乏想象力。它们的瓶子不是像乱糟糟的集市上的物什，就是像流动商贩兜售的劣质物品。从这一批判的眼光里衍生出的，将是他对香水业的重大革新。"但是，时代不同了，难道香水制造商都聋了吗？人类正在进步，向前发展，一个崭新的法国将出现。"②因此，他决定发展他在香水上的鉴赏力和天赋，并开始学习化学。为了初步学习关于天然原材料和合成物的知识，他去格拉斯小住了段时间。他还在当地最著名的诗丽斯香精厂学习，而后者后来也成为科蒂香水的第一原料供应商。

他向他的祖母借了几千金法郎，作为他香水事业的启动基金，并使用他母亲的姓氏科蒂创立他的事业。1904 年，他在巴黎波艾蒂路（rue la Boétie）某个简陋的处所开门营业。这一处所既有店面，又有制造香水的实验室以及包装间（位于店铺的里间）。诚然，科蒂并没有调香大师的资本和经验，但是他拥有一项优势——创新。当时他名不见经传，这不仅

---

① 弗朗索瓦·科蒂一定是在这一时期开始对政治感兴趣的。1920 年，他当选为科西嘉巴斯蒂亚（Bastia）区的议员，并于 1930 年成为阿雅克肖的市长。1933 年，他创立了一个民族主义的社团：法国联盟（Solidarité française）。他的政治活动零散、不连贯。国家档案馆（Archives nationales），AN，370 AP 2：文档 1（Dossier1），《1931 年的传单小册》（*Pamphlet de 1931*）。国家档案馆：475 AP 409，《和利奥泰的通信及写给巴黎伯爵的一封信》（*Correspondance avec Lyautey et une lettre au comte de Paris*）。

② 让 - 雅克·维诺，《伟大的香水制造商弗朗索瓦·科蒂》，第 43 页。

弗朗索瓦·科蒂（左图）和他推出的第一支香水"雅克米诺玫瑰"海报（右图）

让他摆脱了风格的束缚，也让他无须捍卫声誉。他的精神指导是拥护现代性的志向，以及扩大香水传统客户群的决心，即把客户从活跃在上层社会的女性和交际花向资产阶级等更低的阶层扩展。与20世纪初年轻一代的进步表现遥相呼应的有第一批汽车赛事、环法自行车赛、人类对于南北两极的征服、游泳横渡拉芒什海峡……巴黎在当时是休闲娱乐和文化艺术的首府，因此对于科蒂而言，香水应该成为这一崭新的、朝气蓬勃的时代一部分。他渴望为女性开发出新的香水。1904年，香水"雅克米诺玫瑰"问世了，一支单一花香香水，旋即获得了巨大的成功。从此以后，科蒂成为一位富有的知名人士。他随后推出的香水有1905年的"牛至"（一支"精美、浓郁但又非常微妙的"香水[1]），以及"古代龙涎香""西普"和其他备受欢迎的香水。

科蒂坚信，香水既是视觉上的，也是嗅觉上的物质，它首先是一种物品，然后才是香氛，他对香水制造业的革新在于树立起了内容和形式的统一，并把香水打造成一种独特的装饰品。在玻璃制造商和香水制造商的合作上，他属于开拓者之一。自1910年起，他便邀请玻璃设计大师勒内·拉里克为他的香水**仙客来**（*Cyclamen*）打造饰有蜻蜓、形如女性躯体的水晶香水瓶。与此同时，他还革新了香水瓶的外表，皆因他认为表面过于繁复的香水瓶有可能会吓走客人。香水瓶，他说道，必须在满足人们的审美和自尊的同时，令人感到安心。

至于标签的设计和制作、纸板包装的印制，科蒂则和孟鲁日（Montrouge）[2]年轻的艺术品印刷商德雷格（Draegger）合作。他们共同开发出了纸上烫金和金粉印刷。德雷格几乎包揽了科蒂公司香水盒的印制。优质的金砂常常用于这一印刷过程。此外，科蒂还请来了画家让·厄娄（Jean Helleu）为他的产品包装绘图，譬如那幅巴黎年轻女子的画作，就

---

[1] 埃德蒙·鲁德尼茨卡，《私密的香水》（*L'Intimité du parfum*），巴黎，佩林出版社（Perrin），1974年。

[2] 法国法兰西岛大区上塞纳省的一个市镇。——译注

用作他的香粉盒上的肖像①。而科蒂香水的第一幅海报（约 1910 年），不仅以水彩版画的形式呈现出来，而且还有艺术家的亲笔签名②。

调香师保罗·波列曾讲述他和科蒂的第一次会面："某天早上我见到上门来的科蒂先生，矮小、亲切，身上紧裹着一套亮灰色的西装，头上则戴着一顶小草帽，当时我并不认识他。但我幼年时的一首歌曲回到嘴边：他是一个小个子男人，穿着一身灰色的衣服，卡拉比……"

"他信心十足地坐在一把扶手椅上，然后向我作了如下的宣布：

——我来这是要向您购买您的香水屋。

——但是，（我对他说），我的香水屋并不出售。

——如果您继续这样经营下去，（他接着说），您将要花上十五年的时间才能达到一定的声望。如果您和我一起发展，那么您将受益于我的管理，两年后您将和我一样有钱。

——这我很明白，不过，两年后，我的香水屋将属于您，然而相反的情形是，十五年后它依旧是我的产业。

——先生，您对生意一窍不通，他突然起身说道，然后把他的狭边小草帽套在头上，气冲冲地走出去了。

我们静静地看着他离开。科蒂先生有着拿破仑的身形。"③

某些香氛制品给科蒂带来了世界性的声誉，比如化妆粉盒，1914 年，只在美国，每天就售出三万个金属外包装的粉盒④。香水垒起科蒂财富的王国，而香粉则让这一王国坚固结实。由于销售额稳定增长，因此他在

---

① 弗朗索瓦·科蒂，《科蒂的香水》（*Les parfums de Coty*），厄娄在 20 世纪初的绘画作品，品牌回顾；另见《法国香水制造业和形象艺术》（*La parfumerie française et la presentation artistique*），广告附页。

② 弗朗索瓦·科蒂，《科蒂的香水》，广告海报（约 1905—1910 年），叙雷讷市立博物馆（musée de la ville de Suresnes）。

③ 保罗·波列（Paul Poiret），《时代的时装设计师》（*En habillant l'époque*），巴黎，格拉塞出版社（Grasset），1930 年。

④ 帕特里斯·德·萨航（Patrice de Sarran），《阿尔蒂尼城堡里的帝王弗朗索瓦·科蒂：香水的辉煌》（*François Coty, empereur d'Artigny. Le parfum de la gloire*），图尔（Tours），新共和国出版社（La Nouvelle République），1900 年，第 25 页。

外省建起了仓库,在巴黎的旺多姆广场开设了一间奢华的展示店面,采取出口策略,并从事国际贸易,还参加1911年和1913年分别在布鲁塞尔和基辅举行的万国博览会。第一次世界大战期间,他的成功进一步扩大。1915年,由于在战争中负伤复员,他让人在叙雷讷建起了一些工厂楼房[①]。随后,他在工厂旁边的朗尚城堡(Château de Longchamp)定居下来。1923年,科蒂成为一个实力强大的企业家,他把蒸蒸日上的企业改为股份有限公司。后来,公司的营业额持续增长,生产出庞大的利润[②]。20世纪20年代,科蒂成为富贾名流,是法国最富有的人士之一。作为调香师、政治家和媒体大亨,他取得了巨大的成功。根据《美国香水》(Americain perfumer)杂志记载,1922年6月,科蒂集团的业绩达到了350万美金,而其中的150万来自他旗下的香粉。20世纪30年代,经济危机加上婚姻问题,导致了他的破产。1934年,为香水概念带来深刻而长久的革新意义的科蒂,离开了人世。

服装设计师和调香师合作的时代。 20世纪上半叶,服装和香水在巴黎极具意义的结合,在香水业中形成一种真正的模式,而这一模式的成功将逐渐淘汰巴黎传统的香水制造者——某些著名的品牌除外,它们最终坚持了下来。早在18世纪,玛丽·安托万内特的御用裁缝师萝丝·贝尔丹(Rose Bertin),为了制作一些由充满香气的薄纱做成的花饰,就已经和皇后的御用调香师让·路易·法尔荣合作了!而手套制作商兼调香师行会自创立之初,便和时尚行业建立起了联系。皮革浸渍处理、香手套、礼裙褶边上的香珠,造就了人们称之为"余香"(sillage)的法式嗅觉艺术。这一拥有某种强大的情感意义的艺术,让全世界都羡慕法国。香水的非物质性将逐渐孕育出一个形象,而时装设计师不仅善于构建这

---

① 《科蒂致叙雷讷市长的署名打字版信函》(Lettre dactylographié portant la signature de Coty au maire de Suresnes),叙雷讷市立档案馆(archives municipales de Suresnes),档案 I 32,第七卷。
② A.P., D32 U3 162 第909期,1924年7月5日 与 D31U3 c.n. 2398 第909期,1924年6月26日。

个形象，也善于让它飞旋在裙摆间。

在疯狂年代巴黎新出现的思潮之下，一代生产香水的时装设计大师诞生了。保罗·波列1911年创立的香水品牌"玫瑰心"（«Parfums de Rosine»），树立起了他作为先驱者的地位，虽说1936年这一品牌在令人震惊的破产中谢幕了[①]。保罗·波列声称他开发香水只是出于个人的乐趣，但是他受到了维也纳艺术作坊的影响。那些作坊往往专注于多项创作活动。他亲自研究香调组合，渴望研发出一系列新型的香水。他在巴黎八区科利塞（Rue du Colisée）街有一处私人府邸，他把其中的几间屋子用于这一研发活动。他邀请诸如埃马纽埃尔·布雷（Emmanuel Boulet）和亨利·阿尔梅拉（Henri Alméras）等著名调香师，打造"玫瑰心"系列香水：**夜中国**（*Nuit de Chine*）、**禁果**（*le Fruit défendu*）、**阿拉丁**（*Aladin*）、**波吉亚**（*Borgia*）、**滑稽剧**（*Arlequinade*）、**萨迦**（*Sakya*）、**莫妮**（*Monni*），甚至是**我的代母的香水**（*Le Parfum de ma Marraine*）——献给战时负责给士兵写信慰问或寄送包裹的女性[②]。这一系列的香水瓶由玻璃商乔治·舍莱尔（Georges Scheller）制作，它们圆胖的形状和彩色的玻璃识别度很高。而由画家乔治·勒帕（Georges Lepape）设计的商标和信笺，新奇、出色、备受肯定。波列的香水工厂位于巴黎郊区的库尔布瓦市（Courbevoie）。第一次世界大战期间，他还在那儿设立了一间玻璃厂，以暂时应付香水瓶的供应问题。

受到波斯、中国、日本和其他遥远的国度的启发，保罗·波列既开创出某种奢华的时尚，也打造出前卫大胆的香水。他的香水新奇、高雅，华丽的香水瓶光彩夺目。它们被划归为高端奢侈品。此外，保罗·波列还是第一位把女性从紧身胸衣里解放出来的时装设计师。

保罗·波列以他的"玫瑰心"系列香水开启了时装设计师制造香水

[①] A.P., 商业汇编（registre du commerce），解析表（tables analytiques），n°15244，解体申报1936年11月18日。

[②] 让·盖尔雷奥（Jean Kerléo），在香水博物馆的会议（Séance à l'Osmothèque），1995年10月。

的道路。莫里斯·巴巴尼（Maurice Babani），20 世纪初备受巴黎的名流赏识的服装设计师，1919 年大力推广一套以他自己的名字命名的香水。他的父亲，出生于近东的维塔尔蒂·巴巴尼（Vitaldi Babani），1895 年在奥斯曼大街开了一间小型的进出口企业。自 1910 年起，他就已经开始销售香水，但是他是在 1919 年以后，才开始投入到自己的香水研发中，因为他希望以不同的新香水呈现东方的各个国家。1921 年，他推出了**阿卜杜拉**（*Abdoullah*），把阿拉伯世界的芬芳装在了一个奢华的香水瓶（借鉴了东方的装饰图案）中。

加布里埃尔·香奈儿深谙香水和时装结合的战略意义。1921 年，随着"香奈儿 5 号"的问世，她正式成为"第一个打造香水的时装设计师"。1924 年，为了生产和销售"香奈儿 5 号"——她希望这支独一无二的香水奢华高贵——香奈儿和拥有妙巴黎的韦特海默家族（la famille Wertheimer）联手创立了香奈儿香水公司。对于香奈儿而言，风格凌驾于一切之上，因此"香奈儿 5 号"也必须像她设计的裙子一般，传达出一种风格。"女人既可以早上穿着我设计的裙子出门购物，也可以穿着它喝下午茶，还可以晚上穿着它去看戏。"众所周知，她为女性设计服饰，因此她想为女性提供全面的装扮，即把装扮的嗅觉层面也纳入其中。品牌的逻辑性必须严格实行，礼裙和香水的结合也必须浑然天成。"我是裁缝师，我不是调香师，我不认同调香师们所做的一切……另外，如果我出售香水，那是为了让女性香气怡人。我想销售的只是香水，而不是香水瓶……我希望我的香水是无法模仿的，但由于香水制造商在抄袭上无所不能，所以我希望它的价格十分高昂，以至于任何香水制造商都不敢标出这一价格。"[①] 因此，香奈儿希望打造一支"让其他香水制造商艳羡"的香水。

对于时装设计师，由礼裙、香水、礼帽等构成的整体风格代表着某

---

① 亨利·罗伯特，嗅学和皮肤学科学院的通讯（communication à l'Académie d'osmologie et de dermatologie），1977 年 11 月 8 日，法国香水协会文献。

种战略利益。除此之外，巴黎的时装品牌还意识到，和它们有直接接触的客户，无论是法国的还是国外的，对于高端香水业都构成了一个极好的销路[1]。香水制造向来都意味着一项十分赚钱的业务，并且能为成本高昂得多的时装业提供资金。20 世纪 20 年代，著名的时装品牌都开始感受到危机的降临。相反，香水制造由于成本比较低，从而享有盈利丰厚的声名[2]。1914 年第一次世界大战之前，香水产业的税后净收益（当时的税费非常低）为 27%，资产折旧后则为 17%。著名香水制造商都拥有巨额的财富，皮维的女婿雅克·鲁谢（Jacques Rouché），不仅一生都以皮维香水的营业收益维持生活，而且还把这一收入用到他管理的巴黎歌剧院的运作之上：1914 年至 1940 年，他一直以个人的资产资助歌剧院[3]。

时装设计师从高级时装向香水业的拓展分为两个阶段。首先，他满足于一些简单的稀释或包装活动，或成为制造商，从他的前香水供应商手中买下制造配方，然后自己再进行所有的调配和研发。与此同时，他也可以把某一调香师的创作活动置于他的品牌之下。这样的例子有帕图的亨利·阿尔梅拉，浪凡的安德烈·弗雷斯，维尔的于贝尔·弗雷斯（Hubert Fraysse），波列和雷维庸的莫里斯·夏勒（Maurice Shaller）。

这一代打造香水的时装设计师，史无前例，他们在香水业中占据了越来越重要的位置。自"香奈儿5号"1921年问世之后，他们分别推出的首款香水有让·菲利浦·沃斯（Jean-Philippe Worth）1924 年的**夜晚**（*Dans la nuit*），让娜·浪凡（Jeanne Lanvin）1925 年的"我的罪"，让·帕图 1925 年的**爱慕**（*Amour Amour*），吕西安·勒隆（Lucien Lelong）1936 年的**轻率**

---

[1] 《关于香水业的专题报告》，法国香水协会编著，具体日期不详，约 1947 年。这一研究报告囊括了许多回溯性的内容，可在法国香水委员会（Comité français du parfum）查阅得到。

[2] 1939 年的参考数据如下：原材料为成本的 30%；在这之上，还需要加上 11% 的销售费用（代理和广告）、6% 的生产成本、6% 的人工成本、23% 的一般性费用以及 1.5% 的财务费用。

[3] 让-雅克·维诺，《伟大的香水制造商弗朗索瓦·科蒂》，第 46 页。

(*L'Indiscret*)，雷维庸 1936 年的**舞会名册**（*Carnet de Bal*），艾尔莎·夏帕瑞丽 1937 年的"震骇"。

香奈儿 5 号。生产香水的时装设计师力求通过香水，获得某种对于品牌的直接认知。他们对装扮艺术产生了深远的影响。香水瓶的设计犹如礼裙一般，香水也和品牌的风格协调一致。正如时装系列一样，香水作品也随着时尚的演变发生变化。当时，时装和香水业的这种联合似乎有目共睹，因此科莱特这么表述道："同样属于法国工艺的高端香水业，如今几近完善。努力拥有同一符号的礼裙和香水瓶，形成了同盟。昂贵的香水瓶身纤细，礼裙则线条优美。它们深信无论在何处，都为人所知；它们驰骋万里征途，漂洋过海，大西洋两岸都目睹了它们加倍的成功。在整体装扮（total look①）所代表的战略意义上，香水和时装的联合又是一个不能忽略的商业筹码。1921 年问世的"香奈儿 5 号"，瓶身非常素朴，具有革新意义。"我把一切都放在香水之上，完全不在它的瓶身之上，香水瓶将简单而不花哨。"加布里埃尔·香奈儿说道。这一瓶身的设计借鉴了某一几何形的扁平小瓶：一个来自于男士旅行梳洗包中的小瓶。而现代女性香水正是从男性的世界中诞生的。1930 年之后，让·厄娄以艺术总监的身份加入香奈儿，他设计出了"香奈儿 5 号"瓶身最后的式样，而这一式样在多年间又历经调整和修改，最终形成了这一有着简洁棱边的香水瓶，犹如一个水晶的立方体。商标和印有黑体字的白绘画纸包装盒，也以素朴示人。它们拥有同样简洁的外形：一种建立在黑白对比之上的朴实无华与和谐，让先前那些有着弧形和花形线条的式样显得传统而落后。

两次世界大战期间，由时装设计师推出的香水面对的只是时装业早先的客户，是面对一小群特殊客户的小批量销售。1921 年，香奈儿甚至声称不出售香水，她只把她的香水，这种内部的奢侈品，提供给她的高级客户。如此一来，"香奈儿 5 号"便确立起了某种前卫的形象和限量版

---

① 美国人为加布里埃尔·香奈儿创造的用语。

发行的方式。据说，当香奈儿在戛纳最著名的酒店里和恩尼斯·鲍以及一些朋友吃晚餐时，她对"香奈儿5号"香水进行了一番测试。她把一个香水喷雾器放在饭桌上，每当一位女士从身边经过时，她就悄悄地启动一下喷雾器。她回到巴黎，行李里装了几瓶"香奈儿5号"香水，那是为了提供给她的高级客户的，她的建议如下："把香水喷在您身上任何会被亲吻到的地方。但任何滥用香水的女人，生活都不会有未来，皆因她只会冒犯她的朋友和爱慕者。"然后，当她的客户请求购买这一珍贵的与众不同的香水时，她就狡黠地说道："香水？哪支香水？噢，是的，我前天送给您的那一小瓶香水……想买一些？您就不要想着这事儿了！再说，我也没有。亲爱的，我并不卖香水。我觉得那只是一件送给我朋友的奇特礼物。"几近尴尬的客人，陶醉在"香奈儿5号"的香氛（店员在试衣间里喷洒了大量的香水）中离开了。建立在口耳相传之上的推广，以及在选择性销售前经过巧妙和缜密的安排造成短缺，从而激起欲望，这成为"香奈儿5号"最初在客人中大受欢迎的关键。这款让其他香水相形见绌的香水，起初只在巴黎、戛纳、多维尔（Deauville）和比亚里茨（Biarritz）的专营店中出售。它取得了惊人的成功，非产业化生产已经无法满足需求。1924年，香奈儿女士和她在巴黎老佛爷百货公司的老板泰奥菲尔·巴岱（Théophile Bader）的介绍下认识的韦特海默家族的两兄弟皮埃尔与保尔（妙巴黎香水和化妆品公司的所有人），签署了合作协议。商业头脑敏锐的韦特海默两兄弟，在庞坦（Pantin）[①]有一家生产脂粉和香水的工厂。他们希望生产"香奈儿5号"香水，并向有能力拥有这一产品的阶层大力推广：以一种真正的产业和商业模式推广。这样一来，香奈儿香水股份有限公司便于1924年成立了。这一令人兴奋的合作不仅向"香奈儿5号"香水打开了美洲的大门，而且让它获得了国际声誉。

琶音。直到战后，由时装设计师打造的香水才推广到女性的各个社会阶层。浪凡的"琶音"便属于这种情形。让娜·浪凡对这一香水（史

[①] 法国法兰西岛大区塞纳-圣德尼省的一个市镇。——译注

香水"琶音"是使用最上乘、最珍稀的原材料设计出来的一种全新的花香型香水。香水瓶黑色球体雍容华贵,形如覆盆子的金色瓶盖则让它熠熠生辉。瓶身上的金色版画,描绘了身着晚礼服的让娜·浪凡弯下身子拥抱玛丽-布朗什上五大名香之一）的创作者安德烈·弗雷斯表示："我既不谈论时尚，也不谈论成本，我只谈尽善尽美。"让娜·浪凡希望把曼妙的"琶音"，一支由天然纯净的鲜花调制出来的混合花香香水，作为送给她的女儿和缪斯玛丽－布朗什·德·波利尼亚克（Marie-Blanche de Polignac）三十岁（1927年）生日的礼物。早在1923年至1924年间，让娜·浪凡这位著名的女时装设计师就已经开始赞助一位上了年纪的俄罗斯调香师乍德夫人（Mme Zed）的创作活动。和后者一起，她打造出了一些把人带往远方的香氛，而这些香氛又都来自于她的想象力。从威尼斯到东方，她的香水让她游历在遥远的土地之上：**田野**（Le Sillon）、**威尼斯总督夫人**（La Dogaress）、**橙花盛开的地方**（Où fleurit l'oranger）、"我的罪"。

至于献给玛丽－布朗什的"琶音"，那必须超越自然，即研发出一种全新的花香，并且比格拉斯所有花卉种植园里的芳香还要曼妙迷人。保尔·瓦谢和安德烈·弗雷斯使用了最上乘也是最珍稀的原材料。这些原材料在他们的精心调配之下，成了一股在肌肤上溅起迷人香氛的瀑布。玛丽－布朗什，这位富有才华的年轻音乐家，本能地领会到了香水和音乐之间的关系，她说道："这就像一曲琶音。"为了让她为女儿打造的礼物更加完美，让娜·浪凡希望得到一个无与伦比的瓶身。她聘请了装饰艺术大师阿尔芒－艾伯特·拉托（Armand-Albert Rateau），后者曾经为她装饰了她位于巴黎巴尔贝－德－朱街（Rue Barbet-de-Jouy）的公寓。阿尔芒－艾伯特·拉托为她设计了一个雍容华贵的黑色球体，像女性的身体弧线一样舒展，十分优雅；形如覆盆子的金色瓶盖则让它熠熠生辉。瓶身上的金色版画，描绘了身着晚礼服的让娜·浪凡弯下身子拥抱玛丽－布朗什。这一由另一位知名艺术家保尔·伊里布（Paul Iribe）创作的作品，同样是香水"琶音"的标志之一。"琶音"的香水瓶，除了拉托和伊里布的经典黑色和金色，还有让娜·浪凡最喜欢的蓝色，某种受到弗拉·安杰利科（Fra Angelico）[①]的画作启发的深蓝色。"犹如爱情一般，

[①] 意大利文艺复兴早期画家。——译注

一支香水必须在初次接触后就让女人神魂颠倒。"让娜·浪凡说道。作家露易丝·德·维尔莫兰（Louise de Vilmorin）则回应："'琶音'在身后留下既清新又热烈的香气。一种非常奇特的组合，既有花香、果香，又有皮草和叶片的香气。它轻声吟唱出一首欢快的歌曲。"[1]

欢愉。帕图 1930 年推出的香水，是一支在大萧条时期面世的奢华香水。在经济最不景气的时代，让·帕图推出了这支"世界上最贵的香水"。是挑战、挑衅，还是大胆无畏？事实是，让·帕图希望为他的美国女主顾和好友们专门打造一份特别的礼物。她们在经济危机中资不抵债或几近破产，已经无法再像往常一样购买那么多的高定礼裙了。帕图不无幽默地以三重奏的方式，推出他的首批香水：分段地讲述爱的只言片语的"爱慕"、"我知道什么？"、**永别了贞洁**（*Adieu sagesse*）。他接着推出的是 1927 年的**迦勒底**（Chaldée）和**巅峰时刻**（*Moment suprême*），然后才是 1929 年的第一支中性运动香水"他的"。在埃尔莎·麦克斯韦（Elsa Maxwell）——正是她想出了"欢愉，世界上最贵的香水"这一犹似玩笑话的广告标语——的帮助下，让·帕图走遍了格拉斯，寻找那"微妙的东西"，难以捉摸却深深根植在他的大脑里。在他看来，所有推荐给他的样品都难以令人满意，调香大师亨利·阿尔梅拉向他展示的那一款除外：那是由稀世的上品精油调配出来的。保加利亚玫瑰和格拉斯茉莉的绝妙组合，一支由大量稀世且珍贵的天然原料调配而成的混合花香型香水。路易·绪（Louis Süe）以建筑师的身份设计出的比例完美的香水瓶，不仅饰以一束紧贴着瓶颈的耀眼细金，而且还经过两道烧制，以形成某一更好的保护层。按传统方法制作的香水瓶，须经手工才能完成；瓶塞是刚石的材质，并以蜜蜡封瓶技术封口。

珍贵的享乐之物。现代女性的出现、文学和艺术运动、进入香水业

---

[1] 露易丝·德·维尔莫兰，《嗅觉的歌剧：诗篇和图形诗》（*L'Opéra de l'odorat. Poèmes et calligrammes*），由科莱特作序，1949 年。

的"新人",都促进了人们对于香水的认识的转变。从此以后,香水不再只是一种卫生保健品或一种优雅的饰物;它将成为真正的精神实体,先于我们的存在,却又和我们如影随形。与此同时,受益于科学和机械化取得的整体进步,香水进入到一个奢华高端的领域里:美妙的香氛、华贵的香水瓶和盒子、梦幻般的广告宣传。1925年,在巴黎举行的以装饰艺术和现代工业为主题的世博会上,香水正是作为艺术品和工业品而备受赞美。

1900年至1939年间,调香师们首先追求的是创造力,他们致力于创立一种全新的香水艺术。随着1930年帕图的"欢愉"的问世,混合花香型香水臻于完美。而继"香奈儿5号"之后,醛香香水散逸出那一无法描述的花香:消散在一切花束之中(马拉美语)。花香型、木质香型或者琥珀香型(所谓的东方香型)香水,就像娇兰世家1925年推出的"一千零一夜"一样,把女人带入到阿拉伯故事集《一千零一夜》令人销魂的世界中。西普香水,譬如米洛品牌1925年发布的著名的"双绉",呈现出一种精微幽雅的香调。而女士皮革香水则在20世纪30年代大放异彩。这些芳香迷人的液体无不奢华、高贵。卓越的香水总是强调独创性、革新、原材料和包装的品质,以及作为必要手段的合适的问世时间。出于保持质量标准的考虑,香精油或者原料成为调香师们储藏的对象。为了让原料基本一致,调香师们把不同年份或者不同地区的收成混合在一起。所有格拉斯采摘下来的玫瑰花和茉莉花都专门留给香奈儿香水公司,以生产它的"香奈儿5号"香水。鲜花原料每年的产出质量都差不多。如果有些年头的收成大于需求,那么多出的部分就加工成花腊(又称为凝香体)并储存起来,以备将来的年份使用。正是在凝香体这一形态之下,花香得到了最好的保存。

科蒂的远见带来了成果,形象对于香水而言,不仅成为一件实实在在的华服,而且成为香水业这一注重不断提高它的艺术内涵的行业孜孜以求的目标。香水制造商、玻璃(水晶)器皿厂商、纸板制造商、艺术家、装饰艺术家、印刷商,将共同致力于香水形象的打造。

在 1925 年的巴黎世博会上，香水作为奢侈品和艺术品得到全面认可。香水业在这一博览会上的公开诉求是，香水不应被当作廉价品。香水瓶能彰显香水的价值。"香水的地位随着香水瓶的艺术价值的增强而提高：我们的玻璃器皿制造商有责任寻找和开发出全新的样式。"[①] 在 1925 年世博会的装饰艺术展上，展出了这一类现代的、富有艺术性的小瓶。

1919 年以后，装饰艺术风格取代了新艺术风格，香水瓶的瓶身越来越整齐匀称，一般采用球面或直线的形状，并附有装饰性的瓶塞。20 世纪 20 年代和 30 年代，制造出了大量精美的香水瓶，它们都是艺术家们深思熟虑之后的成果。1904 年，娇兰世家为它的香水**香榭丽舍**（*Champs-Élysées*）打造了一款新艺术风格的杰作：龟状的香水瓶。动物的形状，以及瓶身平滑的刻面，已经宣告了装饰艺术的到来。1919 年问世的"蝴蝶夫人"的香水瓶，是一款早在 1912 年就已经设计出来的瓶子：该香水瓶当时是为了"蓝调时光"打造的，有着一个倒立的心形瓶塞。"一千零一夜"的瓶塞则犹如一把打开的扇子的形状。由雷蒙·娇兰设计的这一扇形瓶塞受到了一件金银制品的启发。同样是东方香型的 **"*Djedi*"**，深藏在一个腰身匀称的方形瓶中。而受到圣埃克苏佩里的小说启发的"午夜飞行"，则装在一个现代的甚至是充满阳刚之气的瓶子中出售：金属的瓶塞，内切于圆圈之中的金色字体，香水盒上的黑条纹突显出白色的底色。"柳儿"的香水瓶的设计从属于立体主义：严谨的字体，金色提升下的平滑表面黑亮耀眼。娇兰世家的所有香水瓶，都由装饰艺术大师乔治·谢瓦利埃（Georges Chevalier）出任艺术总监的顶级水晶品牌巴卡拉制造[②]。

---

① 亨利·克鲁佐（Henri Clouzot），《现代玻璃瓶制造艺术》（«Le Flaconnage artistique moderne»），节选自期刊《法国工艺和奢侈品行业的复兴》（*La Renaissance de l'art français et des industries de luxe*）中的文章，1919 年 12 月。
② 巴黎档案馆（Archives de Paris），娇兰世家 1920 年至 1939 年间存放在商业法庭（tribunal de commerce）的文件。

让·帕图向路易·绪和安德烈·马尔定制他的香水瓶。两位设计师为香水**诺曼底**（*Normandie*）打造了一款镶嵌在一艘金属船中的瓶身，发行数量仅为五百份。这一香水瓶从而开启了一种新的类别：隆重推出的限量版香水瓶，在"二战"后广泛流行。卡隆香水的香水瓶由菲丽丝·贝高（Félicie Bergaud）设计，往往由水晶、金线或丝绸等组成。菲丽丝是自学成才的服装设计师，后来成为卡隆公司的艺术总监，她喜欢使用一些让她想起先前职业的材料，如绦子、花边、饰带……此外，在她设计的水晶玻璃香水瓶的表面，往往会覆有金粉。

热情洋溢的艾尔莎·夏帕瑞丽在打造香水瓶时，则喜欢使用艳丽的色彩（譬如"震骇"香水瓶上的玫瑰红，这一颜色受到了秘鲁玫瑰的启发）、玻璃花、饰带、波西米亚玻璃。她设计出了一些精美卓绝的作品，譬如饰有吹制玻璃花环、宛如模特上半身的香水瓶（"震骇"），或者烟斗状的香水瓶（"鼻烟"）[①]。而香水瓶瓶身象形的一面在第二次世界大战结束之后，在其他香水品牌中也备受欢迎。

香水瓶制造这种美学上的追求，是香水制造商和玻璃器皿制造商合作的成果。那时候，正值现代艺术转折之际，香水业希望把技术和美学联系起来，并把各个技术领域的艺术家会聚到一起。随着玻璃或水晶玻璃技术的提高，在香水瓶的制作上，一些全新的品种成为可能。这也就是为什么在20世纪20年代彩色玻璃或有色玻璃的香水瓶风行一时。此外，为了形成反差的效果，磨去玻璃的光泽也是常用的做法，譬如在著名的拉里克水晶制品厂。香水瓶的尺寸不断完善，而玻璃雕刻也如同玻璃珐琅一样，依然受到人们的喜爱。为了赢得更大范围的客户，水晶、半水晶和玻璃都应用在香水瓶的制作之上。香水盒和香水匣依旧由手工艺人制作，但是制作的原料如鲨鱼皮和摩洛哥皮革，不得不让位于通过印化和彩纸得到的仿皮革。当时流行的是周末出行用的木质旅行箱和金属旅行箱。汽车、火车和飞机不仅让旅行变得越来越便利，而且催生出

[①] "鼻烟"，艾尔莎·夏帕瑞丽1939年推出的一支男士香水。——译注

了新的需求：香水和它的附属产品在出行时必须轻便、便于携带。旅行必需品的实用性成为销售的手段之一。

20世纪30年代，限量版香水套装礼盒逐渐推广开来。它们常常在圣诞节期间推出。这一潮流最初在美国掀起，因为美国市场对于这一类产品的需求十分强劲。而妙巴黎公司随着它的香水**夜巴黎**（*Nuit de Paris*）的推出，大大拓展了节日香水礼盒这一概念：它开发出了许多深蓝色的节日香水套装盒，一般由香水、胭脂和口红或其他同一系列的产品组成。

作为高端奢侈品，香水呈现出一个越来越广阔的天地。而和它们联系在一起的名字以及广告形象，则一步步地把女人带到一个奢华、梦幻、精彩的世界里。香水成为一种真正意义上的远方的诱惑，而作为幻想中的布景是鲜花、爱情、节日之下的巴黎、优雅、神秘的东方、黄金、珍贵的原料和技术。与香水相关的形象性感、讨人喜欢。1913年，保罗·波烈邀请莫里斯·夏勒为他的香水"夜中国"，设计一款形如中国传统鼻烟壶的仿玉玻璃香水瓶。瓶身的两边各有一个悬挂着蓝色胶木环的小柄。香水盒上饰有金丝。香水的名字受到了保罗·波烈的朋友凡·邓肯[①]和保尔·伊里布的启发。这一香水浓郁、热烈，糅合了广藿香、茉莉、玫瑰、肉桂、丁香、香根草、岩蔷薇、龙涎香和麝香。广告标语打出了："我不主张节俭。我只谈优雅。请选购'夜中国'！"同一年，保罗·波烈在美国被尊称为"时尚之王"（King of fashion），并起草了第一批授权协议。

远方的诱惑。远方的地平线唤起香水业界的创作灵感，调香师们追寻着从印度到中国，甚至直至日本的香料之路。与此同时，他们还追溯古老的文明和历史。他们从音乐、文学以及常见的艺术中，汲取关于香水的名称和主题的灵感：高雅的艺术标准孕育出丰富多彩的想象力。1926年，香奈儿推出由恩尼斯·鲍创作的**岛屿森林**（*Bois des îles*）。这

[①] 野兽派画家基斯·凡·邓肯（Kees Van Dongen）。——译注

一充满花香和木香的东方型香水——配有悬铃木的香水盒——是一次真正的来自远方的邀约。当时的巴黎憧憬遥远的天地，沉浸在对于殖民地的甜美生活的怀念之中。1938 年，帕图打造出的香水**殖民地**（*Colony*），装在一个菠萝形的瓶子中，满足了女人们对于远方（旅行）、阳光和梦幻的渴望。这支香水是亨利·阿尔梅拉为了纪念法国海外殖民地展览会而创作的。一支果香的西普调香水：充满阳光，以及香料朦朦胧胧的味道。香水盒由麦秆制成，并饰有一艘帆船——犹如征服者航行在大海上的船只。

巴黎依然是优雅和时尚之都。它是欢乐、美和非凡时刻的象征。在香榭丽舍大街上开门营业的娇兰世家，1904 年大力推广香水"香榭丽舍"。1929 年，妙巴黎向全世界的女性发布了恩尼斯·鲍创作的"夜巴黎"：一支十分亮丽、圆润的香水，糅合了茉莉、玫瑰、鸢尾花、石竹、檀香木和香根草。在银色瓶盖的衬托下，钴蓝色的香水瓶瓶身明亮耀眼，让人想起梦中节庆之下的巴黎。

4．形式各异的品牌战略

随着香水产业规模的急剧增长，品牌间的竞争不断增强。香水制造商因而开始筹划产品推广，以建立起客户的忠诚度。克莱蒙·沃泰尔 1926 年发表的小说《我是一个恶劣的有钱人》（*Je suis un affreux bourgeois*），描绘了 20 世纪 20 年代香水制造商的发展战略。他的例证尽管是杜撰的，却十分有代表性[1]。克莱蒙·沃泰尔是《自由报》的一名记者，在两次世界大战期间撰写了《高卢人的荒唐史》（«Chroniques fantaisistes du Gaulois»）。在他的这些专栏文章里，他以嘲讽的口吻描述了时人的品行和习性。这一讥讽的风格在他所创作的小说中也一以贯之，

---

[1] 克莱蒙·沃泰尔，《我是一个恶劣的有钱人》，巴黎，阿尔班·米歇尔出版社（Albin Michel），1926 年。

而小说的名字就已经让人对内容略知一二[①]。在《我是一个恶劣的有钱人》中，他叙述了一位发家致富的巴黎香水制造商，决定大力推广一款全新的香水**大我**（*Moi toute*）的故事。尽管写法不无夸张，但这部小说还是非常出色地表现了那一时代的氛围。而且，对于主人公奥诺雷·帕基依（Honoré Paquignon）的刻画，也完全符合巴黎香水制造商的形象，逼真的香水的产品、广告宣传和商业策略，都赋予了小说一定的真实性。"这一点也许正是我的工作的关键，"奥诺雷·帕基依说道，"香水产品完全依赖于时尚，而时尚则是一个宣传推广的问题。"[②]事实是，自1920年以后，广告宣传成为新品推广的重点，而这正是1915年前往旧金山参加世博会的香水制造商注意到的。"广告打造或破坏您的产品。宣传能造就产品，而缄口不言只会让产品消失！"伴随着这一受到认可的策略，多种广告渠道得到了运用，如杂志、招贴画、广播、橱窗和展台等。

高端路线。根据和批发商缔结的专卖合同，顶尖品质的香水开始走高端销售的模式，譬如娇兰世家在1902年之后采取的策略。这一高端的商业模式，赋予客人某种尊享的地位，即购买某一优质产品的至高享受，那是大多数人接触不到的，因为这一产品刻意拉开了和大众消费间的距离。客人成为品牌的优选对象，并自认为实现了迈向奢华的第一步。正如其他享有盛名的香水制造商一样，娇兰世家懂得店面的象征意义。1938年，这一香水世家在它位于香榭丽舍大街的商店内，开设了一间由克里斯蒂昂·贝拉尔（Christian Bérard）[③]和贾科梅蒂（Giacometti）[④]设计的美容院。

---

① 克莱尔·沃泰尔，《有钱人的荒唐事》（*Les folies bourgeoises*）、《放肆的小姐》（*Mademoiselle Sans-Gêne*）、《不想要孩子的夫人》（*Madame ne veut pas d'enfant*）、《巴黎式的爱情》（*L'Amour à la parisienne*）、《昂戈夫人的孙女》（*La petite-fille de Madame Angot*）、《爱丽舍宫里的疯子》（*Le fou de l'Élysée*）、《穷人的神父》（*Mon cure chez les pauvres*），1925年至1940年间出版。
② 克莱蒙·沃泰尔，《我是一个恶劣的有钱人》，第27页。
③ 法国时尚插画家和设计师。——译注
④ 瑞士雕塑大师、画家。——译注

在完整的商业战略之下,奢侈品的文化,以及赋予客人独一无二的感受发展了起来。香水制造商在方方面面都力求高雅:时髦优雅的街区、艺术的装潢、优质的服务。对于专门为名媛淑女打造的名贵香水而言,店面犹似收藏珍贵物品的宝盒。

香水的大众化。20世纪20年代,中产阶级逐渐兴起,适合女性的工作也发展了起来,尤其是在行政部门和大型百货公司。在这些机构里,女人们从事打字员、售货员或者示范推销员的职业。如此一来,女性上班族不得不注重她们的形象:化妆和喷洒香水。时人把她们称为"midinette",因为她们中午就只吃一份简餐(dînette)①,以便有时间浏览商店的橱窗。某一尚未开发的市场出现了:香水制造商开始生产一些中产阶级财力范围内的香水。不过,这一社会阶层需要憧憬并懂得赏识奢美的产品;因此,这一类香水尽管价格实惠,却具有奢侈品的一切表面特征。

20世纪20年代末期,妙巴黎新推出的香水"夜巴黎",就采取了这一营销策略:"一支奢华的香水,只需9法郎,"广告语如此说道,"它的甜美让妻子们如沐春风,它的价格让丈夫们欢欣鼓舞!"这一香水既美妙又令人愉快——恩尼斯·鲍("香奈儿5号"的调香师)的作品以及以节日之下的巴黎为主题的精美包装。该产品的一则广告画面是巴黎一对盛装打扮的情侣,年轻的女性上班族对着这一画面浮想联翩。妙巴黎使用了所有的广告渠道推广"夜巴黎":时尚杂志、报纸广告插页、广播、赞助音乐会等,以期赢得大批客户。此外,一些全新的宣传方法也轮番上阵:传单、折叠式画册、香水卡片、样品、促销的赠品。

妙巴黎还采用了一种拉近和消费者之间距离的形象推广。1925年,借着**我的香水**(Mon parfum)和这一产品的衍生系列推出之际,妙巴黎打造了一个名叫巴贝特(Babette)的短发女孩的形象。巴贝特,巴黎式优雅的形象大使,喷洒"我的香水",并用妙巴黎的**腮红**(Fards

---

① Midinette 便是由 midi(中午)和 dînette 两个法语词缩合而成。——译注

Pastels）[1]化妆。她象征着巴黎女人，活泼、优雅、精致、喜欢奢美的事物，有着为所有男人熟知的魅惑力，恰到好处且无懈可击。由热尔曼娜·博蒙（Germaine Beaumont）构想出来的巴贝特的一些生活画面，伴以彩色的插图；这一切都出现在宣传小册子中或者诸如《时尚之园》（Le Jardin des modes）之类的女性时尚杂志的广告页面上。

不能享有巴贝特的生活模式的女性消费者，在看着她看戏、听歌剧、进行冬季运动、打猎、骑马、玩巴卡拉纸牌，或者在充满异国情调的地区旅行时，可以任想象力天马行空般地自由驰骋。这样一来，巴贝特扮演的是女性消费者身边的参谋，她以一种好朋友间的私密口吻，并通过提问的方式为她们出谋划策。因此，在展示出某种生活模式的同时[2]，她超越了产品严格的范围。这一形象推广的方式——在某种程度上是社论式广告[3]的前身——大量出现在20世纪30年代的女性刊物中。

全新的行销策略显然卓有成效：根据1939年的一项调研，在十大销量的香水中，前两位分别是科蒂1921年的"祖母绿"和1936年的"铃兰"，然后便是妙巴黎的"夜巴黎"、娇兰的"一千零一夜"和香奈儿的"香奈儿5号"香水[4]。因此，尽管人们的购买力受到了1929年经济危机的冲击，但是这些香水还是赢得了一大批依然渴望优质产品的顾客[5]。当时，普通消费者似乎会优先购买香水品牌（科蒂、妙巴黎、娇兰）推出的香水，而服装品牌打造的香水则还是为它们原先的客人专用。如此一来，如果我们看一下香水产品的价格，就会发现香水分为三大类别：高端香水、中端香水、低端香水。这三类香水在价格上的差异

---

[1] 妙巴黎香水和化妆品公司（Parfums Bourjois），《巴贝特的故事》（Les Histoires de Babette），1925年、1926年、1927年，妙巴黎档案。
[2] 这一广告形象结束于1932年。
[3] 与报纸或杂志的内容结合在一起的有偿广告。
[4] 法国巴黎香水协会（Syndicat français de la parfumerie），《关于香水业的专题报告》（Monographie de la parfumerie），1939年，新闻稿（C.P.）。
[5] 1924年，法国国内市场的年人均香水消费金额为25法郎。详见罗贝尔·比昂内梅，《法国香水制造业的现状》（La situation actuelle de la parfumerie française），1931年3月9日，法国香水协会（SFP），第4页。

十分惊人：娇兰 1937 年推出的**流金岁月**（*Coque d'or*）的价格为 580 法郎，帕图的"欢愉"是 400 法郎，而婕洛芙的一瓶香水只需 51.25 法郎。尽管如此，不同类型的香水品牌都拥有相同的目标：为顾客送上梦幻的、优质的、迷人的、奢华的产品。只要这一使命没有遭到破坏，香水，即便成为大众化的产品，依然符合一项牢固的准则：奢华代表着富裕、闲散、阔绰、自由以及上层阶级的认同感。

在大型百货商场中，留给香水和化妆品的空间变得越来越大。针对中产阶级的香水业，也非常重视这一销售渠道。法国历史上的第一家百货商场 Le Bon Marché①，1926 年至 1937 年间的产品目录，记载了一些引人注目的线索。这一时期，该百货商场主要销售寻常的香氛制品：普通的香皂或者马赛香皂、香粉、洗发水、化妆用品、漱口水和牙膏，以及装在短颈大腹瓶或小瓶中的浓度不一的古龙水。而面向中产阶级的所谓的中端香水，也已经出现在类似于 Le Bon Marché 的大型商场里：科蒂是第一位进驻的香水制造商，妙巴黎紧随其后。而香水品牌的柜台在大商场里普及起来，则是在第二次世界大战结束之后。

美国香水业。美国香水业借鉴法国的模式，深受这一模式的影响。直到 1945 年，法国香水在美国一直享有坚不可摧的声望，并占有 85% 的市场。美国香水制造商从古老的欧洲汲取创业的灵感。1880 年，理查德·赫德纳特（Richard Hudnut）加入他父亲同年在纽约创立的药品杂货店。1900 年，他变更经营活动，改为生产并销售香水和化妆品。他的产品模仿英国传统的香氛制品。1916 年，已经发家致富的赫德纳特离开美国，前往法国，并在普罗旺斯定居下来，其香水和化妆品公司继续发展，并逐渐演变成真正的奢侈品牌。它的法式风格纯粹、极致，香水和化妆品都在法国制造，但出口美国。因此，尽管它是一家美国公司，它的文化却是欧洲的。**嘉美**（*Gemey*）（1923 年）是该公司发布的作品之一，后

---

① 位于巴黎七区左岸，如今以大量高端奢牌为主，目前属于路易·威登集团。法语名的原意是指便宜、经济实惠。——译注

来成为欧莱雅在"二战"后推出的彩妆系列的名字。1950 年，为了生产更大众化的产品，理查德·赫德纳特这一香水品牌重返美国。

马歇尔·菲尔德百货公司（Marshall Field and Company）是美国大型百货公司的象征。1880 年之后，这家商场内开始出现售卖法国、英国香水和化妆品的货架。百货公司这一新的销路吸引了法国香水制造商的注意力，因此在 1900 年至 1920 年间，他们纷纷在美国设立办事处或工厂。而从 1914 年至 1939 年，马歇尔和法国的香水制造商签订了独家经营合同：生产和销售以其百货公司为招牌的香水和化妆品。

奥地利裔的时尚设计师海蒂·卡内基（Hattie Carnegie）1910 年定居纽约。1915 年，她创办了一家时尚店。海蒂长期浸淫在法国文化之中，深受法国时尚的影响，她在店中展示并出售一切造就法国高级定制和时代气息的优雅物品。1944 年，为了尝试产品的多样化，她的时尚品牌发布了香水**蓝色卡内基**（Carnegie bleu），这一香水的半身胸像瓶身令人难忘。不过，早在 1938 年，海蒂·卡内基就已经推出了由惠顿·格拉斯（Wheaton Glass）公司制造的**沉醉**（Hypnotic）和**香水 7 号**（Perfume 7）。

为了打造香水和香水瓶，伊丽莎白·雅顿则分别求助于格拉斯的香水制造商和巴卡拉水晶制品厂。格拉斯的埃德蒙·鲁德尼茨卡创作了雅顿 1939 年推出的**就是你**（It's you）。而巴卡拉则参照塞弗尔瓷器[①]的设计，制造了"仙客来"和"就是你"两款产品的香水瓶。与此同时，科蒂的香水和化妆品在美国取得了令人瞩目的销售成果。他成功地说服了同行，向年轻女孩传授护肤品和化妆品的使用方法。此外，一名法国人发起组建了美国香水基金会（Fragrance Foundation）。1942 年，科蒂在纽约推出亨利·罗贝尔的作品"林中铃兰"，重新掀起了花香调香水的时尚。

格拉斯鲁尔香精公司的首席调香师让·卡尔勒（Jean Carles）为丹

---

① 始建于 1738 年，代表法国近代瓷器的发展水平，也是欧洲瓷器生产的佼佼者。——译注

娜品牌调制的"禁忌",很快就在美国麦迪逊大道(Madison avenue)的黑人中——他们在古巴哈瓦那发现了这支香水——流行起来。因此,这支香水最初并不是纽约第五大道上的名媛淑女们的喷洒之物。西班牙裔的哈维尔·塞拉(Javier Serra)凭着前卫、大胆、性感的**娼妓香水**(*perfume de puta*)而声名鹊起①。1940年,"禁忌"在纽约成为流行的圣物:一支"禁香"。它显示了美国女性消费者对于划定属性的浓烈香水的兴趣。在清教徒的世界里,香水体验有时就像一种反抗。

5. 承前启后(1945—1960年)

第二次世界大战期间,法国香水协会致力于管理原料,并避免法国的专有技术落入对香水制造有企图的德国占领者的手中。德国人在有机化学方面拥有绝对的优势,因此他们大概希望夺取法国香水业的霸主地位。在德国占领法国期间,时尚也充满了爱国主义。这一时期问世的香水,犹如一种全新的希望受到人们的欢迎:莫林诺克斯(Molyneux)1940年的**皇家大道**(*Rue Royale*),霍比格恩特公司的**尚蒂伊**(*Chantilly*)和爱雅(H. H. Ayer)的**无论如何**(*Malgré tout*),柏姿(Payot)1942年的**红运**(*Chance*),沃斯(Worth)的**心愿**(*Requête*)和卡隆(Caron)1943年的**女士**(*Pour une femme*)。

解放后出现的香水犹如一股崭新的气息。随着战争的结束,香水业给人留下了深刻的印象:1945年,美国大兵们为了给他们生命中的女人带回一瓶"香奈儿5号"香水或"一千零一夜"——象征着他们前来保卫的欧洲的优雅——在位于康邦街(Rue Cambon)的香奈儿旗帜店前,或位于香榭丽舍大街的娇兰总店前排起了长龙。同一年,艾莲娜·拉扎雷弗(Hélène Lazareff)创办 *Elle* 女性时尚杂志,而保罗·波列却离开了

---

① 丹娜这一香水品牌由哈维尔·塞拉1932年创立于西班牙,后来迁到巴黎。1940年以后,在德国占领巴黎期间,该品牌又迁到美国。

人世。为了重振法国的奢侈品制造业和专有技术，时尚模特展（Théâtre de la mode），一个巡回的展览，在让·科克多（Jean Cocteau）在卢浮宫马尔桑馆（pavillon de Marsan）打造的布景下，展出了两百多个穿着四十位时装设计师的作品的小塑像。

"二战"的结束，意味着在多年的艰难窘迫之后——尽管定量配给在法国一直持续到 1949 年——人们对于舒适、休闲和富足的生活的渴望。然而，没过多久，众多的冲突和危机便纷纷在世界各地爆发：越南战争、朝鲜战争以及阿尔及利亚战争。在这些战争之下，人们的不安全感不断扩大。战后，始于 20 年代末期的香水大众化的潮流继续发展。不过，1949 年的一项消费调查显示：只有 35% 的法国人经常使用香水，而且这一习惯只与富裕阶层或中产阶级有关。这两个阶层的女性大概从二十五岁开始喷香水，并往往是某一香水的忠实追随者，而这一香水在大多数情况下又是送给她们的礼物。这一时期，在法国的总人口中，67% 的人认为香水是奢侈品。只有古龙水才同时赢得了工薪阶层的青睐。71% 的工薪阶层认为古龙水是必需品。20 世纪 60 年代和 70 年代，人们目睹了美国香水品牌的腾飞以及自信的女性的胜利。此外，人们还见证了男性香水市场的飞速发展和美国时尚对于年轻的婴儿潮一代的影响。美国不仅在欧洲重建了和平，而且还把它充满欲望，并由各种各样的大众产品填满的生活方式引入到欧洲。美国这一富足的社会形象，最初的时候刊登在以插画为主的女性刊物上，后来又接着在居民家中出现的半导体收音机和电视机上传播开来。从此以后，幸福和快乐指日可待。

20 世纪 60 年代，经济的增长带来了社会的繁荣。拥有购买力和市场的年轻一代，成为社会中不可忽视的组成部分。婴儿潮出生的年轻一代，是现代社会中全新的主角。从圣日耳曼德佩区的地下酒吧到伦敦的夜总会，响彻着流行音乐、摇滚乐、蓝调、即兴爵士乐（Be-bop）。它们构成了"生命的疯狂"席卷之下的年轻人的背景音乐。这一代人有他们的准则、时尚和与他们一样年轻的明星偶像——演员、演奏家、歌星或者时装模特。史上第一个真正的"代沟"形成了，这也成为一种社会现象。年轻人强烈要求属于他们的思想、时尚和产品。当新浪潮电影的领袖、著名导演让－卢克·戈达尔（Jean-Luc Godard）宣称"正是空白的边缘支撑起了页面的内容"，他表达的是通过某种有意识的、自愿的（而非被迫的）边缘化而获得的自由。行为举止不再约定俗成，变成了一种个人的选择，时代的调式也有待商讨。

香水市场的扩大是 60 年代女性价值加速发展的结果，并与男性香水市场的开发相呼应。香水逐渐成为某种社会文化的产物，体现了新兴的价值体系的胜利。随着香水制造向化妆品领域的延伸，香水业欢迎加入这一行业的新人或企业。香水制造在当时还并不是密集型的产业，不仅企业规模一般都是中型的，而且产业结构依旧混乱。不过，60 年代以后，香水行业渐渐出现密集化生产的现象，并且这一现象在 1974 年之后愈演愈烈。与此同时，为了迎接国际挑战，努力加大在科研和广告宣传上的投资，也成为必然趋势。

1968 年 5 月，根据一项名为"城市人口使用香氛产品"（Parfums en population urbaine）的市场调查，76% 的女性至少使用一种香水或化妆品，37.9% 的女性涂抹香精，53.6% 的女性喷洒淡香水。女性消费者的年龄介于十八岁至四十五岁之间，她们主要是一些高层或中层管理人员。香水仍然是一份极好的礼物，皆因 50% 的女性使用的香水是她们收到的礼物。涂抹或喷洒香水依旧是一项高贵优雅的行为，是特殊时刻的保留举动。至于男性，63.2% 至少使用一种香水或护理产品，主要还是须后水。这一调查显示了外国品牌，尤其是美国品牌，已经渗透入男性香氛制品市场。男士们最常提到的香水分别为迪奥的"旷野"，罗莎的"胡须"，娇兰的"满堂红"。

高级时装品牌主打的香水。第二次世界大战之后，时装品牌打造的香水争相涌现。香水成为一种时尚的饰物。从此以后，本着同一设计理念，时尚和香水紧密联系。1951 年，皮件奢牌爱马仕也采取了经营香水的策略，珠宝品牌则紧随其后。1976 年，梵克雅宝（Van Cleef et

Arpels）[①]开启了珠宝品牌打造香水的潮流。而对于买不起高级定制礼裙、奢华的箱包或珠宝的顾客而言，时装设计师推出的香水相当于迈向奢华的第一步。（保尔·瓦莱里把法式优雅描述成无与伦比的法式风情：以女人留在她身后却又不过于张扬的余香而著称。）

因此，自20世纪50年代初以来，时尚和香水前所未有地结合在一起。香水是进入奢华世界的一扇小门，并且是品牌最佳的形象大使，这是因为它拥有一切时尚的特征：设计师的鬼斧神工、华美、魅惑以及阶层的归属感。

出于所有这些理由，时尚设计师在迅速推出自己的香水方面，毫不迟疑。1933年，著名时装设计师罗贝尔·皮盖创立他的时装品牌。1944年，他推出其品牌之下的"盗匪"，1948年又接着推出"喧嚣"。皮埃尔·巴尔曼认为："就优雅而言，香水比其他时尚事物（譬如珠宝和鞋子）更重要。"因此，1946年，他同时打造他的首款香水**爱丽舍64-83**（*Élysées 64-83*）[②]和他的首批时装系列。而1953年推出的"俏佳人"不仅代表了巴尔曼的风格，并取得了巨大的成功。1964年的"巴尔曼先生"是献给优雅男士的礼物。1967年（1968年五月风暴的前一年）发布的"巴尔曼小姐"，赞美年轻女性的桀骜不驯。"香水，"皮埃尔·巴尔曼说道，"必须在女人为了展现她的个性和她的时代感而拥有的装备中，占有一席之位……香水的世界应该果断地向这种默契演变。"1946年，卡纷夫人推出的香水"我的风格"，是对服装设计和她首批服装系列中的绿白条纹裙子的一次附加阐释。以服饰起家的莲娜丽姿成立于1932年，象征着爱、柔情、和平、青春和浪漫气息的香水，依据该品牌的时装风格被打造出来。1937年，克里斯托巴尔·巴伦西亚加（Cristóbal Balenciaga）[③]在巴黎开创他的时装屋，并以"合身但又宽松的风格"（semi fitted look）

---

① 法国顶级珠宝品牌，创立于1906年。——译注
② 这一名字来源于该时装屋的电话号码。
③ 巴黎世家的创始人。——译注

闻名。十年之后，**十号香水**（*Le dix*）①成为这一风格的化身。1955年，香水**四对舞**（*Quadrille*）和犹似主教祭服的著名长裙同时推出。如此一来，上述每一支香水的故事，都和时装的世界紧密联系。

克里斯汀·迪奥自1946年之后，便渴望推出某种能"让所有的女人都充满一种曼妙的女人味"的香水，他说道："就像我设计的礼裙，从香水瓶中一件一件地蹦出来。"②香水，迪奥世界中神话一般存在的贤者之石，在他看来，是他的时装不可或缺的补充，是延伸他的设计风格的饰物，也是他的新样式（新风貌）女装的无形印记。迪奥曾说过："我既想打造香水，也想设计高定时装。我成为调香师，是为了人们只需打开香水瓶，就能想到我所有的时装作品；同时又为每一位穿上我设计的服装的女人，构筑一种令人难忘的香氛。"曾任科蒂香水总裁的塞尔日·埃弗特勒-路易什，是迪奥的朋友，他们两人一起创办了迪奥香水，并于1947年推出"迪奥小姐"。由费尔南·盖里-科拉设计的香水瓶，时装风格十足，分为蓝、白、红三种颜色。这一作品呈现出新风貌"花冠"系列③时装的柔和弧度：纤细的瓶颈上托着一个精致的圆头瓶塞，而瓶身柔美的弧度则一直延伸到底部。这支香水发布的第一年，迪奥香水只打造了两百八十三支新品。所以，"迪奥小姐"在当时是一件发行量极小的奢侈品。订购蜂拥而来，迪奥位于巴黎附近的小香水工坊难以满足需求。此外，由巴卡拉制作的顶级香水瓶也不能大量生产。克里斯汀·迪奥不得不更改香水瓶的式样。1950年，在打造出"垂直"系列裙装的同时，迪奥设计了一个"裁制得犹如女士套装"的香水瓶。这一有着千鸟格纹的水晶香水瓶同样由巴卡拉制作。瓶颈缀有一枚小小的蝴蝶结，它不仅和迪奥香水第一幅广告插画④上的天鹅所佩戴的蝴蝶结一模一样，还成为"迪奥小姐"的标志。

---

① 这一名字让人想起该品牌在乔治大街10号的时装店。
② 迪奥香水内部资料。
③ 凸显纤细腰身的大摆长裙。——译注
④ 勒内·格里奥创作。

1949 年发布的"迪奥拉玛",自称是一支"巴黎高定风格"的香水,有着蒙田大道①极尽奢华的派头。和"迪奥小姐"一样,这支香水不仅竭力把梦想和奢华重新植入女人们的生活中,也竭力把优雅带回到备受世界战争蹂躏的法国。"迪奥拉玛"1948 年就已经被打造出来,但是出于商业因素,1949 年才推出。继"迪奥小姐"经典的双耳香水瓶之后,费尔南·盖里－科拉把协和广场上的方尖碑变身为"迪奥拉玛"极度奢华的瓶身。

爱马仕、纪梵希、葛蕾、伊夫·圣罗兰、罗莎等诸多时尚品牌。 1951 年,随着**爱马仕香水**(*Eau d'Hermès*)的推出,爱马仕开启了香水制造。这支有着凯莉包皮革香的香水,面向的是拥有此款著名皮包的女性:有着皮革、化妆品和守口如瓶的隐秘的味道。1961 年,爱马仕发布"驿马车",它的瓶身不仅让人想起四轮马车的车灯,还印有爱马仕的商标。这两支香水最初的时候只在爱马仕的专营店中出售。

1952 年,本着"奢侈品涉及的是传承、文化、品位和声誉"②的坚定信念,于贝尔·德·纪梵希(Hubert de Givenchy)创立了他的高级定制工作室。同一年,他推出了他的首个高级女装系列。1957 年发布的香水"尊享"——出自他名字中代表贵族的缀词——把他高贵的出身和他的高级时装品牌结合了起来。1957 年推出的**禁忌**(*L'Interdit*),是一支关于友谊的香水——把纪梵希和奥黛丽·赫本联系在一起的友谊。至于 1970 年的"纪梵希 3 号",名字则参考了纪梵希品牌的标志性建筑的地址,即永恒的巴黎乔治大街 3 号。

1959 年,出现了一支我行我素的香水,正如和它一起推出的广告标语所表明的一样,那便是葛蕾的"倔强如你"。葛蕾夫人以她缀有饰带的帽子而出名,香水瓶上的灰丝绒花结(后来由一团磨砂玻璃取代)让人想起她的这一风格。

---

① 位于巴黎八区的这条大道汇聚了众多世界顶级的奢侈品品牌。——译注
② 见纪梵希香水内部资料。

1961 年，伊夫·圣罗兰和他的同性恋人皮埃尔·贝尔热一起成立了一间时装工作室。这一制作成衣的品牌一成立，就打出了"反时装"的口号。1964 年，伊夫·圣罗兰推出以他名字中的第一个字母命名的香水"Y"，一支果香西普调香水。这一作品装在一个正方形的香水瓶中，犹如他设计的女装一样充满中性的风格：晶莹剔透的瓶身，扇形的瓶盖。1971 年，圣罗兰全裸出现在让鲁普·西埃夫（Jeanloup Sieff）的镜头前，亲自演绎他的香水的形象。而 1969 年问世的香水"散热器"，对应的是帕科·拉巴纳 1966 年发布的实验性系列裙装——以当代的材质（塑料和金属）作为服装的原料，加布里埃尔·香奈儿因而把拉巴纳称为金属匠师（le métallurgiste）。

　　上述由高定品牌打造的香水都拥有经典香水的四个基本品质：香味弥漫；留香持久，标显身份特征；独特的艺术性（以质量和创意为特征的调香风格）；最后，便是激发欲望并带来快乐的享乐准则。此外，它们象征着高定服装的优质瓶身，同样令人赞叹。当时，所有这些香水的推广都非同寻常。1946 年，为了推出卡纷的"我的风格"，一架飞越巴黎的小飞机从特洛卡代罗广场的上空，撒下成千上万个绿白相间的小降落伞，每顶小伞上都装着一个香水小样。而当迪奥的首支香水"迪奥小姐"1947 年和新风貌女士裙装系列同时发布时，展会上洒满了这一香水，让嘉宾和记者离开时浑身香气四溢。

　　1949 年，为了推出男士香水"胡须"，马塞尔·罗莎策划了一个令人印象深刻的展览，展品的年代从 16 世纪直到 1949 年，都是一些留有胡须的男人的画像。1961 年，"罗莎女士"香水在巴黎的某个画展的开幕式上发布，这一画展展出了毕加索、莫奈、马蒂斯和弗拉戈纳画笔下最美丽的女人肖像。纪梵希 1957 年推出的香水"尊享"，作为他的服装不可或缺的补充饰物，只面向纪梵希专营店里的客人和朋友。

　　销售和国际市场。就法国香水的品牌形象而言，有选择性地销售能维持品牌的声望。而对于香水而言，高级时装屋中的香水坊，就如珍藏珠宝的首饰盒。尽管经过精挑细选的客户群范围有限，但他们却贡献了这一高端香水业至少三分之一的销量。导购小姐对产品了如指掌，和客人形成亲切友好的关系，并在后者购物时附送上精致的个性化礼品包装。橱窗精美迷人，而优雅的商品展柜和发放指南小册及商品小样的惯例则经久不衰。

百货公司里面对大众的香氛制品销售，一般只涉及日用化学品（头发洗护产品、护肤品、洗漱用品）和少量香水。此类产品的广告宣传不仅很活跃，也很常见。另外，由于它们并不是奢华的象征，因此价格很吸引人。在药品商店中销售的香氛制品，只有和皮肤美容相关的护肤品及古龙水。这一类的销售以严格的医嘱及科学或医学的保证而出名。最后，便是雅芳（Avon）的直销模式，即以家庭主妇的圈子为基础。这一圈子本身就带来了社会关系、理想的交际、吸引人的价格和上门的销售。

各类香氛产品市场的成功，推动了企业间的竞争。1952年，香水业的总营业额为350亿法郎，其中包括了五分之一出口国外的制成品的收入。在法国8000亿法郎的全年出口总额中，香水业的出口额高达120亿法郎（制成品、原料、产品包装）[1]。相反，这一行业的进口额非常的低，从而促进了法国财政的平衡。尽管"法国制造"（made in France）一直是法国的王牌，但国际竞争还是出现了。

美国的香水业从一开始就和肌肤护理有关：美国的美容品行业通过它的润肤乳液或乳霜的配方，以及接近于医疗护理的一丝不苟，赢得了它在香水界的合法地位。伊丽莎白·雅顿和她的姐姐莫伯朗夫人（Mme de Maublanc）一起成立了一家美容化妆品公司。原名弗洛伦斯·南丁格尔·格雷厄姆（Florence Nightingale Graham）的雅顿夫人（1876—1966年）出生于加拿大，1908年前往纽约定居。1910年，她在纽约开设了一家美容护理沙龙。为了出售护肤品和化妆品，她改名为伊丽莎白·雅顿。1920年，她推出香水**小小的快乐**（*Un peu de bonheur*）；

---

[1] 花边类、酒类和纺织品的出口额分别为100亿、320亿和1080亿法郎。

1934 年便是大受市场欢迎的**青青芳草**（*Blue grasse*）；然后是 1938 年的"仙客来"和 1939 年由埃德蒙·鲁德尼茨卡打造的"就是你"。赫莲娜·鲁宾斯坦（Helena Robinstein）[①]尾随雅顿夫人的步伐，也聘请了法国格拉斯的调香师雅克·赞臣（Jacques Jantzen），并于 1948 年推出了她的第一支香水**苹果花**（*Apple Blossom*）。而后来迁到美国的品牌丹娜，在 1931 年和 1935 年分别推出了"禁忌"和"轻舟"之后，旋即获得了成功。

"二战"之后，化妆品市场迅速成长，并成为巨大的盈利机器。它们产生的丰厚利润众所周知，对投资者充满了诱惑。露华浓的创始人雷弗森兄弟（Revson），也投入其中。不过，美国的消费者还是喜欢声名卓著的法国化妆品及香水品牌。但到了 50 年代，美国人的身份意识觉醒了，他们开始努力收复他们的市场。美国的女性消费者向来喜欢浓郁、持久，从而吸引注意力的香水，正如她们喜爱丹娜的"禁忌"一样。此外，她们的生活方式也完全不同于欧洲女性。

1953 年，美国真正意义上的香水品牌诞生了，这一荣誉归属于一名"打造护肤品和化妆品的女性企业家"——雅诗·兰黛夫人。她推出了一款可以当香水用的香氛沐浴精油。在这之前，法国的香水代表着某一毋庸置疑的附加值，皆因它们具有的创新性和巴黎特色。从母亲的身上，雅诗·兰黛夫人学到了注重外表的习惯。她深谙美国女性的心理：也许永远不可能负担得起一次巴黎之行，但为了幻想在巴黎，她们会购买一支整天都涂抹的香水。象征着"青春朝露"的"*Youth dew*"，让美国的香水业得以挣脱束缚，发展出属于自己的模式。这一浓度极高的香水不仅影响了伊夫·圣罗兰的"鸦片"的创作，而且后来诸如比华利山的"佐治奥"和 CK 的"沉迷"等香水，都受到了它的启发。

[①] 著名波兰裔美国化妆品企业家，欧莱雅集团之下的 HR 赫莲娜品牌的创始人。——译注

6．奢华和多样性（1970年至今）

20世纪70年代和80年代，随着一些大型企业集团和洗涤用品制造商加入护肤品、化妆品和香水制造业，人们目睹了该行业产业结构的升级。当时，这个增长最迅速的产业引起了多元化发展的大型跨国企业的兴趣。为了在市场上迅速获得显要的位置，它们进行了大幅投资。结果不出所料，随着香水国际地位的增强和它的消费市场的扩大，香水最终变成了既是奢贵产品又是大众产品的矛盾体。香水的未来在于国际化，因此它必须融入到不同的文化体系里。

众多的香水和化妆品企业进行重组，形成了大型集团。在整体市场的增长下，全新的企业集团得以增加它们的市场份额。与此同时，同一集团内部品牌的多元化还能扩大目标市场。后续的并购让大型企业集团能更好地掌控它们的营销，就像路易威登集团收购丝芙兰一样。90年代，随着这类重组活动的成功，香水业成为竞争非常激烈的领域：市场由大型的化妆品和香水集团瓜分，大部分的市场份额都集中在它们手里。排在前十位的企业集团中，有欧莱雅、联合利华、保洁、资生堂和雅诗兰黛，它们在美容护肤品、香水或日化用品上达到了数以十亿计的营收[①]。自此以后，香水制造业包含了某种二律背反的矛盾组合，即艺术和工业的结合。如果说金钱并不能产生创意，那么创意唯有依赖雄厚的资金支持才能实现。这样的资金能把产品和想象力结合在一起，尽管这代表着极高的投资风险。80年代以后，一支香水若没有国际的曝光度，其销售就无法持久。

这一时期，名列世界产额第三位的香氛制品行业，进一步加强它的出口目标。这一行业主要生产香水和美容护肤产品，而洗浴或头发洗护产品只是少数。1981年至1985年的四年时间里，美容护肤产品和香水市场以每年15%的速度增长。然而，对于法国企业而言，国际竞争来势汹汹，美国和日本的企业分享了全球50%的产量。

---

① 1998年，欧莱雅、联合利华、保洁分别实现了96亿、72亿、71亿美元的营业额。

法国香水的优势依然在它的声誉上。而选择性销售①则一直是推广法国产品的决定性因素。20世纪70年代，销售方式随着产品进行调整，选择性销售在总销售中的比例为32.3%，而在大型百货商店或超级市场的大众零售的比例则为41.1%。法国香水业的营业额从1988年的347.6亿法郎，逐年稳定上升至2004年的136亿欧元（1欧元=6.5595法郎）②。在国际市场上，香水一如既往地象征着法国的高雅品位。这一产品在法国的出口业中名列第四，排在航空业、汽车业和食品业之后。不过，在法国本土市场上，香水的销售量却不断下跌，专营模式的选择性销售面临困境。尽管销售总金额仍然比较乐观，但这来源于为了弥补销售量下跌导致的损失而采取的提高平均价格的策略。

美式的生活形态行销。营销学作为一整套的手段和学问出现于20世纪70年代。为了满足消费者的期待，并让产品适应生产和商业体系，营销用于定义、开发、催生新的产品或让产品更新换代。营销学，一门关于市场的实实在在的学科，随着时间的推移，逐渐在新产品开发、全球发售和投资管理领域树立起专业权威。在香水品牌过多以及市场全球化的背景下，市场营销显然是必不可少且不得不采取的策略。营销策略让香水业变成了一个国际竞争激烈的行业。第一支经过市场策划的香水，又称为"基于生活形态"的香水，是美国品牌露华浓于1973年大力推广的"查理"。一支自称"高雅"却不昂贵的香水，专门献给独立自由、积极进取的职场女性。这一既没有风格又没有亮点，主要以模仿取胜的中档产品，不仅在形象上下功夫，而且和某一生活模式相吻合。它面对的是有权决定她们的消费的全新职场女性。"查理"比欧洲的香水更经济实惠，它巨大的销量主要依赖于强大的产品形象。这是一款真正的营销产

---

① 指供应商或生产者在某一地区按照一定的标准，对销售点进行严格筛选，或采取独家专营的方式。奢侈品或高端产品品牌往往用这一销售方式来确保它们的形象和声誉。——译注
② 1988年：347.6亿法郎；1992年：498.7亿法郎；1998年：695.4亿法郎；1999年：731.7亿法郎；2004年：136亿欧元（+1.6%）。

品，颠覆了香水传统的概念。它成为个性的展示：人们进入了"告诉我你的生活，我就能说出你的香水"的时代。对于活跃而积极的职业女性而言，喷洒"查理"成为一种日常行为、一种"模式"，从而抹去了香水符号的戏剧色彩。从香水不再是珍贵时刻的保留厚礼，而是日常快乐的意义而言，成为生活模式的香水打破了香水的藩篱。"查理"成为全球销量第一的香水，并开启了美国时尚的主导地位。美国香水业开疆拓土，而且在它的大众市场的效应之下，销量大幅增长。

卡尔文·克莱恩 1968 年创立他的同名成衣品牌。从此以后，他的品牌成为体现美国整体面貌的一种社会现象。他既是价格适中的时尚牛仔裤和品牌男士内衣裤的创始人，也是开创了全球第一个中性系列香水的时尚设计师。他的秘诀是：玩转时尚，大众销售（Play it class, sel it mass）。这一跻身于时尚界和商业界的偶像，传递出了一个关于运动服装和香水的全新形象，并把"查理"的成功秘诀发扬光大。美国的所有香水都建立在极易成为个人体验的生活营销的概念之上。极简主义便是其中的关键。CK 品牌开发出了一种简单、清晰，却又强劲的香水风格，既贴合于美式的生活，又是美式生活的反映。美式香水的成功，成为一种让全世界都接受的模式。法国香水制造商在这一模式面前乱了阵仗：20 世纪的最后十年和 21 世纪的前十年，他们失去了基本坐标，并力图仿效他们的竞争对手。

1985 年，在迪奥"毒药"的推广期间，迪奥香水的总裁莫里斯·罗杰就已经指出，香水不再是这一"神圣而神秘的事物或非凡的时刻，它成为一种生活方式，因此必须从它的日常性去探讨它作为一种魅惑的手段或愉悦身心的手段"。从此以后，男男女女为了轻松惬意和香气迷人而喷洒香水。美国时尚之下的香水，成为日常生活中的一种道具[①]。美国的企业在引入大众营销（不仅仅在美国，而且在全世界）的同时，颠覆了

[①] 莫里斯·罗杰在蒙特卡洛（Monte-Carlo）举行的新闻发布会，1985 年 6 月 17 日。迪奥香水的内部资料。

香水制造业旧时的游戏规则。

香水瓶的工业美学时代。随着香水市场的发展，某一全新的必然性无可争议地出现了：香水瓶样式的多样化，并开始使用一些不那么名贵的材料。新的消费社会，以及观念的快速演变，不断要求焕然一新的时尚和崭新的产品。一种新的逻辑确立了：把工业活动和美学需求结合在一起的"一支香水，一款香水瓶，一种包装"。制造技术一如既往地不断提高，设计师的艺术理念因而得以实现。

这就是为什么，迪奥1974年推出的"迪奥蕾拉"的瓶身不仅被当作一件艺术品来打造，而且还体现了新一代香水瓶的特点。当时，工业设计在香水业中作为香水美学的载体，才刚刚为人所知。迪奥香水请来了雕刻大师塞尔日·芒索。芒索不仅善于运用现代材料，也精于抹去传统的印迹。他把"迪奥蕾拉"的香水瓶设计成一个带有金属底座的玻璃瓶身。而金属的底座则被介绍成"一面反光的镜子，映照出穿过碧绿瓶身里的透明液体的光线"[①]。这一香水瓶瓶身的设计极其现代，和香水的气质完全吻合：大气的线形雕花，代表现代建筑材质的钢铁和玻璃。

1978年，香水"鸦片"的瓶身设计，是圣罗兰表达他传奇性的创造力的大胆尝试之一。这一香水瓶以日本武士的印笼（旧时的一种小木漆盒子）作为创意的出发点。设计师皮埃尔·迪南对它进行了重新演绎。真漆的价格大概过于昂贵，因此瓶体的漆面后来改用一种品质上乘的聚酰胺树脂制作。伊夫·圣罗兰还为这一瓶瓶身做出了许多精彩的调整：添加一条细绳和一条黑色的流苏，更改商标的字体，并在瓶颈处套上一个金色的项圈。

迪奥1985年推出的"毒药"的香水瓶，借鉴了20世纪初玻璃艺术大师莫里斯·马里诺的作品。迪奥公司想保留香水瓶制造业高贵而经典的传统，避免琐碎的装饰细节，并用一些非常性感的真材实料，而不是

---

① 塞尔日·芒索是这么描述的，见《香水传奇》，第163页。

像莫里斯·罗杰指出的："一些硬通过金属镶块变成玻璃的塑料，而金属镶块又要变成板坯（暗示了'鸦片'的香水瓶）。"[①]

穆勒品牌 1992 年推出的"天使"，它的瓶身同样是一次大胆的创举，因为这一作品遵循了蒂埃里·穆勒的构想：一颗象征永恒的宇宙的星星。他想象的是一颗微蓝的星星，刻面逐渐变得尖细，顶着一个酷似瓶身的星形塞子。正如时任穆勒香水总裁的维拉·斯特吕比（Véra Strubi）向我们讲述的一样，专门打造精巧珍品的布罗斯玻璃工坊（Verreries Brosse）受邀完成这一作品，再次以瓶身实现了调香师的创意，并把创造性推向它的可操作性的极限。

成衣品牌的香水。"二战"结束之后，成衣品牌的首批香水问世了，譬如维尔世家（la Maison Weil）[②]发布的香水。该品牌早在 1940 年就推出了**维纳斯之谜**（*Secret de Vénus*），1945 年又分别推出了**黑色**（*Noir*）和**羚羊**（*Antilope*）。而由成衣品牌发布的香水今后将面向新一代的女性，她们更年轻，也更自由。

1954 年，伴随着法国成衣女装协会（la Fédération française du prêt-à-porter fémine）掀起的一场宣传攻势，法国的成衣革命开始了。这期间，高呼的口号如下："任您观看、任您挑选、任您试穿、任您买走。"对于当时的女性而言，这是多么大的改变啊！以前，她们往往要等待好朋友热心推荐的当地裁缝为她们缝制衣服，而且一般要多次试穿之后才能拿到。在从美国舶来的成衣新产业中，阿尔贝尔·朗普洛尔（Albert Lempereur）是标志性的人物。1949 年，身为高档服装制造商的朗普洛尔和知名时装企业家韦尔[③]舍弃了"制衣"（confection）这个含有轻蔑意义的术语，改用美语 ready-to-wear 的字面直译。1959 年，时装设计师皮尔·卡丹创造性地推出了第一个高级成衣系列：借鉴高级定制服装的款式，但大批量加工生产。当时，和他们年轻的客人同龄的服装设计师，

[①] 莫里斯·罗杰在蒙特卡洛举行的新闻发布会，1985 年 6 月 17 日。迪奥香水的内部资料。
[②] 维尔家的三兄弟 1912 年在巴黎创立的皮草品牌，1927 年开始发展香水业务。——译注
[③] 法国同名家族时装品牌的管理人。——译注

有着令人振奋的才气，他们设计的款式大量制作出来。20世纪60年代和70年代，欧洲的时尚面目一新，衍生出五彩斑斓的灵感和创意。与此同时，一些成衣设计的新面孔出现了。

1956年开始在一家服装店学艺的让·布斯盖（Jean Bousquet），四年后不仅创立了卡夏尔（Cacharel）品牌，而且在成衣行业声名鹊起，成为法国成衣业的先驱之一。1963年，出现在女性时尚杂志 *ELLe* 封面上的一件简单的卡夏尔绉纱衬衣，把这一品牌的销售量推到了顶峰。随后而来的，便是卡夏尔的"印花"（Liberty）时尚，这种印花面料的衣服，让女人渴望一直是个小女孩。

1965年，库雷热通过把前进中的社会的诉求移植到高级定制业上，发起了他的时装革命。1971年，他推出了名下的香水**印记**（*Empreinte*）。1965年，伊夫·圣罗兰的蒙德里安（Mondrian）无袖裙装系列给人们留下了深刻的印象。第二年，他为女性们设计出了吸烟装（le smoking），并在巴黎的左岸开创了第一家伊夫·圣罗兰的时装店，销售高级定制、高级成衣、饰物、皮草、香水和化妆品。1971年，他的香水**左岸**（*Rive gauche*）诠释了独立女性的性感，并一如既往地引起轰动。这一香水蓝银相间的圆柱形瓶身也像圣罗兰设计的服装一样，前卫、肆无忌惮。同时，皮尔·卡丹则设计出他的"女装太空系列"，并推出他的第一批香水。

在成衣品牌推出的香水中，名列第一的是1975年问世并与其品牌同名的"寇依"。卡尔·拉格斐尔自1963年起担任这家著名的成衣品牌的设计师。该品牌下的服装品质接近于高级定制，但它们的价格却更为亲民。香水"寇依"[①]是在拉格斐尔职掌寇依品牌时发布的，其精美雅致的香调扑鼻而来。继皮盖品牌1948年推出的"喧嚣"之后，这一时尚气息十足的香水，重新引入了包括撩人的晚香玉在内的白花和乙醛。由乔·梅西纳（Joe Messina）设计的香水瓶，浑圆的瓶身加上白色毛玻璃

---

① 是调香师弗朗西斯·卡迈耶（Francis Camail）的作品。

的瓶盖（形如两朵海芋花），散发出一股纯真和清新。

志在调和率性自由与优雅的索尼娅·里基尔（Sonia Rykeil）[①]，让 70 年代的女性变得精致迷人的同时，却又不会将她们变成花瓶。她革新了针织的世界，设计出了两面穿的服装。日本人高田贤山 1970 年在法国创立了凯卓品牌，并推出他的"日本丛林"（Jungle Jap）服装系列。上述两位时装设计师很快就推出了他们名下的香水，譬如凯卓的**金刚**（*King Kong*）和索尼娅·里基尔 1978 年的**第七感**（*Septième sens*），都是一些代表他们风格的香水。

1978 年，卡夏尔发布的"阿娜伊斯·阿娜伊斯"不仅是一次真正的革新，还成为一种社会现象。根据让·布斯盖的意愿，该香水面向大众，在单一价（Monoprix）连锁超市里销售，以便年轻女孩（这支香水的目标客户）用她们的零花钱就能买得到。"阿娜伊斯·阿娜伊斯"的广告标语把它描述成"最柔和的香水"。它反工业设计的瓶身，显示出某种焕然一新的柔和感，融合了传统和现代。这支香水推出五年之后，销量在法国香水中名列第一。年轻女孩的风格和实惠的价格（比一般的经典香水的价格低 30%）组合，造就了这支香水的成功。

时尚设计师的香水。20 世纪 80 年代，时尚设计师在香水业中树立起某种特立独行的风格：他们当中的大多数都是先锋派艺术家，因此他们推出的是标新立异而非受到一致认同的作品。

想象力的炼丹家蒂埃里·穆勒，自 1974 年成立他的女装设计品牌以来，用一个又一个的时装系列，构建了一种辨别度非常高的特异风格：严谨的边角剪裁，凸显体形，开创了一种符合人体构造的时尚、一种身体结构的优雅。在香水业，穆勒香水成为选择性销售的典范。尽管 1992 年发布的"天使"是一次冒险尝试，但这一尝试获得了成功。

80 年代，新生一代的时装设计师创作出了一些渗透着他们的风格与志向的香水作品。克劳德·蒙泰拿（Claude Montana）、蒂埃里·穆勒和

[①] 法国同名时尚品牌的创始人，法国著名时装设计大师，享有针织女王的美誉。——译注

让·保罗·戈蒂埃打乱了优雅的标准，既幽默又桀骜不驯。而时尚设计师在香水业中掀起高潮的作品，一如既往地反映了他们的风格。

面对美国香水咄咄逼人的市场营销，法国香水不得不捍卫它的地位，并通过巨大的宣传推广加以反击，但同时又保持以独创性为主要特征的法式风格。1977 年发布的香水"鸦片"，往往被当成回击美国香水这一全新趋势的先锋。然而，这样一来，我们也许就会忘记了前一年（1976 年），在摩洛哥的马拉喀什隆重发布的**迪奥·迪奥**（*Dior Dior*）。社会名流和欧洲的法语媒体精英，乘坐著名的"协和"飞机前往摩洛哥，感受巴伊亚宫（Palais de Bahia）的梦幻之夜。"迪奥·迪奥"巨大的香水瓶出现在绚烂的灯光之下。酩悦香槟——"迪奥·迪奥的特酿"——溢涌而出；而东方宫殿的喷泉则随着东方音乐的节奏喷洒出香水。空气里充满了优雅曼妙的气息。晚会一直持续到第二天的清晨，黎明时分，最后一批夜猫子享用了一份摩洛哥早餐。这一发布会花费了 40 万法郎，对于当时而言是一笔巨大的宣传预算；在香水业中，这尤其罕见[①]。但一年之后，在伊夫·圣罗兰的"鸦片"掀起的巨浪之下，人们忘记了魔力十足的"迪奥·迪奥"。

品牌之间的竞争越来越激烈。正如时任迪奥香水总裁的莫里斯·罗杰 1984 年指出的，差别在于营销对于市场产生的威力上，尤其是就媒体宣传和促销的投入而言。这一时期，一支新上市推广的美国香水，若发起一场广告攻势，仅媒体部分的平均成本就高达 500 万美元。而一支在重要市场投放的名贵香水，则意味着至少 1500 万美元的广告投入。对于法国的香水品牌，这代表着风险和挑战的升级，因为它们面对的是受益于其巨大的国内市场资源的美国巨头和日本巨头。如果说法国香水受到了来自美国香水的冲击，那么它依然保持着强大的符号力量。尽管香水一如既往地致力于追求质量和高雅，但它失去了高高在上的地位。从此

[①] 若埃尔·德曼日（Joëlle Demange）的采访，2009 年 2 月，迪奥香水内部资料。

以后，大众和香水之间的关系变得更随意，也更自由[1]。

大众化抑或通俗化？ 然而，当时香水业思考的问题是：选择性销售在香水制造业是否依然拥有美好的前景？香水是否是一件奢侈品，并可以抵挡住任何形式的大众化？或者，确切说来，问题难道不是由于过于大众化而与通俗化混为一谈？

关于这一点，比克男爵（le baron Bich）的尝试值得关注[2]。1988年，他推出了四款不同的香水，但香水瓶不仅一模一样，而且非常普通。这四款售价为25法郎的香水，在大型超市和香烟店出售，而不是在经过严格筛选的销售渠道出售。比克公司相信，消费者更关注香水，而非香水瓶。因此，该企业集中所有的力量打造香水，而不是非常低廉的瓶身（可以说，既无趣味，也无品位）。而宣传推广则用"无装饰的香水"（le parfum nu）来解释该企业的这一选择。这四款香水是由格拉斯的一家香水公司在某位著名的调香师的辅助之下制造出来的。它们由一些芳香的原料混合而成，其中有18%的天然香精，刚好符合比克这一品牌的预期：比克公司认为，比克香水和名贵香水之间没有区别，价格除外。然而，消费者并不认同这一观点。对于香水瓶的忽略和名字的省略，是对与香水有关的享乐原则、梦想和快乐的完全否定。如果香水不再是一件受到重视的艺术品，而沦为一件普通的日常消费品：没有创造性，满足需求，却不能激起强烈的愿望，那么它就会变得庸俗，从而被消费者抛弃。

不过，卡夏尔的"阿娜伊斯·阿娜伊斯"却大获成功，反驳了有关大众化的危险的论调：对于目标市场的精准研究、与卡夏尔品牌联系在一起的梦幻的世界、新奇的香水、全新的乳白玻璃瓶身、低廉的价格，

---

[1] 莫里斯·罗杰在新闻发布会上的发言，迪奥香水总裁，巴黎，1984年4月12日，巴黎香水内部资料。
[2] 比克，1945年成立的比克公司（l'entreprise Bic）的联合创始人。这家企业生产的圆珠笔名列世界前茅。1973年，该企业的打火机成功问世：和圆珠笔基于同一使用原则（可抛弃）。

第七章 奢华的香水 417

这一切都保证了香水一经推出便大受欢迎。这一作品在嗅觉、艺术性和激发梦想上的优点，满足了消费者的期望。创新、反叛、出其不意，诸如此类都是香水产品成功的因素。因此，人们购买香水是因为它传递出来的整体信息。

市场营销主宰的时代。20世纪80年代，香水前所未有地成为它所处时代的文化的反映：尽管依然和感性与趣味有关，但总的说来成为某种文化的产物。1985年，迪奥香水总裁莫里斯·罗杰断言："小女孩渴望拥有学校里的女老师的短裙，怀念祖母乡下房子里的地板蜡的味道，在美好的节日之夜后的第二天清晨依然回想着美妙的灯光，这种延展幻梦的时光已经一去不复返。"[1]

自80年代以来，香水的目标是皆大欢喜，但结果往往却是未能取悦于人。在这一背景下，对于需求市场的营销备受推崇。香水不再是一种创作，而是对确定的目标消费者提前做出的调整。于是，香水走入人们的日常生活，被当成一种消费品。营销策略亦步亦趋地顺应越来越反复无常的消费者的期望。如今，法国90%的女性每天都喷洒香水。香水不再是进入奢华世界的入门券，也不再是社会地位的标志，但它依然是一种形象和诱惑的手段。消费者期待品质和新奇，渴望一段真正的故事：富有含义并释放出真实情绪的香水。

市场调研报告（Brief）。在当今过度发展的香水业中，品牌和香水迅速涌现并消亡：2000年以后，每年大约有450款香水问世。香水和品牌的增多，以及它们寿命的缩短，降低了香水业中的奢华标准。商业筹码变得越来越重要，供给大于需求，市场国际化发展。为了控制风险，香水制造商求助于旨在破译消费者心理的营销工具和管理模式，从而打造出满足需求的供给。为了避免错误，营销团队在一些体系化的工具的指导下做出决定。这类工具有香水的归类、国际市场的分析、流行趋势

---

[1] 莫里斯·罗杰在蒙特卡洛举行的新闻发布会，1985年6月17日。迪奥香水的内部资料。

报告（Carnets de tendances）[①]的应用。营销部门向调香师提供的市场调研报告——在香水开发上，这一环节可重可轻——给出了关于未来的香水的概念。调香师不得不投射到这一已经编排好的世界中，未来的消费者也将进入到这个世界里。香水制造的规则颠倒了。以前，香水始于一种香味、一个瓶身、一段故事。如今，由概念归纳出名字、广告、瓶身，最后才是香水。在这些限制之外，还有法规的要求——尤其是香水材料研究院（RIFM）和国际香水协会（Ifra）确立的变应源——缩短的研发时限、成本限制等。此外，目标市场也已确定，创作是在关于香水的解析表（由一些关键字设定）的指导下推进。

至于消费者调研，好评由"似曾闻过"和调研内容决定。最后的结果几乎没有给真正的革新和创作留下余地，皆因它优先考虑的是一支众口一词的香水，不会让品牌承受任何风险。在失去或几乎失去了一切艺术属性之后，香水成为一件商品。上述的市场营销操作意味着非常高的预算（占平均总成本的80%）。这样一来，留给香水本身的预算份额就很低（勉强2%）。一支皆大欢喜的香水：每个人的选择都受到关于香味的表格的引导，而这类表格的制定又建立在对于消费者的调研之上；然而，消费者推选的并非是新奇的香调，而是市场上最新的香调。香水模式化了，不再令人惊叹。在推出的新品中，大约一半的产品都是一些衍生品或再版的香水。它们没有显示出任何全新的香味，只不过加剧了香水市场业已混乱的局面。这种恶性循环破坏了香水制造的形象：不断地抄袭，而非创新。

20世纪90年代末期以来，香水的销售简化了，不再和消费者保持密切的联系。销售点成为无人售货的自选模式，产品排列在陈列柜上，没有任何的背景布置。香水梦幻的一面消失了，甚至是激发梦幻的词汇也消失了。标准化之后的香水，失去了它的声誉。

---

① 《流行趋势手册》（Carnets de tendances 或 Cahiers de tendances），最初主要用于时装领域，是一种预测流行趋势的工具书，由专业的机构出版。——译注

然而，香水是一种尤其不能归结为普通商品的产品，它必须传达出某种神秘性。这一精妙的品性，以及那种在嗅觉上渐趋消散的特性，必须在投放市场的过程中传递和呈现出来。行销梦幻的经销商或分销商，必须懂得巧妙地处理和客户之间的关系。选择和购买一支香水，是了解个人的需求和动力的消费者深思熟虑之后的结果。通过有关香水的博客和众多网站的信息，消费者在购买行为上，成为一个内行人士。他购买一件香水产品，不仅仅是为了满足某种需求和快乐，他购买的是理念、连接和内涵。

通过嗅觉训练，也许可以形成令人满意的大众化。尽可能让越来越多的人接触到香水，是向大众提供某种可以辨别的品质，而非以低价推销一个受到践踏的形象。而这正是把和香水世界相关的知识向大众传播的意义所在。这类信息作为一种必要性，新近才出现在被无处不在的市场营销扰乱了的世界里。比方说，蒂埃里·穆勒 2004 年开设的"香水课程"，旨在传播或揭晓香水的秘密和行业内情。如今，越来越多关于香水的博客文章担负起同一使命。如果它们是由专业人士撰写的，那么它们就构成一篇对于香水行业和消费者而言非常实用和适宜的评论。2006 年，《纽约时报》宣布，聘请记者钱德勒·珀尔（Chandler Bur）作为该杂志的香水评论员。这一杂志同时声称："香水的创作是一种杰出的艺术表现形式，就像绘画和音乐一样。关于香水的专栏文章在探讨香水时，将把它视为某种独特的艺术。"[①]有建设性的评论不仅让调香师保持一贯审慎的质疑精神，也能鼓舞富有才华的年轻人和新的创举。与此同时，此类文章也能让消费者明确他们对香水的追求，而不再受到广告攻势推出的最新香水的诱惑。2008 年，为了让年轻的消费者获得香水和化妆品的知识，丝芙兰围绕这类产品的神秘性发起了一场信息交流会。对于寻找方向和坐标的消费者而言，资讯和演示非常关键。嗅觉训练以及有关香水业的知识，不仅能改变大众的鉴赏力，还能迫使香水品牌精益求精。对于一

---

① 见让-克劳德·艾列纳在《香水》中的引文，第 80 页。

支符合某一市场营销概念，而非富有含义、有故事的香水作品，富有经验的消费者甚至能否定它。

沙龙香。新式的奢侈可以被描述成我们自身的体验、我们对于永恒的追求、我们的印迹、我们的尊严和我们的快乐。为了开发所谓的"心灵的"香水，众多品牌都在这些主题上做文章，希望能传达出某种信息，并让消费者感受到某种体验。而这正如我们目睹的一样，在东方文化的影响下，香水创作中神秘主题的回归。奢侈一词重拾了它的初始含义，即过甚、出格，孕育出了一些肆无忌惮、奇特的香水——就变革、幽默感和变幻莫测而言。

高端而小众的沙龙香（Les niches）——又称为独立香水品牌——的现象，始于20世纪80年代末期，是在臃肿的香水工业之外发展起来的。这类香水品牌都是一些小型的组织，力图创作出打破常规的实验性香水。无论它们是一些独立的机构，还是依附于大企业集团，沙龙香都拥有一个共同的思维模式：质疑市场营销，尤其渴望重新赋予香水含义，因为产品和服务是最重要的。香水诉求的是一种强有力的身份、一种香味上的真正表态（预算中的一大部分用在原材料之上）。私密、小众同样是沙龙香成功的关键。"niche"一词[①]，让人想起藏在隐匿之处的鸟窝。

为了接触到年轻的消费者——备受品牌关注的市场目标——产品推广不仅必须扩大，并在20世纪90年代催生出了一些概念新颖的商店（像丝芙兰一类的商店）。年轻人觉得传统香水品牌的店铺令人生畏，高高在上。奢侈品于是从它的宝座上走下来，走向它离经叛道的初始含义。因此，香水制造中的奢侈，还在于提供各种标新立异或稀奇的产品，并成为一种远离物质因素的精神象征。

同一时期，一些香水品牌采取独家经营的模式，与市场学的逻辑背道而驰。而为了保存香水的奢华内涵，一些品牌则推出了高定系列。专卖店成为香水展示的迷人空间，客人受到训练有素的工作人员的殷勤服

---

① 国内一般笼统翻译为沙龙香，这一术语的法语原意是洞、窝的意思。——译注

务。1992年，塞尔日·芦丹氏把巴黎的资生堂皇家宫殿会馆打造成"一个符号、一个幻梦"，巴黎的典雅和日本的精致完美结合在一起：一种神奇的融合，不仅充满诗意，而且富有艺术气息和浓浓的历史感，从而呈现出资生堂香水独树一帜的基本原则。资生堂香水的定位是：艺术家的作品，由一些真正珍稀的纯精油组成。在这家香水名品店中，香水的分类非常特别，反映了该品牌的精英主义："华香名露""木质香水""名贵花香""古典香水"。

2000年，弗雷德里克·马勒，"香水作品的出版人"，同样投入到非常高端和小众的沙龙香的开发上。他让一些调香师全权创作出奇妙而与众不同的香水：非同凡响、创新和匠心独运是这类创举的标准。如此一来，马勒让调香师从幕后走到了台前。他这一别出心裁的模式，效仿了出版社的做法：推出瓶身上署有调香师的名字的香水作品。在这一模式之下，一些幸运的调香师得以自由自在地创作出一些稀奇和珍贵的香水。

其他概念的沙龙香也逐渐面世：香水实验店（Le Labo），由欧莱雅的两位前员工于2007年创立。他们在近距离和透明度上下功夫：在一家香水实验店中，推出一些来自格拉斯的香露，根据客人的意愿，并在他的眼前进行现场调配。幽默感和距离被摆在了首位。然而，高昂的价格不仅令人望而却步，也让它成为一个相对难以接近的品牌。尽管如此，年轻人欣赏这种特立独行。同样拥护这一理念的独立香水品牌奥兰治自由邦（État libre d'orange）①就宣称："香水已逝，香氛永存。"

尽管沙龙香在法国香水销量中占有的比例不超过5%，但是它们代表着香水业中的高级定制，即香水业中备受保护的奢华形象。消费者的需求越来越苛刻，品牌必须在显示出它们的附加值的同时，证明它们的合法地位。与此同时，它们必须继承有助于维护它们的产品正统性的传

---

① 另有译名为"解放橘郡"，但根据该品牌的创始人艾蒂安·德·斯瓦尔（Étienne de Swardt），这一名字是为了纪念他的出生地：由居住于南非境内的荷兰、法国和德国移民后裔形成的布尔人1854年成立的共和国奥兰治自由邦（现为南非联邦的一个省份）。——译注

统，皆因在国际化的过程中，某些品牌由于失去了它们最初的趣味和特性，最终变得暗淡无光。

消费者购买沙龙香不仅是为了个体化的快乐，也是为了满足对于某种珍稀艺术的喜爱，而这一艺术又得到一批内行的精英人士的共赏。激发情感、愉悦个性并满足对于独树一格的渴求，这些便是小众的沙龙香品牌满足的基本诉求。它们懂得在它们的名声之上打造某种牢固的价值，即采纳一种真正的选择性发行（独家销售方式），在维护它们的身份上绝不妥协。这些善于标新立异的品牌——通过与众不同的创新以及与消费者形成的个性化关系——也许将是明天的奢牌。

传统香水品牌的反击。为了维护香水的奢侈品形象，众多传统的香水品牌在2000年之后都推出了限量版系列。这类名贵的香水都由一些珍稀原材料调制而成，价格极其高昂[1]。它们华丽、非同凡响、昂贵的瓶身不仅由水晶裁制而成，而且标有编号。这些商业策略[2]之下的产品，既是时尚的结晶，也是对于真诚的艺术的热爱，不仅迎合了人们对于时髦的奢侈品的趣味，并且让识货的收藏者满心欢喜。巴卡拉2000年的香水三部曲[3]以及娇兰再版的香水，便是传统香水品牌在面对它们的一部分消费者迷恋沙龙品牌小众而私密的世界时，做出的反应。

标志性的香水品牌卓有成效地控制住了它们的发行渠道，它们的香水销售从而和它们的形象和声名相符合。与此同时，选择性销售也是用来传达高端独家专卖的方式之一。正如香奈儿所宣称的"奢华源自于珍稀和专营"，娇兰在奢华这一目标上，一直维持高端小众的战略。独家专卖是捍卫香水奢牌形象的一种举措，一种不会使奢牌庸俗化的举措，尤其是在面对1100万名流富贾的时候。他们渴望体验一种难以企及的奢

---

[1] 帕图的"殖民地"3600法郎，兰蔻的"璀璨"6500法郎，爱马仕的"爱马仕香水"3500法郎，蒂埃里·穆勒的"天使"1300法郎。
[2] 一种从整体上维护香水的奢华性的策略。
[3] 名为"别处的故事"（Les Contes d'ailleurs）的香水系列，分别为1997年的"孟加拉的星夜"（Nuit étoilée au Bengale）、1998年的"底比斯的圣珠泪"（Les larmes sacrées de Thèbes）、1999年的"里瓦几亚的某个夏天"（Un certain été à Livadia）。——译注

华。购买奢侈品的顾客不仅要求卓越的独家产品，而且希望在那些非同一般的专营店中感受到优质的服务（即便是对于他们最微不足道的需求，工作人员都殷勤备至）。此外，传统的香水品牌不得不加强它们的地位，以便征服来自新兴国家（俄罗斯、中国和印度）的高端消费者，原因在于他们正在转向某种代表着传统的奢华。

因此，高端奢牌在强调服务和关注它们的客户的同时，不断加强它们的传统根基。而正是通过巩固传承和宣扬它们的专有技术，它们不仅维护了自身的形象，并且一如既往地激发情感。这一类品牌通过再版之前的经典香水作品和研发新系列，力图重新赋予香水这一奢侈品无上的声誉。娇兰世家采取的做法是，在发布具有现代符号的香水产品的同时，推出对过往的经典作品重新诠释的"复古"（Les Vintages）系列，或讲述"工艺和材料"（L'art et la matière）的高端系列。此外，在它巴黎的旗舰店里，娇兰世家还恢复了香水定制的传统。

本着重建香水业奢华的传统准则，高级香水在人们的关注之下回归了。香水品牌重新推出最高端的版本：香精。与此同时，人们还目睹了行家珍藏系列的开发，比方说"阿玛尼高定"系列、兰蔻和娇兰再版的经典系列。这些系列都有着一段富有象征意义的故事，并和某一真正的创作激情相呼应。它们只在一些十分高端的专营店内出售：这样的店铺不仅能把控香水展示的布景，而且在熟悉品牌历史和精神的销售团队的努力之下，提供个性化的服务。譬如，香奈儿品牌的"珍藏系列"（Exclusifs），只在它在巴黎的八个销售点和它在国外的专营店有售。纪梵希自 2005 年以来推出的"制造年份"（Millésimes）系列，意味着像依照采摘季节制造香水的古老传统一样，回归独一无二、珍稀和品质。2009 年，卡地亚则发布了由旗下的专属调香师玛蒂尔德·罗兰创作的"时光"（Les Heures）高级系列香水。

作为香水品牌身份保证的专属调香师，他们的存在，也是品牌对于专有技术和创新的诉求。多年前，只有三家传统的香水品牌还能自诩拥有它们的御用调香大师。专属调香师全权负责，并独自开发出新的产品，譬如香奈儿的雅克·波巨，帕图的让·盖尔雷奥或罗莎的让-米歇尔·丢利耶（Jean-Michel Duriez），娇兰的让-保罗·娇兰。2004年，让-克劳德·艾列纳加入爱马仕，成为该品牌的御用调香师，这不仅开启了和商品行销决裂的调式，并且体现了爱马仕想把顶级香水变成深刻的个人体验的意图。在尊重品牌形象的基础上，让-克劳德·艾列纳自由地发挥他的艺术。于是，2004年"爱马仕精华"（Hermessence）系列问世了。专门诠释经典的原材料并诱惑人们远行的这一高端系列，只在爱马仕的专营店中出售。而让某位调香大师专门服务于某一品牌，并使他的技艺大放异彩的这种趋势，随后受到了进一步的认可：2005年，玛蒂尔德·罗兰成为负责卡地亚的定制香水和高级香水的专属调香师；2006年，弗朗索瓦·德玛什成为迪奥香水研发的首席调香师；2008年，蒂埃里·瓦塞在让-保罗·娇兰卸任之后接任了娇兰御用调香师的职位。

捍卫传统。如今，身为香水大师，既是原材料质量的保证，也是融合了未来理念的工匠制作传统的保证。自从20世纪60年代以来，大型跨国集团不断收购在格拉斯的香料厂或香水公司。"它们的合成香氛不仅为调香师提供了一个越来越丰富多彩的调香板，并且价格非常诱人。尽管这让它们获得了成功，然而却损害了天然鲜花产品的种植和香水的质量。"莫妮克·雷米（Monique Rémy）这么说道。她目睹了格拉斯鲜花种植园地日渐消失。在20世纪70年代和80年代，地产投机活动、花卉行情的波动以及人工成本的上升，都导致了鲜花种植园地慢慢消失。这一类种植的成本主要在人工采摘上，比如对于已经迁往别处生长的茉莉花（格拉斯的头牌产品），人工采摘是唯一的可能性。茉莉花的种植先后转移到了埃及的尼罗河三角洲和印度的南部。如今，这两个原产地几乎保证了全世界90%的产量。1983年，在种植用于制造香水的鲜花这一领域拥有十八年经验的莫妮克，决定推动纯天然产品的发展，并重新赋予花卉原料至高无上的声誉。她说道："这是逆流而行。众所周知，如今依然存在的原料企业已经开始放弃天然花卉的种植，转向其他发展势头强劲的领域。这是一场真正的圣战，它的成功多亏了专业的调香师，皆因他们善于分辨原料的品质，并善于向他们的消费者指出便宜货的代价总是过高。"所以，奢侈在于人们在面对大自然时应该拥有的谦恭之上。这一尝试在坚持可持续及平等公正的发展的同时，还包括了对于专有技术的保护。

香奈儿公司的例子值得关注。这一香水品牌希望通过保护天然原材料来维护传统。它的目标是：保证它的香水的原始配方，但同时又能更好地管理上等原材料的供应。如今，尽管化学家可以在实验室里克隆出所有的香气，但著名的香水品牌一如既往地使用大量的天然成分，而香奈儿就是其中的一家。天然原材料保证了对于原始工艺和高端香水的重视。在格拉斯，由于五月玫瑰和茉莉花是"香奈儿5号"香精必不可少的组成成分，因此香奈儿香水自1987年以来，便和当地的种植园形成合作关系，从而保证长期独家拥有这两种花卉的供应。而这正如香奈儿女士1921年时希望的一样，也许是一种保护"香奈儿5号"免受抄袭的方法……在格拉斯这片位于大海和高山之间的西亚涅（Siagne）河谷上，茉莉花和五月玫瑰的种植曾岌岌可危。五代传承的穆勒家族懂得保护它的花卉种植领地和传统的技术。1987年，香奈儿品牌决定和它合作，签署了生产和萃取的独家合同。如今，制造自家的茉莉花和玫瑰花凝香体与净油的香水品牌凤毛麟角，而香奈儿是其中之一。2007年，香奈儿香水公司在滨海阿尔卑斯省的佩戈马（Pégoma）重新种上了香根鸢尾。"一次疯狂的赌注，必须要有非同寻常的耐心和投资。"香奈儿的首席调香师雅克·波巨诚恳地说道。

如果我们把一件奢侈品的特征归纳为技术含量、珍稀、创新和享乐原则，那么香水可以自诩属于这一类尊贵的产品。技术和习俗构成了香水制造的基础，而奢美则源自于调香师的艺术灵感撞上赋予了香氛灵性的女人。香气四溢的女人，她们甚至成为奢华的代言和趣味的赞美。埃米尔·爱马仕（Émile Hermès）在20世纪初，就喜欢对他的女客户说："您难道不觉得很荣幸吗？我们只是制造了物品，而赋予它们生命的正是您。"这一感想同样适用于香水。

  关于香水,真正的奢侈也许是远离现实。这便是香水带来的"灵魂的延展"的快乐情绪,以及它所象征的缺席之中的存在。"一支奢美的香水能够让人心绪激荡……香水是一幕充满诗意的梦幻。"调香大师埃德蒙·鲁德尼茨卡如此说道。是的,这种美是一种真正的奢华。

第八章

香水的现代性

> 现代性,是过渡,是转瞬即逝,是偶然、是艺术的一半,而艺术的另一半则是不变的永恒。
>
> ——夏尔·波德莱尔[①]

在香水的历史发展进程中,革新和断裂见于技术和化学研究的进步。18世纪之后,尤其是在19世纪,创新战略在香水制造的不同水平上渐渐形成,最终促成了现代香水的问世。而列为香水的现代性的,大概既有原材料的加工及制作工艺,也有香水本身。然而,如果现代性指的是某一时代的特色,那么香水和时代的关系十分的特殊和复杂。正如作家露易丝·德·维尔莫兰写下

---

① 见夏尔·波德莱尔于1859年撰写的《现代生活的画家》(«Le peintre de la vie moderne») 一文,发表于《费加罗报》(*Le Figaro*),1863年11月26—29日和12月3日。

的:"香气是最迅捷的运输方式。它们的精妙、它们的气氛、它们的动人心弦,一瞬之间要么把我们拉回到过去,要么把我们投射到未来。"[1]

1. 香水工艺的诞生

考古学家采集到的零零星星的材料,几乎不能揭示出青铜器时代香水的制作技术和工艺。我们只知道在这一时期,制作成分先放入水里熬煮,然后再放入油里熬煮。制作过程漫长,长达十天至三个月。最后得到的熬制物在装罐保存之前,一般放在羊毛或亚麻织物里拧搓过滤。古代迈锡尼人大概使用酒液浸渍的方法,比如在原料中加入蜂蜜和水果,然后浸泡在酒里。橄榄油一直是理想的载体,但也不排除未经证实的红花油和其他植物油的存在,譬如杏仁油或罂粟油。此外,迈锡尼人在制作香氛制品时也借助动物油脂。青铜器时代末期,在黎凡特,常用的调香材料有接骨木油、安息香和没药。而源自迈锡尼文明的首批花香调香氛制品,则有鼠尾草油、玫瑰油和油莎草精油。装在形式各异的容器中保存的这些香料、芳香的油汁、香膏贯穿了整个古代社会。经过考古学家们的考证,塞浦路斯和克里特岛在青铜器时代中期,就已经有了调香的工坊。调香的器具很常见,类似于宫中的烹饪用具,譬如长柄大汤勺、漏勺、乳钵、杵、水罐等。据推测,大部分的调香工坊都是一些家庭式的手工作坊、流动作坊,或结合了纺织、冶金和榨油的多功能大作坊,就像塞浦路斯的考古学遗址所证实的一样。

在香水制作技术上,古埃及人开发了三项工艺:把鲜花直接铺在油脂上萃取花香的脂吸法、在可以加热的油中浸泡的浸渍法[2]以及压榨法。

---

[1] 露易丝·德·维尔莫兰(Louise de Vilmorin),《时尚随笔》(*Articles de mode*),巴黎,漫步者出版社(Le Promeneur),2000 年。
[2] 浸渍法:将固体粉末或一定形状已成形的固体浸泡在含有活性组分的可溶性化合物溶液中,接触一定的时间后分离残液。这样,活性组分就以离子或化合物的形式附着在固体上,这种方法谓之浸渍法。——编注

蒸馏法在古埃及时代还不存在；大部分的香氛制品都通过水煮（或者在含有少量酒的水里蒸煮），尤其是通过在胶脂状和油状的物质中熬煮的方式获得。

蒸馏技术的发明。蒸馏釜在古希腊时代就已经出现，不过这个术语是摩尔人发明的。原名为伊本·西那的古伊朗医生阿维森纳（930—1037年）确立了这一装置的运作原理。公元7世纪，意大利萨莱诺医学院的医生开发了以酒精为介质的蒸馏技术，为现代香水制造业打下了基础。14世纪和15世纪，随着有机物乙醇在萨莱诺和蒙彼利埃的发现，以酒精为溶剂萃取花香的工艺不断完善。14世纪，居住在蒙彼利埃的医生、化学家、天文学家和神学家阿尔诺·德·维尔诺乎（Arnot de Villeneuve），一边行医，一边在大学里教书。在西班牙的科尔多瓦学过蒸馏原理的他，把这一原理应用到酒的蒸馏上，并提取出了酒精（esprit-de-vin，即乙醇）。他不仅是第一个把乙醇应用于萃取花香的学者——他配制出了第一批精油——而且还发现了硫酸、盐酸和硝酸。在乙醇这一媒介之下，火和水产生了连接，于是便有了"烧酒"（eau de feu，即蒸馏酒）。这一结合为香水制造带来了重大贡献，皆因从此以后人们能够用一种具有挥发性的中性物质，取代液态油这一传统的赋形剂。而在这一工艺之下，香水变成了一种酒剂（阿拉伯人又把它称为attar）。在西方，最早出现的香水分别是1370年的匈牙利皇后水和1695年的古龙水。

调香师让-路易·法尔荣。18世纪，以笔名德让（Dejean）闻名的安托万·奥尔诺（Antoine Hornot），在巴黎出版了两部和香水行业相关的重要著作：1753年的《蒸馏法的系统论述》（随附一篇气味论）[1]和1764年的《气味论：蒸馏法论的后续》[2]。当时，在提取植物的香气上，有三种通用的方法：压榨法、蒸馏法和浸渍法。后两种方法，即蒸馏法

---

[1] *Le traité de la distillation..., avec un traité des odeurs.*
[2] *Le traité des odeurs, suite du Traité de la distillation.*

和浸渍法,尤其吸引了凡尔赛宫的御用调香师让-路易·法尔荣的注意。第一种方法代表了调香工艺的精髓;而第二种方法尽管过程非常缓慢,但能够捕捉住某些完全无法用蒸馏法萃取的植物香气。

同一时期,在雅克·萨瓦利·德·布吕隆(Jacques Savary des Brûlons)——巴黎海关负责手工制造业的皇家总检察官——的遗著中,调香师们能找到一切和他们的技艺相关的基础知识。他编著的《商业辞典》(第一版于1723年面世),在全面介绍香水制造这一活动时,把香气定义为"愉悦嗅觉的怡人气息"①。他根据植物的种类划分香气,这让调香师得以构筑出个人的调香板或香味系列。

18世纪,蒸馏法指的是把某一物质中的酒精成分和芳香成分分离出来,它们往往浸没在大量的冷凝液中,并与许多含土、含盐的成分或其他无用成分混合在一起。

同一时代,调香师对原材料进行多次蒸馏——所说的"精馏"——之后,便能得到他们最终从蒸馏液里分离出来的精油。这样的精油,不仅更纯净,浓度也更高,被称为"浓香精"(esprits ardents)。那时候,人们把香水划分为三个完全不同的等级:普通的香水、含有酒精的香水、香精油。此外,用油脂萃取花香的脂吸法,也是18世纪的重要创新。它的影响对于制香至关重要。事实是,大多数的鲜花既美又香。然而,随着它们的迅速凋谢,香气也消散殆尽。脂吸法在当时不仅是格拉斯专有的全新工艺,也是这座城市的财富基础。这一工艺的具体操作是:把一些嵌有绷紧的网布的木框放入锡盘或搪瓷盘中;在网布的上面,把茉莉花、晚香玉直接铺在吸收香气的猪油上。

让-路易·法尔荣完美地代表了18世纪的调香师的形象:在调香行业早期的混乱中,完成了人们所称的原始工业化(proto-industrialisation)。法尔荣在鲁尔街(rue du Roure)的生产场所很快便显得过于狭小,于是他

---

① 雅克·萨瓦利·德·布吕隆,《商业、自然史、手工艺辞典》(*Dictionnaire universel du commerce, d'histoire naturelle, des arts et métiers*),1723年。

选择在巴黎西部郊区的叙雷讷开设工坊，并在当地招聘了一批女工（农户和葡萄种植户的家中有许多女性劳动力）。尽管叙雷讷大部分的山坡上都种满了葡萄，但当地自1665年以来就有了玫瑰种植园。

当时，法尔荣借鉴了物理学家德尼·帕潘（Denis Papin）的研究成果。后者自1687年起，开始利用蒸汽膨胀产生的力量发明蒸汽煮锅[①]。法尔荣多次摸索，力图把这一蒸汽装置用于蒸馏的过程，以便在降低成本的同时增加馏出物的产量。他安装了六台汽锅和一定数量的工业大盆以及红铜的蒸馏釜。他的这一重要设备对于当时而言已经非常先进了。增加产出并提高品质，这便是新发展的两大方针。法尔荣这位富有远见的调香师知道，"现代化学在香水工艺上的应用"[②]是未来香水制造的必经之路。

同一时代的安托万·弗朗索瓦·福尔克瓦（Antoine François Fourcroy）发表了他的化学研究著作。法尔荣牢记其中的理论前提：每一种气味都只是芳香物质在水里或其他某一液体里溶解时产生的，而每一种物质相对于它的溶解度，又具有它独特的气味。气味喜欢吸附在某些和它们各自的属性相吻合的物质上。一些气味更容易吸附在含有酒精的液体里，另外一些则更容易吸附在液态的植物油里。对于含有香脂的物质而言，酒精是最好的香气载体。而诸如晚香玉之类的百合科花卉，油脂是它们的香气的主要载体。

如此一来，这一时代的科学家便对气味进行了有史以来的首次归类。18世纪末期，不仅调香师可选择的调香材料增多了，更重要的是，在调配某一全新的香水时，他可以摆脱季节的限制，譬如由常说的"百花"配制而成的复合花香香水。

[①] 后来的蒸汽机和压力锅的前身。——译注
[②] 让-路易·法尔荣，《调香师的工艺》。

2．现代香水业的诞生

现代香水，是时尚、化学和商业的交汇融合。[①]

——斯塔尔夫人

"要么创新、要么消亡"[②]，这便是可以援引到 1830 年的香水制造商身上的箴言。摆在他们面前的是一个双重的挑战：让法国的香水制造重新扬名于世，并战胜来自英国的竞争。事实是，1800 年至 1830 年间，英国香水制造商不仅受益于法国大革命后的战乱，而且因为在原材料上能唾手可得，因而在国际市场上占有主导地位。革命者声称香水制造商是共和国的可疑分子——这一行业享有各种各样的特权，并且是王宫的供应商。同时，逃亡的贵族对于英国的香水制造商，又构成了一个极好的销路。因此，法国的香水制造商必须开拓创新。他们的创造力超凡卓绝，而这皆因在工业化和技术进步（为香水业带来了重大变革）的大趋势中，对于全新的制作工艺的探索——一个实际上有利于新产品诞生的大背景。发明者的创造精神，化学、物理和机械等学科上的新发现，蒸汽机的发明，都促进了香精、淡香水、热制皂和牙膏等全新香氛制品的生产。法国的香氛产品制造因而在国际上名列前茅。1900 年，在巴黎的万国博览会上，这一行业的声誉受到了全面的认可。

工业化自 1860 年以后，便开始在法国香水制造的两大门类里展开。第一类别是普罗旺斯地区的原材料的萃取，但也包括从意大利、西班牙、阿尔及利亚和印度进口的原材料的萃取。第二类别则包括香皂、香水和化妆品等制成品的生产和包装。香水制造商只能在一线城市或者普罗旺

[①] 斯塔尔夫人（Mme de Staël），见丹妮艾尔·艾雷烈（Danielle Allérès）在《化妆品类别解析》（*Analyse de la branche des produits cosmétiques*）中的引文，经济学博士论文，巴黎一大（université Paris-I），1983 年，第 84 页。

[②] 弗朗索瓦·卡隆（François Caron），《工业企业可抑制的衰落》（*Le Résistible décin des sociétés industrielles*），巴黎，佩林出版社（Perrin），1989 年，第 49 页。

斯地区的城市开展他们庞大的工业生产。前一类的城市为他们的产品提供必要的销路；后一类的城市，由于当地生产的花草植物，人们可以更方便地投身于这一类产品的制造活动。因此，格拉斯和巴黎共同瓜分了法国的香水制造业。其中的一方包揽了鲜花的采摘和原材料的加工；另一方则负责专业制造以及大规模的商业运作。在洛雷发行的百科指南里，我们可以读到："这两座城市是我国著名的香氛产品制造工坊和中心。"[①]

1860年前后，为了加热蒸馏釜以及作为压榨机（提取鲜花含有的油脂）的动力，蒸汽开始出现在法国南方的工场里。蒸汽机的引入颠覆了传统的制造工艺，并成为创新的巨大载体。伴随着蒸汽的使用，崭新的生产工具出现了，并带来更大的产出。机械化首先引入到制皂业，这一产业在当时的香氛产品制造业中占有很大比例。后来，香水和化妆品制造商便开始利用肥皂制造商特有的生产工具[②]。洛雷的指南手册就向我们展示了这些工具的功能和运作。此外，某些著名的香水和化妆品品牌的知名度，就建立在它们生产的香皂上，比方说皮维、香榭格蕾和Monpelas。因此，香水和化妆品制皂商非常重视这一类产品。从此以后，适于香皂制造的机器取代了传统的工具，而且这一机械化也成为香水制造工业化的实验室。

蒸汽很快应用到萃取花香的蒸馏法之上。该工艺下获得的精油比古法的更纯净，特别是在提取香气精微柔美的精油，比如鲜花精油时。蒸汽蒸馏的工艺是用蒸汽让香气分子气化，然后让它们在冷缸中遇冷凝结。在这一工艺下，湿热的水汽喷射到堆积在一个大汽锅或蒸馏釜里捣

---

① 洛雷百科指南，《香氛产品制作指南》（*Le manuel du parfumeur*），第二版，巴黎，1834年，第241页。"洛雷指南丛书"（«Manuels-Roret»）是一些非常大众化的通俗出版物。它们为历史学家提供了一幅关于香水、化妆品和香皂制造技术的全景图。由伽康-杜福尔夫人（Mme Gacon-Dufour）撰写的第一版于1825年出版。1834年出版的塞尔奈儿夫人（Mme Celnart）撰写的第二版，以其中关于美容的指南和见解为人所知。

② "洛雷指南丛书"，《肥皂制作理论和实践新指南》（*Nouveau manuel théorique et pratique du savonnier*），1839年，工业化学教授蒂亚耶（M. Thillaye）著。书中的插图显示当时的设备依然很简陋。

碎过的植物之上。一支管子把汽锅上盖着的柱头和伸进冷水器中的蛇形管连接在一起。满载着香氛因子的蒸汽随后进入到第二个冷缸里遇冷凝结。在凝结的水上，漂浮着一些轻盈的小精油滴或者"挥发性的油滴"。然后，在一个经过自来水冷却的蛇形管的末端，人们小心翼翼地采集这些油滴。最后，这些油又在一个带有喷嘴的壶（常说的佛兰德斯壶）中澄清或滗析①。以浓缩精油的形式呈现出的花香或植物香的馏出物或馏出液，根据它特有的重力，要么漂浮在水面，要么沉入水底。因此，通过蒸馏橙花，人们不仅提取出橙花露，也提取出橙花油②。

蒸馏技术的重大革新在于水杨酸钠的使用。该物质能加速精油的形成过程。加入蒸馏釜的水中的水杨酸钠还能提高精油的产量，皆因它溶解芳香因子的能力。此外，由于仪器的改进和真空的使用（降低沸点并消除热解），精油的精馏成为另一项重大的革新。这一革新在去除精油中含有的无味之物——它们并不增加馏出物的价值——的同时，意味着巨大的商业利益。

蒸馏工艺的机械化。19世纪，调香师一如既往地把蒸馏视为他的技艺中最重要并能带来最大收益的一部分③。这一方法可用于提取精油、香精、香露、古龙水和各种香醋。它适用于一切芳香的植物、香辛料、香木以及少数鲜花。在普罗旺斯，人们只蒸馏玫瑰和橙花。其他成本更高的鲜花，譬如茉莉花、紫罗兰和金合欢，用蒸馏法获得的馏出物很少。蒸馏过的水里含有一定的香气，人们用于沐浴和净身。1860年至1889年间，随着机械化的发展，蒸馏工艺不断演进。这一时期，人们还发明了轧碎机、块根切碎机、粉碎机。早期简陋的蒸馏釜发生了变化，成为由蒸汽加热的大型双底蒸馏器。与此同时，蒸馏工艺也受益于其他部件的改进，譬如埃格罗（M. Egrot）发明的栓封、既可拆卸又可清洗的冷凝

---

① 滗析：通过把固体物质挡住从而将液体倒掉，这种从液体中分离固体的方法称为滗析。——编注
② 尤金·芮谜，《香氛产品手册》。
③ 《香氛产品制作指南》，第249—252页。

器（由螺旋锥管或者叠加的透镜组成）……香水制造商阿尔丰斯·皮维（Alphonse Piver）设计出的精油分离器（essencier）[①]则于 1871 年取代了早先的佛兰德斯分离壶（vase florentin）。此外，人们也采用真空蒸馏以及上升的冷凝器。为了提高馏出物的品质，时人甚至考虑在一个安装于轮子上的蒸馏器里，就地蒸馏种植园里刚刚采摘下来的鲜花！一些原料萃取工厂就设在采摘地附近，以提升质量。1862 年之后，人们开始注意到这类革新带来的积极效果，譬如《法国画报》（Illustration）中就有一篇关于皮维香水公司在格拉斯建立蒸馏厂的文章："如今，第一批精油在蒸汽流的作用下蒸馏出来；大规模生产中的蒸汽比先前纯粹用火加热或隔火加热的蒸馏釜，更容易操作。"[②]到了 1889 年，机械设备不仅满足香水制造的一切需求，也适用于一切生产形式。

与此同时，香水制造商还革新了产品，即通过减压蒸馏，去除精油中的萜烯。这样的精油就香气而言，不再含有异味。萜烯是一类广泛存在于植物尤其是针叶树木中的碳氢化合物。它们具有芳香属性。不含萜烯的精油的特点是：就香气来说，它们的浓度更高；此外，在低浓度的酒精里，它们的溶解更完全。它们甚至可以完全由某一纯净的材质构成。1880 年之后，不含萜烯的精油开始在市面上销售，譬如佛手柑、薰衣草、薄荷、百里香和孜然精油。

传统脂吸工艺的改进。 至于脂吸法和浸渍法，底架取代了早先的木框，瓷盘也让位于铜罐。用油脂浸渍、吸收、再萃取花香的繁复技术必须由熟练工人来操作。这些操作往往用在一些拥有少量芳香成分的娇花嫩草之上，譬如茉莉花。此外，它们都建立在油脂和香味具有的亲缘性之上。

香水制造商阿尔丰斯·皮维不仅发明了一套更简单的脂吸工艺，而且还设计出了一台装置。这种设备只需二十四小时就能给出令人非常满

---

① 把具有疏水性的精油和水分离的容器。——译注
② 阿尔弗雷德·达塞尔（Alfred Darcel），《伦敦万国博览会：香氛产品制造业》（«À travers l'Exposition de Londres: la parfumerie»），《法国画报》，1842 年第 1013 期。

意的效果：在一台风动机器的作用之下，一股强劲的气流流经这一装置，直到其中的花香沉淀在油脂中为止；然后，某一双重的运动搅动精油和酒精的混合液，直到后者吸收了所有的香气。因此，昔日鲜花和动物性油脂接触后出现的弊病，譬如香气的破坏、油脂染上颜色以及经常性的操作失败等，在这一迅捷的过程中消除了。1860 年，皮维还发明了一台名为"定量调节器"的仪器。这一装置只需一天的时间，就能让 800 公斤的油脂浸满香气。这些油脂装在七个隔舱里，油脂通过一条溢泻管从一个隔舱进入另一个隔舱。隔舱底部的往复运动能让它们接收所有的物质。皮维的研究和创新在香水制造史上留下了深刻的印迹。他的才华在 1862 年的伦敦万国博览会上得到褒奖，他摘取了作为高端香水制造商的第一枚奖牌。

挥发性溶剂萃取天然香料的工艺（溶剂萃取法）。19 世纪，一项著名的技术进步为格拉斯的原材料加工工艺带来了巨大的变革。事实是，早在 1873 年，人们就目睹了通过挥发性溶剂萃取香气的工业技术的创立。一项尤其重要的法国创新，为香水制造业带来了一款崭新的产品：净油，极其纯净的精油，几乎没有杂质。该技术极大地促进了调香师的调香材料的革新，因为它带来的产品的香氛因子的浓度，远远高于传统的水蒸气蒸馏工艺下得到的馏出物的浓度。1890 年，真空在工业上的应用，则让这一技术普及了起来。

挥发性溶剂萃取法的开发，意味着给香水制造业带来巨大冲击的重大创新。它是长期探索的成果。1857 年之后，调香师皮维成为香水业的先驱：把米力庸工艺（le procédé Million）引入香水制造业。在这一工艺之下，可以通过二硫化碳进行蒸馏。而二硫化碳的使用是为了萃取鸢尾草根和天芥菜花的香精油，这两种精油在当时十分流行。不过，由皮维发起的这一工艺，从成本和发生爆炸的风险的角度而言，实施起来困难重重。

但是，溶剂萃取的原理还是很快流行了起来。1884 年，雷昂·诗丽斯（Léon Chiris）取得了挥发性溶剂萃取法的专利[1]。为了把这一发明用于工业生产，他让人根据在阿尔及利亚的布法里克（Bourifak）的工厂模型，建起一个巨大的建筑物。具有通风设计的阿拉伯建筑，一般在一些厂房中规范使用，因为工人往往在其中操作一些有毒或易燃的溶剂。1899 年在格拉斯落成的这一建筑物，名叫天然原料车间（l'Atelier des produits naturels），但当地人称之为清真寺。

固体香氛（浸膏）。1886 年，一名任职于香水制造商安托南·雷诺（Antonin Raynaud）的香水企业[2]的化学家，为固体香氛工艺注册了一项专利：由不透明或半透明的全新产物构成的颜色各异的固体香氛；这类香氛制品也是所说的"香棒"[3]。正如雷诺的香水公司的宣传广告——大肆鼓吹这一"工艺"[4]的价值——所显示出的一样，这一发明很快应用在商业上。雷诺的香水品牌在研发固体香氛的方向上继续开拓：1894 年，这家企业为固态蜡状的香氛注册了一项专利[5]；1895 年，它又为进一步提升了它的知名度的液状浸膏注册专利。所有这些全新的产品，都是在该企业位于巴黎市郊的勒瓦卢瓦的工厂里生产出来的[6]。1890 年，香水制造商玛西侬（Massignon）则在生产香氛制品时，使用符合要求的石油醚。其他厂家很快也采纳这一全新的溶剂，因为它不仅能让产品获得非凡的香氛，而且也能大幅度地节约生产成本[7]。玛西侬的技术一方面加快

---

[1] 艾丽亚娜·佩兰（Éliane Perrin），《格拉斯的香水制造业或诗丽斯家族的辉煌历史》（*La Parfumerie à Grasse ou l'exemplaire Histoire des Chiris*），艾克斯（Aix-en-Provence），埃迪绪出版社（Édisud），1987 年，第 53 页。

[2] 奥丽莎·勒格朗（Oriza L. Legrand），也写为勒格朗 - 奥丽莎（Legrand-Oriza）。——译注

[3] 国家工业产权局（Inpi：Institut national de la propriété industrielle），专利号 175144，1886 年 3 月 30 日。

[4] 皮埃尔·艾农（Pierre Hénon），阿兰·蒂埃伯（Alain Thiébaut），《勒瓦卢瓦：一个市郊城镇的历史》（*Levallois. Histoire d'une banlieue*），布鲁塞尔，马尔达加出版社（P. Mardaga），1981 年，第 51 页。

[5] 国家工业产权局，专利号 237730，1894 年 4 月 12 日。

[6] 勒格朗 - 奥丽莎（Legrand-Oriza）企业资料，时事，序列号 120，BHVP。

[7] 皮维，《主委会的报告》，第 438—442 页。

了生产速度，一方面又减少了人工。这一技术还能加工一些在传统的工艺之下无法，或难以处理的娇花嫩叶。总之，玛西侬的技术完美地再现了纯净的花香。

标准化工厂的创建。对于香水制造商而言，进入工业时代意味着高速生产出令人满意的产品。传统的生产组织把制作和销售集中在一处，而机械化生产对于场地却有着严格的标准。因此，1860年以后，香水制造商把他们的资金投在庞大的工业厂房上，即人们所说的"标准化工厂"上。标准化这一修饰语是香水制造商高标准的反映，代表了引入到生产之中的科学严肃性以及香水制造商的个人成就。应用到工业生产之上的科学发明既成为香水行业的尖端武器，也成为最好的商业手段。发展壮大的战略建立在拥有资本和厂房之上。香水制造商赚取的资金往往由于优先投入到厂房的建设之上，因此成为生产和技术进步的要素。这样的投资策略富有成效：工厂能提高产量，并进而增加收益。19世纪后期，香水制造商主要考虑的是生产出更好的产品，以实现更大的销售量。

机械化生产的必要性是合伙企业（société en nom collectif）向股份有限公司（société anonyme）转变的原因之一。后一种企业形式能为企业的扩张提供必不可少的资本。公司资本的增加因而成为增强生产能力的途径。这也就是为什么1864年，香榭格蕾公司的创始人罗杰和格蕾为他们的新厂房工程，向法国土地信贷银行（Crédit foncier de France）融资了一笔十九万法郎的贷款[①]。其他的企业则通过外来的资金和吸收股东的方式增加资本。譬如，接手妙巴黎的前身的布尔诺瓦（Bourjois）为了购买位于庞坦（Pantin）[②]的一块土地，与埃米尔·欧罗斯蒂（Émile Orosdi）联手合作。1890年至1893年间，一座工厂在这块土地上拔地而起。而米洛香水公司为了购买工厂扩建所必需的场地，则在1903年重新组建成

[①] 罗欣·勒罗-伊卡尔，《1860年至1910年间的香氛美肤产品生产商：在巴黎注册的品牌、图案和式样》，第43—46页。
[②] 法国法兰西岛大区塞纳-圣丹尼省的一个市镇。——译注

为股份公司[1]。

香水小作坊不再适应新的生产要求。机械化生产迫使这些香水企业离开巴黎，迁往首都的周边地区。除了建设厂房所必需的场地之外，其他因素——比方说避免入市税——也促使香水制造商做出迁移生产场所的决定。这一迁移是沿着某一确切的交通干线展开的，工业生产的地理分布遵循着一定的逻辑，而这一逻辑又建立在能够满足货物供给的交通要道的发展之上。

受到媒体一致颂扬的标准化工厂，遍布在位于巴黎西北部的庞坦和讷伊之间：1885 年，在三十二家落成的香水工厂中，就有二十家位于庞坦和讷伊的轴线上[2]。巴黎的南面对于香水制造商似乎没有吸引力。而和巴黎九区、十区毗连的东北部，则不仅拥有许许多多的香水店，还拥有玻璃器皿制造厂。把乡镇连接起来的运河，譬如从维莱特（la Vilette）集水区至塞纳河的乌克尔运河（le canal de l'Ourcq），为这些崭新的制造中心提供了诸多好处——空间以及潜在的交通路径等。

第一批应用于香水制造业的有机化学。 在 1830 年至 1889 年这一时期，香水制造业的主要特征是化学合成物的出现。刚开始的时候，调香师或香水制造商几乎没有采纳这类新事物，尽管它们将成为香水制造业飞速发展和扩大他们财富的主要因素。从消费者的角度来看，这一新事物依然很模糊，而关于使用合成物的争议也不利于促进创新。当时，香水制造商们满足于模仿君主制时期的模式。但在这一模式之上，他们加入了卫生保健的功能，正如我们在前文看到的一样。

香水制造商继承了 18 世纪调香板上的大部分材料（1860 年之后，调香材料大幅增加）。1830 年，香水依然只由天然原料调制而成。调香材料后来在品质上的提高和数量上的激增归功于各种因素：格拉斯花卉

---

[1] 罗欣·勒罗-伊卡尔，《1860 年至 1910 年间的香氛美肤产品生产商：在巴黎注册的品牌、图案和式样》，第 46 页。

[2] 《商业年鉴》（*Annuaires du commerce*），1885 年，"香水制造商"（«Fabricants de parfumerie»）专栏。

种植技术的改进，交通运输的发展使来自帝国殖民地的精油成为可能，譬如刚从印度尼西亚运来的广藿香（这一香气在当时非常流行）。诚然，化学合成物的贡献，主要是让香水制造从模仿自然的模式过渡到真正的艺术创作。

早在19世纪早期，科学家就对精油进行了研究，并开始发表他们在三个基本方向上取得的研究成果：精油的分离、鉴定和合成[1]。精油成为一个备受青睐的课题。1833年，法国化学家让－巴蒂斯特·杜马（Jean-Baptiste Dumas）和欧仁·佩里戈（Eugène Péligot）从肉桂精油中分离出醛。1837年，德国化学家尤斯图斯·冯·李比希（Justus von Liebig）[2]和弗里德里希·维勒（Friedrich Wöhler）共同发表了一篇关于苦杏仁油的重要研究。在这一文章里，他们介绍了苯（甲）醛。1840年，法国化学家泰奥菲尔·佩卢兹（Théophile Pelouze）从松节油里分离出莰醇。著名的奥古斯特·卡乌尔（Auguste Cahours）则于1842年在茴芹精油中发现了茴香醛，并于1844年合成了冬青油。夏尔·杰拉尔德（Charles Gerhardt）1853年发表的《论有机化学》(*Traité de chimie organique*) 成为香水制造业的一部权威参考著作[3]。化学基不再被化学家视为真实存在的实体，而是一些"用来在纸上解释或概括物质特性的虚拟存在或分子组成"。有机化学成为一门致力于改变有机物质的学科，也就是说，用其他成分合成出新物质：某种形式的现代炼金术。

19世纪下半叶，化学家们致力于了解和识别复杂的分子化合物表现出来的各种作用，尤其是重新合成出这些化合物。正是出于这一原因，工业实验室取代了学术实验室。然而，出现在香水制造业上的化学合成

---

[1] 塞普蒂缪斯·皮埃斯，《香水化学和精油的制造》(*Chimie des parfums et fabrication des essences*)，巴黎，巴耶尔父子出版社（J.-B. Baillière et fis），1897年，1903年，1909年。
[2] 创立了有机化学的德国著名科学家。——译注
[3] 欧仁·夏拉博（Eugène Charabot），《科技进步和香氛制品领域的产业腾飞》(«le progrès scientifique et l'essor industriel dans le domaine des parfums»)，见《法国香水和展示艺术》(*La parfumerie française et l'art dans la présentation*)，巴黎，1925年。

物的应用,并非毫无争议。

一贯以来,从某一合成物的发现到它在香水制造上的应用,一般要经历二十年的时间。1860 年,水杨酸的发现成为英国化学家威廉·珀金(William Perkin)1868 年合成香豆素的起点。而香豆素的合成,又使霍比格恩特公司 1882 年开发出的"皇家蕨香"成为可能。1869 年,菲蒂希(Fittig)和米埃尔克(Mielk)发现的胡椒醛,促进了龙涎香型(东方型)香水的飞速发展。(这一香型从 20 世纪初便开始流行起来。)1876 年,卡尔·海默(Karl Reimer)做出了另一重要发现:以愈疮木酚为起点,合成出香兰素。1889 年,艾米·娇兰为了创作名香"姬琪",大胆启用了香兰素——他承认使用了合成香料(香水中神秘的骨架)。1887 年,从茴香脑入手,蒂曼(Tiemann)合成出茴香醛(山楂花香)。三十年之后,又是艾米·娇兰,把这一全新的合成香料用在香水"阵雨过后"(1906 年)的研发之上。喹啉大概在 1880 年出现。这一化合物强劲的皮革味和烟熏味使得"俄罗斯皮革"调的香水成为可能,这类香水在 20 世纪初风靡一时。1889 年,鲍尔合成出第一批麝香。从此以后,作为尾调和定香剂,合成麝香在香水制造业广泛使用。1891 年,埃卡特(Eckart)发明了玫瑰醇。

1893 年,蒂曼和克吕格(Krüger)以从香茅草(柠檬香植物)精油里分离出来的柠檬醛中的柠檬酸,合成出紫罗兰酮。同一年,香榭格蕾公司以每年至少一定额度的购买量为条件,和莱尔公司(Société de Laire)达成紫罗兰酮的独家使用权。1910 年,在香榭格蕾,同时存在着紫罗兰香的五条产品线:分别是 1880 年、1890 年、1892 年、1905 年和 1910 年推出的"帕尔玛紫罗兰"、**东方紫罗兰**(*Violette ambrée*)、"**真紫罗兰**"、**神奇紫罗兰**(*Violette merveilleuse*)、**红色紫罗兰**(*Violette rubra*)。史上第一次出现了化学合成的紫罗兰香气,在这之前,由于调香师们无法从紫罗兰这种花中提取出可利用的精油,因此他们只能用鸢尾花根配制紫罗兰精油。紫罗兰酮和它的衍生物不仅能呈现出紫罗兰花香的一切精妙,甚至能释放出自然界中不存在的香气。此外,这一科研成果还带来了无可争议的经济效益。1898 年，蒂曼和克吕格又为调香师合成出了史上最精彩的化合物之一——具有鸢尾和紫罗兰炙热的木香的甲位紫罗兰酮。1905 年，弗朗索瓦·科蒂在创作香水"牛至"时，成为第一位使用这一合成物的调香师。

1896 年，在巴黎综合理工大学的实验室里，达森（Darzens）发明了水杨酸戊酯，这一化合物后来成为皮维香水屋 1898 年大获成功的香水**粉红三叶草**（*Le Trèfle incarnat*）的起因。在醛类化合物的合成技术之下，调香师可以接触到大量可以利用的迷人香气。1900 年，同样是达森，合成出甲醛，而布莱兹教授（professeur Blaise）的研究则进一步完善了这一化合物。不过，醛类化合物长期以来一直都停留在科研工作者的抽屉中。

日化和香氛产品领域工业研究实验室的创建。在日化和香氛制品领域，企业家很快便估算出市场的需求，并建起工业实验室。1876 年，在巴黎格勒奈尔区（Grenelle）的圣－夏尔街（Rue Saint-Charles），化学工程师乔治·德·莱尔（Georges de Laire），创建了一家实验室。他力图从针叶树的果实的衍生物——而非香草荚——中合成出香兰素[①]。他合成出的结晶体非常纯净。这一合成物不仅引起了日化和香氛产品制造业的兴趣，也引起了食品业的兴趣。乔治·德·莱尔于是注册了通过乙酰丁子香酚合成香兰素的工艺的专利。后来，他又分别复制出香豆的香气（香豆素）、天芥菜花的香气（胡椒醛）、风信子的香气（苯乙醛）和铃兰的香气（松油醇）。1888 年，他注册鲍尔麝香（二甲酚）的专利。1887 年，他的实验室更名为"德·莱尔公司"（De Laire et Cie），他的侄子成为公司的管理人。1896 年，一家名为"莱尔有机化合物制造"（Fabrique de produits de chimie organique de Laire）的股份有限公司成立：一家两万平方米的工厂在上塞纳省的伊西莱莫利诺（Issy-les-Moulineux）落成。公

[①] 居伊·罗贝尔，《一家著名的企业：莱尔制造厂》(«Une grande maison：les fabriques de Laire»)，见《香水博物馆通讯》（*Les Nouvelles de l'osmothèque*），第 10 期，1996 年 1 月。同见法国香水协会保存的莱尔公司的文献。

司的目标是以工业化的方式生产出大批化学香料。

在日化和香氛制品领域，工业实验室取得了成功。专业人士把新的合成技术付诸生产活动。而有关专利的法律则保证他们对于这些新的合成技术或合成物的知识产权。在法国的日化和香氛产品制造业中，在化工方面极具优势的德国遇上了一个强大的对手。合成香料从本质上预示了日化和香氛产品制造业的突飞猛进。然而，极大地促进了这一行业腾飞的合成物，却在关于它们的使用上，成为棘手的问题和争议的对象。女人和时尚越快采用化学的香酊，合成物的名声在女性消费者的心中就越可怕。作家、医学人士、调香师联合起来，共同贬损化学合成出来的产品。

古今之争。在日化或香氛产品制造业中，大多数的合成物在起初的时候饱受蔑视和抨击。医学人士断定人造香料会对健康造成不利影响，如造成行为举止的混乱及可能让女性患上不孕症！一般而言，19世纪后半期，人们普遍提防日化或香氛产品中含有的人工成分，对于这一类成分的接受也只是出于日化或香氛产品能够普及卫生的目的。而且，为了让它们的这一"普及"能够产生有利于健康的效果，必须要由理智而非潮流引导消费者的选择。这一时期，无论是关于香水的使用还是研发，都尚未和美学意义联系在一起。根据阿兰·科尔班的表述，香水的疗效在备受人们重视的同时，它的卫生保健功能占主导地位[①]。《法国画报》中有一篇文章，专门探讨了常见的日化和香氛产品中含有的化学合成物，它同样强调了上述的观点："至于常见的日化或香氛产品，有机化学在合成出精油的同时，实现了一些奇迹。这些'科学家研发出来的化学品'，即合成物或'煤炭的衍生物'，从未用于'名贵香水'之中。此类'名正言顺'地贴在日化和香氛制品之上的科学饰物的合成，是为了制造香皂和一些卫生洗浴用品。这类产品需要的是工业技术，而非艺术

---

① 阿兰·科尔班，《疫气和水仙：18和19世纪的社会嗅觉及幻想》，第72页。

上的表现力。"①

还需要再等上好几年，和天然原料结合在一起的化合物才被香水制造业和消费者接纳。然而，正是这些合成的原料降低了生产成本，并且让香水的调配有了更大的创造性。不过，那种对于合成物吹毛求疵的负面思维，可以从技术层面来解释。当第一批人造香精出现之时，天然香精的浓度依然很稀薄。因此，为了让合成的材料得到理解和全方位的应用，并为调香师提供一片创作的新天地，必须要等到萃取出来的天然花香以完美的形式呈现出来——浓度达到最大值，没有杂质——而这不无道理。

用合成香料研发香水的先驱。在合成物的使用越来越广泛的背景下，开发全新的香型成为可能。和阿尔弗雷德·德·雅瓦尔（Alfred de Javal）共同创立了霍比格恩特香水公司的保罗·巴尔奎，便属于用合成物研发香水的先驱之一。实际上，这位天才的调香师早在1882年就以香柠檬和香草醛为基本成分，调配出了著名的"皇家蕨香"。1896年，他调配出的**完美香氛**（*Le parfum idéal*），不仅是把合成香精和天然香精结合在一起的新型香水的典范，而且把香水制造业引向了崭新的方向。这支香水开启了合成香水的样式，它的香气不同于任何花香。艾米·娇兰1889年研发出来的"姬琪"，薰衣草和天芥菜花组成的香调在香草醛的提升之下，现代性十足。这一香氛对于当时的人们而言，高冷莫测。这是一支由于其全新的香调而让人困惑的香水：人们大概认为它的调性充满了"金属感"，正如居斯塔夫·埃菲尔于同一年建成的埃菲尔铁塔一样。"姬琪"这一未受到当时的女性们理解的现代性，却得到了时髦绅士们的拥抱。

这一时期的调香师们清楚地知道，他们有了合成的香精产品，他们将以艺术家的方式——手法——进行研发，树立起他们作为革新者的地位。他们获得的成果形成了一场香味上的真正变革。这一变革又将引发

---

① 阿尔弗雷德·达塞尔，《伦敦世博会纵览》。

一次文化上的风暴：宣告下一个世纪的产品的到来。

3. 新世纪的现代性

1890年至第一次世界大战期间是香水制造业的过渡时期。而在1889年世博会和1900年世博会期间，香水制造业则进入了一个崭新的时代。这一产业成功地运用了科学家们在植物学、生理学、普通化学和应用机械学上获得的新知识。与此同时，某种让人联想到现代香水艺术的嗅觉美学也形成了。渐渐地，自然之美让位于艺术之美。此外，香水的名字和香水的瓶身也显示出了这一现代性的愿景。1900年，霍比格恩特公司推出"完美香氛"。保罗·巴尔奎创作的这支香水，通过加入完美比例的合成物，体现了这一时代香水制造上的现代主义。卡隆香水公司1903年推出的**现代风尚**（*Moderdis*），则让人联想起新世纪的光辉。从莱尔公司购买香水原料的达尔特罗夫，使用该公司合成的全新材料，于1904年大力推广**辐射**（*Radiant*）。朱利安·维亚尔（Julien Viard）设计了这一香水的钟乳石瓶身。它易于记忆的名字，让人想起这一时期的一个重大发现——镭。原子学的著名开拓者居里夫妇皮埃尔和玛丽，不久之前共同论证了这一放射性金属的存在。皮维香水品牌则开发出象征这一时代的魔力——电——的香水**伏特**（*Volt*）。

关于香精的化学。从此以后，一个既定的事实是，香精和精油由于它们的构成，都属于普通化学（所谓的有机化学）的组成部分。为了认识和描述天然香精的属性，以及用分子式写出它们的构成，科学家努力探寻天然香精的分子结构。而对于天然原料的科学分析必然促使科学家们进行化学合成。

在这一背景下，始终如一的目标是，研发出某种其气味具有香水原料特征的产品。科研人员以此为出发点，创立了两种合成香水原料的模式。整体合成模式旨在按照规定的比例，通过化学合成的方式，或者通过从含有这一香水原料的低廉香料中萃取的方式，把事先准备好的各类成分混合在一起。在市面上出售的橙花、依兰、铃兰和石竹合成精油，便是如此配制出来的。至于局部合成模式，则意味着重新复制出显性气味，即香料所具有的特殊香气。

从1876年至1916年，合成香水原料取得了巨大的进步。1876年，众所周知的人造香水原料只有两种，分别为人工仿制的苦杏仁精油和冬青精油的苯甲醛和水杨酸甲酯。到了1916年，科研人员已人工合成出了形形色色的香精，比如具有特殊的天芥菜花香气的胡椒醛、具有肉桂香气的肉桂醛、散发出馥郁茉莉花香的无色液体醋酸苄酯以及存在于橙花油里的氨茴酸酯。一个接一个的发明问世了。

路易-德日列·洛特（Louis-Désiré l'Hôte），1889年万国博览会的报告员，不无道理地宣称："香水原料的制造成为一项真正的产业。这一产业借鉴机械学、物理学和化学所取得的一切进步。众多的香料香精生产商，效仿化学产品制造商，在他们的工厂里聘用一批年轻的化学家。在香料香精生产领域，化学科研人士被委以重任。"[1] 1889年以后，人造香水原料的品种不断增加。利润巨大的合成产品一般都受到专利的保护。其他使用权可以共享的产品，彼此互相竞争，售价因而下降，这便是香草醛、胡椒醛、香豆素和茴香醛的情形。而麝香和紫罗兰酮这两种依然受到专利保护的合成香料，它们的价格则一直维持在高位[2]。

合成物的制造工艺离开实验室，进入到工业生产领域。除了这些纯粹的合成产品之外，香精香料企业的产品目录还列出一系列形式各异的产品：各种已知的芳香化合物的混合物，出售时要么被冠上一些奇特的名字，要么被冠上一些和它们有关联的精油的名字。合成的香水原料又细分为两大类：一类是从煤炭的馏出物中衍生出来的产品；另一类则是

---

[1] 贸易、工业和海外殖民地部，《1889年巴黎世博会：阿尔弗雷·皮卡尔先生主编的国际评委会报告，第三组，第28类，香水和化妆品制造业；L. 洛特先生的报告》。
[2] 贸易、工业和邮电部，《1900年巴黎世博会主委会的报告》，第98页。

以萃取出来的植物精油为基础，合成出来的[1]。

如此一来，第一次世界大战之前，化学家们在芳香化合物的研发上达到了极高的水平：探测复杂的分子式，建立分子结构，创立原子理论。在 19 世纪和 20 世纪之交，"进步"和"科学"这两个词汇总是和香水联系在一起。尽管某种言不由衷依然存在，但是合成物的应用似乎成为香水美学的必经之路。

然而，这一阶段，调香师对于在他们的产品中引入人造的香水原料深恶痛绝。广告宣传也让消费者提防这类化学物质。人们一如既往地认为人工合成的香气粗涩、刺鼻，会破坏嗅觉和女性的健康。许多文学作品也涌现出来，声讨被定性为恶俗的芳香化合物。鲁宾公司在 1919 年的一份时价目录书中，写下了一些充满敌意的话语："真正的香水制造商，公司的管理人员，重视他们的品牌声誉，并尊重他们的优良传统，将永远不会认同这一类匆匆忙忙合成出来的物质。它们是我们这个时代的祸害之一……所有这些虚假的人工仿制品，所有这些劣质的原材料显然既有损于健康，又让高雅人士的嗅觉饱受折磨……此外便是把气味浓烈的化学品调入酒精中，并以一些俗丽的名称迅销给大众。另一种做法是只使用上等的原料：传统的浸剂、在我们的监控下蒸馏出来的精油、从中国直接进口的麝香。我们所说的是天然的麝香，而非二流的香精香料生产商制造出来的可怕的化学品，此类产品只会祸害我们的街道和剧院。"[2]

鲁宾公司是法国最古老、最享有盛名的香水制造商之一。在香水制造上，它不仅捍卫天然之美高高在上的传统观念，并且努力采纳和它的战略相协调的措施。因此，它代表了香水工业中的保守势力。对于保守

---

[1] 贸易和工业部（Ministère du Commerce et de l'Industrie），《1915 年旧金山世博会：香氛产业；A. 克瓦桑先生的报告》(*Exposition universelle et international de San-Francisco, 1915. La parfumerie. M.A. Croissant*)，巴黎，法国海外展览会委员会，日期不详（1915 年）。

[2] 鲁宾公司，《商品时价目录》(*Catalogue de prix courants*)，1919 年，BHVP，序列号 120。

派的香水制造商,化学合成物是劣质货的同义词,使用这些产品将有损于法国香水制造业的盛名①。

1902年,由香水百货公司(La grande parfumerie)——巴黎著名的销售企业——发行的《俏佳人指南》(Conseils aux jolies femmes),对于含有化合物的合成香水这一主题同样提出了质疑:"香水,女人不可或缺的饰物,必须是特别关注的对象,因为它往往有危害。"根据这本指南书,吸入损害皮肤并不利于健康的合成物,会导致女性患上经常性头痛。还有观点进一步宣称:除了喷洒煤炭的衍生物(香草醛、胡椒醛、香豆素、紫罗兰酮)导致的危害之外,女性在使用散发出"人造香氛"(parfums artificiels)的合成香水时还在品位上犯下了错误②。此外,这一品位上的过失还伴随着"保护贸易的爱国精神的缺失",而这一精神在抵制源源不断的德国化学进口品上必不可少。据说,这一类被冠以"德国劣质货"的产品,破坏了国内的天然精油市场。

"哎。即使是高端的产业,也应该逐渐大众化,并向大众提供亲民的价格!这也就是为什么天竺葵精油③(每公斤60法郎)慢慢取代了玫瑰精油(每公斤1500法郎)……直到化学研究成功地开发出价格更便宜的合成物。"④

兰黛里克香水和化妆品公司(Les parfumes Lenthéric)的一则广告,很好地总结了这一旷日持久的古今之争:如果香氛来自于化学合成物,它们一开始能愉悦嗅觉,但在空气的作用下会变质,变得令人难以忍受,极其恶心,甚至会损害健康。这也就是为什么任何一家严肃的香水品牌都不会使用合成的香水原料。相反,如果香氛来自于鲜花的浓缩精油,那么它们就能持久,并且在挥发时变得越来越柔和,越来越美妙。这样

---

① 贸易、工业和邮电部,《1900年巴黎世博会主委会的报告》,第110页。
② 欧内斯特·莫南(Ernest Monin),《人体的气味:病因和治疗方法》(*Les odeurs du corps humain. Causes et traitements*),巴黎,多安出版社(O. Doin),1903年,第43—48页。
③ 蒸馏天竺葵的花叶得出的馏出物,味道略似玫瑰,常被假冒成玫瑰精油。——译注
④ 欧内斯特·莫南,《人体的气味:病因和治疗方法》,第48页。

的香氛对于人体往往健康有益[1]。因此，天然的原料一如既往地受到青睐。调香师的调香材料保持不变，若增加也是因为在科学发明的应用之下，鲜花种植工艺和萃取工艺的改进。

1916 年，正值第一次世界大战进入激烈状态之时，法国下阿尔卑斯省（Basses-Alpes）的议员安德里奥先生（M. Andrieux）奋起抵抗人工合成的香料。他以一种充满敌意的、反德的口吻断定："法国市场暂时摆脱了由实验室制造出来的香精，德国为了更好地加以掩饰而把它们称为合成物。能蒸馏出天然精油的植物和鲜花的价格明显好转。但是，不要等到战后才采取抵制对我们虎视眈眈的舞弊者的预防措施。"[2] 在合成物的应用下，香精香料工业的广泛发展成为可能，尽管这被视为某种倒退，但又是对品位上的过错加以认可。

不过，调香师这时开始对这类化学合成的产品产生强烈的兴趣。一些调香师懂得欣赏合成香氛的品质：气味非常稳定，香气馥郁、产量巨大、调香材料的扩展、引人注目的尾调或定香剂的潜质。

多重潮流的并存。1921 年创作出了革命性的产品"香奈儿 5 号"的恩尼斯·鲍，1898 年开始在莫斯科的拉雷香水厂（末代沙皇的宫廷供应商）崭露头角。他的感想非常珍贵，因为它们构成了 19 世纪末香水研发仅有的直接见证。"1898 年，调香师的技艺主要在于制作数量相对有限的香水原料，并把它们混合在一起。我们拥有的是一些浸剂。浸剂在当时不仅极其重要，而且是通过对树脂或树胶进行特殊加工，或者通过对从格拉斯给我们寄过来的花膏进行特殊清洗而配制出来的。这类工作一直持续到香草醛、胡椒醛、香豆素和鲍尔麝香工业生产出来为止……那一时代的香水配方简单、普通，在如今的调香师看来很幼稚，尤其是几乎一成不变。人们在配方中反复看到玫瑰、天竺葵、广藿香、丁香、佛

---

[1] 兰黛里克香水和化妆品公司，广告资料，1913 年，BHVP，序列号 120。
[2] 安德里奥，《天然香料和合成香料》(«Parfums naturels et parfums synthétiques»)，《钟点》(*L'Heure*)，1916 年 10 月 13 日，巴黎工商会（Chambre de commerce de Paris），文档 VI-1.65。

第八章 香水的现代性

手柑、柠檬、橙花、橙叶、薰衣草……传统的浸液、格蓬、苏合香、妥鲁香胶、秘鲁香脂、安息香、没药、红没药、乳香。通过碳氢化合物萃取出来的鲜花精油还不存在。所有的香水都带有一股人们习以为常的油脂的味道,而且它们的香味也不持久,在一段时间之后就会变质。"①

合成香气的合理使用。"粉红三叶草"代表了香水制造业进入现代化的时代。它是第一支所谓的以"三重奏"为基础的香水,即从花香到蕨香②。皮维香水公司的调香师阿尔曼亚(Armingeat)研发的这支香水,以达森不久之前合成出来的水杨酸戊酯作为主旋律。其中可以看到,某些经过重新打造的传统混合液和一些合成的香气结合在一起。**元帅夫人香水**(Le bouquet à la maéchale)大获成功,一直风行到第一次世界大战。这一香水的名字取自于 1670 年配制出了元帅夫人香粉的奥蒙元帅夫人(la maréchal d'Aumont)。英国调香师阿特金森 1892 年开发出来的这支香水完全由天然原料配制而成。不过,当他在 1915 年重新调配该香水时,他加入了香草醛和香豆素,嗅觉上的感受改变了,但香水名称保持不变③。

1900 年,巴尔奎创作出一支合成物的比例和品种都有所增加的香水:**珍妮特的柔情**(Cœur de Jeannette)。这支香水瓶身上的标签图示,让人想起了心形的荷包牡丹。(这一时代的许多花园里都装点着这种粉白的花卉。)"珍妮特的柔情"推出之际正值 1900 年万国博览会的开幕式,它取得了巨大的成功。它主要由散发出紫罗兰香气的甲基紫罗兰酮④、石

---

① 恩尼斯·鲍,《一个调香师的回忆》(«Souvenirs d'un parfumeur»),《香水制造工业》(Industrie de la parfumerie),第 7 期,1946 年 10 月。
② 马塞尔·比洛(Marcel Billot),《香水的三重奏》(«Un triptyque des parfums»),《调香师编年史》(La Chronique du parfumeur)。作者是一名调香师,是霍比格恩特香水公司的技术总监,法国调香师技术协会的名誉主席。
③ 保尔·贝杜吉安(Paul Békian),《元帅夫人香水的历史》(«Histoire du bouquet à la maréchal»),见《化妆品和香水生产者》(Perfumer and flavorist),第十七卷,1992 年 9—10 月。
④ 甲基紫罗兰酮:外观为液体,有木香和紫罗兰花似的香韵,市售的甲基紫罗兰酮通常为四种异构体混合物:α-甲基紫罗兰酮、β-甲基紫罗兰酮、α-异甲基紫罗兰酮、β-异甲基紫罗兰酮。——编注

竹和橙花油糅合而成。这一花香的主旋律大概启发了科蒂，他根据同样的三重奏（不过更加优美、典雅）调配出了"牛至"：质量非凡的甲基紫罗兰酮、合成香石竹和天然橙花油。娇兰推广的"阵雨过后"，则带有从醛类化合物中得到的山楂花香，并饰以柑橘香。1905 年，皮维香水公司的调香师阿尔曼亚借助达森教授 1898 年合成出的水杨酸戊酯，调配出**弗洛拉密**（*Floramye*）。1907 年，他又研发出香水**庞培亚**（*Pompeia*），这支香水使用了少量的甲基正壬基乙醛。

在第一次世界大战爆发的两年之前，有三支香水面世。1912 年是香水的好年份，这一年推出的新作为其他香水作品摆脱传统的花香框架，开辟出了新的道路。雅克·娇兰创作的"蓝调时光"，又称为"和平年代最后一支香水"或"快乐时光的香水"，以红没药、妥鲁香脂和其他各式各样的香脂构成的尾调突显出来。它的中调以橙花、羟基香茅醛为主。前调则是橙花和薰衣草[①]。同一年推出的还有卡隆的"黑水仙"。欧内斯特·达尔特罗夫使用对甲酚和它的衍生物的香气，"勾勒出"水仙花的气息，并由此开启了香水中的抽象主义。最后，霍比格恩特公司的**几朵花**（*Quelques fleurs*）在花香的中调和几近东方调的尾调的基础上，使用甲基正壬基乙醛，从而极大地推动了这一全新的潮流。

天才调香师。弗朗索瓦·科蒂颠覆了香水传统的创作规则和理念。他并不出自调香行业，但他的直觉和他的战略意识帮助香水业进入了一个崭新的时代。他坚信可以扩大顾客群体，即从当时的传统消费者（上层社会的女性或交际花）向中产阶级甚至是更低的社会阶层扩展。不过，科蒂希望为他那一时代的女性们创造出高质量的天然香氛。这样的香氛，不同于她们的祖母们喷洒或涂抹的呈现出大自然里的花香和芬芳的香水。香水必须成为"女性内心的反映"。因此，科蒂的想法是开发出符合每一个女人的风格的香水。为此，他不仅使用了一些名贵的原料（龙涎香、麝香……），并且把它们和微量的合成物结合在一起。

[①] 见马塞尔·比洛在《香水的三重奏》中关于香味的描述。

从香味学的角度来看，他的众多作品都很新奇：1905年推出的"牛至"，一支充满花香、炙热的东方调香水，已经含有了带来"某一优雅香调精微而持久"①的效果的合成物。然后是柔美的东方调的"古老琥珀"和为了纪念他的出生地的"科西嘉的茉莉"——伴随了著名女作家科莱特一生的香水。从1909年至1912年，科蒂又推出了一系列香水："鸢尾花"、"紫丁香"、"紫罗兰"、"仙客来"……以及**撩人的风情**（*Flirt*）、**花萼的柔情**（*Au cœur des calices*）、**斯提克斯**（*Styx*）、**金色**（*L'Or*）……1917年面世的佳作是在新奇的香味上打造出来的"西普"：橡木苔、岩蔷薇、广藿香、香柠檬……这一香水是如此成功，它成为某种全新香型的鼻祖，一系列作品的底香，即其他品牌以同一香调开发出来的作品，它们都属于由弗朗索瓦·科蒂命名的西普调香水这一大家族。

被后辈称为"现代香水之父"的科蒂，赋予法国香水全新的风格：他不仅为它披上了奢华、新奇、优美和梦幻的外衣，并且在香水、香水瓶身、名字和它所传达出来的形象之间，建立起了某种相依相生的和谐关系。为了实现目标，科蒂在和香水制造相关的一切领域里都进行了大刀阔斧的改革。从香味的角度而言，他研究现有的样式，并进行革新。他把天然的名贵原料（净油）和广泛使用的合成物完美地结合在一起，从而获得了已有的香水所不具备的力度和亮度。与此同时，他又促进了现代香型的诞生，主要有花香型、龙涎（东方）香型和西普香型。

4. 介于艺术创作和工业生产之间

在香水工业的发展中，第一次世界大战是一段沉滞的时期。然而，战争结束后，伴随着把香水制造定位在艺术创作和工业生产的临界线上的新产品和新香型的出现，现代香水工业破壳而出。它颂扬的是这种把

---

① 埃德蒙·鲁德尼茨卡，《私密的香水》（*L'Intimité du parfum*）。

它的进步用在美学上的高端产业。艺术和工业这两个领域的融合，体现在调香师这个拥有艺术灵感和精湛技艺的个体的身上。香水制造商渴望把现代主义的观念应用到他所处的产业的各个方面。这一行业必须加以调整，以适应新的商业规定和产业规定[①]。香水制造业的传统根基逐渐演变；与此同时，这一被视为积极创新的行业是率先采纳新理念或现代生产方式（modern style）的产业之一。因此，为了指代现代的这一整套尖端生产方式，香水制造业中出现了一个新的词汇——"机械化"，该生产体系旨在以机械生产代替人类的劳动。

机械化。现代工厂在保留它的原始组织的同时，不断发展壮大。机械化生产可以应对逐渐增长的需求的挑战。此外，它的出现，也是对于1919年通过的工人八小时工作制法令做出的反应。对于香水制造商而言，机械化生产和泰勒的科学管理[②]呈现出一种全新的态势。法国香水业必须在可以和国外的制造商竞争的条件下生产。产量的增加显然是必需的，而这又必须在"系统化"的生产和机械化的加强[③]下，大幅降低成本。香水制造商的工业政策是，系统地通过人类的智能达到机器利用的最大化，并强调人工的培训以获得上乘的质量。生产机器不仅带来了更大的产量，而且也带来了稳定的生产质量。1915年，万国博览会的报告员宣称，泰勒的管理方法将是香水制造业的未来。1919年，香水制造商向自身提出了下列问题："如何才能规范香水制造体系、增加工人的产出，以及科学管理生产活动？哪些机器是有用的或能够带来收益的？它们的应用应该是怎么样的？"

格拉斯的香水企业也逐步机械化，并采纳人工技能（譬如鲜花的

---

① 盖特佛塞（R. Gattefossé）1907年创办了一份名为《现代香水制造业》（*La Parfumerie moderne*）的行业杂志。这一杂志旨在提供行业信息和维护行业的发展。
② 用科学化、标准化的管理方法代替经验管理，从而获得让雇主和员工达到共同富裕的最高劳动生产率或工作效率。——译注
③ 1919年，盖特佛塞企业的一则产品广告，指出了香水企业为了保持成本不变而采纳泰勒的科学管理模式。

采摘和甄选）和机械操作（譬如香膏的制造）并用的模式[1]。这样的生产模式，不仅成果立竿见影，而且还可以引入崭新的产品（比方说无法通过人工完成的粉盒）。为了满足严格的生产标准，弗朗索瓦·科蒂在叙雷讷的香水和化妆品制造中心，推行了生产制造一体化的垂直管理体系。这一1927年落成的制造中心，相当于一个能够实现一体化生产标准的庞大的工业联合企业，既有行政部门（商务、财会、人事），又有和香水及化妆品相关的制造部门，譬如晶质玻璃器皿工厂、雕刻厂、印刷厂、金属盒制造厂、口红罩制造厂、粉盒填装厂、香皂制造厂；最后，还有邮政打包和发运部门，以及把货物发往法国国内和国外的货车。

著名的霍比格恩特公司，也可以援引为实施美式管理或泰勒科学管理模式的典范[2]。1924年，身兼化学工程师和调香师的马塞尔·比洛，加入到后来把他派往纽约分公司的霍比格恩特香水公司。被任命为技术总监的他于1927年至1931年派驻美国。在此期间，他初步领会了美国的管理方法，并掌握了英语。在美国的工作经历不仅对他产生了深刻的影响，还让他对泰勒的科学管理模式印象深刻。因此，回到法国后，他把这一套管理方法应用到霍比格恩特在讷伊的工厂（拥有3500名工人）的管理中，并加以调整，使之符合法国的生产模式。

恩尼斯·鲍。源自于化学合成的醛类物质，1903年至1914年间由化学家达森发明；在被调香师们认识之前，很长的一段时间里，它们一直停留在科研人员的抽屉中。恩尼斯·鲍想利用合成物，并解放香水艺术。他深信香水制造的未来掌握在化学家的手里，而配得起艺术作品这一名称的产品，必须含有某种来自自然或化学合成的新材料。在拉博卡（La Bocca）[3]，他研读了关于合成物，尤其是关于从天然的碳氢化合物中

---

[1] 布吕诺·库尔公司（Entreprise Bruno Court），《时价目录书》（*Catalogues de prix courants*），各类生产工序的图片，1930年，BHVP，序列号120。
[2] 欧内斯特－皮埃尔·穆尼耶，《纪念马塞尔·比洛》。
[3] 法国戛纳的一个区。——译注

衍生出来的醛类化合物的最新学术论文。调香师们往往批评醛类化合物浓烈、厚重的怪味。但是，正如雅克·娇兰一样，弗朗索瓦·科蒂为了让香调饱满、圆润，已经开始使用微量的醛。比昂内梅在他为霍比格恩特公司创作的"几朵花"里，同样加入了微量的醛。此外，保罗·波列在1914年推出的"禁果"中，也大胆调入了这一类化合物。然而，恩尼斯认为还可以深入下去，他是第一个将醛类化合物出色地用于香水调配中的调香师。他的作品，1921年推出的"香奈儿5号"，开启了一大串从醛香花香型到醛香西普花香型的醛香香水。恩尼斯·鲍的调香生涯始于香皂制造厂，当时醛类化合物就因为它们明亮、干净的香气而用于香皂的生产。因此，他十分了解此类物质，而且，他知道把它们用于香水调配之中，能够满足加布里埃尔·香奈儿想开发出一支耀眼的香水，而不是一支遮臭的香水的强烈愿望。

醛类物质的应用显示了这一类所谓的"可塑的"香水原料，适合于一切有助于有机合成的缩合变化。因此，这一类芳香化合物的作用，便成为许多新颖的嗅觉感受的同义词：香气饱满、充满力量和清新怡人。对于恩尼斯·鲍而言，它们可以让他重建他曾经遗落的东西：调香师努力一步步呈现出的某种灵感、某种精神意象。据恩尼斯·鲍的讲述，确切地说，"香奈儿5号"的创作可追溯至1919年他从战争返回之际。他把这一特别的香调留在了心里；一段时间之后，多亏了具有矿物性的十一烷醛、十二烷醛和甲基正壬基乙醛，他得以将它呈现出来。十一烷醛，又称为十一醛，拥有某种特殊的香气（金属性、皂香、花香和橙香），一点点就能带来强烈的清新气息。十二烷醛（又称为月桂醛）和甲基正壬基乙醛，散发出一股强大的气息，因而用于增强香水的力度和亮度。此外，被形容为"甜美的花香、柑橘香、脂香"的十二烷醛，金属性的一面比十一烷醛更难以察觉。尽管十二烷醛和甲基正壬基乙醛拥有类似的香气，但是对于调香师专业的鼻子而言，却迥然不同。它们时而让人联想起花香，时而让人联想起蜡香、皂香，或者生姜、柑橘和月桂的味道。自从"香奈儿5号"问世以来，这两种芳香化合物成为香水制造业中不可或缺的原料。

经过了一系列的研究之后，恩尼斯·鲍成功地开发出了被定义为醛香的全新香调。醛类化合物的剂量往往难以把握。"香奈儿5号"的调配就需要极大的耐心和大量珍贵的精油。这一香水的主调是和花香（格拉斯茉莉花和五月玫瑰）糅合在一起的醛香，既显示出一种力量，又带来极具特征的余香。"香奈儿5号"还散发出麝香的味道，炙热而性感，但不再是人们在当时其他大多数香水中闻到的东方香调。调香师们开始借鉴这一全新的香水，并把醛类化合物用于他们的调配之中，譬如浪凡的"琶音"、奥赛（Orsay）的**花花公子**（*Le Dandy*）、莫林诺克斯的**辛克**（*Cinq*）香水、娇兰的"柳儿"。此外，时任拉雷公司调香师的凡森·鲁贝尔（Vincent Roubert）为科蒂公司创作的**爱人**（*L'Aimant*），也属于醛香香水，因为它和"香奈儿5号"极其相似。

和恩尼斯·鲍一样来自俄罗斯的法籍调香师康斯坦丁·韦立奇恩——也是恩尼斯·鲍最密切的合作者之一——阐明了这一在香水制造业上的全新艺术："印象派[①]始于'香奈儿5号'，受到年轻一代和先锋派的热烈欢迎，但局限于旧时狭隘观念的前辈们却难以理解。他们不明白这支香水所蕴含的生命的快乐以及它所绽放出的力量……由于'香奈儿5号'的价格十分高昂，对它抱有敌意的人士声称它的成功是因为人们附庸风雅。然而，这一香水的与众不同和印象派的全新趋势相吻合。继'香奈儿5号'之后，米洛的'双绉'、浪凡的'琶音'都取得了令人瞩目的成功，从而建立起了印象派的声誉。这一流派的香水，想象力异彩纷呈，并洋溢着十足的女性魅力。此外，印象派香水的成功还在于前调的力量和冲击力，在让嗅觉愕然之际，将它降低到我们感知的极限。"[②] 1924年，加布里埃尔·香奈儿成功说服恩尼斯·鲍出任香奈儿香水的技术总监。后来，他相继创作出了一些十分精彩的作品：1922年的**香奈儿**

[①] 调香师以现实中的某种印象为前提，重新呈现出蕴含着个人主观意识下的某一地方、某一时刻的香氛。——译注
[②] 康斯坦丁·韦立奇恩，《关于香水的记忆：一个调香师的回忆录》。

22 号（*N°22*）、1925 年的**栀子花**（*Gardénia*）、1926 年的**岛屿森林**（*Bois des îles*）、1928 年的"俄罗斯皮革"。

20 世纪 20 年代，合成花香（茉莉醛和橙花油）也被开发了出来，它们不仅大批生产，而且使用广泛。1923 年，德科隆日香精公司（Descollonges）的勒塞克（Lesech）合成出了一种散发出花香的产品——α-戊基肉桂醛，一种可塑性强、简单易用的化合物，又以素馨醛之名为人所知。鲜花精油的生产成本往往十分高昂，这是因为需要加工大量的鲜花才能获得精油。1939 年，格拉斯的玫瑰浸膏每公斤的价格为 2.8 万法郎。因此，合理使用合成香气的重要性不难理解[1]。当时，奇华顿的丙酮、芬美意的乙酸香根酯以及香氛合成公司（Synarôme）[2]的产品，则分别提供了木质和动物性的香气。

至于香草素，它同样以不同的形式大批生产出来。它的整体合成以愈疮木酚为原料，并把醛类引入它的分子结构中。香草素是一种香料，而生产这一香料要先取得大量的专利，价格也随产量不断下降[3]。

艺术创作。在 1925 年的万国博览会上，人工合成香料备受赞赏。它们的优点最终得到了认可。于是，香水的调配便介于花园和实验室之间："深奥的化学的贡献在于，通过实验室里的操作，巧妙地复制出世界各地的花园里的一切花香……然而，它取代不了鲜花。化学只是辅助的手段，完全不能成为主宰……化学在香水制造上的成就是，让我们在现代比过去更善于捕捉完美的花香。"[4]这些讲究措辞的话语，代表着人们对于芳香化合物的认可迈出了第一步。对于这一话题，菲利克斯·科拉则

---

[1] 埃尔维·德·丰米歇尔，《香气符号》。
[2] 化学家于贝尔·弗雷斯（Hubert Fraysse）1923 年创立的香料香精公司，很快就以散发出动物性香气的合成香料而闻名。——译注
[3] 奇华顿公司，《醛类化合物》（«Les Aldéhyde»），《香水、化妆品和香皂制造业回顾》（*Revue des marques de la parfumerie et de la savonnerie*），1925 年，第 362 页。
[4] 吕西安·格罗（Lucien Graux），《装饰艺术和现代工业展览会报告》（*Rapports de l'Exposition des arts décoratifs et des industries modernes*），巴黎，1924 年 4—10 月，第 12 页。

强调，为了制造出精彩的香氛产品，必须拥有出色的原料[1]。所以，调香师的艺术创造在于，巧妙地确定天然原料和合成原料之间的比例，以便研发出一些能让各个品牌区分开来的基础配方，进而让它们获得知名度。

因此，在提及娇兰产品的基础配方时，人们便用"娇兰香"（Guerlinades）一词，其热辣的香调十分容易辨认。实际上，科蒂的香水和娇兰的香水就不会让人分辨不清。芳香化合物的使用能让香水的创作在抽象的气味之上——不再让人联想起自然界里的芳香，而是联想起某一概念、某一灵感——建立起一种风格。从此以后，每一家香水品牌固有风格的形成，都多亏了品牌开发的基础配方：一些基础的香调结构，构成了每一位调香师的调香板上"预先配制好"的成分。

调香师分析香水，学会把它复制出来，并调配香水配方或基础配方。"香水是一种合成的芳香液体，它的配制既需要高雅的品位，又需要化学家一样细致的工作……调香师研究香味的细微差别和调性，以便创作出一出香氛的协奏曲。调香师们理所当然需要了解和留心纯粹的化学原理以避免某些物质或精油发生化学反应；而且，还需要拥有一套关于气味的知识，才能决定香水原料的合理剂量，尤其是它们之间的结合度。在这方面，起作用的便是调香师的艺术创作了，也就是说，以实验室里的实践知识，以及能够把各种各样的成分混合在一起的内在感性，使混合液迸发出快乐的感觉。"[2]这些话总结了调香师的技艺，既和他个人的禀赋有关，也和他在专业学习中掌握的化学知识有关。

两次世界大战期间，涌现出大量的调香师和作品。芳香化合物的应用，使得花香调香水的留香时间更长。帕图1935年推出的"欢愉"便是一个例子：亨利·阿尔梅拉在十分珍贵的玫瑰精油和茉莉精油的基础上，调配出了"世界上最昂贵的香水"。帕图的"爱情"、浪凡的"我的罪"、卡隆的"洛可可之花"、沃斯的"我归来"，同样续写着花香调香水的传

---

[1] 菲利克斯·科拉，《调香师之书》，第325页。
[2] 同上书，第10页。

统。继"香奈儿5号"之后，醛香花香调香水呈现出立体派的风采，即在一定意义上采纳了这一艺术运动的理论。而充满龙涎香、花香或木质香的东方调香水则以科蒂的"祖母绿"（1921年）、娇兰的"一千零一夜"（1925年）、丹娜的"禁忌"（1931年）、妙巴黎的"夜巴黎"（1928—1929年）、娇兰的"午夜飞行"（1933年）、香奈儿的"岛屿森林"（1926年）、夏帕瑞丽的"震骇"（1937年）以及其他更多的香水为代表。

西普香水同样受到追捧，它们又分为芳香西普调香水和皮革西普调香水。20世纪30年代，皮革香女士香水大放异彩，并在卡隆的"金色烟草"、香奈儿的"俄罗斯皮革"、妙巴黎的**轰动**（*Sacandal*，1932年）和**香匣子**（*Kobako*，1936年）推出之后，广受喜爱。如此一来，把上述几种不同香调结合起来，从而创作出的一些卓越作品，日益增多。第二次世界大战之后，香水制造业的美好时光并没有结束。在工艺发明和原料创新之下，这一行业又取得了不一样的发展和变化。

1908年合成并以环氧原料的形式销售的羟基香茅醛，是铃兰花香的主要构成。直到当时，这一花卉尽管备受赏识，但人们依然称之为沉默之花（fleur muette）①。使用羟基香茅醛这一合成物，人们可以研发出香气清新自然的香水，譬如迪奥著名的"迪奥之韵"（1956年）。科学家在自然界中发现，并于1925年至1929年间人工合成的麝香（环十五内酯、麝香酮、环十五烷酮），成为硝基麝香的替代物。（在香水制造上，硝基麝香的使用如今已被禁止。）卡夏尔1978年推出的"安娜伊斯·安娜伊斯"，便是在香水的调配中加入了环十五内酯这一芳香化合物的先例之一。

1950年，降龙涎香醚（一种仿造出天然龙涎香的香气的分子化合物）的合成，终结了人类对于抹香鲸的疯狂捕杀。在帕科·拉巴纳2001年推出的**紫外线男士**（*Ultraviolet*）香水中，就用了超大剂量的这一合成

---

① 指无论使用浸渍法还是用水蒸气蒸馏法或挥发性溶剂萃取法都无法提取出精油的鲜花，除了铃兰之外，还有紫罗兰、百合花、忍冬、风信子、丁香等。——译注

物。1966年，西瓜酮的合成，则成为如今美国香水业中普遍存在的海洋调[1]以及男士香水的主要构成。尽管在一些香水中，西瓜酮已经有迹可循，但雅男士1990年推出的**新西部女士**（*New west for her*）香水才是一支真正意义上的海洋调香水。这一香水将开启众多使用海洋调或水生调的女士香水和男士香水的道路：三宅一生1992年的**一生之水女士香水**（*L'Eau d'Issey*），1991年的**凯卓**（*Kenzo*）男士香水。1962年人工合成出来的二氢茉莉酮酸甲酯，是迪奥1966年推出的"旷野"大获成功的原因。它在赋予这一作品厚度、力度和持久性的同时，又增强了香气的透明度和清新度。二氢茉莉酮酸甲酯具有的这些特征，让它成为香水产品中不可或缺的分子化合物，因为它与消费者对于清新和纯净的空气的印象和期待相吻合。它提升了空气中的某种成分，如今很难看到不含有这一化合物的香水。1993年，科学家又合成出一种全新品级的二氢茉莉酮酸甲酯——高顺式二氢茉莉酮酸甲酯，它促成了雅诗兰黛1995年推出的女士香水"欢沁"的成功。

　　第一批玫瑰酮、甲位突厥酮、乙位突厥酮、丁位突厥酮和突厥烯酮，在1968年至1970年间合成出来。这些散发出玫瑰花香、青香和果香的芳香化合物，在迪奥1985年推出的女士香水"毒药"中首次得到应用。它们赋予了这支香水前所未有的花果香特质。这一香水也因而大受欢迎。王朝酮（二甲基环己烯基戊烯酮），具有"极其干净"效果的青香，于1973年被发明。最初的时候，这一化合物以格蓬酯的形式销售。后来，它主要应用于大卫杜夫1988年的**冷水**（*Cool water*）和CK1989年的**永恒之水**（*Eternity*）里。这两支香水为20世纪90年代的男士香水注入了一股全新的清新气息。而不饱和大环麝香、环十五烯内酯、麝香烯酮、环十五烯酮（1993年）的发现，则让一些效果接近硝基麝香，但香气更加馥郁的香味的合成成为可能。这一类合成麝香的首批应用见于1993年的

---

[1] 海洋调：水生调的一个细分香调，可以看成是包含了海洋元素的水生调，通常会在水生基础上运用西瓜酮、西瓜醛等原料产生类似金属与臭氧的香气联想。因此一款香水是海洋调还是水生调其实没有严格的界定。——编注

让·保罗·戈蒂耶女士香水（*Jean Paul Gaultier féminin*）、1995 年宝格丽的**男士香水**（*Bulgari for men*）和 2000 年 CK 的"真理"女士香水。

1969 年，辉瑞制药公司（Les Laboratoires Pfizer）研发出了散发出焦糖香味的乙基麦芽酚。1992 年，奥利维耶·克雷斯普（Olivier Cresp）在创作穆勒旗下的香水"天使"时，便把这一甜蜜的香味和广藿香糅合在一起。在这之前，从未有调香师启用过这一香味，皆因找不到合适的组合。

在过去的二十五年间，调香师开发出了两种全新的香型：由穆勒的"天使"开启的美食调香水，以及在西瓜酮的应用之下带来的海洋调香水。上述新出现的这些化合物都意味着香水制造业的重大创新。

如今，合成化学成为香水制造必不可少的因素。由于市场营销和商业因素，某种全新的分子化合物往往首先只用在香水业。在它进入到选择性销售的香水市场之后，才会运用到化妆品和功能性的日化用品（洗涤产品）里。

第二次世界大战之后，两个重要的方针一直推动着香水制造业向前发展：持续的创新和提升产品质量的迫切要求。这一发展方针不仅关系到科研人员，也关系到市场人士。面对一个自 1950 年以后极易受到影响且越来越苛求的市场，市场人员致力于广告宣传。社会文化方面的潮流改变了人们的生活方式。如今，市场人士着力研究并分析人们的生活方式。与此同时，关于生活享乐的研究促进了洗浴和化妆产品的发展，因此香水制造业必须加以调整，以适应发展到极致的卫生理念下的全新标准。为了让消费者信服，产品必须拥有多重优点：愉快的用户体验并保证完全无毒害，这也就是为什么在当今这一消费主义的背景下，出现了不计其数的检验和测试。

基础研究和应用研究。基础研究建立在化学家们的研究成果之上，譬如新的分子化合物的发现，或者对于天然原材料中特殊成分的鉴定、人工合成甚至加以转化。与此同时，对于已开发出来的产品在应用领域方面（包括嗅觉的机理）的进一步认识，也是基础研究的方向。而在基础研究众多发现的基础上，生物产业应运而生。在这一产业里，产品在市场投放之前，一般需要投入三年至五年的基础研究。

至于应用研究，它的"基本目标是开发出一种全新的配方，并通过各式各样的原材料对这一配方进行校准，从而获得一种卓有成效的产品，即带来愉快的用户体验，并具有高度的稳定性"[1]。应用研究团队在不同程度上介入产品的研发，主要是在基本研究和产品最后的表述方面。无毒性原材料的选择，来自于对原材料化学性质的认识和对于原材料的纯净度的要求，而这一切又多亏了分析化学。此外，这一选择还需对明确的法律条文、毒理学数据以及各种来源的原料的结合进行考虑。香水制造业经常使用一些通过传统方法（熬煮、浸泡）获得的天然植物原料（作物、花草、须根……），这就需要进行变态反应学和毒理学的检验，从而保证质量的不断提升。

因此，自从 1950 年之后，研发的时间变长了。产品研发的成本和要求也越来越高。产品研发必须遵守和消费者保护相关的法规。以香奈儿香水公司为例，该品牌在格拉斯附近的索菲亚科技园区（Sophia Antipolis）[2]成立了产品研发室，以确保和公司首席调香师雅克·波巨的创作相联系的原材料的研究和分析。这一配有高科技设备的基地，不仅能够让科研人员更好地认识原材料，也能让他们把原材料的利用率提高到最大化。与此同时，在贡比涅（Compiègne）[3]的香奈儿香水生产和包装基地，还设有一间感官分析实验室。

5．技术创新

气相色谱分析法（la chromatographie）[4]出现于 20 世纪 50 年代。这

---

[1] 《三位一体》(«Triade»)，1981 年第 2 期，《化妆品产业和研究》(*L'industrie cosmétique et la recherhce*)。
[2] 位于尼斯和戛纳之间，园内聚集了 1400 多家跨国公司，相当于美国的硅谷。——译注
[3] 法国瓦兹省的首府，巴黎东北部的著名历史名城。——译注
[4] 在分析化学、有机化学和生物化学等领域，有着广泛应用的分离和分析方法。——译注

一技术可以分离出性质复杂且极易挥发的混合物的分子。60年代，该技术的应用，加上色谱仪，促进了对于精油成分的鉴定。譬如，在玫瑰精油中，50年代的时候，科学家鉴定出五十种化合物，70年代则鉴定出两百种，而到了90年代，鉴定出的成分便高达四百种。其中的某些化学分子后来不仅被人工合成出来，而且成为全新的化合物。色谱分析同时也用来检测购买的原材料，以及鉴定和量化市场上的香料的成分。这一技术普遍应用于香水调配的实验室里。

顶空气相色谱法（le headspace；espace de tête）是香水制造业最新的技术大创新之一。20世纪80年代早期，市场营销强调天然，或者说至少是天然这一概念。因此，香水必须呈现出这一梦想：消费者想闻到花朵充满活力的新鲜香气，就如他们在花园里感受到的一样。为此，科学家们改良了一项用于石油研究中分析气体组成的技术：这一技术在70年代就已经引入到香水制造业中。在露天放置一个玻璃箱，然后往其中放入一株花，并使其保持竖立，以便之后在实验中用色谱法和质谱法分析并鉴定出它在二十四小时之内散发出的所有芳香分子。这样一来，便可以捕捉到花朵内部生气勃勃的香气。科研人员于是绘制出一份香气特征的图谱，建立起一块通过天然成分和合成成分的组合就可以轻松复制出来的模板，克隆出某一充满活力、真实的香味。真实取代了美。顶空气相色谱法可以捕捉一株花在雨天或夏夜里的香气。而人们又把它和动态顶空分析法区别开来。后一技术分析花卉在园地里的香气循环。用这一方法，人们可以在真空的顶空色谱进样器中截住芳香物质。但确切说来，该技术需要在实验室里运用：研究人员把植物放在一个温热的玻璃球里，然后抽真空。这样一来芳香物质便被禁闭在其中，并在低温下凝结，随后再对它加以分析。

固相微萃取（SPME）技术显然比顶空气相色谱法更易于操作，因为一支便携式的进样管就可以萃取并浓缩要分析的挥发性物质。这一技术既不需要溶剂，也不需要复杂的仪器。20世纪90年代初期，为了分析水和空气的质量而发明的这项技术，也用于分析花香和其他香料。它在液态的环境下同样卓有成效。香水实验室采取种种手段，以捕捉住难以接近的气息。进步是无法阻挡的，在给人以栩栩如生的印象的同时，充满生命力的香气（living perfumes）在香水的革新上构成了某种前所未有的步伐。香料香精制造业和食用香料业中的跨国大公司不断加强这方面的实验。奇华顿把它的高科技热气球发射到空中，以捕捉盛开在热带树林顶端的珍稀花朵的香气。1998 年，国际香精香料公司（IFF：International Flavors and Fragrances）[①]和美国国家航空航天局（NASA）合作，研究玫瑰在太空中的变化：一个被称为"不眠芳香"（Overnight Scentsation）的项目。2004 年，奎斯特（Quest）香料香精公司为了复制出珊瑚在其生活环境下的气味，把实验搬到了水下。而为了捕捉植物的香气但又不破坏植被，它还发起了在热带森林中的考察活动。与此同时，考察团队还研究佛教和印度教寺庙里的香气。为了能够把我们带往远方，香精香料制造商成为炼丹家、魔法师、造物主……

　　植物是真正的化学实验室，因为它们能够制造出大量的芳香分子化合物。在遗传学的技术之下，制造出能够生物降解的分子化合物是可以预测的，它们不仅和自然界中存在的一模一样，并且能用于香水制造。这一技术想必能减少化学合成的步骤，节约生产化合物的能源，并保护自然环境。不过，一切还有待实践。现今，想要探讨上述的技术创新为香水制造业带来的可持续发展的可能性，还缺乏充分的论据。

　　在最新使用的溶剂萃取法中，超临界二氧化碳[②]萃取法在 20 世纪 80 年代，分离出了一些诸如芝麻油素、生姜精油和白胡椒油之类的全新香气。二氧化碳是自然界中存在的一种无色无味的气体，主要用于食品工业。由于超临界二氧化碳萃取技术能实现缓和操作，因此能提取出天然

[①]　创立于 1933 年，总部位于纽约，美国最大的香精香料公司，并拥有世界上最大的研究香气和嗅觉的研发中心。——译注

[②]　指的是高温或低压状态下的二氧化碳，这一状态下的二氧化碳的密度接近于液体，但同时又保留着普通气体的一些性质。它具有很强的溶解能力，能溶解植物的芳香成分。——译注

原料中的精华，譬如提取香辛料的香气。尽管这一技术的成本高昂，但它能和有机农业相调和。

2010 年，穆勒品牌推出的香水**女人味**（Womanity），利用了一项最新的技术成果——分子提取，这是法国曼氏香精香料公司（Mane SA）[①]的一项专属工艺。这一通过气体来萃取芳香分子的工艺，能从各式各样的原料——譬如"女人味"中用到的无花果或鱼子酱——里提取出一些全新的香水材质。为了让原料和萃取的气体充分接触，先要把它切成碎片，然后，把原料碎片放入一个用于萃取的仪器的管子里。某种组成成分保密的气体随后导入管里。这一气体甚至能深入到原料的内部，并把其中的芳香分子导入到管中。

导管里的提取物将低压冷却，因为这能避免原料香气的任何改变或失真。在倒空导管时，研究人员将导出里面的压力，其中的气体将转变成液体。于是，他们便得到某一纯净的萃取物，香气十分逼真，只包含原料的芳香分子。然后，他们分析这一提取物，并根据其分子式进行复制。对于提取物的光谱分析将以分子式的方式揭示出"香气的基因代码"。于是，调香师在可以随时参考这一纯净的萃取物的物理标识的条件下，重新合成出这一材质，就像他重建这一物质的 DNA 一样[②]。

新生事物？ 如今，即便新兴起了一股回归天然的潮流，但 90% 的香料还是由化学合成。每年都会出现十来种全新的芳香化合物。因此，让-克劳德·艾列纳总结了调香师面临的问题："香气是否新颖？不然，在类似的甚至更高的技术操作下，价格更适中的现有香气是否可以取代它？它是否扩展了它所从属的香调领域？"[③] 事实是，合成物的发现继续主导着香水的历史。它们不仅能促进极具特色的香水的研发，而且能引发全新的香水时尚。

在多种方向的研究之下，新分子化合物的发现成为可能。一方面，

[①] 总部位于法国的格拉斯，世界十大香精香料供应商之一。——译注
[②] 曼氏/蒂埃里·穆勒内部资料，2010 年。
[③] 让-克劳德·艾列纳，《香水》，第 41 页。

研究和分析新分子化合物的性质及合成的合成化学研究一如既往地发展；另一方面，生物技术开启了新的研究领域，该技术能合成出传统的化学方法有时无法获得的分子化合物。对于大多数新发现的芳香化合物而言，只有一些能成为调香师的调香材料，并引发香水的创新。正如我们看到的一样，从某一新的分子化合物的发现到它在香水制造上的应用，往往要经过几十年的时间。但需要指出的是，如今，有机化学上的发明和香水上的创新之间的时间缩短了。

不过，天然原料依然拥有前景，随着新资源、新品种的发现，这一前景十分美好。一些诸如木兰花精油、双瓣茉莉花或桂花的净油之类的产品，对于香水制造业而言，是最近二十年才出现的。调香师们在中国的茶叶、饮品和烟叶里发现了这些香味。它们后来频繁地出现在香水里。

如今，香精油原料不再直接在香精香料制造厂中的酒精溶液里稀释了。20世纪50年代，伴随着香水公司的出现，"香精"（concentré）也同时出现了。因此，香精香料公司把一些香水调配的底料"香精"卖给香水公司，这些公司再亲自完成香水最后的调配以及产品的封装。这一做法逐渐推广了起来，以至于市场上出现了一些专门稀释并封装的企业。如果说格拉斯依旧是"香料之都"，那么从今以后它主要专注于生产香水原料和食用香料。尽管天然原料的生产依旧是它的主营活动，但是当地传统的原料却越来越罕见了。

如今，香氛不仅大规模地普及开来，而且征服了所有的社会领域。一切都香气四溢（洗衣粉、香皂、洗涤剂）；此外，无论是在公众生活还是在私人生活，到处都香气弥漫：在受到认同的准则下，喷香器、香烛消除生活中的恶臭，并带来清香。与此同时，食用香料在多重感官体验中也发展了起来：我们闻到某种滋味，抑或我们品尝某种香味？在香精香料制造业这一庞大的产业里，名贵的香水在大量的产品中只代表着微不足道的一部分。因此，在第三个千年来临之际，某些社会现象不仅让香氛变得大众化，也变得国际化。原属于上层社会的香氛产品在平均生命周期缩短的同时，变成了大众现象。

因此，香精香料制造业新的发展潜力将如何？它会像生物技术领域中兴起的新潮流一样，强调伦理和道德吗？天然并强调责任感的香精香料制造，是否将是 21 世纪的发展展望？

强调责任感的香精香料制造。一种分子化合物必须参与了材质（碳、氮……）的各种循环并来自某一生物，才能被定性为天然分子化合物。这也就是为什么研究香精香料的专业人士必须要把天然的分子化合物和其他非天然的材质区别开来。气相‐质谱联用分析法（GC-MS）、旋光分析法和同位素分析法能达到这一目标。植物从本质上而言，是一些制造天然分子化合物的机体。然而，这些分子化合物的采集受制于天气的变化和商业上的投机，因此，这一活动的成本可能会很高昂。但在生物技术开发出的新科技下（应用在标准化的、封闭的、可控的环境里），克服上述的难题成为可能。

如今，在香精和香料的制造上，生物技术专注于提取活细胞中的酶和它们的衍生物。对于这一技术创新而言，唯有一些源自于可再生资源的原材料才是必需的。在提到生物技术时，人们一般用复数形式，这是因为考虑到和这一技术相关的生物、基础学科、使用的科技名目繁多，而且应用的领域也很多。根据一个企业集团的战略和它特定的经济准则，生物技术应用在科研和工业领域。至于香精香料工业，它则处于农副食品业和化学工业的交界地带。二十年以前，生物技术在这一领域的应用几乎还处于空白。如今，生物技术涉及微生物、酶、微细胞的生理和新陈代谢的研究，以及它们在工业发酵时的生物量变化。1988 年 6 月 22 日欧盟理事会关于统一各成员国有关食品中使用的香料及其原材料的指令（la directive CEE 88/388），把天然香精香料定义为：通过物理方法、酶发酵或微生物发酵等生物技术，从一些植物或动物原料中提取出的芳香物质构成的化合物。使用生物技术，是对环境的重视，因为这能减少化学污染，它是一种干净的技术，只产生可以生物降解且无毒害的废料。

生物科技改进了酶技术下开发出来的传统工艺。因此，不仅从植物中萃取出来的芳香物增加了，而且成本也有所下降。在香料香精制造业，科研人员则成功地制造出了接近于植物本身的天然精油。而且，在酶工程（又称蛋白质工程学）之下，他们还完成了许许多多的化学反应。与此同时，酶工程还促进了这一行业的发展：生物技术可以对植物进行改性，不仅让它们能够制造出由形式各异的芳香分子组成的香气，还让产自于植物的天然精油更浓郁。而通过园地种植、植物细胞培养或发酵克隆出某些外来植物的芳香因子，同样可以实现。随着时间的推进，生物技术破译出的嗅觉和味觉的机理又更清晰了，因此新的目标便是开发出一些能够同时刺激不同感官接收器的分子化合物。上述的这些技术，丰富了调香师和味觉专家对于调香材料的选择。从此以后，他们把通过生物科技获得的分子化合物、香精、精油和天然的芳香因子组合在一起，调配出天然的产品。

从某种意义上而言，香水业的现代性体现在生物技术上：使用天然和可再生的原料，模拟生物固有机理的工艺的应用，制造属性最大化接近天然原料的、崭新的芳香化合物。科学的这一发展反映了具有新的千禧年特征的伦理道德上的追求：重点在于发展对环境负责、注重环境的香水制造业。2002 年，欧盟委员会在布鲁塞尔通过了生物科学和生物技术的发展战略，这一战略旨在让欧洲的生物技术领域更具有竞争力，并促进健康、农业、制造业和环境等领域的生物技术和研究。

在科学和技术的进步下，香水制造业迈向创新成为可能。科技不仅能极大地提升调香师的技艺，并且在香气方面、瓶身构成的外包装上，也极大地拓展了创造性的极限。不过，如今越来越严格的法规、关于某些使用材料的争议、市场的国际化等因素，在为香水创作设置参数的同时，也让它的发展步履蹒跚。然而，"力量诞生于束缚，天才毁于自由"，正如雷奥纳多·德·达·芬奇在文艺复兴时代喊出的创作理念一样，调香师应该保持信心，并在施展自身技艺的同时努力保持自我。也许唯有如此，创新的准则才能一如既往地引领这一创造梦想和美的产业。

结 论

Conclusion

香水，其研发和创作是一个与历史及艺术保持着独特关系的行业。创建崭新的香水作品，是在随着时间而发展建立起来的一整套知识和美学标准的基础上，从事一系列思维的和实际的活动。嗅觉感受不仅随着时代而改变，而且在人的一生中也会发生变化。在调香艺术中，并不存在无中生有的（ex nihilo）创作。而香水的历史所显示的，便是香水创作是一个进程。现在是由某一不断延展的历史构成的。对于调香师而言，在他的创作中，一直都存在着某种程度上的被压抑的感受。对于消费者，则总需要某种参照的标准。为了能欣赏某种香气，我们的鼻子需要消除疑虑。陌生的气味会使人感受到危险。因此，香味上的一切创新总是伴随着标识和语言。

在前面的篇章中，我们逐一追述了著名的香水品牌从诞生到鼎盛时期的发展史。从普通的匠师和小店主起步，调香师们渐渐成为声名显赫的企业家。为了一如既往地让香水更性感、更愉悦身心，他们总是注重技艺的传承，而这又离不开其灵敏的双手和鼻子。他们成为自身艺术的大师。然而，抄袭对一切创新都虎视眈眈，因此必须通过注册商标、工会行动和专营式的选择性销售来保护这一产业。在这一方面，香水制造商们秉着团队精神并肩作战。

在这部《香水史诗》里，我们也注意到，一个由寻找自我的女性构成的社会在不断发展变化。女性是香水产品的主要消费者，男性则在形式各异的解放运动之下，很快加入进来。香水逐渐成为身体解放的宣言。在医学缓解了社会对于传染病的不安后，香水的味道越来越张扬、性感，以便诱惑他人，而非和他人保持距离。20世纪末，香水则以明净透亮的风姿，抚慰人们对于第三个即将到来的千禧年的不安。这便是香水创作上的周而复始，而这周而复始的本身就有着对于将要来临的社会变革的预感。长期以来，一直被简化为卫生保健品的香水，成为一种重要的诱惑手段。从此以后，为了艺术而艺术在香水创作上大行其道。

香水与某一明确的社会诉求相吻合：消费者不仅将它与消遣及享乐文化联系在一起，还把它视为灵魂的延展、内在的表达。随着人们对于艺术的需求的增强，生产技术和生产方式也使得香水能够向更多人传播，香水的社会使命，即它的大众化不可避免，这是由于社会的进步。于是，问题出现了，调香师是否要在消费者的需求和他的香水的属性之间小心翼翼地划清界限？如今，就艺术或美学的角度而言，在高端的香水和畅销的香水之间，是否存在差别？事实是，与产品打造和推广联系在一起的商业上的制约因素变得如此强大，以至于香水创作上的创造力和激情有时饱受压制。不幸的是，真正的作品能问世的很少，香水创作往往变成了对于市场上最新畅销品的抄袭。

为了推进艺术创作，调香师不得不教导大众。他引导集体的想象力，以便消费者能理解全新的香调。合成出来的香调取代了人们在自然界中闻到的香味，模仿自然的想法让位给了创造性的想象力。"香水是什么？某种犹如音乐一般无形，又犹如时光一般神秘莫测的东西，尽管它易于挥发,却浸满了永恒的回忆。调香师,他也许是化学家,但又是深谙深奥的连接的诗人,这种连接把季节、时光和女性魅力,以及她们不断变化的华丽服饰紧密地联系在一起。"①

那么优美迷人的香水是怎样的呢?除了历史上的一些精彩回答之外,我们想重新引述调香巨匠埃德蒙·鲁德尼茨卡的表述:"优美迷人的香水能带来感官震撼,一接触就能激荡我们的心绪,然后便是一种持久的心灵上的冲击,犹如香水在慢慢地施展出它的神韵。"②

香水的制造史显示,香水并不能简化为一种普通的产品,它的调配或创作构成一种无以名状的时刻。从某种意义上说,香水美学超越了一切历史的、社会的解释。在香水的创作中,有着某种类似于非理性的行为。正如波尔罗雅尔修道院(Port-Royal)的冉森派教徒说过的,我们只能做好我们热爱的东西。也许正是对于他们的职业、对于气味、对于他们身边的人和事物的热爱,支撑起了调香师的创作。

调香师学习香水的来龙去脉,有时还模仿重要的经典之作的风格。在香水制造发展的各个阶段,有些香水在历史上树立起了它们的地位。其他的香水,尽管推出之际喧嚣一时、大受欢迎,但很快就消失了,也许是因为过于现代主义,或者时代的精神过于强烈——这样的思想必将消失。调香师并非决意要创作出经典的香水作品,他们只能根据合理的、实实在在的美学标准竭尽所能地调配出优美迷人的香水。香水的创作始末是一种冲动,甚至是一种焦虑。它创造出它的神话,把无形的力量变得清晰可见。一些香水——终究很少——譬如香奈儿的"香奈儿5号"、娇兰的"一千零一夜"、迪奥的"旷野"、伊夫·圣罗兰的"鸦片",凝聚着本能的张力和激情。它们能激起连接的情绪,并建立起神秘的通感。香水超凡的魅力就诞生于这一诗意和这一力量之中。

"香水,是香气和人的结合。"让·季奥诺③在指出香水为了自我表

---

① 娇兰香水公司,《品牌纪事》文稿,1948年,CFP。
② 埃德蒙·鲁德尼茨卡,《香水符号》,第124页。
③ 法国20世纪著名作家,代表作有《屋顶上的轻骑兵》。——译注

达而必须和肌肤接触时,这么说道。香水在涂抹或喷洒它的人的身上获得了生命。事实是,由于香气具有令人联想的力量,它成为个体的延展,而无论这一个体是否已经消亡。所以,尽管它无形无影,但它具有赋予无肉身的事物生命的力量。古埃及人认为,他们的神灵的塑像只要一涂上香精油,就有了生命。同样,香气赋予了雕塑生命。香气和雕像的这一交流是一种双人舞,两者缺一不可,是统一五种感官和天地万物的无形中的有形。最后,由于香水传达出某一不断发展变化的社会对于气味和文化的记忆,并赞美感官的主观性和相对性,所以香水不是一种一成不变的艺术。它自身就拥有不可触知的现代性。

新知
文库

01 《证据：历史上最具争议的法医学案例》[美]科林·埃文斯 著　毕小青 译
02 《香料传奇：一部由诱惑衍生的历史》[澳]杰克·特纳 著　周子平 译
03 《查理曼大帝的桌布：一部开胃的宴会史》[英]尼科拉·弗莱彻 著　李响 译
04 《改变西方世界的 26 个字母》[英]约翰·曼 著　江正文 译
05 《破解古埃及：一场激烈的智力竞争》[英]莱斯利·罗伊·亚京斯 著　黄中宪 译
06 《狗智慧：它们在想什么》[加]斯坦利·科伦 著　江天帆、马云霈 译
07 《狗故事：人类历史上狗的爪印》[加]斯坦利·科伦 著　江天帆 译
08 《血液的故事》[美]比尔·海斯 著　郎可华 译　张铁梅 校
09 《君主制的历史》[美]布伦达·拉尔夫·刘易斯 著　荣予、方力维 译
10 《人类基因的历史地图》[美]史蒂夫·奥尔森 著　霍达文 译
11 《隐疾：名人与人格障碍》[德]博尔温·班德洛 著　麦湛雄 译
12 《逼近的瘟疫》[美]劳里·加勒特 著　杨岐鸣、杨宁 译
13 《颜色的故事》[英]维多利亚·芬利 著　姚芸竹 译
14 《我不是杀人犯》[法]弗雷德里克·肖索依 著　孟晖 译
15 《说谎：揭穿商业、政治与婚姻中的骗局》[美]保罗·埃克曼 著　邓伯宸 译　徐国强 校
16 《蛛丝马迹：犯罪现场专家讲述的故事》[美]康妮·弗莱彻 著　毕小青 译
17 《战争的果实：军事冲突如何加速科技创新》[美]迈克尔·怀特 著　卢欣渝 译
18 《最早发现北美洲的中国移民》[加]保罗·夏亚松 著　暴永宁 译
19 《私密的神话：梦之解析》[英]安东尼·史蒂文斯 著　薛绚 译
20 《生物武器：从国家赞助的研制计划到当代生物恐怖活动》[美]珍妮·吉耶曼 著　周子平 译
21 《疯狂实验史》[瑞士]雷托·U. 施奈德 著　许阳 译
22 《智商测试：一段闪光的历史，一个失色的点子》[美]斯蒂芬·默多克 著　卢欣渝 译
23 《第三帝国的艺术博物馆：希特勒与"林茨特别任务"》[德]哈恩斯－克里斯蒂安·罗尔 著　孙书柱、刘英兰 译

24	《茶：嗜好、开拓与帝国》[英] 罗伊·莫克塞姆 著	毕小青 译
25	《路西法效应：好人是如何变成恶魔的》[美] 菲利普·津巴多 著	孙佩妏、陈雅馨 译
26	《阿司匹林传奇》[英] 迪尔米德·杰弗里斯 著	暴永宁、王惠 译
27	《美味欺诈：食品造假与打假的历史》[英] 比·威尔逊 著	周继岚 译
28	《英国人的言行潜规则》[英] 凯特·福克斯 著	姚芸竹 译
29	《战争的文化》[以] 马丁·范克勒韦尔德 著	李阳 译
30	《大背叛：科学中的欺诈》[美] 霍勒斯·弗里兰·贾德森 著	张铁梅、徐国强 译
31	《多重宇宙：一个世界太少了？》[德] 托比阿斯·胡阿特、马克斯·劳讷 著	车云 译
32	《现代医学的偶然发现》[美] 默顿·迈耶斯 著	周子平 译
33	《咖啡机中的间谍：个人隐私的终结》[英] 吉隆·奥哈拉、奈杰尔·沙德博尔特 著 毕小青 译	
34	《洞穴奇案》[美] 彼得·萨伯 著	陈福勇、张世泰 译
35	《权力的餐桌：从古希腊宴会到爱丽舍宫》[法] 让－马克·阿尔贝 著	刘可有、刘惠杰 译
36	《致命元素：毒药的历史》[英] 约翰·埃姆斯利 著	毕小青 译
37	《神祇、陵墓与学者：考古学传奇》[德] C.W. 策拉姆 著	张芸、孟薇 译
38	《谋杀手段：用刑侦科学破解致命罪案》[德] 马克·贝内克 著	李响 译
39	《为什么不杀光？种族大屠杀的反思》[美] 丹尼尔·希罗、克拉克·麦考利 著	薛绚 译
40	《伊索尔德的魔汤：春药的文化史》[德] 克劳迪娅·米勒－埃贝林、克里斯蒂安·拉奇 著 王泰智、沈惠珠 译	
41	《错引耶稣：〈圣经〉传抄、更改的内幕》[美] 巴特·埃尔曼 著	黄恩邻 译
42	《百变小红帽：一则童话中的性、道德及演变》[美] 凯瑟琳·奥兰丝汀 著	杨淑智 译
43	《穆斯林发现欧洲：天下大国的视野转换》[英] 伯纳德·刘易斯 著	李中文 译
44	《烟火撩人：香烟的历史》[法] 迪迪埃·努里松 著	陈睿、李欣 译
45	《菜单中的秘密：爱丽舍宫的飨宴》[日] 西川惠 著	尤可欣 译
46	《气候创造历史》[瑞士] 许靖华 著	甘锡安 译
47	《特权：哈佛与统治阶层的教育》[美] 罗斯·格雷戈里·多塞特 著	珍栎 译
48	《死亡晚餐派对：真实医学探案故事集》[美] 乔纳森·埃德罗 著	江孟蓉 译
49	《重返人类演化现场》[美] 奇普·沃尔特 著	蔡承志 译

50 《破窗效应：失序世界的关键影响力》[美]乔治·凯林、凯瑟琳·科尔斯 著　陈智文 译

51 《违童之愿：冷战时期美国儿童医学实验秘史》[美]艾伦·M.霍恩布鲁姆、朱迪斯·L.纽曼、格雷戈里·J.多贝尔 著　丁立松 译

52 《活着有多久：关于死亡的科学和哲学》[加]理查德·贝利沃、丹尼斯·金格拉斯 著　白紫阳 译

53 《疯狂实验史Ⅱ》[瑞士]雷托·U.施奈德 著　郭鑫、姚敏多 译

54 《猿形毕露：从猩猩看人类的权力、暴力、爱与性》[美]弗朗斯·德瓦尔 著　陈信宏 译

55 《正常的另一面：美貌、信任与养育的生物学》[美]乔丹·斯莫勒 著　郑嬿 译

56 《奇妙的尘埃》[美]汉娜·霍姆斯 著　陈芝仪 译

57 《卡路里与束身衣：跨越两千年的节食史》[英]路易丝·福克斯克罗夫特 著　王以勤 译

58 《哈希的故事：世界上最具暴利的毒品业内幕》[英]温斯利·克拉克森 著　珍栎 译

59 《黑色盛宴：嗜血动物的奇异生活》[美]比尔·舒特 著　帕特里曼·J.温 绘图　赵越 译

60 《城市的故事》[美]约翰·里德 著　郝笑丛 译

61 《树荫的温柔：亘古人类激情之源》[法]阿兰·科尔班 著　苜蓿 译

62 《水果猎人：关于自然、冒险、商业与痴迷的故事》[加]亚当·李斯·格尔纳 著　于是 译

63 《囚徒、情人与间谍：古今隐形墨水的故事》[美]克里斯蒂·马克拉奇斯 著　张哲、师小涵 译

64 《欧洲王室另类史》[美]迈克尔·法夸尔 著　康怡 译

65 《致命药瘾：让人沉迷的食品和药物》[美]辛西娅·库恩等 著　林慧珍、关莹 译

66 《拉丁文帝国》[法]弗朗索瓦·瓦克 著　陈绮文 译

67 《欲望之石：权力、谎言与爱情交织的钻石梦》[美]汤姆·佐尔纳 著　麦慧芬 译

68 《女人的起源》[英]伊莲·摩根 著　刘筠 译

69 《蒙娜丽莎传奇：新发现破解终极谜团》[美]让-皮埃尔·伊斯鲍茨、克里斯托弗·希斯·布朗 著　陈薇薇 译

70 《无人读过的书：哥白尼〈天体运行论〉追寻记》[美]欧文·金格里奇 著　王今、徐国强 译

71 《人类时代：被我们改变的世界》[美]黛安娜·阿克曼 著　伍秋玉、澄影、王丹 译

72 《大气：万物的起源》[英]加布里埃尔·沃克 著　蔡承志 译

73 《碳时代：文明与毁灭》[美]埃里克·罗斯顿 著　吴妍仪 译

74 《一念之差：关于风险的故事与数字》[英]迈克尔·布拉斯兰德、戴维·施皮格哈尔特 著　威治 译

75 《脂肪：文化与物质性》[美]克里斯托弗·E. 福思、艾莉森·利奇 编著　李黎、丁立松 译

76 《笑的科学：解开笑与幽默感背后的大脑谜团》[美]斯科特·威姆斯 著　刘书维 译

77 《黑丝路：从里海到伦敦的石油溯源之旅》[英]詹姆斯·马里奥特、米卡·米尼奥－帕卢埃洛 著　黄煜文 译

78 《通向世界尽头：跨西伯利亚大铁路的故事》[英]克里斯蒂安·沃尔玛 著　李阳 译

79 《生命的关键决定：从医生做主到患者赋权》[美]彼得·于贝尔 著　张琼懿 译

80 《艺术侦探：找寻失踪艺术瑰宝的故事》[英]菲利普·莫尔德 著　李欣 译

81 《共病时代：动物疾病与人类健康的惊人联系》[美]芭芭拉·纳特森－霍洛威茨、凯瑟琳·鲍尔斯 著　陈筱婉 译

82 《巴黎浪漫吗？——关于法国人的传闻与真相》[英]皮乌·玛丽·伊特韦尔 著　李阳 译

83 《时尚与恋物主义：紧身褡、束腰术及其他体形塑造法》[美]戴维·孔兹 著　珍栎 译

84 《上穷碧落：热气球的故事》[英]理查德·霍姆斯 著　暴永宁 译

85 《贵族：历史与传承》[法]埃里克·芒雄－里高 著　彭禄娴 译

86 《纸影寻踪：旷世发明的传奇之旅》[英]亚历山大·门罗 著　史先涛 译

87 《吃的大冒险：烹饪猎人笔记》[美]罗布·沃乐什 著　薛绚 译

88 《南极洲：一片神秘的大陆》[英]加布里埃尔·沃克 著　蒋功艳、岳玉庆 译

89 《民间传说与日本人的心灵》[日]河合隼雄 著　范作申 译

90 《象牙维京人：刘易斯棋中的北欧历史与神话》[美]南希·玛丽·布朗 著　赵越 译

91 《食物的心机：过敏的历史》[英]马修·史密斯 著　伊玉岩 译

92 《当世界又老又穷：全球老龄化大冲击》[美]泰德·菲什曼 著　黄煜文 译

93 《神话与日本人的心灵》[日]河合隼雄 著　王华 译

94 《度量世界：探索绝对度量衡体系的历史》[美]罗伯特·P. 克里斯 著　卢欣渝 译

95 《绿色宝藏：英国皇家植物园史话》[英]凯茜·威利斯、卡罗琳·弗里 著　珍栎 译

96 《牛顿与伪币制造者：科学巨匠鲜为人知的侦探生涯》[美]托马斯·利文森 著　周子平 译

97 《音乐如何可能？》[法]弗朗西斯·沃尔夫 著　白紫阳 译

98 《改变世界的七种花》[英]詹妮弗·波特 著　赵丽洁、刘佳 译

99 《伦敦的崛起：五个人重塑一座城》[英]利奥·霍利斯 著　宋美莹 译

100 《来自中国的礼物：大熊猫与人类相遇的一百年》[英]亨利·尼科尔斯 著　黄建强 译

101 《筷子：饮食与文化》[美]王晴佳 著　汪精玲 译

102 《天生恶魔？：纽伦堡审判与罗夏墨迹测验》[美]乔尔·迪姆斯代尔 著　史先涛 译

103 《告别伊甸园：多偶制怎样改变了我们的生活》[美]戴维·巴拉什 著　吴宝沛 译

104 《第一口：饮食习惯的真相》[英]比·威尔逊 著　唐海娇 译

105 《蜂房：蜜蜂与人类的故事》[英]比·威尔逊 著　暴永宁 译

106 《过敏大流行：微生物的消失与免疫系统的永恒之战》[美]莫伊塞斯·贝拉斯克斯-曼诺夫 著　李黎、丁立松 译

107 《饭局的起源：我们为什么喜欢分享食物》[英]马丁·琼斯 著　陈雪香 译　方辉 审校

108 《金钱的智慧》[法]帕斯卡尔·布吕克内 著　张叶 陈雪乔 译　张新木 校

109 《杀人执照：情报机构的暗杀行动》[德]埃格蒙特·科赫 著　张芸、孔令逊 译

110 《圣安布罗焦的修女们：一个真实的故事》[德]胡贝特·沃尔夫 著　徐逸群 译

111 《细菌》[德]汉诺·夏里修斯 里夏德·弗里贝 著　许嫚红 译

112 《千丝万缕：头发的隐秘生活》[英]爱玛·塔罗 著　郑嫄 译

113 《香水史诗》[法]伊丽莎白·德·费多 著　彭禄娴 译